清华大学化学类教材

简明物理化学

朱文涛　王军民　陈　琳　编著

清华大学出版社
北　京

内容简介

本书是高等院校物理化学课程的教材。内容包括热力学第一定律、热力学第二定律、液体混合物和溶液、相平衡、化学平衡、电化学、表面与胶体化学以及化学动力学。

本书可作为高等院校生物、医药、材料、环境等专业的教材，也可供化学和化工类专业的学生在学习物理化学课程时参考，同时也可供从事化工、轻工、材料和医药研究及生产工作的科技人员参考。

版权所有，侵权必究。举报：010-62782989，beiqinquan@tup.tsinghua.edu.cn。

图书在版编目(CIP)数据

简明物理化学/朱文涛，王军民，陈琳编著. —北京：清华大学出版社，2008.3（2023.8重印）
（清华大学化学类教材）
ISBN 978-7-302-16568-2

Ⅰ. 简… Ⅱ. ①朱… ②王… ③陈… Ⅲ. 物理化学—高等学校—教材 Ⅳ. O64

中国版本图书馆 CIP 数据核字(2007)第 185359 号

责任编辑：柳　萍
责任校对：焦丽丽
责任印制：宋　林

出版发行：清华大学出版社
网　　址：http://www.tup.com.cn, http://www.wqbook.com
地　　址：北京清华大学学研大厦 A 座　　邮　编：100084
社 总 机：010-83470000　　邮　购：010-62786544
投稿与读者服务：010-62776969, c-service@tup.tsinghua.edu.cn
质量反馈：010-62772015, zhiliang@tup.tsinghua.edu.cn

印 装 者：天津鑫丰华印务有限公司
经　　销：全国新华书店
开　　本：170mm×230mm　　印张：20.25　　字　数：380 千字
版　　次：2008 年 3 月第 1 版　　印　次：2023 年 8 月第 14 次印刷
定　　价：59.00 元

产品编号：017373-06

前　言

物理化学是化学、化工及相关专业（生物、医学、材料、环境、能源等）的重要专业基础课，历来深受广大相关工作者的重视。另外，它既是化学的一个分支学科，又是其他化学分支学科的理论基础，所以它在人才培养方面发挥着重要作用。为了适应非化学、化工专业对物理化学的教学需要，作者在总结清华大学本科生的短学时物理化学课程教学基础上编写了这本教科书。

在编写本书时，笔者的主要考虑是一定要适应学时少的特点，所以内容上力求简明，尽量摒弃繁琐的数学推导，注重介绍最基本的知识和方法，把重点放在基本概念和重要结论的讨论上。同时考虑到使用本书的各专业的课内学时可能不同、各教师的教学风格不同，在内容的编排上既要力求做到少而精，也为教师讲授扩展知识留有足够的余地。为了便于学生课后复习基本公式和概念，书中的重要公式均以阴影形式标出，且在每章之后提供了适量的思考题。每章之后列出的部分参考文献，可供读者进一步深入了解相关内容或扩充知识之用。

全书共分 8 章。第 1,2 章介绍热力学基本定律；第 3,4,5 章分别讨论热力学定律对于多组分系统、多相系统和化学反应系统的应用；第 6 章是电化学，介绍电化学基本知识并讨论典型电化学方法在数据测量方面的应用；第 7 章介绍界面化学的基本知识并讨论胶体的主要性质；第 8 章化学动力学，重点讨论化学反应的唯象规律（包括物质浓度、反应温度、催化剂、溶剂等对反应速率的影响规律），同时简要介绍有关反应机理和速率理论的知识。

本书由朱文涛担任主编。第 1,3,5 章由王军民编写；第 2,6,8 章由朱文涛编写；第 4,7 章由陈琳编写；各章的思考题和习题由王军民编选；附录由朱文涛编选。全书经朱文涛统一修改定稿。

本书的编写曾得到清华大学化学系有关领导的鼎力支持以及清华大学出版社的鼓励，徐柏庆教授和尉志武教授对本书的编写提出了宝贵的意见，在此一并致谢。

由于编者水平所限，本书定有错误和不当之处，敬请读者雅正。

作　者
2007 年 10 月于清华园

目 录

1 热力学第一定律 ... 1

1.1 热力学的方法、特点及化学热力学 ... 1
1.2 热力学的基本概念 ... 2
- 1.2.1 系统和环境 ... 2
- 1.2.2 热力学平衡状态 ... 2
- 1.2.3 状态函数 ... 3
- 1.2.4 过程和途径 ... 4

1.3 热力学第一定律简介 ... 5
- 1.3.1 热力学第一定律的表述 ... 5
- 1.3.2 热和功 ... 5
- 1.3.3 内能 ... 6
- 1.3.4 封闭系统的热力学第一定律数学表达式 ... 6

1.4 可逆过程与体积功 ... 7
- 1.4.1 体积功 ... 7
- 1.4.2 功与过程 ... 8
- 1.4.3 可逆过程 ... 10

1.5 热的计算 ... 11
- 1.5.1 等容热效应 ... 11
- 1.5.2 等压热效应和焓 ... 11
- 1.5.3 热容及简单变温过程热的计算 ... 12

1.6 热力学第一定律对于理想气体的应用 ... 13
- 1.6.1 理想气体的内能、焓和热容 ... 13
- 1.6.2 理想气体的绝热过程 ... 14

1.7 热力学第一定律对于相变过程的应用 ... 17

1.8 热化学的基本概念 ... 19
- 1.8.1 反应进度 ... 19
- 1.8.2 反应的摩尔焓变和摩尔内能变 ... 20

1.9 反应热的计算 ... 21

  1.9.1 Hess 定律 ………………………………………………………… 21
  1.9.2 生成焓与化学反应的标准摩尔焓变 ………………………… 22
  1.9.3 燃烧焓与化学反应的标准摩尔焓变 ………………………… 23
  1.9.4 摩尔溶解焓与摩尔稀释焓 …………………………………… 24
  1.9.5 反应热与温度的关系 ………………………………………… 26
本章基本学习要求 ……………………………………………………………… 28
参考文献 ………………………………………………………………………… 28
思考题和习题 …………………………………………………………………… 28

2 热力学第二定律 ……………………………………………………………… 34

 2.1 热力学第二定律及其数学表达式 ……………………………………… 34
  2.1.1 自然界过程的方向性和限度 ………………………………… 34
  2.1.2 热力学第二定律的表述 ……………………………………… 35
  2.1.3 熵函数和热力学第二定律的数学表达式 …………………… 36
 2.2 熵增加原理和熵判据 …………………………………………………… 38
 2.3 熵变的计算 ……………………………………………………………… 39
  2.3.1 简单物理过程的熵变 ………………………………………… 39
  2.3.2 相变过程的熵变 ……………………………………………… 41
  2.3.3 混合过程的熵变 ……………………………………………… 42
 2.4 热力学第三定律和规定熵 ……………………………………………… 44
  2.4.1 热力学第三定律的表述 ……………………………………… 44
  2.4.2 规定熵的计算 ………………………………………………… 44
  2.4.3 化学反应的熵变 ……………………………………………… 45
 2.5 Helmholtz 函数判据和 Gibbs 函数判据 ……………………………… 46
  2.5.1 Helmholtz 函数及 Helmholtz 函数减少原理 ……………… 46
  2.5.2 Gibbs 函数及 Gibbs 函数减少原理 ………………………… 47
  2.5.3 热和功在特定条件下与状态函数变的关系 ………………… 48
 2.6 各热力学函数间的关系 ………………………………………………… 49
  2.6.1 封闭系统的热力学基本关系式 ……………………………… 49
  2.6.2 对应系数关系式 ……………………………………………… 50
  2.6.3 Maxwell 关系式 ……………………………………………… 50
  2.6.4 基本关系式的应用 …………………………………………… 51
 2.7 ΔG 和 ΔA 的计算 …………………………………………………… 53
  2.7.1 简单物理过程的 ΔG 和 ΔA …………………………… 54

2.7.2　相变过程的 ΔG 和 ΔA ·· 54
　　　2.7.3　混合过程的 ΔG ·· 55
　　　2.7.4　ΔG 与温度的关系 ··· 56
本章基本学习要求·· 57
参考文献·· 58
思考题和习题··· 58

3　液体混合物与溶液 ··· 63

　3.1　偏摩尔量·· 64
　　　3.1.1　偏摩尔量的概念 ··· 64
　　　3.1.2　偏摩尔量的集合公式 ·· 65
　3.2　化学势·· 66
　　　3.2.1　化学势的表述与应用 ·· 66
　　　3.2.2　化学势与压力的关系 ·· 68
　　　3.2.3　化学势与温度的关系 ·· 68
　3.3　气体的化学势··· 68
　　　3.3.1　纯理想气体的化学势 ·· 69
　　　3.3.2　理想气体混合物的化学势 ·· 69
　　　3.3.3　逸度··· 70
　3.4　液体混合物和溶液的组成表示法·· 71
　　　3.4.1　液体混合物与溶液 ·· 71
　　　3.4.2　组成表示法··· 72
　3.5　Raoult 定律和 Henry 定律·· 73
　　　3.5.1　Raoult 定律 ·· 73
　　　3.5.2　Henry 定律··· 74
　3.6　理想液体混合物·· 76
　　　3.6.1　理想液体混合物的定义 ··· 76
　　　3.6.2　理想液体混合物的化学势 ·· 77
　　　3.6.3　理想液体混合物的混合性质 ··· 77
　3.7　理想稀薄溶液··· 78
　　　3.7.1　理想稀薄溶液的化学势 ··· 78
　　　3.7.2　依数性··· 81
　3.8　非理想液体混合物及实际溶液的化学势 ·· 86
　　　3.8.1　活度和活度系数 ··· 87

  3.8.2 实际溶液的化学势 ·· 88
本章基本学习要求 ··· 91
参考文献 ··· 91
思考题和习题 ··· 91

4 相平衡 ·· 97

4.1 基本概念 ·· 97
  4.1.1 相数 ··· 97
  4.1.2 独立组分数 ·· 97
  4.1.3 自由度和自由度数 ·· 98
  4.1.4 相律 ··· 98
4.2 纯物质的相平衡 ··· 100
  4.2.1 Clapeyron 方程 ·· 100
  4.2.2 纯物质的相图 ··· 102
4.3 两组分系统的气-液平衡 ·· 104
  4.3.1 理想溶液的 p-$x(y)$ 相图和 T-$x(y)$ 相图 ················· 104
  4.3.2 非理想溶液的 p-$x(y)$ 相图和 T-$x(y)$ 相图 ············ 106
4.4 两组分部分互溶系统的液-液平衡 ···························· 108
4.5 两组分系统的固-液平衡 ·· 109
  4.5.1 形成低共熔混合物的相图 ···································· 110
  4.5.2 形成化合物的相图 ·· 111
  4.5.3 形成固溶体的相图 ·· 113
4.6 三组分系统的分配平衡 ··· 115
本章基本学习要求 ··· 116
参考文献 ··· 116
思考题和习题 ··· 116

5 化学平衡 ·· 123

5.1 化学反应的方向和限度 ··· 123
  5.1.1 化学反应的平衡条件 ·· 123
  5.1.2 化学反应的标准平衡常数 ···································· 124
  5.1.3 化学反应等温式 ·· 125
5.2 标准平衡常数及平衡组成的计算 ······························ 126
  5.2.1 各类反应的标准平衡常数 ···································· 126

  5.2.2 平衡组成的计算 ·················· 129
 5.3 化学反应的标准摩尔 Gibbs 函数变 ············· 132
  5.3.1 由反应的 $\Delta_r H_m^{\ominus}$ 和 $\Delta_r S_m^{\ominus}$ 计算 $\Delta_r G_m^{\ominus}$ ······ 132
  5.3.2 由标准生成 Gibbs 函数计算 $\Delta_r G_m^{\ominus}$ ········ 134
 5.4 平衡移动 ····························· 135
  5.4.1 温度对化学平衡的影响 ················ 136
  5.4.2 压力和惰性气体对化学平衡的影响 ·········· 139
  5.4.3 浓度对化学平衡的影响 ················ 143
 5.5 同时平衡 ····························· 143
 本章基本学习要求 ·························· 146
 参考文献 ······························· 146
 思考题和习题 ····························· 147

6 电化学 ································ 152
 6.1 电解质溶液的导电机理与 Faraday 定律 ··········· 152
  6.1.1 电解质溶液的导电机理 ················ 152
  6.1.2 物质的量的基本单元 ················· 153
  6.1.3 Faraday 电解定律 ·················· 154
 6.2 离子的电迁移和电解质溶液的导电能力 ············ 155
  6.2.1 离子的电迁移率和迁移数 ··············· 155
  6.2.2 电解质溶液的电导和电导率 ·············· 157
  6.2.3 电解质溶液的摩尔电导率 ··············· 158
 6.3 离子独立迁移定律及离子的摩尔电导率 ··········· 160
 6.4 电导法的应用 ·························· 161
  6.4.1 水质的检验 ····················· 161
  6.4.2 弱电解质电离常数的测定 ··············· 162
  6.4.3 难溶盐溶度积的测定 ················· 163
  6.4.4 电导滴定 ······················ 163
 6.5 电解质溶液热力学 ······················· 164
  6.5.1 强电解质溶液的活度和活度系数 ············ 164
  6.5.2 电解质溶液中离子的热力学性质 ············ 166
  6.5.3 电化学势判据 ···················· 167
 6.6 可逆电池 ···························· 168
  6.6.1 化学能与电能的相互转换 ··············· 169

VIII 简明物理化学

  6.6.2 电池的习惯表示方法 …… 169
  6.6.3 可逆电池的必备条件 …… 170
  6.6.4 可逆电极的分类 …… 170
6.7 可逆电池与化学反应的互译 …… 171
  6.7.1 电极反应和电池反应 …… 171
  6.7.2 根据反应设计电池 …… 172
6.8 电极的相间电位差与电池的电动势 …… 173
6.9 可逆电池电动势的测量与计算 …… 175
  6.9.1 电动势的测量 …… 175
  6.9.2 电动势与电池中各物质状态的关系——Nernst 公式 …… 176
  6.9.3 由电极电势计算电动势 …… 177
6.10 液接电势及其消除 …… 181
  6.10.1 液接电势的产生与计算 …… 181
  6.10.2 盐桥的作用 …… 182
6.11 电化学传感器及离子选择性电极 …… 183
  6.11.1 膜平衡与膜电势 …… 183
  6.11.2 离子选择性电极简介 …… 184
6.12 电动势法的应用 …… 185
  6.12.1 求取化学反应的 Gibbs 函数变和平衡常数 …… 185
  6.12.2 测定化学反应的熵变 …… 186
  6.12.3 测定化学反应的焓变 …… 187
  6.12.4 电解质溶液活度系数的测定 …… 187
  6.12.5 pH 的测定 …… 188
  6.12.6 电势滴定 …… 189
6.13 电极过程动力学 …… 190
  6.13.1 电极的极化与超电势 …… 191
  6.13.2 不可逆情况下的电池和电解池 …… 193
  6.13.3 电解池中的电极反应 …… 195
  6.13.4 金属的腐蚀与防护 …… 196
6.14 化学电源 …… 198
  6.14.1 原电池 …… 198
  6.14.2 蓄电池 …… 199
  6.14.3 燃料电池 …… 199
本章基本学习要求 …… 200

参考文献 …………………………………………………………… 200
思考题和习题 ………………………………………………………… 201

7 表面与胶体化学基础 …………………………………………… 206

7.1 比表面能与表面张力 …………………………………………… 206
7.1.1 比表面能 …………………………………………………… 206
7.1.2 表面张力 …………………………………………………… 207
7.2 弯曲表面现象 …………………………………………………… 208
7.2.1 弯曲液面的附加压力和 Young-Laplace 公式 …………… 208
7.2.2 弯曲液面的饱和蒸气压和 Kelvin 方程 ………………… 209
7.3 溶液的表面吸附 ………………………………………………… 210
7.3.1 溶液表面的吸附现象和 Gibbs 吸附公式 ……………… 210
7.3.2 表面活性剂及其应用 …………………………………… 211
7.4 固体表面的吸附 ………………………………………………… 212
7.4.1 吸附作用 …………………………………………………… 212
7.4.2 物理吸附和化学吸附 …………………………………… 212
7.4.3 吸附曲线和吸附方程 …………………………………… 213
7.4.4 固-液界面的吸附 ………………………………………… 215
7.5 胶体分散系统概述 ……………………………………………… 215
7.5.1 分散系统的种类 ………………………………………… 216
7.5.2 胶体的制备与净化 ……………………………………… 216
7.6 溶胶的动力性质和光学性质 …………………………………… 217
7.6.1 Brown 运动 ………………………………………………… 217
7.6.2 扩散现象 …………………………………………………… 217
7.6.3 沉降和沉降平衡 ………………………………………… 217
7.6.4 溶胶的光学性质 ………………………………………… 218
7.7 溶胶的电学性质 ………………………………………………… 219
7.7.1 溶胶带电的原因 ………………………………………… 219
7.7.2 胶粒的带电结构 ………………………………………… 219
7.7.3 ζ 电势 ………………………………………………… 221
7.7.4 电动现象 …………………………………………………… 221
7.7.5 溶胶的稳定性 …………………………………………… 222
7.8 纳米技术与胶体化学 …………………………………………… 223
本章基本学习要求 …………………………………………………… 224

参考文献 …………………………………………………………… 224
思考题和习题 ………………………………………………………… 225

8 化学动力学基础 …………………………………………………… 230

8.1 基本概念 ……………………………………………………… 231
8.1.1 化学反应速率 …………………………………………… 231
8.1.2 元反应和反应分子数 …………………………………… 232
8.1.3 简单反应和复合反应 …………………………………… 233

8.2 物质浓度对反应速率的影响 ………………………………… 233
8.2.1 速率方程 ………………………………………………… 233
8.2.2 元反应的速率方程——质量作用定律 ………………… 234
8.2.3 反应级数与速率系数 …………………………………… 234

8.3 具有简单级数的化学反应 …………………………………… 235
8.3.1 一级反应 ………………………………………………… 235
8.3.2 二级反应 ………………………………………………… 236
8.3.3 零级反应 ………………………………………………… 237

8.4 反应级数的测定 ……………………………………………… 239
8.4.1 $r=kc_A^n$ 型反应级数的测定 …………………………… 239
8.4.2 $r=kc_A^\alpha c_B^\beta \cdots$ 型反应级数的测定 ………………… 243

8.5 温度对反应速率的影响 ……………………………………… 245
8.5.1 Arrhenius 经验公式 ……………………………………… 245
8.5.2 活化能及其对反应速率的影响 ………………………… 246

8.6 元反应速率理论 ……………………………………………… 249
8.6.1 碰撞理论 ………………………………………………… 250
8.6.2 过渡状态理论 …………………………………………… 253

8.7 反应机理 ……………………………………………………… 256
8.7.1 对峙反应 ………………………………………………… 256
8.7.2 平行反应 ………………………………………………… 257
8.7.3 连续反应 ………………………………………………… 258
8.7.4 链反应 …………………………………………………… 260
8.7.5 根据反应机理推导速率方程 …………………………… 263
8.7.6 反应机理的推测 ………………………………………… 266

8.8 快速反应研究技术简介 ……………………………………… 268
8.8.1 弛豫过程和弛豫方程 …………………………………… 269

8.8.2　弛豫技术和弛豫时间 ·············· 269
8.9　催化剂对反应速率的影响 ·············· 270
　　　8.9.1　催化剂和催化作用 ·············· 271
　　　8.9.2　催化剂的一般知识 ·············· 271
8.10　均相催化反应和酶催化反应 ·············· 272
　　　8.10.1　均相催化反应 ·············· 272
　　　8.10.2　酶催化反应 ·············· 273
8.11　复相催化反应 ·············· 274
　　　8.11.1　催化剂的活性与中毒 ·············· 274
　　　8.11.2　催化剂表面活性中心的概念 ·············· 276
　　　8.11.3　气-固复相催化反应的一般步骤 ·············· 277
　　　8.11.4　催化作用与吸附的关系 ·············· 278
8.12　溶剂对反应速率的影响 ·············· 278
　　　8.12.1　溶剂与反应物分子无特殊作用 ·············· 279
　　　8.12.2　溶剂与反应物分子有特殊作用 ·············· 280
8.13　光化学反应 ·············· 282
　　　8.13.1　光化学基本定律 ·············· 282
　　　8.13.2　光化学反应的特点 ·············· 283
　　　8.13.3　光化学反应的速率方程 ·············· 284
　　　8.13.4　光化学平衡 ·············· 285
本章基本学习要求 ·············· 286
参考文献 ·············· 287
思考题和习题 ·············· 287

附录 ·············· 294

1 热力学第一定律

1.1 热力学的方法、特点及化学热力学

物质运动构成了世界上所有的自然现象,而物质运动总是和能量及其转化联系在一起的,因此可以从能量的角度来了解各种自然现象发生的基本规律。

热力学研究热与其他形式的能量之间转化过程中所遵循的规律,以及能量变化与物质宏观性质之间的关系。热力学是以热力学第一、第二定律为基础的。这两个定律是在研究能量转化、热功当量、热机及其效率过程中发展起来的,是人们长期经验的总结。它们的正确性已为无数次的实验结果所证实。20 世纪初提出的热力学第三定律,它的基础没有热力学第一、第二定律广泛,但对于化学平衡及熵的计算却有重大意义。

热力学研究的对象是大量微观粒子所构成的宏观系统,研究宏观系统性质的变化、能量的增减以及它们与外界条件的关系。它是从基本定律出发,运用严格的逻辑推理和数学推导,预示某条件下过程进行的可能性和过程的最大限度等。热力学对所研究系统的物质内部的微观结构,对具体变化过程的细节不加任何设想,因而方法简单,结论可靠。这是热力学方法的特点,也是它的局限性所在,即虽然可以得到正确的结论,但热力学不能判断系统变化需要多长时间,也不能揭示发生变化的原因以及经过的历程,只对现象之间的联系作宏观研究,不能作出微观解释。即只知其然,而不知其所以然。

把热力学的基本原理用于研究化学变化以及与之相伴随的物理变化,就是化学热力学。化学热力学主要研究宏观系统在各种条件下的平衡行为,如能量平衡、化学平衡、相平衡、吸附平衡等,以及各种条件变化对平衡的影响,比如,在一定条件下,化学反应的方向性、平衡产率、如何改变反应条件提高平衡产率,以及化学反应中能量转化等问题。化学热力学对生产实际和科学实验起着重大的指导作用。

例如,高炉炼铁的过程,可用化学方程式表示如下:

$$Fe_3O_4 + 4CO \Longrightarrow 3Fe + 4CO_2$$

高炉废气中有很多 CO,过去人们曾盲目地耗费巨大资金加高炉身,延长接触时间,希望充分利用 CO,减少废气中 CO 含量,但不见成效。经过化学热力学计算表明,在一定条件下,高炉中反应只能进行到一定限度,废气中含 CO 是不可避免的。热力学已预示不可能的问题,任何企图把它变为现实的努力都是徒劳的。又如,人

们早就认识到金刚石和石墨都是碳的同素异构体,19世纪末进行了用石墨制造金刚石的实验,都失败了。经热力学计算得出,在常温条件下,只有压力超过1.5GPa这种转变才有可能。人造金刚石的制造成功,显示了热力学预见性的巨大威力。当然,从预见到实现,还需要与动力学等其他学科结合起来,才能解决实际问题。

1.2 热力学的基本概念

1.2.1 系统和环境

系统是指我们决意研究的真实世界中的一部分(即一部分物质或空间),把它从周围的事物中划分出来,称为系统。系统以外的部分,称为环境,一般只考虑对系统发生影响有直接联系的部分。

系统与环境是整体事物的两个部分,依据它们之间能量传递以及物质交换的关系可把系统分为:①敞开系统,指系统与环境间既有物质的交换,又有能量的传递;②封闭系统,系统与环境间没有物质的交换,只有能量的传递;③隔离系统,也称孤立系统,系统完全不受环境的影响,即与环境间既无物质的交换,也无能量的传递。真正的隔离系统是理想化的,不存在的,当环境对系统的影响减少到可以忽略的程度时,就可以认为是隔离系统。

根据系统相态的不同,可将系统分为均相系统和多相系统。系统中物理状态和化学组成均匀一致的部分称为一个相。含有一个相的系统称为均相系统,否则称为多相系统。如水和水汽构成的系统中,水和水汽因物理状态不同,而各为一个相,即分别为液相和气相,所以是多相系统。

系统与环境的划分,是人为的。目的是方便、实用地研究问题。从不同角度认识问题时,可选择不同的系统。系统和环境之间并不一定存在明确的物理界面。

1.2.2 热力学平衡状态

系统的热力学平衡状态,也称为热力学状态、平衡状态,或简称为状态。

一个系统在环境条件不变时,系统中各状态性质长时间内不发生任何变化,而且当系统与环境隔离后,系统性质也不发生改变,则称系统处于热力学平衡状态。系统处于热力学平衡状态时,应该同时达到以下几个平衡:

(1) 热平衡 无绝热壁存在的情况下,系统内各部分之间无温度差,且与环境温度相等。

(2) 力学平衡 无刚性壁存在的情况下,系统内各部分之间以及系统与环境之间没有不平衡力存在。不考虑重力场影响时,系统中各部分压力相等,且与环境压力相等。

（3）相平衡 一个多相系统，物质在各相中分布达到平衡，各相的组成和数量不随时间改变。

（4）化学平衡 化学反应达到平衡，系统的组成不随时间变化。

应当指出，平衡不是静止不动，而是动态平衡。若外界条件改变，则破坏了原有平衡，在新的条件下，建立新的平衡。

经典热力学研究的都是处于热力学平衡状态的系统，它的所有性质都是平衡态的性质。

1.2.3 状态函数

系统的状态用系统所有的宏观性质来描述，故系统的状态是系统所有物理性质和化学性质的综合表现。系统的每个宏观性质都是状态性质。当各种性质确定后，系统就处于确定的状态；反之，当系统状态确定后，各种性质都有确定的值。

系统的性质很多，一旦系统的状态确定，那么所有的性质都确定了。但只要有一个性质发生变化，系统的状态就改变了。确定系统的状态不需要知道系统所有的性质。实际上系统的性质是彼此相关的，仅需要确定几个性质，其他性质也就随之确定，用数学语言来说：系统的热力学平衡状态性质之间存在着一定的函数关系，其中只有几个是独立变量。

在热力学研究中，通常选最易于测量的典型性质作独立变量，而把其他性质表示成独立变量的函数。由于系统的各种热力学性质均为状态的函数，故称为状态函数或状态参量。同一个概念，在不同学科中往往用不同语言表述，例如在热力学中若 Y 是状态函数，则数学表述为"dY 是全微分"或"积分 $\int dY$ 与路径无关"。

系统的状态函数中，如压力、体积、温度、热容、表面张力等，可以通过实验直接测定，但有些不能由实验直接测定，如内能、焓、熵等。

系统的状态函数，根据它们与系统物质的量的关系，可以分为两类：①强度性质，如温度、压力、黏度等都是强度性质，它们不具有加和性，其数值取决于系统自身特性，与系统中物质的量无关；②广延性质（或称容量性质、广度性质），如体积、质量、热容、内能等都是广延性质，在强度性质一定时，广延性质与系统中物质的量成正比，具有加和性，即整个系统的某广延性质等于系统中各部分的该性质之和。

广延性质除以系统的物质的量以后，则变为强度性质，如摩尔体积、摩尔质量、摩尔热容等均是强度性质。那么，一个热力学系统，需要确定几个性质，系统才能处于确定状态呢？经验和理论分析均表明，只含一种物质的均相封闭系统（常称作单组分均相系统），在没有外场等条件下，只需要两个强度性质，其他强度性质就随之而定了。若知道系统的物质的量,则广延性质也都确定了。如一定量的理想气体系统,确定了系统的温度 T、压力 p,其他性质也就随之确定。例如浓度

$$c = c(T,p) = \frac{p}{RT}$$

体积

$$V = V(T,p) = \frac{nRT}{p}$$

状态函数是状态的单值函数,状态一定,状态函数也就确定,而与系统到达此状态前的历史无关;若系统状态变化,状态函数也随之变化,变化多少取决于系统的始、终状态,而与所经历的过程无关;无论系统经历了多么复杂的变化,系统只要回到原来的状态,那么状态函数也恢复原值。

在数学上,状态函数的微分为全微分。例如,封闭系统中,一定物质的量的某理想气体的体积是温度、压力的函数,即

$$V = f(T,p)$$

体积的微分可以写成

$$\mathrm{d}V = \left(\frac{\partial V}{\partial T}\right)_p \mathrm{d}T + \left(\frac{\partial V}{\partial p}\right)_T \mathrm{d}p$$

$\mathrm{d}V$ 表示当温度、压力分别变化 $\mathrm{d}T$、$\mathrm{d}p$ 时,系统体积的变化量。

1.2.4 过程和途径

若系统的状态发生了变化,则称系统进行了热力学过程,简称过程。完成状态变化所遵循的具体步骤称为途径。一般情况下,人们并不严格区分"过程"和"途径"的说法。完整地描述一个过程,应当指明始态、终态(或称初态、末态)及变化的具体步骤。

对比系统终态与始态的差异,常见的过程有:①简单物理过程,即系统的化学组成及聚集状态(相态)不变,只发生了 p、V、T 等状态参量的改变;②复杂物理过程,如发生了相变和混合等;③化学过程。

若根据过程自身特点划分,过程可分为多种。常见的特点鲜明的几种过程如下:

(1) 等温过程 在环境温度保持不变的条件下,系统始态、终态温度相同,且等于环境温度的过程,即

$$T_1 = T_2 = T_环 = 常数$$

下标"1"、"2"分别代表系统的始态、终态,$T_环$ 代表环境的温度。

(2) 等压过程 在环境压力(也称外压)保持不变的条件下,系统始态、终态压力相同且等于环境压力的过程,即

$$p_1 = p_2 = p_环 = 常数$$

(3) 等容过程　系统的体积保持不变的过程。

(4) 绝热过程　系统与环境之间没有热交换的过程。理想的绝热过程在实际中是不存在的。某些过程系统与环境之间交换的热量很少，可当做绝热过程处理。

(5) 循环过程　系统由某一状态出发，经过一系列的变化，又回到原来状态的过程。由于循环过程中，系统的始态、终态是同一状态，因此状态函数的改变量(简称状态函数变)为零。

对于系统，只要它的始态、终态确定，状态函数变就一定，而与实际经历的途径无关。因此对一个给定的实际过程，若某状态函数变难于计算，则可以通过在初末态之间设计其他途径进行计算。这是在热力学中常用的基本方法之一。

1.3　热力学第一定律简介

1.3.1　热力学第一定律的表述

能量不能凭空产生，也不能自行消灭，这是人们早已熟知的事实。1840 年以后，J. P. Joule(焦耳)做了大量的热功当量实验，认识到热与机械功的转化具有一定数量关系，证实了能量在转化过程中保持总量不变。从此能量守恒原理才为科学界所公认。

热力学第一定律是能量守恒和转化定律，它是人类长期经验的总结，它导出的结论与事实的一致性，有力地证明了它的正确性。

热力学第一定律有多种表述方式，例如可以表述为"不供给能量而连续不断产生能量的机器叫第一类永动机，经验表明，第一类永动机是不可能造成的"；还可以表述为"自然界的一切物质都具有能量，能量有各种不同形式，它从一种形式可以转化为另一种形式，在转化中，能量总数量不变"。可以证明，第一定律不同的表述方式都是等价的。

1.3.2　热和功

非隔离系统的状态发生变化时，系统和环境之间可能有能量的交换。热和功是能量交换的两种形式。因而热、功是和过程联系在一起的，系统不进行过程，就不可能与环境有能量的交换，也就没有热和功。为此，常把热和功称为过程量。

热，也称为热量，用符号 Q 表示。它是在系统与环境之间由于温度差别而交换或传递的能量。

习惯上规定：系统吸热，$Q>0$；系统放热，$Q<0$。

热力学中，把除热之外，在系统与环境之间传递的其他能量称之为功，用符号

W 表示。最初功的概念是狭义的,来源于机械功,它等于力乘以在力的方向上发生的位移。现在功的概念是广义的,功有多种形式。一般说来,和机械功一样,可以看做一个强度性质和一个广延性质变化量的乘积。例如,机械功等于外力乘位移;体积功等于压力乘体积的变化;表面功等于表面张力乘表面积的变化;电功等于电动势乘电量的变化等。

可以认为强度性质(如压力、表面张力、电动势等)是一种广义的力;而广延性质(如体积、表面积、电量)的改变是广义的位移,所以广义功为广义力与广义位移的乘积。

在本书中规定:若系统对环境做功,$W>0$;环境对系统做功,$W<0$。

在化学热力学中,常常把体积功(膨胀或压缩过程的功)与非体积功(电功、表面功等,也称作有用功)加以区别,分别用 W 和 W' 表示。

1.3.3 内能

若研究的对象是宏观静止系统,并忽略外力场存在,那么系统在确定状态下所具有的总能量称为内能(或称热力学能),用符号 U 表示。内能包括系统中所有微粒及其所有运动形式具有的能量总和。如物质分子间的作用势能、分子的平动能、转动能、振动能、电子运动能及核运动能等。随着对微观世界认识的深入,还会发现新的粒子及新的运动形式,因此系统内能的绝对值是无法确定的。

内能是系统内部能量的总和,它是系统自身的性质,只取决于系统的状态。系统在确定状态下内能值一定。它的变化量(内能变)由系统的始态、终态决定,与经历的途径无关。若系统进行一个任意的循环过程,始态和终态是同一个状态,那么内能变为零。

根据状态函数的特点,内能可以表示为其他几个变量的函数。对于均相定组成的封闭系统,若把内能表示为温度 T 和体积 V 的函数,即 $U=f(T,V)$,则内能的全微分为

$$dU = \left(\frac{\partial U}{\partial T}\right)_V dT + \left(\frac{\partial U}{\partial V}\right)_T dV \tag{1-1}$$

内能是广延性质,具有加和性。虽然系统内能的绝对值无法确定,但状态改变时引起的内能变是可以确定的。热力学中正是通过状态函数变来解决实际问题的。

1.3.4 封闭系统的热力学第一定律数学表达式

当宏观静止、无外场作用的封闭系统从状态 1 经历某个过程到达状态 2 时,若此过程中系统从环境吸收的热量为 Q,对环境做的功为 W,那么根据热力学第一定律,系统的内能变为

$$\Delta U = U_2 - U_1 = Q - W \tag{1-2}$$

若系统发生了微小变化，那么内能变化为 dU，则

$$dU = \delta Q - \delta W \tag{1-3}$$

由于热和功是过程量，不是系统的状态性质，因此热和功的微小量不用全微分符号 dQ 和 dW 表示，而用 δQ 和 δW 来表示。式(1-2)与式(1-3)就是非敞开系统热力学第一定律的数学表达式。热力学第一定律说明了能量可以通过热和功的形式转化，同时指出了转化的数量关系。

应用式(1-2)和式(1-3)时，内能、热和功的单位应当一致。在国际单位制(SI)中，它们的单位名称为焦[耳]，符号为 J，或用千焦[耳]，符号为 kJ。

1.4 可逆过程与体积功

1.4.1 体积功

体积功是当系统的体积变化时克服外力所做的功。下面以气体的膨胀和压缩过程讨论体积功的计算。

将一定量气体置于横截面为 A 的活塞筒中，并假定活塞的质量及活塞与筒壁间的摩擦力均忽略不计。筒内气体压力为 p_1，外压为 $p_环$，如图 1-1 所示。若 $p_1 > p_环$，则气体膨胀。设气体膨胀使活塞向上移动了距离 dl，此膨胀过程中抵抗外力做了体积功（膨胀功）：

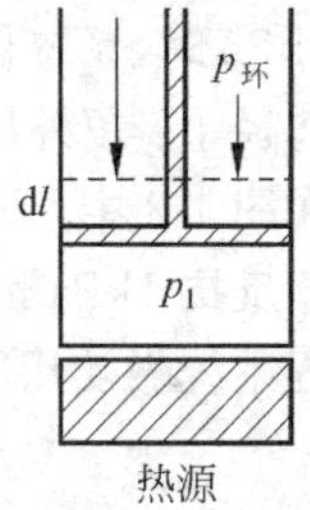

$$\delta W = F dl = p_环 A dl = p_环 dV$$

即

图 1-1 体积功示意图

$$\delta W = p_环 dV \tag{1-4}$$

式中 dV=Adl，是系统体积的变化。当气体膨胀时，体积增加，dV>0，则 δW>0，表明此过程系统对环境做了功；若 $p_1 < p_环$，则活塞向下移动 dl，气体被压缩，此过程的功仍用式(1-4)计算，但由于压缩过程气体的体积减小，dV<0，则 δW<0，表明此过程环境对系统做了功。

式(1-4)是计算体积功的通式，适用于一切物质的膨胀或压缩过程。当系统发生明显的体积变化，体积由 V_1 变化到 V_2 时，式(1-4)变为

$$W = \int_{V_1}^{V_2} p_环 dV \tag{1-5}$$

以此式为依据，可以得到如下结论：

(1) 向真空膨胀（又称自由膨胀） 因为外压为零，即 $p_环 = 0$，所以 $W = 0$。即

向真空膨胀不做体积功。

(2) 等容过程 $dV=0$，所以 $W=0$，即等容过程没有体积功。

(3) 恒外压过程 因为外压 $p_环$ 为常数，所以

$$W = p_环 \Delta V \tag{1-6}$$

若系统进行分步恒外压膨胀(或压缩)，每步膨胀时 $p_环$ 为常数，则整个过程的功为

$$W = \sum_i p_环 \Delta V$$

(4) 等压过程 系统初、末态的压力(以 p 表示)均等于外压，且外压不变，所以

$$W = p \Delta V \tag{1-7}$$

1.4.2 功与过程

下面用实例讨论功与过程的关系。

假定图 1-2 中的活塞筒是热的良导体，内充有 $p_1=4\text{kPa}$，$V_1=1\text{m}^3$，温度为 T 的理想气体。把它与温度为 T 的恒温热源接触，并使环境压力 $p_环=p_1=4\text{kPa}$，则系统处于平衡态。现讨论当系统在等温条件下，经历不同的途径膨胀到同一终态 $p_2=1\text{kPa}$ 时，系统做功的情况。

途径 Ⅰ：恒外压一次膨胀

在图 1-2 中，环境压力 $p_环$，用每个砝码表示 1kPa，若一次移去 3 个砝码。此时气体反抗 1kPa 恒定外压等温膨胀到 $p_2=1\text{kPa}$，$V_2=4\text{m}^3$，达到新的平衡终态。此过程系统做功用图 1-2(a) 中阴影部分的面积表示：

$$W_Ⅰ = p_环 \Delta V = 10^3 \text{Pa} \times 3\text{m}^3 = 3\text{kJ}$$

途径 Ⅱ：分步恒外压膨胀(3 次膨胀)

使外压分 3 步减少，每步使其突然降低 1kPa，即每次移去一个砝码，气体在此过程做功用图 1-2(b) 中阴影部分的面积表示：

$$W_Ⅱ = \sum_i p_环 \Delta V$$

根据理想气体的状态方程式，等温条件下

$$p_{环,1} = 3 \times 10^3 \text{Pa}, \quad \Delta V_1 = \frac{1}{3}\text{m}^3$$

$$p_{环,2} = 2 \times 10^3 \text{Pa}, \quad \Delta V_2 = \frac{2}{3}\text{m}^3$$

$$p_{环,3} = 1 \times 10^3 \text{Pa}, \quad \Delta V_3 = 2\text{m}^3$$

将这些数据代入上式，得到途径 Ⅱ 总膨胀功为

$$W_Ⅱ = 3 \times 10^3 \text{Pa} \times \frac{1}{3}\text{m}^3 + 2 \times 10^3 \text{Pa} \times \frac{2}{3}\text{m}^3 + 1 \times 10^3 \text{Pa} \times 2\text{m}^3$$

$$= 1\text{kJ} + \frac{4}{3}\text{kJ} + 2\text{kJ} = 4\frac{1}{3}\text{kJ}$$

途径Ⅲ：理想气体等温可逆膨胀

若外压 $p_环$ 总比系统的压力 p 小一个无限小量的膨胀，膨胀过程中，系统压力和外压都在变化，但始终是相差无限小量，即 $p_环 = p - \mathrm{d}p$，最终可使气体由 $V_1(1\mathrm{m}^3)$ 膨胀至 $V_2(4\mathrm{m}^3)$，系统压力从 $p_1(4\mathrm{kPa})$ 无限缓慢地减少到 $p_2(1\mathrm{kPa})$。此过程叫等温可逆膨胀，功的计算如下：

$$W_Ⅲ = \int_{V_1}^{V_2} p_环 \, \mathrm{d}V = \int_{V_1}^{V_2} (p - \mathrm{d}p)\mathrm{d}V = \int_{V_1}^{V_2} p\mathrm{d}V \tag{1-8}$$

由此可见，此过程的功为图 1-2(c) 中阴影部分面积。式中 p 是理想气体的压力，将理想气体状态方程代入上式，积分即可得到计算理想气体等温可逆过程体积功的公式如下：

$$W_Ⅲ = nRT\ln\frac{V_2}{V_1} \tag{1-9}$$

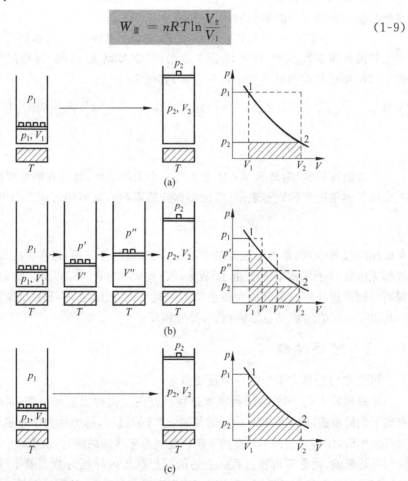

图 1-2　外压与膨胀功之间的关系

即

$$W_{\mathrm{III}} = nRT\ln\frac{p_1}{p_2} = p_1V_1\ln\frac{p_1}{p_2} = 5.55\text{kJ}$$

由以上 3 个过程功的计算结果可以看出,在相同的初、末态之间,不同过程的功不同。系统所做的膨胀功 $W_{\mathrm{III}} > W_{\mathrm{II}} > W_{\mathrm{I}}$,$W_{\mathrm{III}}$ 是这 3 个过程中膨胀功的值最大者。表明等温可逆膨胀过程系统做最大功。途径Ⅲ进行时,推动力无限小,活塞移动无限缓慢,此过程进行的每一瞬间,系统都无限接近于平衡状态。

现在如果让这些气体由 (p_2,V_2) 分别经上述 3 过程的逆过程压缩到 (p_1,V_1),则 3 个压缩过程的功分别计算如下:

若恒外压一次压缩,即 $p_{环}=p_1=4\text{kPa}$ 时,则此过程的功 $W_{\mathrm{I}'}$ 可用图 1-2(a)中虚线与横轴所围部分的面积表示,其值为

$$W_{\mathrm{I}'} = p_{环}\Delta V = 4\times 10^3\text{Pa}\times (1-4)\text{m}^3 = -12\text{kJ}$$

若恒外压 3 次压缩,使外压分 3 步增加,每步增大 1kPa,过程的功 $W_{\mathrm{II}'}$ 可用图 1-2(b)中虚线与横轴所围的面积表示,其值为

$$W_{\mathrm{II}'} = \sum_i p_{环}\Delta V = 2\text{kPa}(2-4)\text{m}^3 + 3\text{kPa}\left(\frac{4}{3}-2\right)\text{m}^3 + 4\text{kPa}\left(1-\frac{4}{3}\right)\text{m}^3$$

$$= -7\frac{1}{3}\text{kJ}$$

若等温可逆压缩,外压 $p_{环}$ 总比 p 大一个无限小量,此过程的功可用图 1-2(c)中虚线与横轴所围的面积表示(即阴影部分的面积),其值仍可用式(1-9)计算,即

$$W_{\mathrm{III}'} = nRT\ln\frac{V_1}{V_2} = -5.55\text{kJ}$$

在此压缩过程中,也是由于压力差无限小,压缩速度无限慢,过程中的每一瞬间,系统都无限接近于平衡状态。由于 $|W_{\mathrm{III}'}| < |W_{\mathrm{II}'}| < |W_{\mathrm{I}'}|$,即 $W_{\mathrm{III}'}$ 的绝对值最小,表明等温可逆压缩过程环境做最小功。同时可以看出,当内外压力差为 $\text{d}p$ 时,膨胀功 W_{III} 和压缩的功 $W_{\mathrm{III}'}$ 数值相等,符号相反。

1.4.3 可逆过程

可逆过程是热力学中的一个重要概念。

某过程发生后,如使系统循原来过程反方向变化而回复到始态,同时环境中没有留下任何痕迹,即系统和环境同时复原,这样的过程,称为热力学可逆过程。若某过程发生后,任何方法都不可能使系统回复到原来状态的同时,也消除了在环境中产生的一切影响,则称不可逆过程。上述的理想气体内外压力差无限小时的膨胀(压缩)过程,在没有任何耗散(如没有因摩擦而造成能量散失)的情况下就是可逆过程。

可逆过程有以下特点:

(1) 可逆过程是由无穷多个无限接近于平衡的状态构成的过程。

(2) 循可逆过程的反方向进行,系统和环境同时复原。

以上特点尽管是从气体等温膨胀、压缩过程中认识到的,实际上其他可逆过程也具有这些特点。

可逆过程是科学的抽象,是一种理想化的过程。客观世界中任何实际过程均以一定速率进行,不可能无限缓慢地进行,所以不存在真正的可逆过程。热力学中可逆过程的重要意义在于它与热力学平衡状态密切相关。因此若一个过程(如相变、化学反应等)被确定为可逆过程,则系统必处于(或无限接近)平衡状态。在下一章还会看到,一些重要的热力学函数变化(熵、Gibbs 函数等)只有通过可逆过程才可求得。此外,等温可逆膨胀过程,系统做功最多;等温可逆压缩过程,环境做功最少,因而从能量角度看,可逆过程是实际过程能量利用率的极限。将实际过程与可逆过程比较,就可为判断提高实际过程能量效率的可能性提供依据。

当系统进行可逆膨胀或压缩过程时,系统与环境压力相等(或相差无限小量),因此式(1-8)是计算可逆过程体积功的通式,而式(1-9)则是理想气体等温可逆过程体积功的计算公式。

1.5 热的计算

1.5.1 等容热效应

如前所述,热是过程量,不是状态函数。但是在某些特定的过程中,热与系统的某个状态函数变之间有数值相等的关系。

设封闭系统经一变化过程,根据热力学第一定律:$\Delta U = Q - W$。如果所经历的过程是等容且没有非体积功的过程,即过程无功,则

$$\Delta U = Q_V \tag{1-10}$$

式中 Q_V 表示等容过程的热效应,简称等容热。由式(1-10)看出,在不做非体积功的等容过程中,封闭系统与环境交换的热量等于系统的内能变,也就是说,在 $W' = 0$ 的等容过程中,热量仅由系统的始态、终态决定。

1.5.2 等压热效应和焓

在等压且 $W' = 0$ 的条件下,第一定律记作:$\Delta U = Q_p - p\Delta V$,其中 $p = p_1 = p_2$,因此

$$Q_p = \Delta U + p\Delta V = U_2 - U_1 + p_2 V_2 - p_1 V_1$$
$$= (U_2 + p_2 V_2) - (U_1 + p_1 V_1) = \Delta(U + pV)$$

式中 Q_p 表示等压热。由于 U, p, V 都是系统的状态函数,因此组合式 $(U + pV)$ 仍

然是系统的状态函数,它仅仅与系统的状态有关。人们将这个状态函数叫做焓,用符号 H 表示,即定义

$$H = U + pV \tag{1-11}$$

将此定义代入前式,得

$$Q_p = \Delta H \tag{1-12}$$

式(1-12)表明,在不做非体积功的等压过程中,热量等于焓变。焓和内能一样,虽然它的绝对值无法得知,但系统的状态变化时过程的焓变是可以确定的。由于一般化学反应大都是在等压、不做非体积功的条件下进行的,因而焓在研究化学反应的热效应中比内能更具有实用价值。

还需指出,只有在非体积功为零的等容过程或等压过程,封闭系统中过程的热效应才能与内能变或焓变联系在一起。至于其他过程,系统虽有内能和焓的变化,但与过程的热量没有数值相等的关系。

1.5.3 热容及简单变温过程热的计算

组成不变的均相封闭系统,在不做非体积功的条件下吸收微小热量 δQ,温度升高 $\mathrm{d}T$ 时,$\delta Q/\mathrm{d}T$ 这个量就称为热容,用符号 C 来表示,即

$$C = \frac{\delta Q}{\mathrm{d}T} \tag{1-13}$$

由于 δQ 与过程有关,所以同一系统的热容是随过程不同而异。等容过程的热容称为等容热容,用 C_V 表示,即

$$C_V = \frac{\delta Q_V}{\mathrm{d}T} \tag{1-14}$$

单位物质的量的等容热容,称为该物质的摩尔等容热容,用 $C_{V,m}$ 表示,即 $C_{V,m} = C_V/n$。对于 $W'=0$ 的等容过程,$\mathrm{d}U = \delta Q_V$,所以式(1-14)可写成

$$C_V = \left(\frac{\delta Q}{\mathrm{d}T}\right)_V = \left(\frac{\partial U}{\partial T}\right)_V \tag{1-15}$$

式(1-15)表明,等容热容等于等容过程中系统内能随温度的变化率。对任何组成不变的均相封闭系统,在 $W'=0$ 的等容过程中,热量等于系统的内能变

$$\delta Q_V = \mathrm{d}U = C_V \mathrm{d}T \tag{1-16a}$$

$$Q_V = \Delta U = \int_{T_1}^{T_2} C_V \mathrm{d}T \tag{1-16b}$$

同理,等压热容定义为

$$C_p = \left(\frac{\delta Q}{dT}\right)_p = \left(\frac{\partial H}{\partial T}\right)_p \qquad (1\text{-}17)$$

式(1-17)表明,等压热容等于等压条件下系统的焓随温度的变化率。对任何组成不变的均相封闭系统,在 $W'=0$ 的等压过程中,热量等于系统的焓变

$$\delta Q_p = dH = C_p dT \qquad (1\text{-}18a)$$

$$Q_p = \Delta H = \int_{T_1}^{T_2} C_p dT \qquad (1\text{-}18b)$$

式(1-16b)和(1-18b)分别解决了等容简单变温过程和等压简单变温过程热的计算,不能利用它们计算相变、混合、化学反应等过程的热量。

式(1-17)也表明:C_p 是 T 和 p 的函数。由于 p 对 C_p 的影响比 T 对 C_p 影响小很多,在压力变化不很大的情况下,可以把 C_p 仅表示成 T 的函数。

根据量热实验数据,通常把物质摩尔等压热容与温度的关系用以下两种形式的经验方程表示:

$$C_{p,m} = a + bT + cT^2 + \cdots \qquad (1\text{-}19a)$$

$$C_{p,m} = a + bT + c'T^{-2} + \cdots \qquad (1\text{-}19b)$$

式中 a,b,c 及 c' 均为经验常数,它们的数值和单位,随公式的形式、来源、适用范围及 $C_{p,m}$ 的单位的选择等因素的变化而不同。在实际工作中,若物质温度的变化不大,也常将 $C_{p,m}$ 近似当做常数处理。

1.6 热力学第一定律对于理想气体的应用

1.6.1 理想气体的内能、焓和热容

J. L. Gay-Lussac(盖-吕萨克)于 1807 年,J. P. Joule(焦耳)于 1843 年分别用实验研究了低压气体(近似当做理想气体)的内能与体积的关系。Joule 在实验中,选用两个容量相等的大容器,用旋塞连通,把它们置于水浴之中。一个容器装满低压气体,另一个抽成真空,如图 1-3 所示。当旋塞打开后,气体向真空自由膨胀,并用温度计测量气体膨胀前后水浴的温度。实验表明,水温没有变化,说明系统(气体)与环境(水浴)间没有热的交换,$Q=0$;另外气体向真空膨胀过程,不做功,$W=0$,根据热力学第一定律,$\Delta U=0$,或 $dU=0$。由以上分析可知,理想气体经历了等温膨胀过程,虽然体积和压力发生了变化,但内能保持不变。即在等温条件下理想气体的内能不随体积和压力而变化。此结

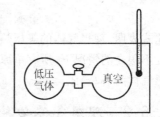

图 1-3 Joule 实验示意图

论称作 Joule 定律,记作

$$\left(\frac{\partial U}{\partial V}\right)_T = 0, \quad \left(\frac{\partial U}{\partial p}\right)_T = 0 \tag{1-20}$$

此式表明,理想气体的内能只是温度的函数,因此 Joule 定律也可表示为:对于理想气体,$U = f(T)$。

应当指出:Joule 实验是不精确的。由于水浴的热容很大,即使膨胀过程中有一定数量的热交换,水温的变化也难以测出。进一步的实验和理论都证明,只有在气体起始压力趋近于零,即理想气体时,Joule 定律才是完全正确的。

根据焓的定义 $H = U + pV$ 及理想气体状态方程 $pV = nRT$,很容易证明:

$$\left(\frac{\partial H}{\partial V}\right)_T = 0, \quad \left(\frac{\partial H}{\partial p}\right)_T = 0 \tag{1-21}$$

此式表明,理想气体的焓仅是温度的函数,即 $H = f(T)$。

因为理想气体的 U 和 H 均只是温度的函数,理想气体的任意等温膨胀和压缩过程都没有内能变和焓变,即 $\Delta U = 0, \Delta H = 0$。理想气体任意变温过程的内能变和焓变可分别用如下两式计算:

$$\Delta U = \int_{T_1}^{T_2} C_V dT \tag{1-22}$$

$$\Delta H = \int_{T_1}^{T_2} C_p dT \tag{1-23}$$

因为理想气体的焓和内能仅是温度的函数,所以等压热容和等容热容也仅是温度的函数,且定义可记作

$$C_p = \frac{dH}{dT}, \quad C_V = \frac{dU}{dT}$$

故

$$C_p - C_V = \frac{dH}{dT} - \frac{dU}{dT} = \frac{d(U+pV)}{dT} - \frac{dU}{dT} = \frac{d(pV)}{dT} = \frac{d(nRT)}{dT}$$

即

$$C_p - C_V = nR, \quad C_{p,m} - C_{V,m} = R \tag{1-24}$$

此式表明,理想气体的等压热容比等容热容大 nR。同时,理论和实验都表明,在温度不很高的情况下,所有单原子理想气体的摩尔等容热容为 $(3/2)R$,而双原子理想气体为 $(5/2)R$。

1.6.2 理想气体的绝热过程

在绝热过程中,系统和环境之间没有热交换,$\delta Q = 0$,根据热力学第一定律

$$dU = -\delta W$$

对于理想气体的绝热可逆膨胀或压缩过程，上式为

$$C_V dT = -p dV \tag{1-25}$$

由此可以导出

$$TV^{\frac{nR}{C_V}} = K \tag{1-26}$$

其中 K 是常数。由于理想气体 $C_p = C_V + nR$，故 $\dfrac{nR}{C_V} = \dfrac{C_p - C_V}{C_V}$，令 $\dfrac{C_p}{C_V} = \gamma$，$\gamma$ 称为热容比或称绝热指数，则 $\dfrac{nR}{C_V} = \gamma - 1$。于是式(1-26)改写为

$$\boxed{TV^{\gamma-1} = K} \tag{1-27}$$

此式是理想气体在绝热可逆过程中遵守的方程，称过程方程。它表明，理想气体在绝热可逆过程中保持 $TV^{\gamma-1}$ 值不变。它描述在此过程中不同状态之间的关系，例如初、末态的关系为 $T_1 V_1^{\gamma-1} = T_2 V_2^{\gamma-1}$。若把理想气体状态方程代入上式，过程方程还有以下两种形式：

$$\boxed{T^{\gamma} p^{1-\gamma} = K'} \tag{1-28}$$

$$\boxed{pV^{\gamma} = K''} \tag{1-29}$$

其中 K' 和 K'' 均为常数。

过程方程主要用于求绝热过程的末态。

例 1-1 使 2mol 单原子理想气体从 300K，500kPa 绝热可逆膨胀至 100kPa，求此过程的 Q, W 及系统的 $\Delta U, \Delta H$。

解：此过程的始态、终态可表示如下：

$$\boxed{\begin{array}{l} n = 2\text{mol} \\ T_1 = 300\text{K} \\ p_1 = 5 \times 10^5 \text{Pa} \\ V_1 = ? \end{array}} \xrightarrow{\text{绝热可逆过程}} \boxed{\begin{array}{l} n = 2\text{mol} \\ T_2 = ? \\ p_2 = 1 \times 10^5 \text{Pa} \\ V_2 = ? \end{array}}$$

为计算终态温度 T_2，据式(1-28)

$$T_1^{\gamma} p_1^{1-\gamma} = T_2^{\gamma} p_2^{1-\gamma}$$

单原子分子理想气体

$$C_{V,m} = \frac{3}{2}R, \quad C_{p,m} = \frac{3}{2}R + R = \frac{5}{2}R$$

所以

$$\gamma = \frac{C_{p,m}}{C_{V,m}} = 1.67$$

把已知数据代入，解得
$$T_2 = 157\text{K}$$
因为绝热过程，$Q=0$，所以
$$W = -\Delta U = -nC_{V,m}(T_2 - T_1)$$
$$= -2\text{mol} \times \frac{3}{2} \times 8.314\text{J} \cdot \text{K}^{-1} \cdot \text{mol}^{-1} \times (157\text{K} - 300\text{K})$$
$$= 3.57\text{kJ}$$
$$\Delta U = -3.57\text{kJ}$$
$$\Delta H = nC_{p,m}(T_2 - T_1)$$
$$= 2\text{mol} \times \left(\frac{3}{2} + 1\right) \times 8.314\text{J} \cdot \text{K}^{-1} \cdot \text{mol}^{-1} \times (157\text{K} - 300\text{K}) = -5.94\text{kJ}$$

例 1-2 若上题中始态气体在恒定外压 100kPa 下，经绝热不可逆膨胀到终态 $p_2 = 100\text{kPa}$，求此过程的 Q, W 及系统的 $\Delta U, \Delta H$。

解：此过程的始态、终态可表示如下：

$n=2\text{mol}$ $T_1=300\text{K}$ $p_1=5\times 10^5\text{Pa}$ $V_1=?$	$\xrightarrow[p_\text{外}=1\times 10^5\text{Pa}]{\text{绝热不可逆过程}}$	$n=2\text{mol}$ $T'_2=?$ $p_2=1\times 10^5\text{Pa}$ $V_2=?$

因为是绝对不可逆过程，不能用绝热可逆过程方程式。据 $\Delta U = -W$，即
$$nC_{V,m}(T'_2 - T_1) = -p_2(V_2 - V_1)$$
$$nC_{V,m}(T'_2 - T_1) = -p_2\left(\frac{nRT'_2}{p_2} - \frac{nRT_1}{p_1}\right)$$

所以
$$nC_{V,m}(T'_2 - T_1) = -nRT'_2 + \frac{p_2}{p_1}nRT_1$$

又
$$C_{p,m} = C_{V,m} + R$$

整理后得
$$C_{p,m}T'_2 = C_{V,m}T_1 + \frac{p_2}{p_1}RT_1$$
$$T'_2 = \frac{1}{C_{p,m}}\left(C_{V,m} + \frac{p_2}{p_1}R\right)T_1$$

代入数据
$$T'_2 = \frac{1}{\frac{5}{2} \times 8.314\text{J} \cdot \text{K}^{-1} \cdot \text{mol}^{-1}} \times \left(\frac{3}{2} + \frac{1 \times 10^5\text{Pa}}{5 \times 10^5\text{Pa}}\right) \times 8.314\text{J} \cdot \text{K}^{-1} \cdot \text{mol}^{-1} \times 300\text{K}$$
$$= 204\text{K}$$

因为过程绝热，$Q=0$，

$$W = -\Delta U = -nC_{V,m}(T'_2 - T_1)$$
$$= -2\text{mol} \times \frac{3}{2} \times 8.314\text{J} \cdot \text{K}^{-1} \cdot \text{mol}^{-1} \times (204\text{K} - 300\text{K})$$
$$= 2.39\text{kJ}$$
$$\Delta U = -2.39\text{kJ}$$
$$\Delta H = nC_{p,m}(T'_2 - T_1)$$
$$= 2\text{mol} \times \left(\frac{3}{2}+1\right) \times 8.314\text{J} \cdot \text{K}^{-1} \cdot \text{mol}^{-1} \times (204\text{K} - 300\text{K}) = -3.99\text{kJ}$$

由同一始态经绝热可逆和绝热不可逆膨胀达到的终态是不同的。这是由于不可逆过程中系统对环境做的功小于可逆过程做的功。如果终态压力相同，温度则不同，不可逆绝热膨胀的终态温度 T'_2 要比可逆绝热膨胀的终态温度 T_2 高。

在解决理想气体绝热过程热力学量 $\Delta U, \Delta H, Q, W$ 等的计算过程中，不论可逆还是不可逆过程，确定终态温度都是关键步骤。在可逆的情况下，根据过程方程计算出终态温度；在不可逆的情况下，仅仅是对恒外压或分步恒外压的特殊过程，可根据理想气体状态方程式与绝热过程 $\Delta U = -W$ 两关系式联立求解。

1.7 热力学第一定律对于相变过程的应用

相变是指物质聚集状态的变化过程，如液体与气体两相转变的汽化与液化，液体与固体两相转变的凝固与熔化，固体与气体间的升华与凝华，以及不同晶型的相互转化过程都是相变过程。

在相平衡的温度、压力下，纯物质的相变过程是可逆相变过程；不在平衡相变温度及压力下的相变为不可逆相变过程。

许多纯物质在正常沸点或熔点时的相变过程焓变（称相变焓）的实测值，可以从化学或化工数据手册中查到，一般给出的是物质的摩尔相变焓。例如在 373.15K，101.325kPa 下过程

$$H_2O(l, 373.15K, 101.325kPa) \longrightarrow H_2O(g, 373.15K, 101.325kPa)$$

的摩尔焓变称为水的摩尔汽化焓，用符号 $\Delta_l^g H_m$（或 $\Delta_{vap} H_m$）表示，即

$$\Delta_l^g H_m(373.15K) = H_m(g, 373.15K) - H_m(l, 373.15K)$$

同样条件下，水汽的凝结过程的摩尔凝结焓为 $\Delta_g^l H_m(373.15K)$。因为凝结是蒸发的逆过程，所以 $\Delta_g^l H_m(373.15K) = -\Delta_l^g H_m(373.15K)$。对于升华与凝华、熔

化与凝固等相变过程,有类似的关系。

由于上述相变过程是等压且非体积功为零的过程,所以相变焓等于相变过程的热量。为此相变焓也称为相变热。

物质的相变焓与相变过程的温度、压力有关。但压力对相变焓的影响很小,一般可以忽略,因而通常把相变焓仅视为温度的函数。非正常沸点和熔点的相变焓可以利用有关热力学数据计算求出。例如欲求液态水在 25℃ 及 3168Pa 条件下汽化为同温同压下水汽的摩尔汽化焓,可根据状态函数的特点,用设计的途径的方法求出,具体做法如下:

$$
\begin{array}{c}
H_2O(l, 298.15K, 3168Pa) \xrightarrow{\Delta_l^g H_m = ?} H_2O(g, 298.15K, 3168Pa) \\
\downarrow \Delta H_1 \approx 0 \qquad\qquad\qquad\qquad\qquad \uparrow \Delta H_5 \approx 0 \\
H_2O(l, 298.15K, 101.325kPa) \qquad H_2O(g, 298.15K, 101.325kPa) \\
\downarrow \Delta H_2 \qquad\qquad\qquad\qquad\qquad \uparrow \Delta H_4 \\
H_2O(l, 373.15K, 101.325kPa) \xrightarrow{\Delta H_3} H_2O(g, 373.15K, 101.325kPa)
\end{array}
$$

所以

$$\Delta_l^g H_m(298.15K) = \Delta H_1 + \Delta H_2 + \Delta H_3 + \Delta H_4 + \Delta H_5 = \Delta H_2 + \Delta H_3 + \Delta H_4$$

其中,ΔH_3 是水在正常沸点时的汽化焓,可从热力学数据表中查出。若已知水和水蒸气的 $C_{p,m}$,则可计算出 ΔH_2 和 ΔH_4,进而求出 $\Delta_l^g H_m(298.15K)$。

例 1-3 2mol $H_2O(l)$ 于恒定 101.325kPa 压力下,由 25℃ 升温并蒸发成 100℃ 的 $H_2O(g)$。求该过程的 Q,W 及系统的 ΔU,ΔH。已知 $\Delta_l^g H_m(H_2O, 100℃) = 40.637 \text{kJ} \cdot \text{mol}^{-1}$,$25 \sim 100℃$ 的范围内 $C_{p,m}(H_2O, l) = 75.6 \text{J} \cdot \text{mol}^{-1} \cdot \text{K}^{-1}$。

解:设上述过程为过程 Ⅰ,如下所示:

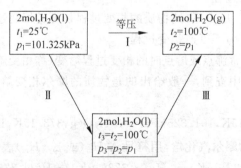

过程 Ⅰ 为等压过程,则

$$W = p\Delta V = p(V_g - V_l)$$

式中 V_l,V_g 分别代表始态液体及终态气体的体积。由于在低压条件下,$V_g \gg V_l$,

且气体可近似认为是理想气体,则上式可简化为

$$W \approx pV_g = nRT_2 = 2\text{mol} \times 8.314\text{J} \cdot \text{mol}^{-1} \cdot \text{K}^{-1} \times 373.15\text{K} = 6.205\text{kJ}$$

此过程是 $W'=0$ 的等压过程,所以 $Q=\Delta H$。

状态函数变与过程无关。为了计算 ΔH,在初、末态之间设计一个由步骤 Ⅱ 和 Ⅲ 组成的过程,则

$$\Delta H = \Delta H_{\text{Ⅱ}} + \Delta H_{\text{Ⅲ}} = nC_{p,\text{m}}(T_3 - T_1) + n\Delta_{\text{l}}^{\text{g}}H_{\text{m}}(373.15\text{K})$$
$$= 2\text{mol} \times 75.6\text{J} \cdot \text{mol}^{-1} \cdot \text{K}^{-1} \times (373.15\text{K} - 298.15\text{K})$$
$$+ 2\text{mol} \times 40.637\text{kJ} \cdot \text{mol}^{-1} = 92.614\text{kJ}$$
$$Q = 92.614\text{kJ}$$
$$\Delta U = Q - W = 92.614\text{kJ} - 6.205\text{kJ} = 86.409\text{kJ}$$

在相变过程功的计算中,若是汽化、升华或冷凝、凝华过程,由于 $V_g \gg V_l$(或 V_s),均可以忽略液相或固相的体积。其他没有气相参加的相变过程,计算功时,则不能随意忽略任何一相的体积。

1.8 热化学的基本概念

研究化学反应过程的能量变化,主要任务是研究反应过程的热效应问题。物理化学的这一分支称为热化学,它是热力学第一定律在化学领域中的具体应用。

1.8.1 反应进度

对于任何化学反应,若参与反应的任意物质用 B 表示,ν_B 是化学反应方程式中物质 B 的化学计量数。规定反应物的化学计量数为负值,产物的化学计量数为正值,那么一般化学反应表示为

$$0 = \sum_B \nu_B \text{B} \tag{1-30}$$

反应过程中,各物质量的变化是相互关联的,各物质的量的变化与各自的化学计量数之比服从如下关系:

$$\frac{\mathrm{d}n_{B,1}}{\nu_{B,1}} = \frac{\mathrm{d}n_{B,2}}{\nu_{B,2}} = \frac{\mathrm{d}n_{B,3}}{\nu_{B,3}} = \cdots \tag{1-31}$$

定义
$$\mathrm{d}\xi = \frac{\mathrm{d}n_B}{\nu_B} \tag{1-32}$$

或
$$\Delta\xi = \frac{\Delta n_B}{\nu_B} \tag{1-33}$$

式中 ξ 称为反应进度,它是表示反应进行程度的参数,与物质的量 n 具有相同的单位,即 ξ 的单位为 mol。

反应进度与化学反应方程式的写法有关。同一个化学反应若用不同计量方程式表示,各物质的量的变化一定时,$\Delta \xi$ 的值不同,例如 H_2 与 O_2 化合生成 H_2O 的反应,可以写成下述两种不同的计量方程式:

$$H_2(g) + \frac{1}{2}O_2(g) = H_2O(l) \tag{1}$$

$$2H_2(g) + O_2(g) = 2H_2O(l) \tag{2}$$

当 2mol $H_2(g)$ 与 1mol $O_2(g)$ 反应生成 2mol $H_2O(l)$ 时,对方程式(1)来说,$\Delta \xi_1 =$ 2mol,而对方程式(2)来说,则 $\Delta \xi_2 = 1$mol。因此当使用反应进度这个量时,必须指定化学反应方程式。对指定的反应方程式,当反应进行的程度确定时,$\Delta \xi$ 的值一定,而与 B 具体选择哪一种物质无关。

1.8.2 反应的摩尔焓变和摩尔内能变

当产物温度与反应物温度相同,反应过程中不做非体积功时,化学反应过程中系统吸收或释放的热量称为反应的热效应或反应热。如果反应是在等压条件下进行的,其热效应称为等压热效应,系统的等压热效应就是反应系统的焓变,用 $\Delta_r H$ 表示;若反应在等容条件下进行,其热效应称为等容热效应,等容热效应就是反应系统的内能变,用 $\Delta_r U$ 表示。

单位反应进度所引起的系统的焓变和内能变,称为反应的摩尔焓变和摩尔内能变,分别用符号 $\Delta_r H_m$ 和 $\Delta_r U_m$ 表示,即

$$\Delta_r H_m = \frac{\Delta_r H}{\Delta \xi} \tag{1-34}$$

$$\Delta_r U_m = \frac{\Delta_r U}{\Delta \xi} \tag{1-35}$$

$\Delta_r H$ 或 $\Delta_r U$ 可由量热实验测定,$\Delta \xi$ 则可通过测定反应系统中 B 物质的量的变化确定。因为大多数化学反应在等压条件下进行,所以反应热常用 $\Delta_r H_m$ 表示。

在热力学中,为了便于表述与相互交流,常指定某些状态作为物质的"标准状态"(简称标准态)。对于纯液体或纯固体,人们规定它们的标准态分别是:在温度 T、标准压力 $p^\ominus$ 下的纯液体和纯固体;气体物质的标准态,不论是纯的还是气体混合物,均规定为在温度 T、标准压力 $p^\ominus$ 下具有理想气体性质的纯态气体。以上所说的温度 T 均是指所研究的系统的温度,而标准压力 $p^\ominus = 101.325$kPa,它与系统的压力具体是多少无关。标准态下的状态函数用上标"$\ominus$"表示。

若参与反应的所有物质都处于标准态,则该反应的摩尔焓变称为标准摩尔焓变,记作 $\Delta_r H_m^\ominus$。由于焓受压力影响较小,在指定温度下,同一个反应的 $\Delta_r H_m$ 与

$\Delta_r H_m^{\ominus}$ 数值很接近，因此也常用 $\Delta_r H_m^{\ominus}$ 表示反应热。在热化学中，用热化学方程式同时表示出化学反应和反应热。例如

$$N_2(g, p^{\ominus}) + 3H_2(g, p^{\ominus}) = 2NH_3(g, p^{\ominus}), \quad \Delta_r H_m^{\ominus}(298.15K) = -92.38 \text{kJ} \cdot \text{mol}^{-1}$$

这个热化学方程式表示：在 298.15K，1mol $N_2(g, p^{\ominus})$ 和 3mol $H_2(g, p^{\ominus})$ 完全反应生成 2mol $NH_3(g, p^{\ominus})$ 的标准摩尔焓变为 $-92.38 \text{kJ} \cdot \text{mol}^{-1}$。

设等温反应 $0 = \sum_B \nu_B B$ 经由等压（过程Ⅰ）、等容（过程Ⅱ）两种方式进行，均由 ξ_1 到 ξ_2，则两过程的末态不同，如图1-4所示。两过程的反应热分别为 $\Delta_r H_m$ 和 $\Delta_r U_m$，两者的关系推证如下：

$$\Delta_r H_m = \frac{\Delta H_{\text{I}}}{\Delta \xi} = \frac{\Delta H_{\text{II}} + \Delta H_{\text{III}}}{\Delta \xi} = \frac{[\Delta U_{\text{II}} + \Delta(pV)_{\text{II}}] + \Delta H_{\text{III}}}{\Delta \xi} \quad (1-36)$$

因为过程Ⅲ是等温简单物理变化，所以 $\Delta H_{\text{III}} \approx 0$。且可以认为 $\Delta(pV)_{\text{II}}$ 仅是由系统中气态物质（近似为理想气体）的物质的量变化引起的，从而式(1-36)可写为

$$\Delta_r H_m = \frac{\Delta U_{\text{II}}}{\Delta \xi} + RT \frac{\Delta n_{B(g)}}{\Delta \xi}$$

即

$$\Delta_r H_m = \Delta_r U_m + \sum_B \nu_{B(g)} \cdot RT \quad (1-37)$$

此式描述同一个化学反应的等压反应热与等容反应热的关系，当用于多相反应时，式中 $\sum_B \nu_{B(g)}$ 只包含气体物质的化学计量数。

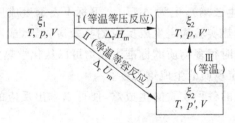

图1-4 $\Delta_r H_m$ 或 $\Delta_r U_m$ 的关系

1.9 反应热的计算

1.9.1 Hess定律

Hess定律是热化学的一个基本规律。它是对各种反应热效应之间关系进行了大量研究之后，由Hess(盖斯)于1840年总结出的一条实验规律："一个化学反应，不管是一步完成或分几步完成的，其热效应总是相同的。"严格地说，Hess定律

只有对等压热效应或等容热效应才是成立的。

Hess 定律的重要意义是,使热化学方程式可以像普通代数式一样进行运算,方便地从已知反应的热效应间接地求出难于测量或不能直接测量的反应热效应。例如,碳氧化成一氧化碳的反应热是不能直接实验测量的,因为碳氧化的产物中总是会同时含有一氧化碳和二氧化碳。但应用 Hess 定律,可从以下测定实验数据中求出此反应热:

$$C(s) + O_2(g) = CO_2(g), \quad \Delta_r H_{m,1} = -393.505 \text{kJ} \cdot \text{mol}^{-1} \quad (1)$$

$$CO(g) + \frac{1}{2}O_2(g) = CO_2(g), \quad \Delta_r H_{m,2} = -282.964 \text{kJ} \cdot \text{mol}^{-1} \quad (2)$$

由方程式(1)减(2),可得到如下反应:

$$C(s) + \frac{1}{2}O_2(g) = CO(g) \quad (3)$$

所以

$$\Delta_r H_{m,3} = \Delta_r H_{m,1} - \Delta_r H_{m,2} = -110.541 \text{kJ} \cdot \text{mol}^{-1}$$

用上述方法计算 $\Delta_r H_m$ 或 $\Delta_r U_m$ 时,各方程式中同一物质应处于相同的状态,才能相互进行运算。

1.9.2 生成焓与化学反应的标准摩尔焓变

在一定温度下,由标准状态下的稳定单质反应生成 1mol 标准状态的化合物 B 的反应称为 B 的生成反应,该反应的摩尔焓变称为化合物 B 的标准摩尔生成焓(简称标准生成焓或生成焓),记为 $\Delta_f H_{m,B}^\ominus$,下标 f 表示生成反应。化合物的标准生成焓可以直接由量热实验测定生成反应的热效应得到,或者间接地由其他反应的热效应求得。25℃时很多物质的标准生成焓可以从化学热力学手册中查到。根据以上定义,显然稳定单质的生成焓为零。

若已知参与反应的各种物质的生成焓,便可以求出反应的标准摩尔焓变。例如计算反应

$$CH_4(g) + 2O_2(g) = CO_2(g) + 2H_2O(l)$$

在 298K 时的标准摩尔焓变 $\Delta_r H_m^\ominus(298K)$,可把该化学反应与相关的稳定单质(标准状态)间的关系表示如下:

$$CH_4(g) + 2O_2(g) \xrightarrow{\Delta_r H_m^\ominus} CO_2(g) + 2H_2O(l)$$

$$\Delta H_1 \searrow \qquad \nearrow \Delta H_2$$

$$\boxed{C + 2H_2 + 2O_2}$$

那么
$$\Delta_r H_m^{\ominus}(298K) = -\Delta H_1 + \Delta H_2$$
其中
$$\Delta H_1 = \Delta_f H_m^{\ominus}(CH_4, g, 298K) + 2\Delta_f H_m^{\ominus}(O_2, g, 298K)$$
$$\Delta H_2 = \Delta_f H_m^{\ominus}(CO_2, g, 298K) + 2\Delta_f H_m^{\ominus}(H_2O, l, 298K)$$
所以
$$\Delta_r H_m^{\ominus}(298K) = \{\Delta_f H_m^{\ominus}(CO_2, g) + 2\Delta_f H_m^{\ominus}(H_2O, l)\}$$
$$- \{\Delta_f H_m^{\ominus}(CH_4, g) + 2\Delta_f H_m^{\ominus}(O_2, g)\}$$

可以证明,对于任意化学反应 $0 = \sum_B \nu_B B$,反应的标准摩尔焓变等于参与反应的各物质的生成焓之代数和,即

$$\Delta_r H_m^{\ominus} = \sum_B \nu_B \Delta_f H_{m,B}^{\ominus} \tag{1-38}$$

1.9.3 燃烧焓与化学反应的标准摩尔焓变

很多物质,特别是有机化合物容易燃烧,通过实验方法可以获得燃烧过程的热效应。物质 B 的标准摩尔燃烧焓(简称标准燃烧焓或燃烧焓)定义为:在温度为 T 及标准压力 $p^{\ominus}$ 下,1mol 物质 B 完全燃烧时的标准摩尔焓变,以 $\Delta_c H_{m,B}^{\ominus}$ 表示,下标 c 表示燃烧反应。

所谓完全燃烧是指被燃烧物质变成了最稳定的氧化物或单质,例如,其中的碳变成二氧化碳气体,氢被氧化成液态水,S,N,Cl 等元素分别变成 $SO_2(g)$,$N_2(g)$ 和 HCl(水溶液)等。热力学手册中列出了一些物质在 298.15K 的标准摩尔燃烧焓数据。

利用物质的燃烧焓数据可以计算反应的标准摩尔焓变。利用与 1.9.2 节类似的方法,可以证明,对任意化学反应 $0 = \sum_B \nu_B B$,其标准摩尔焓变等于参与反应的各物质燃烧焓之代数和的负值,即

$$\Delta_r H_{m,B}^{\ominus} = -\sum_B \nu_B \Delta_c H_{m,B}^{\ominus} \tag{1-39}$$

例 1-4 在 298K,101.325kPa 时环丙烷(C_3H_6)、石墨(C)、氢(H_2)的燃烧焓分别为 $-2092, -393.5$ 及 -285.8 kJ·mol^{-1},若已知丙烯(C_3H_6)的 $\Delta_f H_m^{\ominus}(298K) = 20.5$ kJ·mol^{-1},试求:(1)环丙烷(C_3H_6)的 $\Delta_f H_m^{\ominus}(298K)$;(2)环丙烷异构化为丙烯的 $\Delta_r H_m^{\ominus}(298K)$。

解:(1) $3C + 3H_2 \longrightarrow C_3H_6$(环丙烷)

$$\Delta_r H_m^\ominus(298K) = 3\Delta_c H_m^\ominus(C) + 3\Delta_c H_m^\ominus(H_2) - \Delta_c H_m^\ominus(C_3H_6)$$
$$= 3\times(-393.5 kJ\cdot mol^{-1}) + 3\times(-285.8 kJ\cdot mol^{-1})$$
$$-(-2092 kJ\cdot mol^{-1})$$
$$= 54.1 kJ\cdot mol^{-1}$$

因为上述反应即是环丙烷的生成反应,所以该反应的焓变就是环丙烷的生成焓,即
$$\Delta_f H_m^\ominus(\text{环丙烷}, 298K) = \Delta_r H_m^\ominus(298K) = 54.1 kJ\cdot mol^{-1}$$

(2) C_3H_6(环丙烷) $\longrightarrow$ C_3H_6(丙烯)
$$\Delta_r H_m^\ominus(298K) = \Delta_f H_m^\ominus(\text{丙烯}) - \Delta_f H_m^\ominus(\text{环丙烷})$$
$$= 20.5 kJ\cdot mol^{-1} - 54.1 kJ\cdot mol^{-1}$$
$$= -33.6 kJ\cdot mol^{-1}$$

1.9.4 摩尔溶解焓与摩尔稀释焓

许多物质在溶解过程中产生热效应。若溶解过程是在等温、等压且 $W'=0$ 的条件下进行的,则其热效应就等于溶解过程的焓变,简称溶解焓,用符号 $\Delta_{sol}H$ 表示。

物质 B 的摩尔熔解焓 $\Delta_{sol}H_m$ 定义为

$$\Delta_{sol}H_{m,B} = \frac{\Delta_{sol}H}{n_B} \tag{1-40}$$

$\Delta_{sol}H$ 是在等温、定压条件下,将物质的量为 n_B 的溶质 B 溶于一定量的溶剂中形成溶液时的焓变。对于指定的溶剂和溶质,$\Delta_{sol}H_m$ 取决于温度、压力和所形成溶液的浓度。某些物质在不同条件下的 $\Delta_{sol}H_m$ 值可从各种化学、化工或热力学手册中查到。

物质 B 的摩尔稀释焓 $\Delta_{dil}H_m$ 定义为

$$\Delta_{dil}H_{m,B} = \frac{\Delta_{dil}H}{n_B} \tag{1-41}$$

式中 $\Delta_{dil}H$ 是在等温、等压条件下,将一定量的溶剂加入到一定浓度的溶液中,使之稀释为另一浓度的溶液时的焓变,称为稀释焓,n_B 为溶液中溶质 B 的量。根据状态函数的性质,不难导出:

$$\Delta_{dil}H_m = \Delta_{sol}H_{m,2} - \Delta_{sol}H_{m,1} \tag{1-42}$$

其中 $\Delta_{sol}H_{m,1}$ 和 $\Delta_{sol}H_{m,2}$ 分别为稀释过程前后两溶液的摩尔溶解焓,因此摩尔稀释焓等于稀释前后溶液的摩尔溶解焓之差。

有了摩尔溶解焓、摩尔稀释焓的数据,就可以研究包含溶解、稀释及溶液中进行的化学反应等复杂过程的热效应。

例 1-5 已知 298.15K，乙醇（C_2H_5OH，l）的摩尔燃烧焓为 $\Delta_c H_m = -1366.8 \text{kJ} \cdot \text{mol}^{-1}$，乙醇的无限稀薄水溶液的摩尔溶解焓为 $-1.22 \text{kJ} \cdot \text{mol}^{-1}$，用 $CO_2(g)$ 和 $H_2O(l)$ 的摩尔生成焓数据，分别计算下列反应的摩尔焓变。

$$2C(s) + 3H_2(g) + \frac{1}{2}O_2(g) == C_2H_5OH(aq, \infty) \tag{1}$$

$$C_2H_5OH(aq, \infty) + 3O_2 == 2CO_2(g) + 3H_2O(l) \tag{2}$$

解：先计算反应(1)的 $\Delta_r H_m(1)$。

在反应(1)的初、末态之间设计一个包含生成反应和溶解成无限稀薄溶液的两个步骤的过程，可以表示为：

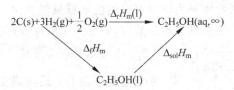

则

$$\Delta_r H_m(1) == \Delta_f H_m + \Delta_{sol} H_m$$

式中 $\Delta_{sol} H_m$ 为已知，$\Delta_f H_m$ 可由 $C(s), H_2(g), C_2H_5OH(l)$ 的燃烧焓求得，且 $C(s), H_2(g)$ 的燃烧焓即分别为 $CO_2(g), H_2O(l)$ 的生成焓。

$$\begin{aligned}
\Delta_f H_m &= -\sum_B \nu_B \Delta_c H_{m,B}^{\ominus} \\
&= 2\Delta_c H_m^{\ominus}(C) + 3\Delta_c H_m^{\ominus}(H_2) - \Delta_c H_m^{\ominus}(C_2H_5OH, l) \\
&= 2\Delta_f H_m^{\ominus}(CO_2, g) + 3\Delta_f H_m^{\ominus}(H_2O, l) - \Delta_c H_m^{\ominus}(C_2H_5OH, l) \\
&= 2\times(-393.5\text{kJ}\cdot\text{mol}^{-1}) + 3\times(-285.8\text{kJ}\cdot\text{mol}^{-1}) - (-1366.8\text{kJ}\cdot\text{mol}^{-1}) \\
&= -277.6\text{kJ}\cdot\text{mol}^{-1}
\end{aligned}$$

所以

$$\begin{aligned}
\Delta_r H_m(1) &= \Delta_f H_m(C_2H_5OH, l) + \Delta_{sol} H_m(C_2H_5OH, aq, \infty) \\
&= -277.6\text{kJ}\cdot\text{mol}^{-1} + (-1.22\text{kJ}\cdot\text{mol}^{-1}) \\
&= -278.82\text{kJ}\cdot\text{mol}^{-1}
\end{aligned}$$

由生成焓的定义可知

$$\Delta_f H_m(C_2H_5OH, aq, \infty) = -278.82\text{kJ}\cdot\text{mol}^{-1}$$

再计算反应(2)的 $\Delta_r H_m(2)$。

$$\begin{aligned}
\Delta_r H_m(2) &= \sum_B \nu_B \Delta_f H_{m,B} \\
&= [2\Delta_f H_m(CO_2, g) + 3\Delta_f H_m(H_2O, l)]
\end{aligned}$$

$$-[\Delta_f H_m(C_2H_5OH, aq, \infty) + 3\Delta_f H_m(O_2, g)]$$
$$= 2 \times (-393.5 \text{kJ} \cdot \text{mol}^{-1}) + 3 \times (-285.8 \text{kJ} \cdot \text{mol}^{-1})$$
$$-(-278.82 \text{kJ} \cdot \text{mol}^{-1}) - 3 \times 0 \text{kJ} \cdot \text{mol}^{-1}$$
$$= -1365.6 \text{kJ} \cdot \text{mol}^{-1}$$

由摩尔燃烧焓的定义,此反应的摩尔焓变即为 $C_2H_5OH(aq, \infty)$ 的摩尔燃烧焓:
$$\Delta_c H_m(C_2H_5OH, aq, \infty, 298K) = -1365.6 \text{kJ} \cdot \text{mol}^{-1}$$

1.9.5 反应热与温度的关系

温度、压力对反应热均有影响,压力影响较小,常常可以忽略,温度的影响很大,是不容忽视的。通常由热力学手册提供的数据只能算出 298.15K 时各种反应的热效应,为了求得其他温度下的热效应,就必须了解反应热与温度的关系。

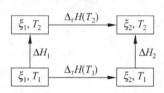

图 1-5 反应热与温度的关系

图 1-5 表示某一个反应 $0 = \sum_B \nu_B B$ 分别在 T_1, T_2 两个温度下进行,反应进度均由 ξ_1 变化到 ξ_2。反应的焓变分别为 $\Delta_r H(T_1)$ 和 $\Delta_r H(T_2)$; ΔH_1, ΔH_2 分别表示反应进度为 ξ_1, ξ_2 时温度由 T_1 变到 T_2 时系统的焓变。若在 $T_1 \sim T_2$ 温度区间内参与反应的物质 B 没有相变化,则

$$\Delta H_2 = \int_{T_1}^{T_2} \sum_B n_B(\xi_2) C_{p,m}(B) dT \tag{1-43}$$

$$\Delta H_1 = \int_{T_1}^{T_2} \sum_B n_B(\xi_1) C_{p,m}(B) dT \tag{1-44}$$

所以
$$\Delta_r H(T_2) = \Delta_r H(T_1) + \Delta H_2 - \Delta H_1$$
$$= \Delta_r H(T_1) + \int_{T_1}^{T_2} \sum_B \Delta n_B C_{p,m}(B) dT \tag{1-45}$$

式(1-45)两端同除以 $\Delta \xi$,得

$$\Delta_r H_m(T_2) = \Delta_r H_m(T_1) + \int_{T_1}^{T_2} \Delta_r C_{p,m} dT \tag{1-46}$$

式中, $\Delta_r C_{p,m} = \sum_B \nu_B C_{p,m}(B)$,表示发生 1mol 反应所引起的热容变化,即产物与反应物的热容差。

另外,根据等压热容定义,也可以导出反应摩尔焓变与温度的关系:
因为
$$\left(\frac{\partial H}{\partial T}\right)_p = C_p$$

所以

$$\left(\frac{\partial \Delta_r H_m}{\partial T}\right)_p = \Delta_r C_{p,m} \quad (1\text{-}47)$$

此式积分后可以得到式(1-46)。式(1-46)和(1-47)称为 Kirchhoff(基尔霍夫)公式,反映温度对反应热的影响。由该公式可知,反应热随温度变化是由于产物和反应物热容不同引起的,产物与反应物的热容相差越大,反应热对温度变化的敏感程度越高。

Kirchhoff 公式同样适用于相变、混合和溶解等过程,用于解决这些过程的热效应随温度的变化。

例 1-6 试计算反应 $\frac{1}{2}H_2(g) + \frac{1}{2}Cl_2(g) = HCl(g)$ 在 1273K 时的摩尔焓变。

已知:$\Delta_r H_m(298K) = -92.31 \text{kJ} \cdot \text{mol}^{-1}$

$C_{p,m}(H_2,g) = 26.88 \text{J} \cdot \text{mol}^{-1} \cdot \text{K}^{-1} + 4.35 \times 10^{-3} \text{J} \cdot \text{mol}^{-1} \cdot \text{K}^{-1} \cdot T/K$
$\quad -0.327 \times 10^{-6} \text{J} \cdot \text{mol}^{-1} \cdot \text{K}^{-1} \cdot T^2/K^2$

$C_{p,m}(Cl_2,g) = 31.70 \text{J} \cdot \text{mol}^{-1} \cdot \text{K}^{-1} + 10.14 \times 10^{-3} \text{J} \cdot \text{mol}^{-1} \cdot \text{K}^{-1} \cdot T/K$
$\quad -4.04 \times 10^{-6} \text{J} \cdot \text{mol}^{-1} \cdot \text{K}^{-1} \cdot T^2/K^2$

$C_{p,m}(HCl,g) = 28.17 \text{J} \cdot \text{mol}^{-1} \cdot \text{K}^{-1} - 1.81 \times 10^{-3} \text{J} \cdot \text{mol}^{-1} \cdot \text{K}^{-1} \cdot T/K$
$\quad +1.55 \times 10^{-6} \text{J} \cdot \text{mol}^{-1} \cdot \text{K}^{-1} \cdot T^2/K^2$

解: $\Delta_r C_{p,m} = C_{p,m}(HCl) - \frac{1}{2}C_{p,m}(H_2) - \frac{1}{2}C_{p,m}(Cl_2)$

$= -1.12 \text{J} \cdot \text{mol}^{-1} \cdot \text{K}^{-1} - 9.055 \times 10^{-3} \text{J} \cdot \text{mol}^{-1} \cdot \text{K}^{-1} \cdot T/K$
$\quad + 3.734 \times 10^{-6} \text{J} \cdot \text{mol}^{-1} \cdot \text{K}^{-1} \cdot T^2/K^2$

据 Kirchhoff 公式,1273K 时的反应摩尔焓变为

$\Delta_r H_m(1273K) = \Delta_r H_m(298K) + \int_{298K}^{1273K} \Delta_r C_{p,m} dT$

$= -92.31 \text{kJ} \cdot \text{mol}^{-1} - 1.12 \times 10^{-3} \text{kJ} \cdot \text{mol}^{-1} \cdot \text{K}^{-1} \times (1273K - 298K)$

$\quad - \frac{9.055}{2} \times 10^{-6} \text{kJ} \cdot \text{mol}^{-1} \cdot \text{K}^{-2} \times (1273^2 K^2 - 298^2 K^2)$

$\quad - \frac{3.74}{3} \times 10^{-9} \text{kJ} \cdot \text{mol}^{-1} \cdot \text{K}^{-3} \times (1273^3 K^3 - 298^3 K^3)$

$= -97.80 \text{kJ} \cdot \text{mol}^{-1}$

若参与反应的任何物质在 $T_1 \sim T_2$ 温度区间内有相变化,则不能直接应用 Kirchhoff 公式求解。此时只能用设计途径的方法由 $\Delta_r H_m(T_1)$ 求 $\Delta_r H_m(T_2)$。

本章基本学习要求

1. 掌握等温过程、等压过程、可逆过程的基本概念及特点。
2. 掌握状态函数与过程量的概念。熟知状态函数变和过程量在计算方法上的主要区别。
3. 掌握系统(特别是理想气体系统)简单物理过程、相变过程的 W, Q 及 $\Delta U, \Delta H$ 的计算。
4. 了解 $\Delta_f H_m^{\ominus}$，$\Delta_c H_m^{\ominus}$ 和 $\Delta_r H_m^{\ominus}$ 等基本概念，掌握反应热的计算。

参考文献

1. 傅鹰. 化学热力学导论. 北京：科学出版社，1963
2. 严济慈. 热力学第一和第二定律. 北京：人民教育出版社，1978
3. 赵凯华. 新概念物理热学. 北京：高等教育出版社，1998
4. 高执棣. 广度量与强度量. 大学化学，1992，7(1)：26
5. Clark D B. The Ideal Gas Law at the Center of the Sun. J Chem Educ,1989,66：826
6. Treptow Richard S. Bond Energies and Enthalpies, An Often-neglected Difference. J Chem Educ,1995,72(6)：497

思考题和习题

思考题

1. 设有一电阻丝浸于水中，接上电源，通以电流，假定通电后电阻丝和水的温度皆升高。如果按下列几种情况选择系统，试问 $\Delta U, Q, W$ 为正？为负？还是为零？

(1) 以电阻丝为系统；
(2) 以电阻丝和水为系统；
(3) 以电阻丝、水、电源及其他一切有影响的部分为系统。

2. 设有一绝热刚性壁的密闭容器，内有隔板将容器分成左、右两个小室。

(1) 若左方小室内为空气，右方小室内为真空，将隔板抽去以后，以空气为系统，$\Delta U, Q, W$ 为正？为负？还是为零？

(2) 若右方小室中亦有空气，不过压力较左方小，将隔板抽去以后，以空气为系统，$\Delta U, Q, W$ 为正？为负？还是为零？

3. 一个竖直放置的绝热汽缸带有一个理想的(无摩擦、无质量)绝热活塞,活塞上面放一个重物,汽缸内含有理想气体,内壁绕有电炉丝。当给电炉丝通电时,气体便慢慢地膨胀。因是一等压过程,$Q_p = \Delta H$;又是绝热系统,$Q_p = 0$,所以 $\Delta H = 0$。这结论对不对?为什么?

4. 反应 $NO(g) + \frac{1}{2}O_2(g) \longrightarrow NO_2(g)$ 在指定温度、压力下进行,若有关气体均可视为理想气体,因温度、压力都不变,所以该反应不但 $\Delta U = 0$,而且 $\Delta H = 0$,对吗?

5. 在 373K,101.325kPa 时,1mol 水等温蒸发为蒸气(设蒸气为理想气体),此过程中温度不变,$\Delta U = 0$,这个结论对吗?

6. 373K,101.325kPa 的水向真空蒸发成 373K,101.325kPa 的水蒸气,此过程的 $\Delta H = \Delta U + p\Delta V$,又 $W = p\Delta V$,且此过程 $W = 0$,所以上述过程 $\Delta H = \Delta U$,对吗?

7. 1mol 理想气体在等温和恒定外压条件下,由 V_1 膨胀到 V_2,此过程 $Q = p_环(V_2 - V_1)$,又因是恒压过程,$\Delta H = Q$,此结论和理想气体等温过程 $\Delta H = 0$ 是否矛盾?

8. 一定量的理想气体可逆地经等温(T_2)膨胀,由 p_1,V_1 到 p_2,V_2;可逆绝热膨胀,由 p_2,V_2 到 p_3,V_3;可逆等温(T_1)压缩,由 p_3,V_3 到 p_4,V_4;可逆绝热压缩,由 p_4,V_4 回到 p_1,V_1。问每一过程中的 Q,W 为何值?这一循环称为 Carnot 循环,求其效率(即系统对外做功与从高温热源吸热之比)。

9. 设某理想气体经过如图 1-6 中 A→B→C→A 的可逆循环过程,应如何在图上表示下列各量:

(1) 环境净做的功 W;

(2) B→C 过程的 ΔU;

(3) B→C 过程的 Q。

10. 1mol 单原子理想气体,由始态 p_1,V_1,T_1 经不同途径的绝热膨胀到体积均为 V_2 的终态,那么,终态温度在什么范围之内?

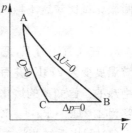

图 1-6 思考题 9 图示

11. 已知下列反应:

$C(s) + \frac{1}{2}O_2(g) \longrightarrow CO(g)$, $\Delta H_1^\ominus$

$CO(g) + \frac{1}{2}O_2(g) \longrightarrow CO_2(g)$, $\Delta H_2^\ominus$

$H_2(g) + \frac{1}{2}O_2(g) \longrightarrow H_2O(g)$, $\Delta H_3^\ominus$

$2H_2(g) + O_2(g) \longrightarrow 2H_2O(l)$, $\Delta H_4^\ominus$

当 $\Delta\xi=1$mol 时,$\Delta H_1^\ominus$,$\Delta H_2^\ominus$,$\Delta H_3^\ominus$,$\Delta H_4^\ominus$ 是否分别为 CO(g),CO_2(g),H_2O(g),H_2O(l)的标准摩尔生成焓?$\Delta H_1^\ominus$,$\Delta H_2^\ominus$,$\Delta H_3^\ominus$ 是否分别为 C(s),CO(g),H_2(g)的标准摩尔燃烧焓?

12. 根据 $[\partial \Delta_r H_m/\partial T]_p = \Delta_r C_{p,m}$,若某反应的 $\Delta_r C_{p,m} < 0$,且为放热反应。反应温度升高,该反应放出的热量将会减少,这种说法对吗?

习题

1. 10mol 理想气体,压力为 1.0×10^6Pa,温度为 300K,分别计算下列各等温过程的功:

(1) 反抗恒定外压 1.0×10^5Pa 体积膨胀至 $0.1m^3$;

(2) 反抗恒定外压 1.0×10^5Pa 膨胀到气体压力也是 1.0×10^5Pa;

(3) 可逆膨胀至气体压力为 1.0×10^5Pa。

(答案:7.5kJ;22.5kJ;57.4kJ)

2. 计算下列 4 个过程中 1mol 理想气体所做的膨胀功。已知气体的始态体积为 $25dm^3$,终态体积为 $100dm^3$,始态、终态温度均为 373K。

(1) 等温可逆膨胀。

(2) 向真空膨胀。

(3) 在外压恒定为气体终态压力下膨胀。

(4) 开始膨胀时,外压恒定在体积为 $50dm^3$ 时气体的平衡压力;当膨胀到 $50dm^3$(温度仍为 373K)以后,再将外压恒定在体积为 $100dm^3$ 时气体的平衡压力下膨胀。试比较这 4 种过程的功,比较结果得出什么结论。

(答案:4.3kJ;0;2.3kJ;3.1kJ)

3. 在大气压力下,把一个极微小的冰块投入 100g,268K 的过冷水中,结果使系统温度变为 273K,并有一定数量的水结成冰。由于过程进行得很快,可以看成是绝热的。已知冰的熔化焓为 333.5kJ·kg^{-1},在 268~273K 温度区间内水的比热容为 4.21kJ·kg^{-1}·K^{-1}。

(1) 写出系统的状态变化,并求 ΔH;

(2) 求析出冰的质量。

(答案:6.3g)

4. 设有 101.325kPa,293K 的某多原子理想气体 $3dm^3$,在等压下加热,直到最后温度为 353K 为止,计算该过程的 W,Q 及系统的 $\Delta U,\Delta H$。已知该气体的定压摩尔热容为

$$C_{p,m}/(J·mol^{-1}·K^{-1}) = 27.28+3.26\times10^{-3}(T/K)$$

(答案:62.2J,212.2J,150.7J,212.2J)

5. 1mol 单原子理想气体,经环程 A,B,C 三步,从状态 1 经状态 2,3 又回到

1，设为可逆过程（见图 1-7）。已知该气体的 $C_{V,m}=(3/2)R$，请填充下表：

状态	p/kPa	V/dm³	T/K
1		22.4	273
2		22.4	546
3		44.8	546

过程	过程特点	W/J	Q/J	ΔU/J
A				
B				
C				

（答案：A：0，3403，3403；B：3145，3145，0；
C：−2268.6，−5671.6，−3403）

6. 1mol 理想气体由 27℃，101.325kPa 的始状态一步恒外压、恒温压缩到平衡，再恒容升温到 97℃，压力升到 1013.25kPa。求整个过程的 $W, Q, \Delta U$ 及 ΔH。已知该气体的 $C_{V,m}$ 为 20.92 J·mol⁻¹·K⁻¹。

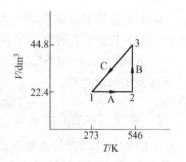

图 1-7　习题 5 图示

（答案：−17.74kJ，−16.28kJ，1.46kJ，2.05kJ）

7. (1) 1mol 水在 373K，101.325kPa 时完全蒸发成水蒸气，试求该过程的功。已知此条件下，1g 液态水的体积为 1.043cm³，1g 水蒸气的体积为 1.677dm³，水的摩尔蒸发焓为 40.63kJ·mol⁻¹。

(2) 假定液态水的体积略而不计，试求蒸发过程的功，并将结果与(1)比较，计算略去液态水的体积引起的百分误差。

(3) 把水蒸气看做是理想气体，并略去液态水的体积，求过程的功。

(4) 求(1)中的 ΔH 和 ΔU。

（答案：3.057kJ；3.059kJ，0.062%；3.101kJ；40.63kJ，37.57kJ）

8. 某容器中含有未知气体，可能是氮或氩。在 298K 时取一些样品，从 5dm³ 绝热可逆膨胀到 6dm³，温度降低了 21K，试判断该气体是何种气体。

（答案：N_2）

9. 1mol 氢自 298K，101.325kPa 的始态经绝热可逆压缩到 5dm³，计算：
(1) 终态的温度；
(2) 终态的压力；

(3) 该过程的功。

(答案：562.3K；935kPa；5.49kJ)

10. 将373K,50.663kPa 的水蒸气 100dm³ 等温可逆压缩到 101.325kPa(此时仍为水蒸气),继续在 101.325kPa 下压缩到体积为 10dm³ 为止(此时有一部分水蒸气凝结成水),计算此过程的 Q,W 及 $\Delta U, \Delta H$(假定水的体积可略去不计,水蒸气为理想气体,水的摩尔蒸发焓为 40.63kJ·mol⁻¹)。

(答案：-56.6kJ,-7.6kJ,-49.1kJ,-53.1kJ)

11. 浓度 $c(C_2O_4^{2-}) = 0.16$mol·dm⁻³ 的酸性草酸溶液 25cm³ 与浓度 $c(MnO_4^-) = 0.08$mol·dm⁻³ 的高锰酸盐溶液 20cm³ 完全反应时,量热实验测得系统的焓变 ΔH 为 -1200J,已知化学反应方程式是：

$$C_2O_4^{2-}(aq) + \frac{2}{5}MnO_4^-(aq) + \frac{16}{5}H^+(aq) = 2CO_2(g) + \frac{2}{5}Mn^{2+}(aq) + \frac{8}{5}H_2O(l)$$

(1) 请分别选择 $C_2O_4^{2-}$,MnO_4^- 计算反应的 $\Delta \xi$,并求反应的摩尔焓变；

(2) 若方程式写为

$$5C_2O_4^{2-}(aq) + 2MnO_4^-(aq) + 16H^+(aq) = 10CO_2(g) + 2Mn^{2+}(aq) + 8H_2O(l)$$

求反应的摩尔焓变。

(答案：4×10^{-3}mol, -300kJ·mol⁻¹；-1500kJ·mol⁻¹)

12. 当 100cm³ 浓度为 1.0kmol·m⁻³ 的 KOH 溶液与同体积同浓度的 CH₃COOH 在量热计内混合,温度升高了 5.18K,量热计热容为 92J·K⁻¹,混合前温度为 298.15K,试计算 298.15K 时如下反应的摩尔焓变：

$$KOH(aq) + CH_3COOH(aq) = CH_3COOK(aq) + H_2O(l)$$

(答案：-4.77kJ·mol⁻¹)

13. 计算下列反应的 $\Delta_r H_m^\ominus (298K)$,所需数据查阅附表。并指出哪些反应的 $\Delta_r H_m^\ominus > \Delta_r U_m^\ominus$。

(1) $4NH_3(g) + 5O_2(g) = 4NO(g) + 6H_2O(g)$；

(2) $C_2H_4(g) + H_2O(g) = C_2H_5OH(l)$；

(3) $3NO_2(g) + H_2O(l) = 2HNO_3(l) + NO(g)$；

(4) $Fe_2O_3(s) + 3C(石墨) = 2Fe(s) + 3CO(g)$；

(5) $Fe_2O_3(s) + 3CO(g) = 2Fe(s) + 3CO_2(g)$。

(答案：-905.5kJ·mol⁻¹,-88.1kJ·mol⁻¹,-69.9kJ·mol⁻¹,
492.6kJ·mol⁻¹,-24.8kJ·mol⁻¹)

14. 在 298K,乙醇、乙酸形成无限稀薄溶液的溶解焓分别为 -1.22kJ·mol⁻¹ 和 0.146kJ·mol⁻¹,乙醇和乙酸的燃烧焓分别为 -1366.8kJ·mol⁻¹ 和 -874.54kJ·mol⁻¹,计算 298K 时如下反应的摩尔焓变：

$$C_2H_5OH(aq,\infty) + O_2(g) = CH_3COOH(aq,\infty) + H_2O(l)$$

(答案：$-490.9 \text{kJ} \cdot \text{mol}^{-1}$)

15. 已知下列反应在 298.15K 时的标准摩尔焓变：

(1) $2Ag(s) + \frac{1}{2}O_2(g) = Ag_2O(s)$, $\Delta H_{m,1}^{\ominus} = -305.7 \text{kJ} \cdot \text{mol}^{-1}$;

(2) $2HCl(g) = H_2(g) + Cl_2(g)$, $\Delta H_{m,2}^{\ominus} = 184.6 \text{kJ} \cdot \text{mol}^{-1}$;

(3) $2Ag(s) + Cl_2 = 2AgCl(s)$, $\Delta H_{m,3}^{\ominus} = -254.0 \text{kJ} \cdot \text{mol}^{-1}$;

(4) $H_2O(l) = H_2(g) + \frac{1}{2}O_2(g)$, $\Delta H_{m,4}^{\ominus} = 285.8 \text{kJ} \cdot \text{mol}^{-1}$。

求反应 $Ag_2O(s) + 2HCl(g) = 2AgCl(s) + H_2O(l)$ 在 298.15K 的标准摩尔焓变。

(答案：$-49.5 \text{kJ} \cdot \text{mol}^{-1}$)

16. 反丁烯二酸、顺丁烯二酸用定容量热计测得在 298K 时的燃烧热分别为 $-1335.9 \text{kJ} \cdot \text{mol}^{-1}$ 和 $-1359.1 \text{kJ} \cdot \text{mol}^{-1}$。

(1) 计算此二同分异构体的摩尔生成焓各为多少？

(2) 计算它们的摩尔内能差为多少？

(答案：$-812.3 \text{kJ} \cdot \text{mol}^{-1}$，$-789.1 \text{kJ} \cdot \text{mol}^{-1}$；$23.2 \text{kJ} \cdot \text{mol}^{-1}$)

17. (1) 利用附表的数据，计算水在 298K 时的摩尔蒸发焓。

(2) 已知 $C_{p,m}(H_2O,g) = 33.58 \text{J} \cdot \text{mol}^{-1} \cdot \text{K}^{-1}$, $C_{p,m}(H_2O,l) = 75.29 \text{J} \cdot \text{mol}^{-1} \cdot \text{K}^{-1}$，计算 373K 水的摩尔蒸发焓。

(答案：$44.01 \text{kJ} \cdot \text{mol}^{-1}$，$40.88 \text{kJ} \cdot \text{mol}^{-1}$)

18. 计算如下反应在 473K 时的 $\Delta_r H_m$：

$$H_2(g) + I_2(g) = 2HI(g)$$

已知：该反应 $\Delta_r H_m(291K) = 49.455 \text{kJ} \cdot \text{mol}^{-1}$，$I_2(s)$ 的熔点为 386.7K，且熔化焓 $\Delta_s^l H_m = 16.736 \text{kJ} \cdot \text{mol}^{-1}$，$I_2(l)$ 的沸点为 457.5K，且汽化焓 $\Delta_l^g H_m = 42.677 \text{kJ} \cdot \text{mol}^{-1}$，固态碘和液态碘的定压摩尔热容 $C_{p,m}$ 分别为 $55.64 \text{J} \cdot \text{mol}^{-1} \cdot \text{K}^{-1}$ 和 $62.76 \text{J} \cdot \text{mol}^{-1} \cdot \text{K}^{-1}$。$H_2(g)$, $I_2(g)$ 和 $HI(g)$ 的定压摩尔热容 $C_{p,m}$ 均为 $7/2R$。

(答案：$-14.88 \text{kJ} \cdot \text{mol}^{-1}$)

19. 5mol 理想气体 $\left(C_{p,m} = \frac{7R}{2}\right)$，始态为 410.3dm^3，101.325kPa，经 $pT = $ 常数 的可逆过程压缩到终态压力为 $2 \times 101.325 \text{kPa}$。试求：

(1) 终态的温度；

(2) 该过程的 ΔU, ΔH, W 和 Q。

(答案：500K；-51.90kJ，-72.75kJ，-41.57kJ，-93.47kJ)

2 热力学第二定律

热力学第一定律告诉人们,违背能量守恒原理的过程不可能发生。但是,并不违背能量守恒原理的许多过程也不能发生。例如,一个长方体容器中间有一固定挡板,左侧装有 298K,101 325Pa 的理想气体,右侧是真空。若将挡板抽掉,气体便充满整个容器。由热力学第一定律知道,此过程无功无热。但在无功无热的情况下气体却不能自动地全部回到左侧,此过程并不违犯能量守恒原理,为什么不能发生?另外,在 298K 和 101 325Pa 下 NaOH 和 HCl 于水溶液中极易发生中和反应,但该反应却不会进行到底,最终剩余的碱和酸的浓度积等于 $10^{-14}\ mol^2 \cdot dm^{-6}$。此反应若进行到底虽不违犯能量守恒原理,但却不可能实现,原因何在?以上两个实例提出的问题,第一定律不能回答。这类问题的解决,是热力学的另一内容:过程的方向和限度。判断一个过程的方向和限度,属于热力学第二定律的主要任务。

2.1 热力学第二定律及其数学表达式

第一定律表明,自然界的能量是守恒的,即能量的总量不会发生变化。既然如此,为什么还存在能源危机?人们所说的"能源危机"指的是什么?为了搞清楚这个问题,首先要讨论能量的品位,即能量具有好坏之分,不同形式的能量的可利用价值是不同的。例如分别从高温物体和低温物体取出相同数量的热能(热量),则高温物体中的热能具有较高的利用价值,人们把这种可用性强的能量称作高品位的能量。能量具有多种形式,例如低温物体中的热能、高温物体中的热能、电能和机械能,这些能量形式的可用性依次增强,所以它们的品位依次提高。当能量的品位降低时称为能量贬值,就整个自然界而言,所谓"能源危机"并非指能量的数量减少,而是指能量贬值。

2.1.1 自然界过程的方向性和限度

在一定条件下,各种实际发生的过程都有各自固定的方向和限度。例如,气流的方向是由高压向低压,限度是压力相等(即力学平衡);电流的方向是由高电位向低电位,限度是电位相等;热传递的方向是由高温向低温,限度是温度相等(即热平衡);物质扩散的方向是由高浓度向低浓度,限度是浓度相等(即相平衡);化学反应也有各自的方向,限度是化学平衡。

在对各类过程仔细考察之后，人们发现了自然界过程的共同特征如下：

(1) 实际进行的过程都是不可逆过程，限度是达到平衡。由于在热力学中可逆过程即代表平衡，所以人们用不可逆过程代表方向，用可逆过程代表限度。

(2) 任何实际过程发生之后，必然引起净的能量品位降低。这一规律表明，所有实际过程的方向都统一向着引起能量贬值的方向。需要强调的是，当过程进行时有可能使局部或部分能量品位提高，但总结果一定是能量品位降低，即任意实际过程发生之后在系统和环境中引起的净变化一定是能量品位降低。这就从能量角度统一概括了所有自然过程的方向性。

以上关于实际过程共同特征的总结为热力学第二定律的发现奠定了基础。

2.1.2 热力学第二定律的表述

在实践经验的基础上，人们总结自然界过程的共同特征，提出了热力学第二定律。第二定律有许多种表述方法，以下介绍两种。

(1) Clausius(克劳修斯)说法：热不可能由低温物体传到高温物体而不引起其他变化。一定要注意"不引起其他变化"。就是说，在不引起其他变化的条件下，不可能将热由低温物体传到高温物体。即如果将热由低温物体取出传到高温物体，必定以某种其他变化作为代价。例如家用电冰箱是专门用以将热由低温物体(冰箱的冷藏室)传至高温物体(冰箱外的空气)的设备。但在冰箱运行过程中同时将它所消耗的电能转化成热释放于空气中，这便是热由低温物体传到高温物体时所引起的"其他变化"，即所付出的代价。

(2) Kelvin(开尔文)说法：从单一热源取热，使其全部转变为功而不引起其他变化，是不可能的。人们把这种从单一热源取热，使其全部转变为功而自身循环工作的热机称为第二类永动机，因此人们也常将 Kelvin 说法表述为"第二类永动机是不可能的"。第二类永动机与第一类永动机不同，它并不违背能量守恒原理，但实践告诉人们它是不可能造成的。从能量品位的角度而言，功比热的可用性强，属于品位较高的能量形式。由此可见，第二类永动机是一种运行之后引起净的能量品位升高的机器，它违背了"任何实际过程发生之后必然引起净的能量品位降低"的自然规律。

热力学第二定律的各种表述方法是等价的，它们所描述的都是自然界过程的方向性。第二定律是在人类长期的实践经验中总结出来的，它不需要从理论上证明。它的各种表述方法并不违反热力学第一定律，所以它是独立于第一定律的另一条自然法则。

原则上讲，直接运用第二定律判别过程的方向性是可行的。但这类问题往往需要很高的技巧，难度很大，使用起来很不方便。为此，应该寻找一个使用方便的判据来判别过程的方向性。

2.1.3 熵函数和热力学第二定律的数学表达式

自从 1769 年 Watt(瓦特)发明蒸汽机(一种热机)以后,人们长期致力于提高热机效率的研究。除解决具体技术问题(例如设法减小摩擦损耗)以外,改进热机效率的途径是什么,热机效率的极限值是多少等,很长一段时间内人们对这些问题并不明确。在 1824 年,法国的一位年轻工程师 Sadi Carnot(卡诺)从理论上解决了这个问题。他设计了一种在两个热源间循环工作的理想热机,人们称之为"卡诺循环"。在此基础上,他指出:在同一组热源之间工作的所有热机,以可逆热机的效率为最高。这就是 Carnot 定理,它发表于第二定律之前。在第二定律建立之后,人们证明了它的正确性。

当系统中发生微小过程时,$\delta Q/T$ 称作过程的热温商,其中 δQ 是过程的热量,T 是环境的温度。在 Carnot 定理的基础上,Clausius 通过严密的数学推理后发现:对于任意可逆过程,热温商的积分 $\int (\delta Q_r/T)$ 都与积分路径无关。其中下标"r"代表可逆过程。此结论表明,可逆过程的热温商 $\delta Q_r/T$ 一定是某个状态函数(系统的性质)的全微分,Clausius 将这个状态函数叫做熵,用符号 S 表示,记作

$$dS = \frac{\delta Q_r}{T} \tag{2-1a}$$

若系统从状态 1 变化到状态 2,则上式写作

$$\Delta S = \int_1^2 \frac{\delta Q_r}{T} \tag{2-1b}$$

以上两式称为熵的定义,它们是计算熵变的基本公式,只适用于可逆过程。需要注意的是,因为熵是状态函数,ΔS 只决定于系统的初末状态,与过程无关,但上式表明,求 ΔS 时只能通过可逆过程进行计算。

熵 S 是系统的广延性质,单位是 $J \cdot K^{-1}$。进一步研究表明:在孤立系统中,熵值越大,能量的品位越低。也就是说,孤立系统的能量虽然数量不变,但其可利用性随熵的增加而降低,所以孤立系统的熵增加意味着能量贬值。由此可见,在孤立系统中,熵是能量不可用性的标志。

热力学第二定律指出,任何实际过程都朝着引起净的能量品位降低的方向,即任意实际过程发生之后在系统和环境中引起的净变化一定是能量品位降低。因为系统与环境加在一起构成一个大的孤立系统,且这个大孤立系统的熵 $S_孤$ 等于原系统的熵 S 与环境的熵 $S_环$ 之和,即 $S_孤 = S + S_环$。由以上讨论可知,这个大孤立

系统的能量品位降低,表明 $S_{孤}$ 增加,因此任意实际过程进行的方向可以表示为

$$dS_{孤} = dS + dS_{环} > 0 \tag{2-2}$$

物理化学的系统一般是指反应容器中的物质,环境是指容器及容器外边的空气。在这种情况下,环境的范围很大,环境远远大于系统,在系统与环境之间实际发生的能量交换不会打破环境的平衡。因此对于环境而言,可以将实际过程(不可逆过程)的热量 δQ 视为可逆热,于是可将 δQ 用于式(2-1a)计算环境熵变 $dS_{环}$,但在计算环境熵变时应以环境吸热为正,即在实际热量 δQ 前加一负号,于是

$$dS_{环} = -\frac{\delta Q}{T} \tag{2-3}$$

其中温度 T 是环境温度。将式(2-3)代入式(2-2),整理后得

$$dS > \frac{\delta Q}{T} \tag{2-4}$$

此式适用于任意不可逆过程。将式(2-4)和(2-1a)联合写出,即为

$$dS \geqslant \frac{\delta Q}{T} \begin{cases} > & 不可逆过程 \\ = & 可逆过程 \end{cases} \tag{2-5a}$$

若系统从状态 1 变化到状态 2,则上式写作

$$\Delta S \geqslant \int_1^2 \frac{\delta Q}{T} \begin{cases} > & 不可逆过程 \\ = & 可逆过程 \end{cases} \tag{2-5b}$$

以上两式称为 Clausius 不等式,其中的大于号代表不可逆过程,表示过程的方向;等于号代表可逆过程,表示过程的限度。Clausius 不等式描述封闭系统中任意过程的熵变与热温商在数值上的相互关系,从而定量区分了可逆过程与不可逆过程。当系统发生一个确定的状态变化时,具体遵循的过程(即途径)可以千差万别,但可分为可逆过程和不可逆过程两大类。各过程的初末状态相同,因此熵变相同。在数值上,熵变等于可逆过程的热温商而大于不可逆过程的热温商,因此,Clausius 不等式表明:封闭系统中不可能发生熵变小于热温商的过程。可以证明,这一叙述与"第二类永动机不可能"的说法等价,所以 Clausius 不等式就是热力学第二定律的数学表达形式。

假如人们为系统设计出某个变化过程,可用第二定律判断该过程是否能够发生,即只要设法求得过程的熵变和热温商,然后比较二者的大小:若熵变大于热温商,则该过程可能发生;若熵变等于热温商,则系统处于平衡;若熵变小于热温商,则该过程违背第二定律,所以它不可能发生。

2.2 熵增加原理和熵判据

Clausius 不等式将第二定律定量化,这是一大进步。应该说,用 Clausius 不等式判断过程的方向和限度比直接用第二定律本身要方便一些,但是既要计算熵变,又要计算热温商。变温过程的热温商往往难于计算,有时甚至无法计算。若把 Clausius 不等式应用于以下两种特殊系统,会避免这种麻烦。

(1) 绝热系统(系统经历的过程是绝热过程):对于绝热系统,热温商等于 0,式(2-5b)变为

$$\Delta S \geqslant 0 \begin{cases} > & \text{不可逆过程} \\ = & \text{可逆过程} \end{cases} \quad (2\text{-}6)$$

此式表明,绝热系统若经历不可逆过程,则熵增加;若经历可逆过程,则熵不变。因此绝热系统的熵不会减少,这一结论称为熵增加原理。

(2) 孤立系统:因为孤立系统一定是绝热的,所以式(2-6)也适用于孤立系统。孤立系统是环境不能以任何方式进行干涉的系统,其中发生的不可逆过程必是自发过程,因此孤立系统中过程的方向和限度表述为

$$\Delta S \geqslant 0 \begin{cases} > & \text{自发过程} \\ = & \text{可逆过程} \end{cases} \quad (2\text{-}7)$$

此式表明,孤立系统中发生的过程,总是自发地朝着熵增加的方向,直到系统的熵达到最大值,即孤立系统的平衡状态是其熵值最大的状态。在平衡状态时,若再发生过程,即可逆过程,系统的熵值不再改变。孤立系统中过程的限度就是熵值最大,所以式(2-7)也叫做熵增加原理,也称为熵判据。其意义如图 2-1 所示,即在时间进程中,孤立系统的熵逐渐增加直至平衡。此意义也可以理解为任意系统中进行的实际过程,在时间进程中总是导致自然界(系统加上环境)的熵逐渐增加直至平衡。因此人们有时把熵叫做"时间之矢"。

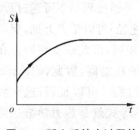

图 2-1 孤立系统中过程的方向和限度

如上所述,熵判据只适用于判断孤立系统中过程的方向和限度。对于非孤立系统,应该将系统与环境加在一起才能使用熵判据。利用熵判据解决具体问题时,关键工作是计算熵度。

2.3 熵变的计算

熵变等于可逆过程的热温商，因此式(2-1b)就是计算熵变的基本公式。如果某过程不可逆，则利用 ΔS 与过程无关，在初末态之间设计可逆过程进行计算。这是计算熵变的基本思路和基本方法。

2.3.1 简单物理过程的熵变

这类过程中，系统不发生相变、混合和化学变化，只有简单的 p, V, T 变化。

2.3.1.1 理想气体的等温过程

对于任意等温可逆过程，据式(2-1b)得

$$\Delta S = \int_1^2 \frac{\delta Q_r}{T} = \frac{Q_r}{T}$$

对于理想气体的等温可逆膨胀或压缩过程来说，$Q_r = W_r = nRT\ln\frac{V_2}{V_1} = nRT\ln\frac{p_1}{p_2}$，将此结果代入前式，整理后得

$$\Delta S = nR\ln\frac{V_2}{V_1} = nR\ln\frac{p_1}{p_2} \tag{2-8}$$

式(2-8)是计算理想气体等温可逆过程熵变的公式。如果理想气体由状态 1(T, V_1)经等温不可逆过程(例如自由膨胀过程)变化到状态 2(T, V_2)，不能用过程的热温商计算熵变，但由于与上式所代表的过程的初、末态相同，所以该过程的熵变仍然可以用上式计算。从这个意义上讲，式(2-8)适用于理想气体的任意等温过程。

2.3.1.2 简单变温过程

简单变温过程是指等压变温过程和等容变温过程，由第一定律可知，这类过程的热与过程是否可逆无关。在等压变温过程中，$\delta Q_r = C_p dT$，代入式(2-1b)得

$$\Delta S = \int_{T_1}^{T_2} \frac{C_p}{T} dT \tag{2-9}$$

若将 C_p 视为常数，则

$$\Delta S = C_p \ln\frac{T_2}{T_1} \tag{2-10}$$

式(2-9)和(2-10)是计算等压变温过程熵变的公式,其中 T_1 和 T_2 分别代表初、末状态的温度。

对于等容变温过程,用相同的方法可得其计算熵变的公式为

$$\Delta S = \int_{T_1}^{T_2} \frac{C_V}{T} dT \tag{2-11}$$

若将 C_V 视为常数,则

$$\Delta S = C_V \ln \frac{T_2}{T_1} \tag{2-12}$$

2.3.1.3 p, V, T 同时改变的过程

因为熵变 ΔS 只决定于系统的初、末态而与过程无关,所以可以将 p, V, T 同时改变的过程分解成两个等值过程,例如可以先经等温过程,再经等压过程;亦可先经等压过程,再经等温过程。

例 2-1 10mol H_2 由 298.15K, 10^5Pa 绝热压缩到 607.15K, 10^6Pa,试求过程的熵变。

解:只知 H_2 的初、末状态,不知过程是否可逆,因此不可作为可逆过程处理。在初、末态之间设计如下由步骤 I 和 II 构成的可逆过程

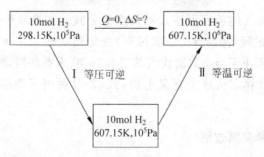

步骤 I 为理想气体的等压可逆膨胀过程,据式(2-10)

$$\Delta S_I = nC_{p,m} \ln \frac{T_2}{T_1} = n \frac{7}{2} R \ln \frac{T_2}{T_1}$$

$$= \left(10 \times \frac{7}{2} \times 8.314 \times \ln \frac{607.15}{298.15}\right) J \cdot K^{-1} = 206.9 J \cdot K^{-1}$$

步骤 II 为理想气体的等温可逆压缩过程,据式(2-8)

$$\Delta S_{II} = nR \ln \frac{p_1}{p_2}$$

$$= \left(10 \times 8.314 \times \ln \frac{10^5}{10^6}\right) \text{J} \cdot \text{K}^{-1} = -191.4 \text{J} \cdot \text{K}^{-1}$$

所以
$$\Delta S = \Delta S_{\text{I}} + \Delta S_{\text{II}}$$
$$= (206.9 - 191.4) \text{J} \cdot \text{K}^{-1} = 15.5 \text{J} \cdot \text{K}^{-1}$$

计算结果表明,系统在上述绝热压缩过程中熵增加了 $15.5 \text{J} \cdot \text{K}^{-1}$。根据熵增加原理,该过程是不可逆的。

2.3.2 相变过程的熵变

相变过程的熵变也称相变熵。在等温、等压下两相平衡时发生的相变属于可逆相变,例如在 100℃,101 325Pa 下水的蒸发或水蒸气的液化。这类可逆相变的相变热 Q_r 等于相变焓 ΔH,根据式(2-1b),熵变为

$$\Delta S = \frac{\Delta H}{T} \tag{2-13}$$

对于不可逆相变,不可直接使用式(2-13)计算相变熵,应该通过在初、末态之间设计可逆过程进行计算。

例 2-2 从手册上查得 H_2O 的摩尔熔化焓 $\Delta_s^l H_m = 6.0 \text{kJ} \cdot \text{mol}^{-1}$,在 $263.15 \sim 273.15 \text{K}$ 时 $H_2O(l)$ 和 $H_2O(s)$ 的摩尔等压热容分别为 $75 \text{J} \cdot \text{K}^{-1} \cdot \text{mol}^{-1}$ 和 $36 \text{J} \cdot \text{K}^{-1} \cdot \text{mol}^{-1}$。试计算下列过程的熵变:

(1) 在 273.15K,101 325Pa 下 1mol $H_2O(l)$ 结冰;
(2) 在 263.15K,101 325Pa 下 1mol $H_2O(l)$ 结冰。

解:(1) 101 325Pa 下,273.15K 是水的冰点,所以该结冰过程是等温等压下的可逆相变。据式(2-13)得

$$\Delta S = \frac{\Delta H}{T} = \frac{-n \cdot \Delta_s^l H_m}{T} = -\frac{1 \times 6.0 \times 10^3}{273.15} \text{J} \cdot \text{K}^{-1} = -22.0 \text{J} \cdot \text{K}^{-1}$$

(2) 过冷水的结冰过程是不可逆相变,不能直接用式(2-13)计算熵变。在初、末态之间设计由如下 3 步构成的可逆过程

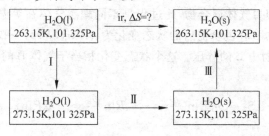

其中步骤Ⅰ是水的等压变温过程

$$\Delta S_{\rm I} = nC_{p,m}({\rm H_2O,l})\ln\frac{T_2}{T_1}$$

$$= \left(1\times 75\times\ln\frac{273.15}{263.15}\right){\rm J\cdot K^{-1}} = 2.8{\rm J\cdot K^{-1}}$$

步骤Ⅱ是等温等压下的可逆相变,在(1)中已求得其熵变

$$\Delta S_{\rm II} = -22.0{\rm J\cdot K^{-1}}$$

步骤Ⅲ是冰的等压变温过程

$$\Delta S_{\rm III} = nC_{p,m}({\rm H_2O,s})\ln\frac{T_2}{T_1}$$

$$= \left(1\times 36\times\ln\frac{263.15}{273.15}\right){\rm J\cdot K^{-1}} = -1.3{\rm J\cdot K^{-1}}$$

$$\Delta S = \Delta S_{\rm I} + \Delta S_{\rm II} + \Delta S_{\rm III}$$

$$= (2.8 - 22.0 - 1.3){\rm J\cdot K^{-1}} = -20.5{\rm J\cdot K^{-1}}$$

应该说明,该过程虽然熵减少了 $20.5{\rm J\cdot K^{-1}}$,但不能说这是不可能发生的过程,因为这不是孤立系统或绝热系统,它不服从熵增加原理。要对此过程进行判断,还必须计算环境熵变,将系统熵变与环境熵变加在一起。

2.3.3 混合过程的熵变

混合过程的熵变也称混合熵,用符号 $\Delta_{\rm mix}S$ 表示。混合是时常遇到的物理过程,它包括多种情况,例如溶液的配制、不同气体的混合、不同溶液的混合等。但通常的混合过程都是自发进行的不可逆过程,所以不可用热温商直接计算 $\Delta_{\rm mix}S$,原则上应设计可逆过程进行计算。以下介绍如何计算不同理想气体的混合熵。

由于理想气体分子间无相互作用,气体混合物中的每一种组分气体都不受其他气体的影响,因此可以独立地计算各种气体在混合前后的熵变,然后将它们加和起来即得混合熵。这是计算不同理想气体混合熵的简捷方法,它适用于不同理想气体的任意混合过程。

如果有多种理想气体,它们的温度和压力均相同,分别为 T 和 p,若将它们混合成同温同压的理想气体混合物,此过程是不同理想气体在等温等压下的混合过程。其中任意气体 B 在混合前后的状态变化为:${\rm B}(n_{\rm B},T,p)\rightarrow {\rm B}(n_{\rm B},T,p_{\rm B})$,此处 $p_{\rm B}$ 代表气体混合物中 B 的分压。这个状态变化相当于气体 B 的等温膨胀过程,据式(2-8),其熵变为

$$\Delta S_{\rm B} = n_{\rm B}R\ln\frac{p}{p_{\rm B}} = -n_{\rm B}R\ln\frac{p_{\rm B}}{p} = -n_{\rm B}R\ln x_{\rm B} \qquad (2\text{-}14)$$

其中 x_B 代表气体混合物中 B 的物质的量分数。将参与混合的所有气体的熵变加和，$\sum_B \Delta S_B$，即得混合熵

$$\Delta_{\text{mix}} S = -R \sum_B n_B \ln x_B \tag{2-15}$$

此式是计算等温等压下不同理想气体混合熵的公式。

对于理想气体以外的其他物质，由于分子间有相互作用，不可采用以上方法计算混合熵。

例 2-3 （1）在 273K，10^5Pa 下，将 $2\text{mol}\,\text{N}_2$ 和 $1\text{mol}\,\text{O}_2$ 混合，求此过程的熵变。

（2）甲、乙两容器间有一阀门相连，甲容器中装有 $2\text{mol}\,\text{N}_2$，状态为 273K，10^5Pa；乙容器中装有 $1\text{mol}\,\text{O}_2$，状态为 273K，10^4Pa。若将阀门打开，让两种气体在 273K 下混合，求此过程的熵变。

解：（1）此过程是等温等压下不同理想气体的混合过程，据式(2-15)，熵变为

$$\Delta_{\text{mix}} S = -R[n(\text{N}_2)\ln x(\text{N}_2) + n(\text{O}_2)\ln x(\text{O}_2)]$$

$$= \left[-8.314 \times \left(2 \times \ln\frac{2}{3} + 1 \times \ln\frac{1}{3}\right)\right]\text{J}\cdot\text{K}^{-1} = 15.9\,\text{J}\cdot\text{K}^{-1}$$

（2）因为此混合过程不是等压过程，混合熵不能用式(2-15)计算。气体混合物（系统末态）的体积为

$$V_2 = \left(\frac{2 \times 8.314 \times 273}{10^5} + \frac{1 \times 8.314 \times 273}{10^4}\right)\text{m}^3 = 0.2724\,\text{m}^3$$

所以压力为

$$p_2 = \frac{3 \times 8.314 \times 273}{0.2724}\text{Pa} = 2.50 \times 10^4\,\text{Pa}$$

其中 N_2 和 O_2 的分压分别为

$$p_2(\text{N}_2) = 1.67 \times 10^4\,\text{Pa}, \quad p_2(\text{O}_2) = 0.83 \times 10^4\,\text{Pa}$$

于是在混合过程中 N_2 的状态变化为

$$\text{N}_2(273\text{K}, 10^5\text{Pa}) \longrightarrow \text{N}_2(273\text{K}, 1.67 \times 10^4\text{Pa})$$

据式(2-8)，N_2 的熵变为

$$\Delta S(\text{N}_2) = n(\text{N}_2)R\ln\frac{p_1(\text{N}_2)}{p_2(\text{N}_2)} = 2 \times 8.314 \times \ln\frac{10^5}{1.67 \times 10^4}\text{J}\cdot\text{K}^{-1} = 29.8\,\text{J}\cdot\text{K}^{-1}$$

同理可得，O_2 的熵变为 $\Delta S(\text{O}_2) = 1.5\,\text{J}\cdot\text{K}^{-1}$。因此，该混合过程的熵变为

$$\Delta_{\text{mix}} S = \Delta S(\text{N}_2) + \Delta S(\text{O}_2) = (29.8 + 1.5)\text{J}\cdot\text{K}^{-1} = 31.3\,\text{J}\cdot\text{K}^{-1}$$

2.4 热力学第三定律和规定熵

为了计算化学反应的熵变,需要介绍规定熵的概念。由于至今人们还无法得到熵的绝对数值,所以在讨论熵值时需要规定一个相对标准,这是热力学第三定律所解决的课题。

2.4.1 热力学第三定律的表述

20 世纪初,人们研究低温现象时发现,在低温范围内,随温度降低,不同物质的熵值趋于相同。在这一现象的启发下,Planck 于 1911 年提出进一步假设:在 0K 时,一切物质的熵均等于零,即

$$\lim_{T \to 0K} S = 0 \tag{2-16}$$

在进一步实验的基础上,1920 年 Lewis 和 Gibson 指出,上述假定只适用于纯态的完美晶体。所谓完美晶体是指晶体中的分子或原子只有一种排列方式,即排列完全有序。例如 CO 晶体中,两种排列 C—O 和 O—C 不同时存在才叫完美晶体。

至此,式(2-16)应该正确表述为:在 0K 时,一切纯态完美晶体的熵值为零。这就是热力学第三定律。它为任意状态下物质的熵值提供了相对标准。其实第三定律只是一种规定,因此人们将以此规定为基础计算出的其他状态下的熵称为规定熵。

热力学第三定律还有其他表述方法。例如还可以表述为"不可能用有限的手续使一物体冷却到 0K",这称为 0K 不可达到原理。热力学第三定律已被实验所证实。它的意义是断定了 0K 只能趋近但不能达到,因此熵值为零的状态是不能实现的状态。这就是说,热力学第三定律选择了一种假想的状态作为熵的零点。

2.4.2 规定熵的计算

热力学第三定律为求取任意确定状态下物质的熵奠定了基础,下面以 H_2O 为例讨论规定熵的计算。

例 2-4 试计算 423K,101 325Pa 下 $H_2O(g)$ 的熵。

解:因为第三定律规定 $S(0K) = 0$,因此以 0K,101 325Pa 的冰为初态,以 423K,101 325Pa 的水蒸气为末态的过程的 ΔS 即为 423K,101 325Pa 下 $H_2O(g)$ 的熵值。我们在初、末态之间设计如下可逆过程:

$$\text{H}_2\text{O}(\text{s},0\text{K},101\,325\text{Pa}) \xrightarrow{\Delta S=?} \text{H}_2\text{O}(\text{g},423\text{K},101\,325\text{Pa})$$

$$\downarrow \text{I} \qquad\qquad\qquad\qquad\qquad \uparrow \text{V}$$

$$\text{H}_2\text{O}(\text{s},273\text{K},101\,325\text{Pa}) \qquad \text{H}_2\text{O}(\text{g},373\text{K},101\,325\text{Pa})$$

$$\downarrow \text{II} \qquad\qquad\qquad\qquad\qquad \uparrow \text{IV}$$

$$\text{H}_2\text{O}(\text{l},273\text{K},101\,325\text{Pa}) \xrightarrow{\text{III}} \text{H}_2\text{O}(\text{l},373\text{K},101\,325\text{Pa})$$

$$S(\text{H}_2\text{O},\text{g},423\text{K},101\,325\text{Pa}) = \Delta S = \Delta S_\text{I} + \Delta S_\text{II} + \Delta S_\text{III} + \Delta S_\text{IV} + \Delta S_\text{V}$$

$$= \int_{0\text{K}}^{273\text{K}} \frac{nC_{p,\text{m}}(\text{s})}{T}\mathrm{d}T + \frac{n\Delta_\text{s}^\text{l} H_\text{m}}{273\text{K}} + \int_{273\text{K}}^{373\text{K}} \frac{nC_{p,\text{m}}(\text{l})}{T}\mathrm{d}T$$

$$+ \frac{n\Delta_\text{l}^\text{g} H_\text{m}}{373\text{K}} + \int_{373\text{K}}^{423\text{K}} \frac{nC_{p,\text{m}}(\text{g})}{T}\mathrm{d}T$$

因此,通过量热手段测量冰、水和水蒸气的热容以及熔化热 $\Delta_\text{s}^\text{l} H_\text{m}$ 和汽化热 $\Delta_\text{l}^\text{g} H_\text{m}$ 之后,就能够求出熵值。人们也把用这种方法求得的规定熵称为量热熵,意思是"利用量热数据"。处于标准状态的各种物质的摩尔熵称标准摩尔熵,用符号 $S_\text{m}^\ominus$ 表示。各物质在 298.15 时的 $S_\text{m}^\ominus$ 值可从手册中查找。

由量热数据计算规定熵时,在低温区(20K 以下)遇到的困难是难于测定晶体的热容。为了解决这一困难,可用 Debye 立方定律计算晶体热容,此定律表示为

$$C_{p,\text{m}} = aT^3 \tag{2-17}$$

其中 a 是晶体的特性参数。

2.4.3 化学反应的熵变

对于任意化学反应 $0 = \sum_\text{B} \nu_\text{B} \text{B}$,如果所有物质均处于 298.15K 时的标准状态,则反应的标准摩尔熵变 $\Delta_\text{r} S_\text{m}^\ominus$ 可利用手册中的标准熵数据依下式计算

$$\Delta_\text{r} S_\text{m}^\ominus = \sum_\text{B} \nu_\text{B} S_{\text{m},\text{B}}^\ominus \tag{2-18}$$

其中 $S_{\text{m},\text{B}}^\ominus$ 是物质 B 的标准摩尔熵。

例 2-5 试计算 298.15K 时反应 $\text{H}_2(\text{g}) + \frac{1}{2}\text{O}_2(\text{g}) \longrightarrow \text{H}_2\text{O}(\text{g})$ 的标准摩尔熵变 $\Delta_\text{r} S_\text{m}^\ominus$。

解:由手册查得各物质的标准摩尔熵分别为

$$S_\text{m}^\ominus(\text{H}_2) = 130.6 \text{J} \cdot \text{K}^{-1} \cdot \text{mol}^{-1},$$

$$S_m^\ominus(O_2) = 205.0 \text{J} \cdot \text{K}^{-1} \cdot \text{mol}^{-1},$$
$$S_m^\ominus(H_2O, g) = 188.7 \text{J} \cdot \text{K}^{-1} \cdot \text{mol}^{-1}$$

根据式(2-18)得

$$\Delta_r S_m^\ominus = S_m^\ominus(H_2O, g) - S_m^\ominus(H_2) - \frac{1}{2} S_m^\ominus(O_2)$$

$$= \left(188.7 - 130.6 - \frac{1}{2} \times 205.0\right) \text{J} \cdot \text{K}^{-1} \cdot \text{mol}^{-1} = -44.4 \text{J} \cdot \text{K}^{-1} \cdot \text{mol}^{-1}$$

只要算得 298.15K 时化学反应的标准熵变，其他任意温度和任意压力下反应的熵变就可以通过设计途径的方法进行计算。

2.5 Helmholtz 函数判据和 Gibbs 函数判据

用熵作为过程方向和限度的判据只适用于孤立系统，但在处理具体问题时允许近似作为孤立系统的情况并不多见。另外，系统与环境熵变的计算也较烦琐。在实际工作中，对于化学反应、相变及混合等过程，等温等容和等温等压两种情况最为常见，因此我们希望将 Clausius 不等式应用到这两种特定条件下以找到更为实用的判据。新判据是 Helmholtz（亥姆霍兹）函数和 Gibbs（吉布斯）函数。

2.5.1 Helmholtz 函数及 Helmholtz 函数减少原理

将 Clausius 不等式应用于封闭系统的任意等温过程，得

$$\Delta S \geqslant \frac{Q}{T} \begin{cases} > & \text{不可逆过程} \\ = & \text{可逆过程} \end{cases}$$

即

$$T \Delta S - Q \geqslant 0$$

因为是等温过程，$T \Delta S = \Delta(TS) = T_2 S_2 - T_1 S_1$，再将第一定律代入上式，整理后得

$$(U_2 - T_2 S_2) - (U_1 - T_1 S_1) \leqslant -W \tag{2-19}$$

其中 W 是体积功与非体积功的总和。左端两项分别对应系统的末态和初态，但形式相同，为此，定义

$$A = U - TS \tag{2-20}$$

A 叫做 Helmholtz 函数。因为 U, T 和 S 都是状态函数，因而 A 是状态函数，是广延性质，单位是 J 或 kJ。于是，根据式(2-20)的定义，式(2-19)可写成

$$\Delta A \leqslant -W \tag{2-21}$$

此式适用于封闭系统的任意等温过程，其中等于号代表等温可逆过程，小于号代表等温不可逆过程。如图 2-2，等温可逆过程 Ⅰ 和等温不可逆过程 Ⅱ 是系统由状态 1 变化到状态 2 的不同途径，它们的 ΔA 相同，据式 (2-21)

$$W_{\text{Ⅰ}} = -\Delta A \qquad (2\text{-}22)$$
$$W_{\text{Ⅱ}} < -\Delta A$$

所以

$$W_{\text{Ⅰ}} > W_{\text{Ⅱ}}$$

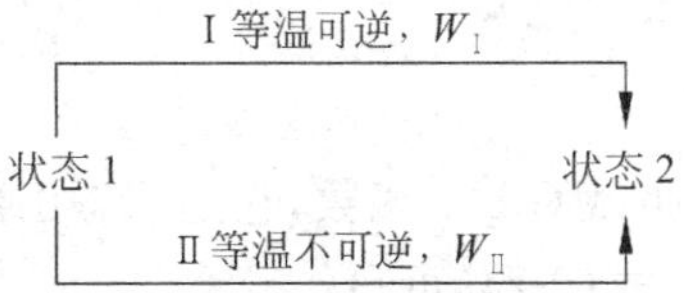

图 2-2　关于等温可逆过程功值最大的说明

这就是说，等温可逆过程的功大于等温不可逆过程的功。因此，式 (2-21) 是第一定律中关于"等温可逆过程系统做最大功"的理论依据。

式 (2-22) 表明，在等温可逆过程中，系统 Helmholtz 函数的减少恰等于在此过程中系统所做的最大功。由此看来，Helmholtz 函数似乎代表系统的做功本领，因此人们也时常把 A 叫做功函数。

当系统经历等温等容且没有非体积功的过程时，$W=0$，则式 (2-21) 变为

$$\Delta A \leqslant 0 \begin{cases} < & \text{不可逆过程} \\ = & \text{可逆过程} \end{cases} \qquad (2\text{-}23)$$

式中小于号代表在等温等容且 $W'=0$ 的条件下实际可能进行的过程（即过程的方向），此过程 Helmholtz 函数减少；等号代表可逆过程（即过程的限度），此过程中 Helmholtz 函数不变。

式 (2-23) 的意义可以表述为：在等温等容且无非体积功的条件下，封闭系统中的过程总是自发地朝着 Helmholtz 函数减少的方向，直至达到在该条件下 A 值最小的平衡状态为止。在平衡情况下再发生过程，便是 A 值不变的可逆过程。即在等温等容且无非体积功的条件下，系统的 Helmholtz 函数只能减少而不可能增加，这就是 Helmholtz 函数减少原理，也称 Helmholtz 函数判据。

能量最低原则是自然界的普遍规律，Helmholtz 函数减少原理是能量最低原则在等温等容且 $W'=0$ 的条件下的具体体现。

2.5.2　Gibbs 函数及 Gibbs 函数减少原理

对于封闭系统的等温过程，据式 (2-21)

$$\Delta A \leqslant -W \begin{cases} < & \text{不可逆过程} \\ = & \text{可逆过程} \end{cases}$$

在等压情况下，体积功为 $p\Delta V = \Delta(pV)$，非体积功为 W'，则上式为

$$\Delta A \leqslant -[\Delta(pV) + W']$$
$$\Delta(A + pV) \leqslant -W' \tag{2-24}$$

定义
$$G = A + pV \tag{2-25}$$

G 叫做 Gibbs 函数，它是状态函数，是系统的广延性质，单位是 J 或 kJ。根据此定义，式(2-24)可写作

$$\Delta G \leqslant -W' \tag{2-26}$$

其中小于号代表等温等压下的不可逆过程，等号代表等温等压下的可逆过程。当没有非体积功时，上式变为

$$\Delta G \leqslant 0 \begin{cases} < & \text{不可逆过程} \\ = & \text{可逆过程} \end{cases} \tag{2-27}$$

式(2-27)是等温等压且 $W'=0$ 条件下过程方向和限度的判据。即如果 G 减少，是自发过程；如果 G 不变，是可逆过程。它的意义可表述为：在等温等压且没有非体积功的条件下，封闭系统中的过程总是自发地朝着 Gibbs 函数减少的方向，直至达到在该条件下 G 值最小的平衡状态为止。在平衡情况下再发生过程，便是 G 值不变的可逆过程。即在等温等压且无非体积功的条件下，系统的 Gibbs 函数只能减少而不可能增加，这就是 Gibbs 函数减少原理，也称 Gibbs 函数判据。它是能量最低原则在等温等压且 $W'=0$ 条件下的具体形式。

2.5.3 热和功在特定条件下与状态函数变的关系

功和热是过程量，其值与过程有关，但在一些特定过程中，功和热常与某个状态函数的变化值相等。这不仅为这些过程中功和热的计算带来方便，而且也可通过功和热的测量求得状态函数变，因此，熟练掌握在这些特定条件下功和热与状态函数变的关系，对于处理热力学问题是十分有益的。现将有关内容总结于表 2-1。

表 2-1 功和热在特定条件下与状态函数变的关系

关系式	过程条件	关系式	过程条件
$Q = \Delta U$	等容，$W'=0$	$W = -\Delta U$	绝热
$Q = \Delta H$	等压，$W'=0$	$W = -\Delta A$	等温，可逆
$Q = \Delta H + W'$	等压	$W' = -\Delta A$	等温，等容，可逆
$Q = T\Delta S$	等温，可逆	$W' = -\Delta G$	等温，等压，可逆

2.6 各热力学函数间的关系

在热力学第一、第二定律中,最常遇到的有以下 8 个主要状态函数:T, p, V, U, H, S, A 和 G。其中 T 和 p 是强度性质,其他是广延性质。这 8 个函数中 T, p, V, U, S 是基本函数,它们都有明确的物理意义。而 H, A 和 G 是 3 个导出函数,它们由基本函数经过数学组合而成,因而本身没有物理意义,它们与基本函数的关系为

$$H = U + pV$$
$$A = U - TS$$
$$G = U + pV - TS$$

很容易导出

$$G = H - TS$$
$$G = A + pV$$

以上这些关系式实际上是人们对 3 个导出函数的定义,因此是恒等式。由此出发,可以演绎出许多有用的关系式。

2.6.1 封闭系统的热力学基本关系式

对于封闭系统的微小过程

$$dU = \delta Q - \delta W$$

若过程可逆且不做非体积功,则

$$dU = TdS - pdV \tag{2-28}$$

此式是内能的微分式,称作第一定律与第二定律的联合表达式。

将焓的定义式 $H=U+pV$ 两端微分,并将式(2-28)代入,整理后得焓的微分式

$$dH = TdS + Vdp \tag{2-29}$$

同理可得,Helmholtz 函数和 Gibbs 函数的微分式分别为

$$dA = -SdT - pdV \tag{2-30}$$

$$dG = -SdT + Vdp \tag{2-31}$$

式(2-28)~式(2-31)是 4 个十分重要的关系式。叫做 Gibbs 公式,也称为封闭系统的热力学基本关系式。

严格讲,基本关系式只适用于封闭系统中无非体积功的可逆过程。但进一步地深入分析表明,对于只发生简单物理变化且无非体积功的封闭系统(双变量系

统),基本关系式是全微分式,因此对于简单物理过程,不论过程是否可逆,基本关系式都是适用的;如果系统中发生相变、混合以及化学反应,只有过程可逆时才能够使用,这是因为这类系统不能只用两个变量描述状态。由于一切实际过程都是不可逆的,所以上述基本关系式不能用来计算实际的相变、混合以及化学反应过程的状态函数变。

由以上讨论可知,基本关系式主要用于计算简单物理过程的状态函数变,这是它的重要用途之一。除此之外,以这组公式为基础,还可以导出许多有用的关系式。

2.6.2 对应系数关系式

对于只发生简单物理变化的封闭系统,$dG = -SdT + Vdp$ 是全微分式。如果设 $G = G(T, p)$,则 G 的全微分为 $dG = \left(\frac{\partial G}{\partial T}\right)_p dT + \left(\frac{\partial G}{\partial p}\right)_T dp$。对比这两个全微分式,即得

$$\left(\frac{\partial G}{\partial T}\right)_p = -S, \quad \left(\frac{\partial G}{\partial p}\right)_T = V \tag{2-32}$$

同理,通过基本关系式中其他几个公式还可以得到

$$\left(\frac{\partial U}{\partial S}\right)_V = T, \quad \left(\frac{\partial U}{\partial V}\right)_S = -p \tag{2-33}$$

$$\left(\frac{\partial H}{\partial S}\right)_p = T, \quad \left(\frac{\partial H}{\partial p}\right)_S = V \tag{2-34}$$

$$\left(\frac{\partial A}{\partial T}\right)_V = -S, \quad \left(\frac{\partial A}{\partial V}\right)_T = -p \tag{2-35}$$

以上式(2-32)~式(2-35)中的 8 个公式叫做对应系数关系式,在分析问题或证明问题时常常用到。

2.6.3 Maxwell 关系式

在数学上 $dz = Mdx + Ndy$ 是全微分的充分必要条件是

$$\left(\frac{\partial M}{\partial y}\right)_x = \left(\frac{\partial N}{\partial x}\right)_y \tag{2-36}$$

对于只发生简单物理变化的封闭系统,基本关系式中公式都是全微分式,于是根据式(2-36)的规则,可得到下面一组关系式:

$$\left(\frac{\partial p}{\partial S}\right)_V = -\left(\frac{\partial T}{\partial V}\right)_S, \quad \left(\frac{\partial V}{\partial S}\right)_p = \left(\frac{\partial T}{\partial p}\right)_S \left.\begin{matrix}\\ \\ \end{matrix}\right\}$$
$$\left(\frac{\partial S}{\partial V}\right)_T = \left(\frac{\partial p}{\partial T}\right)_V, \quad \left(\frac{\partial S}{\partial p}\right)_T = -\left(\frac{\partial V}{\partial T}\right)_p \quad (2\text{-}37)$$

这一组公式叫做 Maxwell 关系式,它们在热力学中有极广泛的应用。首先,它将一些难于用实验测定的量转化为容易测定的量,例如在其中第四个公式中,变化率$(\partial S/\partial p)_T$难于用实验测定,而$(\partial V/\partial T)_p$代表系统的热膨胀情况,易于实验测定,若能从手册中查到热膨胀系数,则可直接进行计算。此外,由 Maxwell 关系式进而能够推出一些有用的公式,这些公式对于分析解决许多问题,对于揭示一些普遍规律都颇有帮助。

2.6.4 基本关系式的应用

基本关系式是对物质进行深入热力学研究的基础,特别在理论研究方面具有广泛的应用,以下举出两个实例。

2.6.4.1 理想气体部分性质的理论证明

在第一定律中,我们根据 Joule 实验结果介绍了理想气体的两个性质:$(\partial U/\partial V)_T = 0$ 和$(\partial H/\partial p)_T = 0$,即理想气体的内能和焓只是温度的函数。这些性质可以由热力学基本关系式加以证明。

将关系式 $dU = TdS - pdV$ 在等温条件下两端除以 dV,得

$$\left(\frac{\partial U}{\partial V}\right)_T = T\left(\frac{\partial S}{\partial V}\right)_T - p$$

将 Maxwell 关系式 $\left(\frac{\partial S}{\partial V}\right)_T = \left(\frac{\partial p}{\partial T}\right)_V$ 代入,得

$$\left(\frac{\partial U}{\partial V}\right)_T = T\left(\frac{\partial p}{\partial T}\right)_V - p \quad (2\text{-}38)$$

同样,由关系式 $dH = TdS + Vdp$ 出发,可以得到焓随压力的变化率为

$$\left(\frac{\partial H}{\partial p}\right)_T = V - T\left(\frac{\partial V}{\partial T}\right)_p \quad (2\text{-}39)$$

式(2-38)和(2-39)称为热力学状态方程,适用于任何物质。只要将物质的 p,V,T 关系代入此二方程,即可分别求得$(\partial U/\partial V)_T$ 和$(\partial H/\partial p)_T$。对于理想气体,将 $pV = nRT$ 代入式(2-38)得

$$\left(\frac{\partial U}{\partial V}\right)_T = T\left(\frac{\partial p}{\partial T}\right)_V - p = T\left[\frac{\partial}{\partial T}\left(\frac{nRT}{V}\right)\right]_V - p = T \cdot \frac{nR}{V} - p = p - p = 0$$

同理,将 $pV = nRT$ 代入式(2-39),即可证明$(\partial H/\partial p)_T = 0$。这就严格证明了理想

气体的 U 和 H 只是 T 的函数。

2.6.4.2 温度和压力对于 U,H,S,A,G 诸状态函数的影响

在生产实践和科学实验中,温度和压力是最常使用的两个控制因素,人们总是通过选定适当的 T 和 p 来控制反应过程。以下分别将 T 和 p 对于不同系统的几个重要性质的影响程度作简单的定性讨论。

(1) 温度的影响

为了便于度量 T 对各性质的影响,将 U,H,S,G 和 A 在等压或等容条件下随温度的变化率用便于测量的量表示:

根据热容定义

$$\left(\frac{\partial U}{\partial T}\right)_V = C_V, \quad \left(\frac{\partial H}{\partial T}\right)_p = C_p$$

根据式(2-9)和(2-11)可知

$$\left(\frac{\partial S}{\partial T}\right)_p = \frac{C_p}{T}, \quad \left(\frac{\partial S}{\partial T}\right)_V = \frac{C_V}{T}$$

根据对应系数关系式

$$\left(\frac{\partial G}{\partial T}\right)_p = -S, \quad \left(\frac{\partial A}{\partial T}\right)_V = -S$$

显然,上述各式右端的量,在数值上一般都是相当可观的。因此,对于任何物质,不论是气体、液体,还是固体,T 对上述 5 个重要函数的影响都是显著的,即使在 ΔT 不很大的情况下,也不可忽略这种影响。

(2) 压力的影响

与上面类似,将 U,H,S,G 和 A 在等温条件下随压力的变化率用便于测量的量表示:

利用式(2-38)可得

$$\left(\frac{\partial U}{\partial p}\right)_T = \left(\frac{\partial U}{\partial V}\right)_T \left(\frac{\partial V}{\partial p}\right)_T = \left[T\left(\frac{\partial p}{\partial T}\right)_V - p\right]\left(\frac{\partial V}{\partial p}\right)_T \tag{1}$$

根据式(2-39)

$$\left(\frac{\partial H}{\partial p}\right)_T = V - T\left(\frac{\partial V}{\partial T}\right)_p \tag{2}$$

根据 Maxwell 关系式

$$\left(\frac{\partial S}{\partial p}\right)_T = -\left(\frac{\partial V}{\partial T}\right)_p \tag{3}$$

根据对应系数关系式

$$\left(\frac{\partial G}{\partial p}\right)_T = V \tag{4}$$

$$\left(\frac{\partial A}{\partial p}\right)_T = \left(\frac{\partial A}{\partial V}\right)_T \left(\frac{\partial V}{\partial p}\right)_T = -p\left(\frac{\partial V}{\partial p}\right)_T \tag{5}$$

在(1)式中,由物质状态方程可以证明,气体的$[T(\partial p/\partial T)_V - p]$值很小或等于 0。对于液体和固体物质,虽然$[T(\partial p/\partial T)_V - p]$值较大,但由于它们都具有难于压缩的特性,$(\partial V/\partial p)_T$ 接近于 0。所以,对于任意物质,$[T(\partial p/\partial T)_V - p](\partial V/\partial p)_T$ 的值很小或等于 0。在(2)式中,气体的$[V - T(\partial V/\partial T)_p]$值很小或等于 0。而液体和固体的 V 本身较小,再减去 $T(\partial V/\partial T)_p$ 后整个差值接近于 0。在(3)式中,由于气体具有显著的热膨胀性,所以$(\partial V/\partial T)_p$ 值很大,而液体和固体的热膨胀性比气体要小得多。在(4)式中,就 1mol 物质而言,气体的 V 很大,而液体和固体的 V 却很小。在(5)式中,由于气体的压缩性很大,$-(\partial V/\partial p)_T$ 值很大,即 $-p(\partial V/\partial p)_T$ 值很大,而液体和固体由于难于压缩,$-p(\partial V/\partial p)_T$ 值很小。

由以上讨论可以得出如下结论:对于气体,p 对 U 和 H 的影响不大,在压力变化不大时(即 Δp 值不大),可忽略这种影响。但 p 对 S,G 和 A 有显著影响,在任何情况下都不可无视这种影响。对于液体和固体,p 对上述 5 个函数的影响都很小,即它们对于压力变化都具有不敏感性,因此,在等温时 Δp 不很大的情况下,液体和固体的 $\Delta U, \Delta H, \Delta S, \Delta G$ 和 ΔA 可近似等于 0。

由基本关系式推理得出的以上规律已被实验所证实,对于人们分析和处理实际问题很有帮助。

2.7 ΔG 和 ΔA 的计算

ΔG 和 ΔA 的计算是热力学的重要任务之一,尤其 ΔG 的计算有很大实用价值,一般情况下可运用下面一些基本公式。

由 A 和 G 的定义可知,对于封闭系统的任意等温过程,不论化学反应还是物理变化,不论过程是否可逆,都有

$$\Delta A = \Delta U - T\Delta S \tag{2-40}$$

$$\Delta G = \Delta H - T\Delta S \tag{2-41}$$

因而,如果求得等温过程的 $\Delta U, \Delta H$ 和 ΔS,就可根据式(2-40)和式(2-41)求出 ΔA 和 ΔG。

对于简单物理过程,由基本关系式得

$$\Delta A = \int_{T_1}^{T_2}(-S)dT - \int_{V_1}^{V_2}pdV \tag{2-42}$$

$$\Delta G = \int_{T_1}^{T_2}(-S)dT + \int_{p_1}^{p_2}Vdp \tag{2-43}$$

此外，在特定情况下，往往可利用 ΔA 和 ΔG 与功的关系简捷地求出 ΔA 和 ΔG，即在等温可逆过程中 $\Delta A = -W$，在等温等压可逆过程中 $\Delta G = -W'$。如果分别是等温等容且无非体积功的过程或等温等压且无非体积功的过程，则这两个关系式就是 Helmholtz 函数判据和 Gibbs 函数判据。在可以直接利用判据的情况下就不必再寻找其他公式。

如果具体计算的过程不能直接套用上述几个基本公式，则必须利用 ΔA 和 ΔG 与途径无关的特性，在初、末态之间设计途径进行计算，只要所设计的途径中的每一步都可直接套用公式即可。

2.7.1 简单物理过程的 ΔG 和 ΔA

这类过程中系统只发生简单的 p, V, T 变化。对于等温过程，由 2.6.4.2 节的讨论可知，液体和固体的 ΔG 和 ΔA 近似等于 0，而理想气体在等温过程中，$\Delta U = \Delta H = 0$，由式(2-40)和式(2-41)可知，$\Delta A = \Delta G = -T\Delta S$，将式(2-8)代入得

$$\Delta A = nRT\ln\frac{V_1}{V_2} = nRT\ln\frac{p_2}{p_1} \tag{2-44}$$

$$\Delta G = nRT\ln\frac{V_1}{V_2} = nRT\ln\frac{p_2}{p_1} \tag{2-45}$$

式(2-44)和式(2-45)适用于理想气体的等温过程。

对于变温过程，为了计算 ΔG，要解决的主要问题是求式(2-43)中第一项积分的值。为此，必须首先将 S 表示为 T 的函数，这就使得变温过程 ΔG 的计算相当繁琐。因此，当系统的初、末状态温度相同时，若通过设计途径的方法计算 ΔG，切忌人为地设计变温步骤。

2.7.2 相变过程的 ΔG 和 ΔA

一般情况下，相变是在等温等压且没有非体积功的条件下进行的。对于可逆相变，$\Delta G = 0, \Delta A = -W$。对于不可逆相变，在没有现成结论或公式可以套用时，应该通过设计可逆过程进行计算。

~~~~~~

例 2-6 试分别计算如下所示的两个等温过程的 ΔG 和 ΔA。

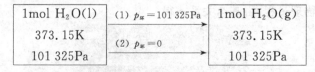

解:(1) 此过程是等温等压的可逆相变,且 $W'=0$,所以 $\Delta G=0$。且
$$\Delta A = -W = -p\Delta V \approx -pV_2 = -nRT$$
$$= -1 \times 8.314 \times 373.15 \text{J} = -3103\text{J}$$

(2) 向真空汽化是不可逆相变,但由于与过程(1)的初、末态相同,所以 ΔG 和 ΔA 与(1)中同值,即
$$\Delta G = 0, \quad \Delta A = -3103\text{J}$$

例 2-7 已知 268.15K 时固体苯的蒸气压为 2280Pa,过冷液态苯的蒸气压为 2675Pa,求 268.15K,101 325Pa 下 $1\text{mol C}_6\text{H}_6(\text{l})$ 凝固过程的 ΔG。

解:因为此过程是等温等压下的不可逆相变,为了计算 ΔG,应该设计由如下 5 个步骤构成的可逆过程。

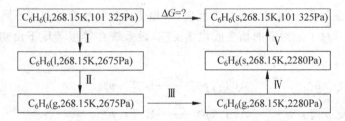

步骤 Ⅰ 和 Ⅴ 分别为液体和固体的等温过程且压力变化不大,应该忽略 Gibbs 函数的变化
$$\Delta G_\text{I} \approx 0, \quad \Delta G_\text{V} \approx 0$$
步骤 Ⅱ 和 Ⅳ 分别为等温等压可逆汽化和等温等压可逆凝华,据 Gibbs 函数判据
$$\Delta G_\text{II} = 0, \quad \Delta G_\text{IV} = 0$$
步骤 Ⅲ 是理想气体的等温可逆膨胀过程,据式(2-45)
$$\Delta G_\text{III} = nRT\ln\frac{p_2}{p_1} = \left(1 \times 8.314 \times 268.15 \times \ln\frac{2280}{2675}\right)\text{J} = -356.4\text{J}$$

因此
$$\Delta G = \Delta G_\text{I} + \Delta G_\text{II} + \Delta G_\text{III} + \Delta G_\text{IV} + \Delta G_\text{V} = \Delta G_\text{III} = -356.4\text{J}$$

2.7.3 混合过程的 ΔG

混合过程的 ΔG 称混合 Gibbs 函数,记作 $\Delta_\text{mix}G$。对于多种理想气体在等温等压下的混合过程,没有热效应,即 $\Delta_\text{mix}H=0$。据式(2-15),此过程的混合熵为
$$\Delta_\text{mix}S = -R\sum_\text{B} n_\text{B}\ln x_\text{B}$$

所以混合 Gibbs 函数为
$$\Delta_{mix}G = \Delta_{mix}H - T\Delta_{mix}S = -T\Delta_{mix}S$$
即
$$\Delta_{mix}G = RT\sum_{B}n_B\ln x_B \tag{2-46}$$

式中 n_B 和 x_B 分别为理想气体 B 的物质的量及混合气体中 B 的物质的量分数。式(2-46)只适用于不同理想气体等温等压下的混合过程。它表明，此过程是等温等压且无非体积功的条件下 Gibbs 函数减少（$\Delta_{mix}G<0$）的过程，所以是自发过程。

2.7.4 ΔG 与温度的关系

对于等温等压下的相变或化学反应，当相变或化学反应的温度不同时，则过程的 ΔG 不同。对于某指定的相变或化学反应，设系统在等温等压下由初态 A 变化到末态 B，

在 T_1 及 p 时：　　　$A(T_1, p) \xrightarrow{\Delta G_1} B(T_1, p)$

在 T_2 及 p 时：　　　$A(T_2, p) \xrightarrow{\Delta G_2} B(T_2, p)$

则
$$\Delta G_1 \neq \Delta G_2$$

为了导出 ΔG_1 与 ΔG_2 的关系，首先需知道温度 T 如何影响 ΔG。为此，由 T 对 G 的影响（即式(2-32)）出发，可以导出下式

$$\left(\frac{\partial(G/T)}{\partial T}\right)_p = -\frac{H}{T^2}, \quad \left(\frac{\partial(\Delta G/T)}{\partial T}\right)_p = -\frac{\Delta H}{T^2} \tag{2-47}$$

其中 T 代表相变或化学反应过程的温度，ΔH 代表相变或化学反应的焓变。此式叫做 Gibbs-Helmholtz 公式，描述 T 对 ΔG 的影响。在等压条件下对此式积分

$$\int_{\Delta G_1/T_1}^{\Delta G_2/T_2} d\left(\frac{\Delta G}{T}\right) = \int_{T_1}^{T_2} -\frac{\Delta H}{T^2}dT$$

即
$$\frac{\Delta G_2}{T_2} = \frac{\Delta G_1}{T_1} - \int_{T_1}^{T_2}\frac{\Delta H}{T^2}dT \tag{2-48}$$

此结果表明，如果已知某相变或化学反应在 T_1 时的 ΔG_1，即可通过此式计算另一温度 T_2 时的 ΔG_2。在具体计算时还须利用 Kirchhoff 公式（即式(1-46)）将相变热或反应热 ΔH 表示成 T 的函数。

例 2-8 已知 $H_2O(l)$ 和 $H_2O(g)$ 的等压热容分别为 $75.30 J\cdot K^{-1}\cdot mol^{-1}$ 和 $33.58 J\cdot K^{-1}\cdot mol^{-1}$，在 373.15K 及 101 325Pa 时水的汽化热为 $40.6 kJ\cdot mol^{-1}$。试求在 298.15K 及 101 325Pa 时 1mol $H_2O(l)$ 汽化过程的 ΔG。

解：设 $T_1 = 373.15K$，$T_2 = 298.15K$，则在 T_1 和 101 325Pa 时水的汽化过程是等温等压可逆相变，所以 $\Delta G_1 = 0$，据式(2-48)

$$\frac{\Delta G_2}{T_2} = -\int_{T_1}^{T_2} \frac{\Delta H}{T^2} dT$$

即

$$\Delta G_2 = -T_2 \int_{T_1}^{T_2} \frac{\Delta H}{T^2} dT$$

由 Kirchhoff 公式知，任意温度下水的汽化热 ΔH 与温度 T 的关系为

$$\begin{aligned}\Delta H &= \Delta H(373.15K) + \int_{373.15K}^{T} \Delta C_p dT \\ &= 40.6 kJ + \int_{373.15K}^{T} (33.58 - 75.30) \times 10^{-3} (kJ\cdot K^{-1}) dT \\ &= (56.17 - 41.72 \times 10^{-3} T/K) kJ\end{aligned}$$

将此关系代入前式得

$$\begin{aligned}\Delta G_2 &= -T_2 \int_{T_1}^{T_2} \frac{(56.17 - 41.72 \times 10^{-3} T)}{T^2} dT \\ &= -T_2 \left[56.17 \times \left(\frac{1}{T_1} - \frac{1}{T_2} \right) - 41.72 \times 10^{-3} \ln \frac{T_2}{T_1} \right] \\ &= -298.15 \times \left[56.17 \times \left(\frac{1}{373.15} - \frac{1}{298.15} \right) - 41.72 \times 10^{-3} \times \ln \frac{298.15}{373.15} \right] kJ \\ &= 8.5 kJ\end{aligned}$$

由此可知，在 298.15K 及 101 325Pa 下水的汽化过程是 Gibbs 函数增加的过程，所以是不自发过程。

本章基本学习要求

1. 熵 S、Helmholtz 函数 A 和 Gibbs 函数 G 的定义以及在特定条件下 ΔS，ΔA 和 ΔG 的物理意义。

2. Clausius 不等式和热力学判据（熵判据、Helmholtz 函数判据和 Gibbs 函数判据）。

3. ΔS 和 ΔG 的计算。

参考文献

1. 傅鹰. 化学热力学导论. 北京：科学出版社，1981
2. 严济慈. 热力学第一定律和热力学第二定律. 北京：人民教育出版社，1978
3. 冯端，冯步云. 熵. 北京：科学出版社，1992
4. 苏文煅. 热力学基本关系式的建立及其应用. 化学通报，1985，3：47
5. Wood S E, Battins R. The Gibbs Function Controversy. J Chem Educ, 1996, 73: 408
6. Baron M. With Clausius from Energy to Entropy. J Chem Educ, 1989, 66: 1001
7. Craig N C. Entropy Analyses of Four Familiar Processes. J Chem Educ, 1998, 65: 760

思考题和习题

思考题

1. 理想气体等温膨胀过程中，$\Delta U=0$，$Q=W$，即膨胀过程中系统所吸的热全部变成了功。这是否违反热力学第二定律？为什么？

2. 判断下列说法是否正确：
(1) 第二定律说明功可以全部变成热，但热不能全部变成功；
(2) 在一个可逆过程中系统的熵值不变；
(3) G 是系统能做有用功的那部分能量；
(4) 当一个系统处于平衡态时，系统的熵值最大，Gibbs 函数值最小。

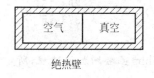

图 2-3 思考题 3 的图示

3. 如图 2-3 所示的一个绝热系统，当抽去隔板后，空气向真空膨胀，此过程 $Q=0$，所以 $\Delta S=0$，对吗？为什么？

4. 理想气体由 p_1 等温膨胀到 p_2，$\Delta G=nRT\ln(p_2/p_1)$，因为 $p_2 < p_1$，所以 $\Delta G < 0$，故可判断此过程为自发过程，对吗？

5. 298K，100kPa 时，反应 $H_2O(l) \Longrightarrow H_2(g) + \frac{1}{2}O_2(g)$ 的 $\Delta G > 0$，说明该反应不能进行，但实验室内常电解水以制取 H_2 和 O_2，这二者有无矛盾？

6. 298K，100kPa 时，反应 $H_2(g) + \frac{1}{2}O_2(g) \Longrightarrow H_2O(l)$ 可以通过催化剂以不可逆的方式进行，也可以组成电池以可逆的方式进行，通过这两种不同的途径从始态到终态，试问反应的 ΔS，ΔG 是否相同？

7. 进行下述过程时，系统的 ΔU，ΔH，ΔS 和 ΔG 何者为零？
(1) 理想气体的卡诺循环；

(2) 孤立系统中的任意过程；

(3) 100℃,101.325kPa 下,1mol 水蒸发成为同温同压下的水蒸气；

(4) 理想气体的绝热可逆过程。

8. 在下列各过程中,计算熵变所用的公式是否正确？

(1) 理想气体绝热向真空膨胀,$\Delta S = nR\ln\dfrac{V_2}{V_1}$；

(2) 在 298K,1.01×10^5Pa 下水蒸发成水蒸气,$\Delta S = \dfrac{\Delta H - \Delta G}{T}$；

(3) 在等温等压条件下的不可逆相变,$\Delta S = \left[\dfrac{\partial(-\Delta G)}{\partial T}\right]_p$。

9. 说明下列公式适用的条件：

(1) $\Delta G = \Delta H - T\Delta S$；   (2) $\mathrm{d}G = -S\mathrm{d}T + V\mathrm{d}p$；

(3) $G_m = G_m^\ominus + RT\ln\dfrac{p}{p^\ominus}$；   (4) $\Delta G = 0$。

10. 根据 $\mathrm{d}G = -S\mathrm{d}T + V\mathrm{d}p$,只要是等温等压过程,即 $\mathrm{d}T = 0$,$\mathrm{d}p = 0$,则 $\mathrm{d}G$ 一定为 0,此结论对吗？为什么？

11. 试分别判断下列各过程的 $Q, W, \Delta U, \Delta H, \Delta S$ 和 ΔG 的值是正？是负？是零？还是不能确定？

(1) $H_2O(l, 100℃\ 101.325\text{kPa}) \xrightarrow{\text{可逆蒸发}} H_2O(g, 100℃, 101.325\text{kPa})$；

(2) $H_2O(l, 100℃\ 101.325\text{kPa}) \xrightarrow{\text{向真空蒸发}} H_2O(g, 100℃, 101.325\text{kPa})$；

(3) 一定量的 0℃,101.325kPa 的理想气体绝热自由膨胀到 50kPa；

(4) 不同理想气体的等温等压混合。

习题

1. 10g 氢气（理想气体）在 27℃ 时始态压力为 500kPa,如果在恒定外压为 1000kPa 条件下,等温压缩到终态压力为 1000kPa。试求此过程的 ΔS。

(答案：$-28.8\text{J}\cdot\text{K}^{-1}$)

2. 1mol 单原子理想气体,始态为 298K,5dm^3,经过下列可逆变化：先等温压缩到体积为原来的一半,再等容冷却到初始压力。求此过程的 Q, W 及 $\Delta U, \Delta H$ 和 ΔS。

(答案：$-3.58\text{kJ}, -1.72\text{kJ}, -1.86\text{kJ}, -3.10\text{kJ}$; $-14.41\text{J}\cdot\text{K}^{-1}$)

3. (1) 一定量的理想气体经过一任意途径由始态(T_1, p_1, V_1)变化到终态(T_2, p_2, V_2),试证明：

$$\Delta S = nR\ln\dfrac{V_2}{V_1} + \int_{T_1}^{T_2}\dfrac{C_V}{T}\mathrm{d}T = nR\ln\dfrac{p_1}{p_2} + \int_{T_1}^{T_2}\dfrac{C_p}{T}\mathrm{d}T$$

(2) 5mol He(g) 从 273.2K,100kPa 变化到 298.2K,1000kPa,求此过程的 ΔS。

(答案:$-86.6\text{J} \cdot \text{K}^{-1}$)

4. 某系统如下图所示,假设两气体的 $C_{p,m}$ 都是 28J·mol^{-1}·K^{-1},容器及其中隔板都是绝热的,且两侧体积相等,试计算抽去隔板后的 ΔS。

1mol O$_2$	1mol N$_2$
10℃,V	20℃,V

(答案:11.53J·K^{-1})

5. 一个绝热容器中盛有 200g 90℃的热水,往该容器中加入 200g 0℃的冰,冰融化后,容器内水温恒定为 T,求 T 和该过程的 ΔS。已知 0℃时,摩尔熔化焓 $\Delta_{fus}H_m(\text{H}_2\text{O},\text{s}) = 6.004\text{kJ} \cdot \text{mol}^{-1}$,液态水的等压热容为 75.3J·mol^{-1}·K^{-1}。

(答案:278.13K,36.18J·K^{-1})

6. 计算 95℃,101.325kPa 条件下,1mol 液态水变为同温同压下水蒸气过程的 ΔS。已知在汽化温度附近,水的汽、液两相的等压摩尔热容差 $C_{p,m}(\text{g}) - C_{p,m}(\text{l}) = -41.9\text{J} \cdot \text{mol}^{-1} \cdot \text{K}^{-1}$,在 100℃,101.325kPa 下水的摩尔汽化焓为 40.63kJ·mol^{-1}。

(答案:109.5J·K^{-1})

7. 根据书后附录中标准熵的数据,计算下列反应在 298K 的 $\Delta_r S_m^{\ominus}$。

(1) $\text{H}_2(\text{g}) + \frac{1}{2}\text{O}_2(\text{g}) = \text{H}_2\text{O}(\text{l})$;

(2) $\text{H}_2(\text{g}) + \text{Cl}_2(\text{g}) = 2\text{HCl}(\text{g})$;

(3) $\text{CH}_4(\text{g}) + \frac{1}{2}\text{O}_2(\text{g}) = \text{CH}_3\text{OH}(\text{l})$;

(4) $\text{NH}_4\text{HCO}_3(\text{s}) = \text{NH}_3(\text{g}) + \text{H}_2\text{O}(\text{g}) + \text{CO}_2(\text{g})$。

(答案:-163.2J·mol^{-1}·K^{-1},20.0J·mol^{-1}·K^{-1},-163.5J·mol^{-1}·K^{-1},473.6J·mol^{-1}·K^{-1})

8. 利用书后附录中热力学数据,计算下列反应在 298K 和 325K 的 $\Delta_r S_m^{\ominus}$。

(1) $\text{CuO}(\text{s}) + \text{CO}(\text{g}) = \text{Cu}(\text{s}) + \text{CO}_2(\text{g})$;

(2) $\text{CH}_4(\text{g}) + 2\text{O}_2(\text{g}) = \text{CO}_2(\text{g}) + 2\text{H}_2\text{O}(\text{l})$。

(答案:-244.5 J·mol^{-1}·K^{-1},226.5 J·mol^{-1}·K^{-1};6.56 J·mol^{-1}·K^{-1},4.91 J·mol^{-1}·K^{-1})

9. 已知如下数据：

	$C_{p,m}/(J \cdot mol^{-1} \cdot K^{-1})$	$S_m^{\ominus}(298K)/(J \cdot mol^{-1} \cdot K^{-1})$
MgO	$45.438+5.008\times10^{-3}(T/K)$ $-8.732\times10^5(T/K)^{-2}$	27
Si	$24.016+2.582\times10^{-3}(T/K)$ $-4.226\times10^5(T/K)^{-2}$	18.8
SiO$_2$	$45.480+36.45\times10^{-3}(T/K)$ $-10.09\times10^5(T/K)^{-2}$	41.84
Mg	23.89	32.5

计算 673K 时反应 2MgO(s)+Si(s) ══ SiO$_2$(s)+2Mg(s) 的 $\Delta_r S_m^{\ominus}$。

(答案：30.6 J·mol^{-1}·K^{-1})

10. 在中等压力下，氯气可近似视为理想气体，若在 273K 时将 0.5mol 氯气从 100kPa 压缩到 1000kPa，试求 ΔG。

(答案：2.613kJ)

11. 298K 时将 1molC$_2$H$_5$OH(l) 自 100kPa 压缩到 1000kPa，试求 ΔG。已知其物态方程为：$V=V_0(1-\beta p)$，其中 $\beta=10^{-9}Pa^{-1}$，V_0 是 298K，100kPa 下的摩尔体积，在该条件下，C$_2$H$_5$OH(l) 的密度为 0.789kg·dm^{-3}。计算结果说明了什么问题？

(答案：52.6J)

12. 试计算 1molC$_6$H$_6$ 在下列各过程的 ΔA 和 ΔG。

(1) C$_6$H$_6$(l,101.325kPa) ⟶ C$_6$H$_6$(g,101.325kPa)；

(2) C$_6$H$_6$(l,101.325kPa) ⟶ C$_6$H$_6$(g,90kPa)；

(3) C$_6$H$_6$(l,101.325kPa) ⟶ C$_6$H$_6$(g,110kPa)。

假定温度为 80.1℃（即苯的沸点），并设蒸气为理想气体。根据所得结果能否判断过程的方向？

(答案：-2.937kJ, 0；-3.285kJ, -0.348kJ；-2.695kJ, 0.241kJ)

13. 已知过冷 CO$_2$(l) 在 -59℃ 的饱和蒸气压 $p_l^*=466.0kPa$，同温下 CO$_2$(s) 的饱和蒸气压 $p_s^*=439.2kPa$，计算在 -59℃ 下 1mol 过冷 CO$_2$(l) 凝固过程的 ΔG。

(答案：-105.4kJ)

14. 在 298.2K，101.325kPa 下，1mol 过饱和 H$_2$O(g) 液化成水，求此过程的 ΔG。已知 298.2K 时水的饱和蒸气压 $p_l^*=3.167kPa$。

(答案：-8.586kJ)

15. 在 -10℃，101.325kPa 条件下 1mol H$_2$O(l) 凝结成冰，试计算此过程的 ΔS 和

ΔG，并判断此过程是否能自发进行。已知水和冰的 $C_{p,m}$ 分别为 75.24J·mol^{-1}·K^{-1} 和 37.66J·mol^{-1}·K^{-1}，0℃时冰的摩尔熔化焓 $\Delta_{fus}H_m$ = 6004J·mol^{-1}。

(答案：−20.59J·K^{-1}，−213.0J)

16. 某一化学反应若在等温等压(298K,100kPa)下进行，反应进度为 1mol 时放热 $4.0×10^4$J，若使该反应通过可逆电池完成，则放热 $4.0×10^3$J，计算
   (1) 该反应的 $\Delta_r S_m$，$\Delta_r H_m$；
   (2) 该反应可能做的最大电功。

(答案：−13.42J·mol^{-1}·K^{-1}，−4×10^{4}J·mol^{-1}；3.6×10^{4}J)

17. 将装有 0.1mol 乙醚的微小玻璃泡放入恒温 35℃，10dm^3 的密闭容器内，容器内充满压力为 100kPa 的氮气。将小泡打碎，乙醚完全汽化并与氮气混合。已知在 100kPa 下乙醚的沸点为 35℃，乙醚蒸发热 $\Delta_{vap}H_m$ = 25.10kJ·mol^{-1}。试计算此过程中：
   (1) 氮气的 ΔH，ΔS 及 ΔG；
   (2) 乙醚的 ΔH，ΔS 和 ΔG。

(答案：0,0,0；2.510kJ，9.3J·K^{-1}，−349J)

18. 证明：
   (1) $\left(\frac{\partial U}{\partial V}\right)_T = T\left(\frac{\partial p}{\partial T}\right)_V - p$
   (2) $\left(\frac{\partial U}{\partial V}\right)_p = C_V\left(\frac{\partial T}{\partial V}\right)_p + T\left(\frac{\partial p}{\partial T}\right)_V - p$

19. 一个带有理想活塞的密闭容器与 100℃ 的恒温热源接触，容器内有 1mol 压力为 1.5×101.325kPa 的氮气。在不破坏容器的密闭性的情况下，设法注入 100℃ 的液态水 3mol，同时活塞向真空移动，直至系统膨胀到体积为初始体积的 3 倍。然后以 2×101.325kPa 的恒定外压压缩，使系统体积减小到初始体积的 2 倍。
   (1) 终态时气态水和液态水的物质的量各为多少？
   (2) 试计算整个过程的 W，Q，ΔU，ΔH，ΔS 和 ΔG。假定在此条件下，可以不考虑氮气在水中的溶解，且水的 $\Delta_{vap}H_m$ = 40.6kJ/mol，气体可近似为理想气体。

(答案：$\frac{5}{3}$mol，$\frac{4}{3}$mol；−4.14kJ,58.36kJ,62.50kJ, 67.67kJ,184.0J·K^{-1},−0.99kJ)

3 液体混合物与溶液

在前两章,主要的研究对象是定组成的均相系统。在实际的科研与生产中,常遇到多组分多相系统,例如,在室温下将水、乙醇和苯混合,在一定浓度范围内,部分互溶而分为两层,显然该系统是一个多组分多相系统。在这样的多组分系统中,每一种物质的性质,一般说来与纯物质不同,处理多组分多相系统的热力学方法,也和单组分均相系统有所不同。它们的主要区别为:

(1) 在一个封闭的多组分多相系统中,对其中的每一种物质,每一相而言,不是封闭的,而是敞开的系统。例如,在一个封闭容器中,装有一定数量的乙醇水溶液,上方为蒸气,整个容器是一个封闭系统。如果分别选液相或气相作为系统,由于两相之间有物质的交换,所以气相或液相是敞开系统。再如,在一个密封容器中,盛放着 $PCl_5(g)$,$PCl_3(g)$ 和 $Cl_2(g)$ 3 种气体。在一定的条件下,这 3 种气体发生下列反应:

$$PCl_5(g) \Longleftrightarrow PCl_3(g) + Cl_2(g)$$

如果改变条件,3 种物质的数量将随着反应的进行而变化。因此,若选其中某一种物质作为研究对象,它就是一个敞开系统。

(2) 对单组分均相系统而言,只要知道系统的两个强度性质(通常取温度、压力),那么系统的其他强度性质也就确定了;如果再知道系统中物质的量,则系统的所有广延性质也就确定了,即系统的状态确定了。例如一杯纯水,我们只要知道它的温度、压力,则这杯水的密度、摩尔热容、黏度、折射率、蒸汽压等强度性质便确定了。但是如果在这杯水里加入一些乙醇,成为一个多组分均相系统——乙醇和水的混合物,那么,仅仅知道系统的温度、压力和总的物质的量,系统的状态不能确定。要确定系统的所有的强度性质,除了温度、压力之外,还必须知道系统的组成。

(3) 往 $1dm^3$ 水中再加入 $0.1dm^3$ 水,其总体积为 $1.1dm^3$;而往 $1dm^3$ 乙醇中加入 $0.1dm^3$ 水,其总体积并不等于 $1.1dm^3$。当用乙醇和水配制 100g 不同组成的液体混合物时体积的变化情况见表 3-1。

由表中数据可以看出,混合物的体积并不等于混合前各纯物质的体积之和。推而广之,可得到如下结论:一个多组分系统的广延性质(除了物质的量和质量以外),一般来说并不等于各组分在纯态时的该性质之和。

表 3-1 293K 及 101.325kPa 时乙醇与水混合前后的体积变化

乙醇的质量分数 w	$V_{乙醇}/\text{cm}^3$	$V_{水}/\text{cm}^3$	混合前的体积（相加值）/cm^3	混合后的体积（实验值）/cm^3	$\Delta V/\text{cm}^3$
0.10	12.67	90.36	103.03	101.84	−1.19
0.20	25.34	80.32	105.66	103.24	−2.42
0.30	38.01	70.28	108.29	104.84	−3.45
0.40	50.68	60.24	110.92	106.93	−3.99
0.50	63.35	50.20	113.55	109.43	−4.12
0.60	76.02	40.16	116.18	112.22	−3.96
0.70	88.69	30.12	118.81	115.25	−3.56
0.80	101.36	20.08	121.44	118.56	−2.88
0.90	114.03	10.04	124.07	122.25	−1.82

鉴于多组分系统与单组分均相系统的上述种种区别,需要引入新的概念,并用新的方法来描述多组分系统的性质。

3.1 偏摩尔量

3.1.1 偏摩尔量的概念

在一个多组分均相系统中,加入一定数量的某种纯物质,系统某个广延性质的变化一般并不等于所加入的该纯物质的这种性质。为了描述这个特点,引入偏摩尔量的概念。

设有一个均相系统,由组分 B,C,⋯组成,系统的任意广延性质 X 除与温度、压力有关以外,还与系统中各组分的物质的量有关。写成函数形式为

$$X = f(T, p, n_B, n_C, \cdots) \tag{3-1}$$

如果温度 T、压力 p 和物质的量 $n_B, n_C, \cdots$ 有微小变化,则 X 也要有相应的微小变化:

$$dX = \left(\frac{\partial X}{\partial T}\right)_{p, n_B, n_C, \cdots} dT + \left(\frac{\partial X}{\partial p}\right)_{T, n_B, n_C, \cdots} dp + \left(\frac{\partial X}{\partial n_B}\right)_{T, p, n_C, \cdots} dn_B$$

$$+ \left(\frac{\partial X}{\partial n_C}\right)_{T, p, n_B, \cdots} dn_C + \cdots$$

定义:

$$X_B = \left(\frac{\partial X}{\partial n_B}\right)_{T, p, n_C, \cdots} \tag{3-2}$$

为物质 B 的性质 X 的偏摩尔量。于是,以上全微分式可写为

$$dX = \left(\frac{\partial X}{\partial T}\right)_{p, n_B, n_C, \cdots} dT + \left(\frac{\partial X}{\partial p}\right)_{T, n_B, n_C, \cdots} dp + \sum_B X_B dn_B \tag{3-3}$$

式中 B 代表系统中的任意物质。在等温等压条件下,上式可写成

$$dX = \sum_B X_B dn_B \tag{3-4}$$

根据偏摩尔量的定义,可以写出 $V_B, U_B, H_B, S_B, A_B, G_B$ 等:

$$V_B = \left(\frac{\partial V}{\partial n_B}\right)_{T,p,n_C,\cdots} \quad 称为物质 B 的偏摩尔体积;$$

$$U_B = \left(\frac{\partial U}{\partial n_B}\right)_{T,p,n_C,\cdots} \quad 称为物质 B 的偏摩尔内能;$$

$$H_B = \left(\frac{\partial H}{\partial n_B}\right)_{T,p,n_C,\cdots} \quad 称为物质 B 的偏摩尔焓;$$

$$\vdots$$

偏摩尔体积、偏摩尔内能、偏摩尔焓等都是偏摩尔量。

一般说来,如果用 X 代表多组分均相系统的任意广延性质,那么 X_B 就称为物质 B 的性质 X 的偏摩尔量。它的物质意义是,在等温、等压并保持系统中其他物质的量不变的条件下,系统广延性质 X 随组分 B 的物质的量的变化率。也可以理解为:偏摩尔量 X_B 是指,在等温、等压且保持其他组分的物质的量不变的条件下,往无限大的系统中单独加入 1mol 物质 B 时所引起系统中性质 X 的改变。由于系统为无限大,所以加入 1mol 物质 B 并不会改变系统的组成(浓度),因此偏摩尔量也称为定浓摩尔量。

在理解偏摩尔量时,要注意以下几点:①只有均相系统的广延性质才有相应的偏摩尔量。偏摩尔量本身是强度性质。它与系统的温度、压力及组成有关,而与系统内物质的总量无关。②定义中偏微分的条件必须是等温、等压。例如 $(\partial S/\partial n_B)_{T,V,n_C,\cdots}, (\partial H/\partial n_B)_{p,S,n_C,\cdots}$ 均不是偏摩尔量。③对于纯物质的均相系统,显然偏摩尔量即为该物质的摩尔量。即纯物质的偏摩尔体积等于其摩尔体积,偏摩尔焓等于摩尔焓,等等。

3.1.2 偏摩尔量的集合公式

在等温、等压条件下,某组成为 x_B 的 A-B 两组分液体混合物,假定在配制该混合物过程中保持两液体的物质的量之比不变(即 x_B 不变),则液体混合物最终的性质 X 可用式(3-4)积分:

$$\int_0^X dX = \int_0^{n_A} X_A dn_A + \int_0^{n_B} X_B dn_B$$

上式积分结果

$$X = n_A X_A + n_B X_B \tag{3-5}$$

将此结果推广到任意多个组分均相系统:

$$X = \sum_B n_B X_B \tag{3-6}$$

式(3-6)称为偏摩尔量的集合公式,也称偏摩尔量加合定理。该式表明,一个多组分均相系统的性质 X 等于该系统中各组分的物质的量与其偏摩尔量乘积之和。例如系统的总体积为

$$V = \sum_B n_B V_B$$

此式表明,系统的总体积等于各组分偏摩尔体积与其物质的量的乘积之和。值得注意的是,上式中 $n_B V_B$ 并不代表组分 B 在系统中占有的体积,因为在某些系统中,V_B 可能是负值(例如在 $MgSO_4$ 的稀溶液中,$MgSO_4$ 的 V_B 即为负值),而一种物质在系统中占有的体积当然不可能是负值。

多组分均相系统的任意偏摩尔量都有相应的集合公式,例如 $U = \sum_B n_B U_B$,$H = \sum_B n_B H_B$,$S = \sum_B n_B S_B$,$G = \sum_B n_B G_B$ 等。集合公式是任意均相系统处在平衡状态时所服从的方程。

3.2 化学势

3.2.1 化学势的表述与应用

在多组分均相系统的偏摩尔量中,偏摩尔 Gibbs 函数 G_B 具有特别重要的意义,本节专门加以讨论。系统的 Gibbs 函数 G 可以表示为

$$G = f(T, p, n_B, n_C, \cdots) \tag{3-7}$$

则

$$dG = \left(\frac{\partial G}{\partial T}\right)_{p, n_B, n_C, \cdots} dT + \left(\frac{\partial G}{\partial p}\right)_{T, n_B, n_C, \cdots} dp + \left(\frac{\partial G}{\partial n_B}\right)_{T, p, n_C, \cdots} dn_B + \cdots \tag{3-8}$$

定义

$$\mu_B = \left(\frac{\partial G}{\partial n_B}\right)_{T, p, n_C, \cdots} \tag{3-9}$$

μ_B 称为 B 物质的化学势,等于 B 的偏摩尔 Gibbs 函数,即 $\mu_B = G_B$。于是,式(3-8)可以写作

$$dG = \left(\frac{\partial G}{\partial T}\right)_{p, n_B, n_C, \cdots} dT + \left(\frac{\partial G}{\partial p}\right)_{T, n_B, n_C, \cdots} dp + \sum_B \mu_B dn_B \tag{3-10}$$

由对应系数关系式可知

$$\left(\frac{\partial G}{\partial T}\right)_{p, n_B, n_C, \cdots} = -S, \quad \left(\frac{\partial G}{\partial p}\right)_{T, n_B, n_C, \cdots} = V$$

于是式(3-10)可写作

$$dG = -SdT + Vdp + \sum_B \mu_B dn_B \tag{3-11}$$

此式称为组成可变系统(即敞开系统)的热力学基本关系式。$\sum_B \mu_B dn_B$ 项代表在等温、等压条件下,当系统中加入或减少某些物质时,所引起的系统 G 的改变。

化学势的引入,为利用 G 来判断系统中任意物质 B 的传输过程的方向和限度提供了一个判据,即在等温、等压且不做非体积功的条件下:

$$dG = \sum_B \mu_B dn_B \begin{cases} < 0 & \text{此过程可以进行,不可逆} \\ = 0 & \text{此过程可逆,系统达到平衡} \\ > 0 & \text{此过程不能进行} \end{cases} \tag{3-12}$$

下面,以一个气液两相共存的多组分系统为例,讨论化学势 μ_B 在处理相变过程的应用。在一密封的容器内,盛放一多组分液体混合物,上方是与液体混合物呈平衡的气体混合物。由于整个容器是密封的,所以容器内的物质是一个封闭系统。若分别以气相和液相作为系统,由于两相之间有物质交换(汽化和液化过程),两相各为一个敞开系统。

在等温、等压条件下,假设 dn_B 的 B 物质由液相进入气相(即发生汽化过程),则液相 Gibbs 函数的变化为

$$dG(l) = \mu_B(l)dn_B(l) \tag{3-13}$$

由于液相中组分 B 的物质的量减少,所以 $dn_B(l) = -dn_B$。气相 Gibbs 函数的变化为

$$dG(g) = \mu_B(g)dn_B(g) \tag{3-14}$$

因为 $dn_B(g) = -dn_B(l) = dn_B$,所以整个容器内的 G 的变化为

$$dG = dG(l) + dG(g) = [\mu_B(g) - \mu_B(l)]dn_B \tag{3-15}$$

由于整个容器是一个封闭系统,上述物质的转移过程是一个等温、等压且非体积功为零的过程,因而服从式(3-12),即

若 $\mu_B(g) < \mu_B(l)$,则 $dG < 0$,上述汽化过程为能自动进行的不可逆过程;

若 $\mu_B(g) = \mu_B(l)$,则 $dG = 0$,上述汽化过程为可逆过程,即气液两相呈相平衡。

将上述结论推广到任意两相或多相系统,得到:

(1) 在多相系统中,等温、等压且非体积功为零的条件下,物质总是从化学势高的相自动地向化学势低的相转移。

(2) 当一个多相系统达到相平衡时,每一种组分在相间的转移停止,并达到了最大限度。此时每种组分在它所存在的各相中的化学势相等。即 $\mu_B^\alpha = \mu_B^\beta = \mu_B^\gamma = \cdots$,式中上标 α, β 和 γ 分别代表不同的相。

由此可以看出,化学势可以作为多相系统中判断物质传输方向和限度的标准,

因此也将式(3-12)称作化学势判据。同理可以证明,对于等温、等压且没有非体积功条件下的任意化学反应 $0 = \sum_B \nu_B B$,化学势判据同样成立,此时它的具体表达形式将在 5.1.1 节讨论。

3.2.2 化学势与压力的关系

化学势是系统的温度、压力及组成的函数,在保持温度不变的条件下,它与压力的关系推导如下:

$$\left(\frac{\partial \mu_B}{\partial p}\right)_{T, n_B, n_C, \cdots} = \left[\frac{\partial}{\partial p}\left(\frac{\partial G}{\partial n_B}\right)_{T, p, n_C, \cdots}\right]_{T, n_B, n_C, \cdots} = \left[\frac{\partial}{\partial n_B}\left(\frac{\partial G}{\partial p}\right)_{T, n_B, n_C, \cdots}\right]_{T, p, n_C, \cdots}$$

因为 $(\partial G/\partial p)_{T, n_B, n_C, \cdots} = V$,$(\partial V/\partial n_B)_{T, p, n_C, \cdots} = V_B$,所以化学势与压力的关系为

$$\left(\frac{\partial \mu_B}{\partial p}\right)_{T, n_B, n_C, \cdots} = V_B \tag{3-16}$$

3.2.3 化学势与温度的关系

利用与式(3-16)同样的推导方法可以得到化学势与温度的关系为

$$\left(\frac{\partial \mu_B}{\partial T}\right)_{p, n_B, n_C, \cdots} = -S_B \tag{3-17}$$

此外,由 Gibbs 函数的定义式可以导出:$\mu_B = H_B - TS_B$。将此关系代入式(3-17),整理后可得

$$\left[\frac{\partial (\mu_B/T)}{\partial T}\right]_{p, n_B, n_C, \cdots} = -\frac{H_B}{T^2} \tag{3-18}$$

式(3-18)是化学势与温度的关系的另一表达式。

式(3-16)、式(3-17)和式(3-18)分别表示化学势 μ_B 随压力和温度的变化率与偏摩尔体积、偏摩尔熵及偏摩尔焓的关系。将这 3 个关系式分别与式(2-32)和式(2-47)比较,可以看出,只要将定组成系统中关于 G 的公式中的广延性质换成相应的偏摩尔量,就变成了关于化学势的公式。

3.3 气体的化学势

系统中任意物质的化学势 μ 的绝对值是无法确定的。但在处理热力学问题时主要是比较 μ 值的相对大小或求其变化值,所以只要用一个式子将 μ 与某个参考值(称标准状态)的差值表达出来就可以比较不同状态下的 μ,从而求算 $\Delta \mu$,由此判断热力学过程的方向和限度。

3.3.1 纯理想气体的化学势

对于纯的理想气体,式(3-16)为

$$\left(\frac{\partial \mu_B^*}{\partial p}\right)_T = V_B^*$$

即

$$\left(\frac{\partial \mu_B^*}{\partial p}\right)_T = \frac{RT}{p} \tag{3-19}$$

对式(3-19)积分

$$\int_{\mu_B^\ominus}^{\mu_B} d\mu_B^* = \int_{p^\ominus}^{p} \frac{RT}{p} dp$$

$$\mu_B^*(\text{pg}, p, T) = \mu_B^\ominus(\text{pg}, T) + RT \ln \frac{p}{p^\ominus} \tag{3-20}$$

式(3-20)是纯理想气体在温度 T 及压力 p 下的化学势的数学表达式,其中"pg"表示理想气体。$\mu_B^\ominus(\text{pg}, T)$ 为纯理想气体 B 在指定温度 T 及标准压力 $p^\ominus$ 下的化学势,即标准状态的化学势,称作标准化学势。由于 $\mu_B^\ominus(\text{pg}, T)$ 绝对值不能确定,所以 $\mu_B^*(\text{pg}, p, T)$ 的值也不能确定。但不会影响比较理想气体 B 不同状态(相同温度,不同压力)下化学势的大小。

3.3.2 理想气体混合物的化学势

一个包含多种理想气体的混合物,当其温度为 T,压力为 p,各组分的物质的量分数分别为 $x_B, x_C, \cdots$ 时,其中气体 B 的化学势应如何表示呢?为了导出理想气体混合物中 B 的化学势 μ_B 的表示式,采用理想气体渗透平衡的实验。在一个密封容器中,中间用一个半透膜隔开,假定半透膜只能通过气体 B。在半透膜的左方充有理想气体混合物,右方充有纯的理想气体 B,如图 3-1 所示。在理想气体混合物中,$x_B p$ 叫做气体 B 的分压。若用 p_B 表示右边纯的理想气体 B 的压力,则实验表明,当左右两侧的气体 B 达渗透平衡时,有

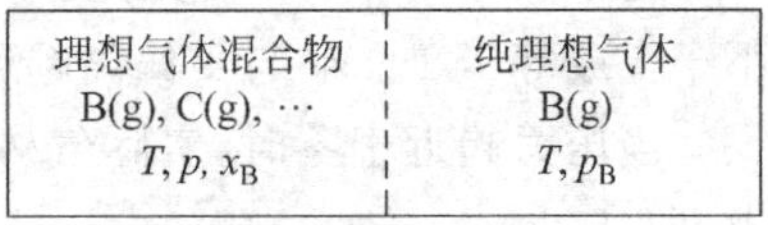

理想气体混合物	纯理想气体
B(g), C(g), …	B(g)
T, p, x_B	T, p_B

图 3-1 理想气体渗透平衡示意图

$$x_B p = p_B \tag{3-21}$$

根据平衡条件,左右两侧气体 B 的化学势相等。若左方理想气体混合物中 B 的化学势用符号 μ_B 表示,则

$$\mu_B = \mu_B^*(\text{右}) \tag{3-22}$$

据式(3-20),右方纯的理想气体 B 的化学势表达式为

$$\mu_B^*(\text{右}) = \mu_B^\ominus(\text{pg}, T) + RT\ln\frac{p_B}{p^\ominus}$$

将此式代入式(3-22),得

$$\mu_B = \mu_B^\ominus(\text{pg}, T) + RT\ln\frac{p_B}{p^\ominus} \tag{3-23}$$

由以上讨论可知,式(3-23)中的 p_B 为理想气体混合物中组分 B 的分压,$\mu_B^\ominus$ 仍为纯 B 理想气体在标准压力 $p^\ominus$ 及温度 T 下的化学势,它只是温度的函数。式(3-23)即为理想气体混合物中组分 B 的化学势的表示式。若 $x_B=1$(即纯气体),则 $p_B=p$,此时式(3-23)即变成式(3-20)。

3.3.3 逸度

对于实际气体或其混合物,为了使化学势表示式保持与理想气体化学势类似的简单形式,路易斯(G. N. Lewis)提出逸度的概念。他以逸度 f_B 代替分压 p_B,将实际气体的化学势表示为

$$\mu_B = \mu_B^\ominus(\text{pg}, T) + RT\ln\frac{f_B}{p^\ominus} \tag{3-24}$$

气体混合物中 B 的逸度 f_B 的定义式为

$$f_B = p_B \exp\left[\int_0^p \left(\frac{V_B}{RT} - \frac{1}{p}\right)\mathrm{d}p\right] \tag{3-25}$$

式中 p 为混合气总压,p_B 为混合气中气体 B 的分压,V_B 为气体 B 的偏摩尔体积。式中因子 $\exp\left[\int_0^p (V_B/RT - 1/p)\mathrm{d}p\right]$ 一般用符号 γ_B 表示,叫做气体 B 的逸度系数。

对纯理想气体来说,$V_B = V_B^*$(V_B^* 是纯 B 的摩尔体积),因而 $V_B/RT - 1/p = 0$,$\gamma_B = 1$,即 $f_B = p_B$。

对于实际气体,γ_B 项反映了该气体对理想气体的偏离程度,它的值可大于1、小于1或等于1。γ_B 与1偏离越远,气体的不理想程度越大。

当压力趋近于零时,实际气体接近理想气体的行为,$\gamma_B = 1$,此时逸度等于压力,即 $f_B = p_B$。

在式(3-24)中,标准化学势 $\mu_B^\ominus$ 代表在温度 T 及标准压力下具有理想气体性质的纯 B 气体的化学势。需要特别指出的是,此状态不是实际气体在标准压力下的状态,因为实际气体在此压力下不具有理想气体性质,所以这是一个假想状态。

无论 B 是理想气体还是实际气体,$\mu_B^\ominus$ 都只是温度的函数,与压力无关。在同一温度下,不同气体的 $\mu^\ominus$ 是不同的。

标准状态是一个很重要的概念,今后在处理其他各种不同的热力学系统时,还会遇到不同的标准状态,要特别注意它们所代表的意义。

例 3-1 利用理想气体的化学势求理想气体 A 和 B 在等温、等压混合过程的 $\Delta_{mix}G$ 和 $\Delta_{mix}S$。

$$\begin{array}{|c|c|} \hline A(g) & B(g) \\ n_A & n_B \\ T,p & T,p \\ \hline \end{array} \xrightarrow{\text{等温等压混合}} \begin{array}{|c|} \hline A(g)+B(g) \\ n_A+n_B \\ T,p \\ \hline \end{array}$$

解：$\Delta_{mix}G = G_2 - G_1$

$$G_1 = n_A G_A^* + n_B G_B^* = n_A \mu_A^* + n_B \mu_B^*$$

$$= n_A \left(\mu_A^\ominus + RT\ln\frac{p}{p^\ominus}\right) + n_B \left(\mu_B^\ominus + RT\ln\frac{p}{p^\ominus}\right)$$

$$G_2 = n_A \mu_A + n_B \mu_B$$

$$= n_A \left(\mu_A^\ominus + RT\ln\frac{x_A p}{p^\ominus}\right) + n_B \left(\mu_B^\ominus + RT\ln\frac{x_B p}{p^\ominus}\right)$$

所以

$$\Delta_{mix}G = n_A RT\ln x_A + n_B RT\ln x_B$$

$$\Delta_{mix}S = -\left(\frac{\partial \Delta_{mix}G}{\partial T}\right)_{p,n_A,n_B}$$

$$= -n_A R\ln x_A - n_B R\ln x_B$$

3.4 液体混合物和溶液的组成表示法

3.4.1 液体混合物与溶液

当两种或两种以上的物质彼此以分子形态相互溶混时,就组成一个多组分均相系统,称为溶液。溶液可分为气态、液态和固态 3 种。通常所讲的溶液,多是指液态溶液。在溶液中,常把液体组分当做溶剂,把溶解在液体中的气体或固体叫做溶质。例如在室温下氯化氢溶于苯,食盐溶于水组成的均相系统称为溶液,氯化氢、食盐为溶质,苯、水为溶剂。当液体溶于液体时,如果只在一定浓度范围内是分子形态均匀分布,形成的多组分均相系统为溶液。此时相对含量较少的组分称为溶质,相对含量较多的组分叫做溶剂。例如水和苯可以组成苯的水溶液或水的苯溶液。在溶液中溶剂与溶质有区别,要分别按不同方法进行研究。而水和乙醇可以形成任意浓度的均相系统,没有溶质、溶剂的差别,都能以相同的方法进行研究,这样的均相系统称为混合物。混合物也属于溶液,都是多组分均相系统,本书用符号 sln 代表溶液相。

3.4.2 组成表示法

多组分均相系统的性质与系统的组成有密切的关系。现将常用的几种组成（浓度）表示方法分述如下。

3.4.2.1 物质的量分数（摩尔分数）

物质 B 的物质的量与总物质的量之比称为物质 B 的物质的量分数（也称为物质 B 的摩尔分数），用符号 x_B 表示，记作

$$x_B = \frac{n_B}{\sum_B n_B} \tag{3-26}$$

x_B 是无量纲的量。

3.4.2.2 质量分数

物质 B 的质量与总质量之比称为物质 B 的质量分数，用符号 w_B 表示，记作

$$w_B = \frac{m_B}{\sum_B m_B} \tag{3-27}$$

w_B 是无量纲量。

3.4.2.3 物质的量浓度（也简称浓度）

物质 B 的物质的量除以多组分均相系统的体积称为物质 B 的浓度，用符号 c_B 表示，记作

$$c_B = \frac{n_B}{V} \tag{3-28}$$

V 是系统的体积；c_B 的单位为 $mol \cdot m^{-3}$ 或 $mol \cdot dm^{-3}$。c_B 也常称为物质 B 的体积摩尔浓度。

3.4.2.4 质量摩尔浓度

溶液中溶质 B 的物质的量除以溶剂的质量称为溶质 B 的质量摩尔浓度，用符号 b_B 表示，记作

$$b_B = \frac{n_B}{m_A} \tag{3-29}$$

m_A 是溶剂的质量；b_B 的单位是 $mol \cdot kg^{-1}$。

例 3-2 0.023kg $C_2H_5OH(l)$ 溶于 0.5kg 水中，此混合物的密度是 992kg·m^{-3}，计算：

(1) 乙醇的物质的量分数；

(2) 乙醇的质量摩尔浓度；

(3) 乙醇的物质的量浓度。

解：(1) $x(C_2H_5OH) = \dfrac{n(C_2H_5OH)}{n(C_2H_5OH)+n(H_2O)}$

$= \dfrac{23 \times 10^{-3} \text{kg}/46 \times 10^{-3} \text{kg} \cdot \text{mol}^{-1}}{(23 \times 10^{-3}/46 \times 10^{-3} + 0.5/18 \times 10^{-3}) \text{kg/kg} \cdot \text{mol}^{-1}}$

$= 0.0177$

(2) $b(C_2H_5OH) = \dfrac{n(C_2H_5OH)}{m(H_2O)}$

$= \dfrac{23 \times 10^{-3} \text{kg}/46 \times 10^{-3} \text{kg} \cdot \text{mol}^{-1}}{0.5 \text{kg}}$

$= 1 \text{mol} \cdot \text{kg}^{-1}$

(3) $c(C_2H_5OH) = \dfrac{n(C_2H_5OH)}{V}$

$= \dfrac{23 \times 10^{-3} \text{kg}/46 \times 10^{-3} \text{kg} \cdot \text{mol}^{-1}}{(0.5 \text{kg} + 0.023 \text{kg})/992 \text{kg} \cdot \text{m}^{-3}}$

$= 948 \text{mol} \cdot \text{m}^{-3}$

3.5 Raoult 定律和 Henry 定律

3.5.1 Raoult 定律

纯液体在一定温度下具有一定的饱和蒸气压。大量实验证明，在溶剂中加入不挥发性溶质后，溶液的蒸气压比溶剂的蒸气压下降。1886 年，拉乌尔（F. M. Raoult）在归纳大量实验结果的基础上，提出"在一定温度下，稀薄溶液中溶剂的蒸气压等于该温度下纯溶剂的蒸气压乘以溶液中溶剂的物质的量分数"。此结论称为 Raoult 定律，表达式为

$$p_A = p_A^* x_A \tag{3-30}$$

式中，p_A^* 为纯溶剂的蒸气压；p_A 为溶液上方的平衡蒸气中溶剂的蒸气分压；x_A 为溶液中溶剂 A 的物质的量分数。

在使用 Raoult 定律时，若计算溶剂的物质的量，其摩尔质量应该用气态溶剂的摩尔质量。例如，H_2O 虽然在液相中是缔合的，但其摩尔质量仍以 $0.018kg \cdot mol^{-1}$ 计算。

Raoult 定律是溶液最基本的经验定律之一，最初它是从不挥发的非电解质溶液中总结出来的，但后来发现，由两种挥发性液体组成的稀薄溶液，溶剂也遵守 Raoult 定律。

3.5.2 Henry 定律

1803 年英国物理学家亨利(W. Henry)在研究一定温度下气体在液体中的溶解度时，发现一定温度下气体在液体中的溶解度与液体上方该气体的平衡分压成正比，数学表达式为

$$p_B = k_x x_B \tag{3-31}$$

此结论称为 Henry 定律，它不仅适用于气体在液体中的溶解，而且适用于一切含有挥发性非电解质溶质的稀薄溶液。式(3-31)中的 x_B 为溶质在溶液中的物质的量分数，p_B 为溶液上方溶质 B 的平衡分压。k_x 是比例常数，称为 Henry 常数，其数值取决于温度、压力及溶剂和溶质的性质。

若溶质 B 的浓度用质量摩尔浓度 b_B 或体积摩尔浓度 c_B 表示时，Henry 定律可写为

$$p_B = k_b b_B / b^\ominus \tag{3-32}$$

$$p_B = k_c c_B / c^\ominus \tag{3-33}$$

式中 $b^\ominus$ 和 $c^\ominus$ 分别叫做标准质量摩尔浓度和标准物质的量浓度，它们都是人为规定的常数，其值分别为 $1mol \cdot kg^{-1}$ 和 $1mol \cdot dm^{-3}$。式(3-31)、式(3-32)、式(3-33)都是 Henry 定律表达式，各式中溶质 B 的浓度表示方法不同，Henry 常数 k_x, k_b, k_c 也不同。

对于稀薄溶液：$n_A \gg n_B$

$$x_B = \frac{n_B}{n_A + n_B} \approx \frac{n_B}{n_A} = \frac{n_B}{m_A/M_A} = M_A \frac{n_B}{m_A} = M_A b_B \tag{3-34}$$

m_A 为溶剂的质量，M_A 为溶剂的摩尔质量，所以式(3-31)又可写成：

$$p_B = k_x M_A b_B = k_b b_B / b^\ominus$$

因而

$$k_x M_A = k_b / b^\ominus \tag{3-35}$$

用同样的方法可以找出 k_x 和 k_c，k_b 和 k_c 之间的关系。

应用 Henry 定律时，应注意以下几点：①式中的 p_B 是挥发性溶质 B 在液面

上的平衡分压。如果溶液中有多种溶质,当液面上方气体总压不大时,Henry 定律能分别适用于每一种溶质,可忽略各种气体之间的相互作用。②溶质在气相和在溶液中的分子状态必须是相同的。例如:HCl(g)溶于苯或三氯甲烷中,在气相和液相中都是呈 HCl 的分子状态,可以应用 Henry 定律,但是如果 HCl 溶于水里,气相中为 HCl 分子,液相中为 H^+ 和 Cl^- 离子,这时 Henry 定律就不适用。对于电离度较小的弱电解质,公式中的 x_B 等应该是未离解的分子的浓度。③Henry 定律是极限定律,当 $x_B \to 0$ 时才是严格正确的。一般来说,温度越高,溶质平衡压力越低,溶液越稀,Henry 定律就越准确。

实验和理论均可证明,对挥发性溶质的溶液,当浓度足够低时,溶质若符合 Henry 定律,则溶剂必符合 Raoult 定律,反之亦然。

例 3-3 已知在苯(C_6H_6)和甲苯(C_7H_8)的混合物中,苯和甲苯均近似服从 Raoult 定律。在 303K 时纯苯及纯甲苯的饱和蒸气压分别为 15.800kPa 和 4.893kPa。若将物质的量相同的 C_6H_6 和 C_7H_8 混合,问平衡时气相中各组分的物质的量分数为若干?

解:

$$p(C_6H_6) = p^*(C_6H_6) \cdot x(C_6H_6, \text{sln})$$
$$= 15.800\text{kPa} \times 0.500 = 7.900\text{kPa}$$
$$p(C_7H_8) = p^*(C_7H_8) \cdot x(C_7H_8, \text{sln}) = 4.893\text{kPa} \times 0.500 = 2.447\text{kPa}$$
$$p = p(C_6H_6) + p(C_7H_8) = 7.900\text{kPa} + 2.447\text{kPa} = 10.347\text{kPa}$$
$$x(C_6H_6, g) = \frac{p(C_6H_6)}{p} = \frac{7.900\text{kPa}}{10.347\text{kPa}} = 0.764$$
$$x(C_7H_8, g) = 1 - x(C_6H_6, g) = 0.236$$

例 3-4 乙醇水溶液含乙醇的质量分数 $w_B=0.03$。在 97.11℃ 时溶液的总蒸气压为 101.325kPa,在该温度下纯水的蒸气压为 91.326kPa。试计算在该温度下乙醇的物质的量分数为 0.02 的溶液上方与其平衡的乙醇、水的蒸气分压。(假定上述溶液中水和乙醇分别服从 Raoult 定律和 Henry 定律。)

解: 对于 $w_B=0.03$ 的乙醇溶液

$$x_B = \frac{m_B/M_B}{m_A/M_A + m_B/M_B}$$
$$= \frac{1\text{kg} \times 0.03/46 \times 10^{-3}\text{kg} \cdot \text{mol}^{-1}}{(1\text{kg} \times 0.97/18 \times 10^{-3}\text{kg} \cdot \text{mol}^{-1}) + (1\text{kg} \times 0.03/46 \times 10^{-3}\text{kg} \cdot \text{mol}^{-1})}$$
$$= 0.0120$$

$$x_A = 1 - x_B = 0.9880$$
$$p = p_A + p_B$$
$$= p_A^* x_A + k_x x_B$$
$$k_x = \frac{p - p_A^* x_A}{x_B}$$
$$= \frac{101.325\text{kPa} - 91.326\text{kPa} \times 0.9880}{0.0120}$$
$$= 924\text{kPa}$$

对于 $x_B = 0.02$ 的溶液
$$p_A = p_A^* x_A = 91.326\text{kPa} \times (1 - 0.02) = 89.500\text{kPa}$$
$$p_B = k_x x_B = 924\text{kPa} \times 0.02 = 18.5\text{kPa}$$

3.6 理想液体混合物

3.6.1 理想液体混合物的定义

人们发现,由结构和性质非常相似的两种液体组成的混合物,例如光学异构体的混合物(如 d-樟脑和 l-樟脑)、同位素化合物的混合物(如 H_2O 和 D_2O)、结构异构体的混合物(如邻二甲苯和对二甲苯)以及紧邻同系物的混合物(如苯和甲苯、甲醇和乙醇等),它们中的每一个组分在全部组成范围内都遵守(或近似遵守)Raoult 定律。将这种任一组分在全部组成范围内都符合 Raoult 定律的液体混合物称为理想液体混合物(也称理想溶液)。

在理想液体混合物中,组分 A 和 B 均遵守拉乌尔定律,因此有

$$\left. \begin{array}{l} p_A = p_A^* x_A \quad (0 < x_A < 1) \\ p_B = p_B^* x_B \quad (1 > x_B > 0) \end{array} \right\} \quad (3\text{-}36)$$

混合物的总蒸气压为 p,则
$$p = p_A + p_B$$
$$= p_A^* x_A + p_B^* x_B$$
$$= p_A^* (1 - x_B) + p_B^* x_B$$
$$= p_A^* + (p_B^* - p_A^*) x_B \quad (3\text{-}37)$$

由式(3-36)和式(3-37)可以看出,p_A, p_B, p 与液体混合物的组成均为直线关系,如图 3-2 所示。

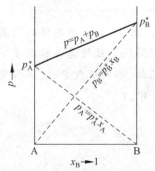

图 3-2 理想液体混合物的 p-x 关系图

3.6.2 理想液体混合物的化学势

设理想液体混合物与其气相达平衡,若分别以 $\mu_B(\text{sln})$ 和 $\mu_B(\text{g})$ 代表任意组分 B 在液相和气相中的化学势,则

$$\mu_B(\text{sln}) = \mu_B(\text{g}) \tag{3-38}$$

假定气相可当做理想气体混合物,则

$$\mu_B(\text{g}) = \mu_B^\ominus(\text{g},T) + RT\ln\frac{p_B}{p^\ominus}$$

即

$$\mu_B(\text{g}) = \mu_B^\ominus(\text{g},T) + RT\ln\frac{p_B^* x_B}{p^\ominus}$$

$$= \left[\mu_B^\ominus(\text{g},T) + RT\ln\frac{p_B^*}{p^\ominus}\right] + RT\ln x_B \tag{3-39}$$

式中 $[\mu_B^\ominus(\text{g},T)+RT\ln(p_B^*/p^\ominus)]$ 是与混合物同温、同压的纯 B(l) 的饱和蒸气的化学势,也就是纯 B 液体在液体混合物所处的温度及压力下的化学势,所以可写成 $\mu_B^*(\text{l},T,p)$。式(3-39)变为

$$\mu_B(\text{g}) = \mu_B^*(\text{l},T,p) + RT\ln x_B \tag{3-40}$$

将式(3-40)代入式(3-38),得到

$$\mu_B(\text{sln}) = \mu_B^*(\text{l},T,p) + RT\ln x_B \tag{3-41}$$

此式为理想液体混合物中物质 B 的化学势 μ_B 的表达式。式中 $\mu_B^*(\text{l},T,p)$ 是纯 B 液体在混合物所处温度、压力下的化学势。但是,按照国家标准 GB 3102·8—86《物理化学和分子物理学的量和单位》的规定,理想液体混合物中 B 组分的标准态应选 $T,p^\ominus$ 状态下的纯 B 液体,并将其化学势记作 $\mu_B^\ominus(\text{l},T)$。因此,根据压力对化学势的影响,式(3-41)中的 $\mu_B^*(\text{l},T,p)$ 可表示为

$$\mu_B^*(\text{l},T,p) = \mu_B^\ominus(\text{l},T) + \int_{p^\ominus}^{p} V_B^* \, dp \tag{3-42}$$

其中 V_B^* 是纯 B 液体的摩尔体积。将此式代入式(3-41),得

$$\mu_B(\text{sln}) = \mu_B^\ominus(\text{l},T) + RT\ln x_B + \int_{p^\ominus}^{p} V_B^* \, dp \tag{3-43}$$

式(3-43)就是理想液体混合物中任意组分 B 的化学势表达式。在一般情况下,$\int_{p^\ominus}^{p} V_B^* \, dp$ 项数值很小,计算时可忽略。

3.6.3 理想液体混合物的混合性质

下面讨论当两种纯液体 A 和 B 在等温、等压条件下混合形成理想液体混合物时,系统的某些热力学函数的变化。

该过程的焓变(称混合焓)为
$$\Delta_{mix}H = H_2 - H_1 = (n_A H_A + n_B H_B) - (n_A H_A^* + n_B H_B^*)$$
$$= n_A(H_A - H_A^*) + n_B(H_B - H_B^*) \quad (3-44)$$

式中 H_A, H_B 分别为理想液体混合物中组分 A,B 的偏摩尔焓；H_A^*, H_B^* 分别为纯 A 和纯 B 的摩尔焓。

将式(3-41)两端同时除以 T，再对温度求偏导

$$\left[\frac{\partial(\mu_B/T)}{\partial T}\right]_{p, n_A, n_B} = \left[\frac{\partial(\mu_B^*/T)}{\partial T}\right]_{p, n_A, n_B} + \left[\frac{\partial(R\ln x_B)}{\partial T}\right]_{p, n_A, n_B}$$

将式(3-18)代入，得

$$\frac{-H_B}{T^2} = \frac{-H_B^*}{T^2} + 0$$

即
$$H_B = H_B^* \quad (3-45)$$

对组分 A，同理可得
$$H_A = H_A^* \quad (3-46)$$

将式(3-45)和式(3-46)代入式(3-44)，得
$$\Delta_{mix}H = 0 \quad (3-47)$$

利用类似的方法，可以证明，此过程的混合体积、混合 Gibbs 函数和混合熵分别为

$$\Delta_{mix}V = 0 \quad (3-48)$$
$$\Delta_{mix}G = RT(n_A \ln x_A + n_B \ln x_B) \quad (3-49)$$
$$\Delta_{mix}S = -R(n_A \ln x_A + n_B \ln x_B) \quad (3-50)$$

式(3-47)~式(3-50)表明，在等温、等压下由纯液体配制理想液体混合物时，没有热效应，没有体积效应，Gibbs 函数减少，熵增加。这些规律统称为理想液体混合物的混合性质。因为以上 4 式同样适用于理想气体的混合过程，所以人们将理想气体混合物和理想液体混合物统称为理想混合物。

在实际工作中真正的理想液体混合物是极少的，但为了使实际问题简化常将许多液体混合物近似当做理想液体混合物处理。

3.7 理想稀薄溶液

3.7.1 理想稀薄溶液的化学势

在某一浓度范围内溶质遵守 Henry 定律而溶剂遵守 Raoult 定律的溶液称为理想稀薄溶液，通常简称为稀溶液。由于溶剂和溶质服从不同规律，所以化学势的

表达式不同。

在理想稀薄溶液中,由于溶剂遵守 Raoult 定律,因此可用 3.6.2 节的方法推导出溶剂 A 的化学势表达式为

$$\mu_A(\text{sln}) = \mu_A^\ominus(l,T) + RT\ln x_A + \int_{p^\ominus}^{p} V_A^* \, \mathrm{d}p \tag{3-51}$$

式中 x_A 为溶剂 A 的物质的量分数,V_A^* 为纯溶剂 A 的摩尔体积,$\mu_A^\ominus(l,T)$ 为溶剂 A 的标准化学势,即在温度 T 及标准压力 $p^\ominus$ 下纯溶剂 A 的化学势。

在理想稀薄溶液中,溶质 B 遵守 Henry 定律。当溶液与其气相达平衡时,溶质 B 在溶液相中与气相中的化学势相等,即

$$\mu_B(\text{sln}) = \mu_B(g,T,p_B) \tag{3-52}$$

其中 p_B 为气相中 B 的分压。若蒸气可视为理想气体混合物,则

$$\mu_B(g,T,p_B) = \mu_B^\ominus(g,T) + RT\ln\frac{p_B}{p^\ominus} = \mu_B^\ominus(g,T) + RT\ln\frac{k_x x_B}{p^\ominus}$$

即

$$\mu_B(g,T,p_B) = \mu_B^\ominus(g,T) + RT\ln\frac{k_x}{p^\ominus} + RT\ln x_B \tag{3-53}$$

此式右端前两项之和代表压力为 k_x 的气体 B 的化学势。从图 3-3(a) 所示的 p_B 实验曲线可以看出:当 $x_B \to 0$ 时,溶质 B 遵守 Henry 定律 $p_B = k_x x_B$,随着 x_B 的增大,p_B 不再遵守 Henry 定律。当 $x_B = 1$ 时,纯 B 液体的饱和蒸气压为 p_B^*。假定 $x_B = 1$ 时,"纯溶质 B" 仍遵守 Henry 定律,从图上可以看出,当 $x_B = 1$ 时它的蒸气压应为 k_x,即 H 点。用 $\mu_B^\triangle$ 代表这个假想的"纯溶质 B"的化学势,则

$$\mu_B^\triangle(l,T,p) = \mu_B^\ominus(g,T) + RT\ln\frac{k_x}{p^\ominus} \tag{3-54}$$

因为 k_x 与温度和压力有关,所以 $\mu_B^\triangle$ 是温度和压力的函数。将式(3-54)代入式(3-53),得

$$\mu_B(g,T,p_B) = \mu_B^\triangle(l,T,p) + RT\ln x_B \tag{3-55}$$

再将式(3-55)代入式(3-52),得

$$\mu_B(\text{sln}) = \mu_B^\triangle(l,T,p) + RT\ln x_B \tag{3-56}$$

因为 $\mu_B^\triangle$ 所代表的状态是 $x_B = 1$ 却严格遵守 Henry 定律的状态,即该状态具有无限稀薄溶液($x_B \to 0$)中溶质 B 的性质,例如 $V_B^\triangle = V_B^\infty$,$H_B^\triangle = H_B^\infty$ 等。若选 $p^\ominus$ 下的这种"纯溶质 B"作标准态,其化学势记作 $\mu_B^\ominus(l,T)$,则

$$\mu_B^\triangle(l,T,p) = \mu_B^\ominus(l,T) + \int_{p^\ominus}^{p} V_B^\infty \, \mathrm{d}p \tag{3-57}$$

将此式代入式(3-56)得

$$\mu_B(\text{sln}) = \mu_B^\ominus(l,T) + RT\ln x_B + \int_{p^\ominus}^{p} V_B^\infty \, \mathrm{d}p \tag{3-58}$$

这就是理想稀薄溶液中溶质 B 的化学势的表达式。式中 $\mu_B^\ominus(1,T)$ 为溶质 B 的标准化学势,它是在溶液所处的温度及标准压力 $p^\ominus$ 下当 $x_B=1$ 但仍然遵守 Henry 定律的状态时溶质 B 的化学势。

利用同样的方法,根据 Henry 定律的另外两种表达形式 $p_B=k_b b_B/b^\ominus$ 和 $p_B=k_c c_B/c^\ominus$,还可以推导出溶质 B 的化学势的另外两种表达形式如下:

$$\mu_B(\text{sln}) = \mu_B^\ominus(1,T) + RT\ln\frac{b_B}{b^\ominus} + \int_{p^\ominus}^{p} V_B^\infty \mathrm{d}p \tag{3-59}$$

$$\mu_B(\text{sln}) = \mu_B^\ominus(1,T) + RT\ln\frac{c_B}{c^\ominus} + \int_{p^\ominus}^{p} V_B^\infty \mathrm{d}p \tag{3-60}$$

式中 $b^\ominus=1\text{mol}\cdot\text{kg}^{-1}$ 和 $c^\ominus=1\text{mol}\cdot\text{dm}^{-3}$ 分别为标准质量摩尔浓度和标准物质的量浓度。在式(3-59)中,标准状态是指在 T 及 $p^\ominus$ 下,当 $b_B=b_B^\ominus$ 时,溶质 B 仍遵守 Henry 定律的状态,如图 3-3(b)中的 H 点所示。在式(3-60)中,标准状态是指在 T 及 $p^\ominus$ 下,当 $c_B=c_B^\ominus$ 且溶质 B 仍遵守 Henry 定律的状态。这两个标准态都是实际不存在的假想态。

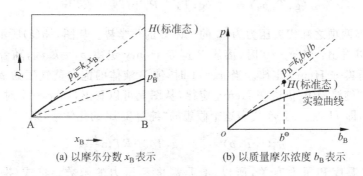

(a) 以摩尔分数 x_B 表示　　　　(b) 以质量摩尔浓度 b_B 表示

图 3-3　理想稀薄溶液中溶质 B 的标准态

综上所述,得出以下几点:

(1) 对理想稀薄溶液中溶质与溶剂的化学势,讨论的依据与表达形式都是不同的,即"在溶液中,溶质与溶剂是以不同的方法进行处理的"。

(2) 溶质和溶剂的标准态都是在溶液所处的温度及标准压力下的状态,因而 $\mu^\ominus$ 仅是温度的函数。但溶剂的标准态是一个实际存在的状态,而溶质的标准态则是实际不存在的假想状态。

(3) 对一个确定状态的溶液来说,溶质 B 的化学势可以有多种不同的表达形式。在式(3-58)、式(3-59)、式(3-60)这 3 种不同的表达式中,标准化学势不同,溶液的组成表示方法不同,但化学势 μ_B 是相同的。

3.7.2 依数性

溶液有这样一组性质,它们的大小只决定于溶液中溶质的浓度而与溶质的本性无关,即只依赖于溶质的数量,称为依数性。

3.7.2.1 蒸气压降低

在一定温度下,如果理想稀薄溶液中的溶质是非挥发性物质,溶液上方的平衡蒸气压 p 就是溶剂的蒸气压 p_A。因为溶剂遵守 Raoult 定律,即溶液的蒸气压 $p_A = p_A^* x_A$。将溶液的蒸气压 p_A 与纯溶剂的蒸气压 p_A^* 比较,蒸气压降低值为

$$\Delta p = p_A^* - p_A = p_A^* x_B \tag{3-61}$$

此式表明,蒸气压的降低值 Δp 仅与溶剂的性质 p_A^* 和溶液中溶质的数量 x_B 有关,而与溶质的本性无关。

3.7.2.2 凝固点降低

在一定压力下,纯溶剂的凝固点是液-固两相平衡共存的温度,记为 T_f^*。溶液的凝固点是指纯的固体溶剂和溶液呈平衡时的温度,记为 T_f。如图 3-4,OC 线和 DE 线分别是纯溶剂和溶液的蒸气压随温度变化的曲线,OA 线是固态纯溶剂的蒸气压曲线。O 点和 D 点对应的温度分别为 T_f^* 和 T_f。由于 $T_f^* > T_f$,所以溶液的凝固点比纯溶剂低。

凝固点降低现象在自然界中广泛存在。例如,一杯纯水在 0℃ 便可结冰,而糖水或食盐水可以冷却到 0℃ 以下不结冰。又如,在化工厂中,利用溶有某些盐类(如 $NaCl,CaCl_2$ 等)的水溶液作为 0℃ 以下的冷却剂。

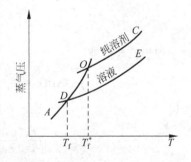

图 3-4 溶液凝固点降低示意图

设纯溶剂 A 在压力 p 下的凝固点为 T_f^*,此时纯的固体溶剂 A 和纯液体溶剂 A 呈相平衡。根据相平衡的条件,则

$$\mu_A^*(s, T_f^*, p) = \mu_A^*(l, T_f^*, p)$$

若保持温度、压力不变,往溶剂 A 中加入少量某种溶质 B,则溶液中溶剂 A 的化学势变为

$$\mu_A(sln) = \mu_A^*(l, T_f^*, p) + RT \ln x_A$$

显然

$$\mu_A^*(l, T_f^*, p) > \mu_A(sln)$$

这样,原来固液两相共存的平衡状态被破坏,纯的固体溶剂将自动熔化进入溶液,

即 T_f^* 不再是纯固体溶剂与溶液两相平衡的温度。如果要达到新的固液平衡,则在压力不变的条件下,必须降低系统的温度。

设在压力 p 时,组成为 x_A 的溶液的凝固点为 T,此时纯固体溶剂和溶液平衡,则

$$\mu_A(\text{sln}, T, p, x_A) = \mu_A^*(\text{s}, T, p)$$

在等压下若使溶液的浓度变化 $\mathrm{d}x_A$,则凝固点相应地由 T 变到 $T+\mathrm{d}T$,重新达到平衡。此时两相化学势也将发生变化,即

$$\mu_A(\text{sln}, T, p, x_A) + \mathrm{d}\mu_A(\text{sln}) = \mu_A^*(\text{s}, T, p) + \mathrm{d}\mu_A^*(\text{s})$$

即

$$\mathrm{d}\mu_A(\text{sln}) = \mathrm{d}\mu_A^*(\text{s}) \tag{3-62}$$

$$\mathrm{d}\mu_A(\text{sln}) = \left[\frac{\partial \mu_A(\text{sln})}{\partial T}\right]_{p, x_A} \mathrm{d}T + \left[\frac{\partial \mu_A(\text{sln})}{\partial x_A}\right]_{T, p} \mathrm{d}x_A$$

$$\mathrm{d}\mu_A^*(\text{s}) = \left[\frac{\partial \mu_A^*(\text{s})}{\partial T}\right]_p \mathrm{d}T$$

由于

$$\left[\frac{\partial \mu_A(\text{sln})}{\partial T}\right]_{p, x_A} = -S_A(\text{sln})$$

$$\left[\frac{\partial \mu_A^*(\text{s})}{\partial T}\right]_p = -S_A^*(\text{s})$$

对于理想稀薄溶液

$$\mu_A(\text{sln}) = \mu_B^\ominus(1, T) + RT\ln x_A + \int_{p^\ominus}^{p} V_A^* \mathrm{d}p$$

所以

$$\left[\frac{\partial \mu_A(\text{sln})}{\partial x_A}\right]_{T, p} \mathrm{d}x_A = RT\mathrm{d}\ln x_A$$

将上述公式均代入式(3-62),得到

$$-S_A(\text{sln})\mathrm{d}T + RT\mathrm{d}\ln x_A = -S_A^*(\text{s})\mathrm{d}T$$

即

$$RT\mathrm{d}\ln x_A = [S_A(\text{sln}) - S_A^*(\text{s})]\mathrm{d}T \tag{3-63}$$

式中 $S_A(\text{sln})$ 为溶液中溶剂 A 的偏摩尔熵。$[S_A(\text{sln}) - S_A^*(\text{s})]$ 代表在凝固点时单位物质的量的纯固体溶剂溶化进入溶液时引起系统的熵变。由于在凝固点时,此过程为可逆相变,所以

$$\Delta S_A = \frac{\Delta H_A}{T}$$

即

$$S_A(\text{sln}) - S_A^*(\text{s}) = \frac{H_A(\text{sln}) - H_A^*(\text{s})}{T} \tag{3-64}$$

式中 $H_A(\text{sln})$ 为溶液中溶剂 A 的偏摩尔焓，$H_A^*(\text{s})$ 为纯固体溶剂 A 的摩尔焓。$\Delta H_A = H_A(\text{sln}) - H_A^*(\text{s})$ 为在凝固点时单位物质的量的固态纯 A 溶化进入溶液时的溶解热，对于理想稀薄溶液中的溶剂 A，$H_A(\text{sln}) = H_A^*(\text{sln})$，所以

$$H_A(\text{sln}) - H_A^*(\text{s}) = H_A^*(\text{l}) - H_A^*(\text{s}) = \Delta_s^l H_A^* \tag{3-65}$$

$\Delta_s^l H_A^*$ 为凝固点 T 时纯固体溶剂的摩尔熔化焓。将式(3-64)、式(3-65)代入式(3-63)得

$$RT \text{d}\ln x_A = \frac{\Delta_s^l H_A^*}{T} \text{d}T$$

设纯溶剂的凝固点为 T_f^*，浓度为 x_A 的溶液的凝固点为 T_f，对上式积分

$$\int_1^{x_A} \text{d}\ln x_A = \int_{T_f^*}^{T_f} \frac{\Delta_s^l H_A^*}{RT^2} \text{d}T \tag{3-66}$$

因为在稀溶液中，凝固点温度变化较小，$\Delta_s^l H_A^*$ 可当做常数，式(3-66)积分结果为

$$\ln x_A = \frac{\Delta_s^l H_A^*}{R} \left(\frac{1}{T_f^*} - \frac{1}{T_f} \right) \tag{3-67}$$

为了便于计算，对上式再作简化处理。因为

$$x_A = 1 - x_B \quad (x_B \ll 1)$$

所以

$$\ln x_A = \ln(1 - x_B) = -x_B - \frac{x_B^2}{2} - \frac{x_B^3}{3} - \cdots$$

x_B 数值很小，忽略高次项，则上式为

$$\ln x_A \approx -x_B \tag{3-68}$$

$$\frac{1}{T_f^*} - \frac{1}{T_f} = \frac{T_f - T_f^*}{T_f^* T_f} \approx -\frac{\Delta T_f}{(T_f^*)^2} \tag{3-69}$$

式中 $\Delta T_f = T_f^* - T_f$ 为溶液的凝固点降低值。

在稀薄溶液中，$x_B \approx M_A b_B$。将此关系及式(3-68)和式(3-69)代入式(3-67)得到

$$\Delta T_f = K_f b_B \tag{3-70}$$

式中

$$K_f = \frac{R(T_f^*)^2 M_A}{\Delta_s^l H_A^*}$$

K_f 称为凝固点降低常数，它是一个仅与溶剂的性质有关的常数，表 3-2 给出了几种常见溶剂的 K_f 值。由式(3-70)可以看出，溶液的凝固点降低值仅与溶剂性质以及溶质数量(质量摩尔浓度)有关，而与溶质本性无关。

表 3-2 几种溶剂的 K_f 值

	水	醋酸	苯	环乙烷	萘	樟脑
T_f^*/K	273.15	289.75	278.68	279.65	353.4	446.15
K_f/(K·kg·mol^{-1})	1.86	3.90	5.12	20	6.9	40

3.7.2.3 沸点升高

沸点是液体的饱和蒸气压等于外压时的温度。当外压一定时,由于含有非挥发性溶质的溶液的蒸气压低于同温度下纯溶剂的蒸气压,见图 3-5,OC 线和 DE 线分别是纯溶剂和溶液的蒸气压随温度变化的曲线,当外压为 $p^\ominus$ 时,纯溶剂的沸点为 T_b^*,而溶液的沸点则为 T_b,由于 $T_b > T_b^*$,所以溶液的沸点比纯溶剂高。

用与 3.7.2.2 节相同的推导方法,可得溶液的沸点升高的公式如下:

$$\Delta T_b = K_b b_B \quad (3-71)$$

式中 $\Delta T_b = T_b - T_b^*$ 为溶液的沸点升高值;T_b,T_b^* 分别为溶液和纯溶剂在指定外压下的沸点。$K_b = R(T_b^*)^2 M_A / \Delta_l^g H_A^*$,称为沸点升高常数,式中 $\Delta_l^g H_A^*$ 为纯溶剂在沸点时的摩尔汽化焓。可见 K_b 是仅与溶剂性质有关的常数,表 3-3 列出了几种常见溶剂的 K_b 值。

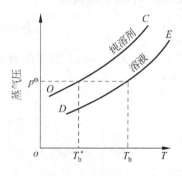

图 3-5 溶液沸点升高示意图

表 3-3 几种溶剂的 K_b 值

	水	甲醇	乙醇	丙酮	氯仿	苯	四氯化碳
T_b^*/K	373.15	337.66	351.48	329.3	334.35	353.1	349.87
K_b/(K·kg·mol^{-1})	0.52	0.83	1.19	1.73	3.85	2.60	5.02

例 3-5 测定 ΔT_f 和 ΔT_b 的重要用途之一是求溶质的摩尔质量。设某一新合成的有机化合物 X,含 C 为 $w_C = 0.632$,H 为 $w_H = 0.088$,其余是 O 为 w_O(w 均为质量分数)。今将 0.0702g 该化合物溶于 0.804g 樟脑中,凝固点比纯樟脑低了 15.3K,求 X 的摩尔质量及其化学式。

解:由表 3-2 查得樟脑的 $K_f = 40$K·kg·mol^{-1}

$$\Delta T_f = K_f b_X = K_f \cdot \frac{m_X/M_X}{m_A}$$

$$M_X = \frac{K_f m_X}{\Delta T_f m_A}$$

$$= \frac{40 \text{K} \cdot \text{kg} \cdot \text{mol}^{-1} \times 0.0702 \times 10^{-3} \text{kg}}{15.3 \text{K} \times 0.804 \times 10^{-3} \text{kg}}$$

$$= 0.228 \text{kg} \cdot \text{mol}^{-1}$$

1mol X 中含 C、H 和 O 的物质的量分别为

$$n_C = \frac{M_X w_C}{M_C} = \frac{0.228 \text{kg} \cdot \text{mol}^{-1} \times 0.632}{0.012 \text{kg} \cdot \text{mol}^{-1}} = 12 \text{mol} \cdot \text{mol}^{-1}(X)$$

同理

$$n_H = 20 \text{mol} \cdot \text{mol}^{-1}(X), \quad n_O = 4 \text{mol} \cdot \text{mol}^{-1}(X)$$

所以 X 的化学式为 $C_{12}H_{20}O_4$。

3.7.2.4 渗透压

许多天然的或人造的膜可以有选择性地透过某些物质。例如糖水溶液,水能通过亚铁氰化铜膜,而糖不能通过。有些动物膜(如膀胱)等,能透过水而不能透过高分子量的溶质或胶体溶质,这些膜叫做半透膜。

如图 3-6 所示,在恒温条件下,用半透膜将容器中的纯溶剂和溶液(溶剂含量为 x_A)隔开,半透膜只允许溶剂分子通过而不允许溶质分子通过,开始时两边液面等高,经过一段时间后,发现溶液的液面上升,直到某一高度 h 为止。如果改变溶液浓度,则液柱上升高度也随着改变。这种溶剂通过半透膜渗透到溶液一边,使溶液侧的液面升高的现象称为渗透现象。要使两侧液面相等,则需要在溶液一侧施加额外压力。

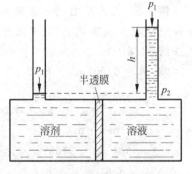

图 3-6 渗透现象装置示意图

右侧溶液的液面没有上升之前,被半透膜隔开的纯溶剂 A 与溶液中 A 的化学势不同。由于两侧液体的温度、压力相同,而溶液中 A 的含量少于纯溶剂,所以 $\mu_A(\text{sln}) < \mu_A^*$。根据化学势判据,溶剂 A 的分子就会自动地通过半透膜从化学势高的纯溶剂相进入化学势低的溶液相,使得溶液的液面上升。当液柱上升到一定高度 h 时,不再升高,溶液中溶剂的数量不再增加,系统达到了渗透平衡,此时半透膜两侧 A 的化学势相等。当系统达到渗透平衡时,处于同一水平面上的溶剂和溶液所受的压力是不同的。显然,溶液的压力比溶剂大,而两边压力的差值等于溶液升高液柱 h 所产生的压力。如果先在溶液上方加上一个等于液柱高度 h 的额外压力,就可以阻止渗透现象的产生,这个为了阻

止渗透现象产生而加在溶液上的额外压力称为渗透压，用符号 Π 表示：

$$\Pi = p_2 - p_1 \tag{3-72}$$

p_1，p_2 分别为纯溶剂和溶液的压力。当系统达到平衡时，纯溶剂的压力为 p_1，而溶液的压力为 $p_2 = \Pi + p_1$，此时半透膜两边 A 的化学势相等，$\mu_A^* = \mu_A(\text{sln})$，即

$$\mu_A^\ominus(\text{l}, T) + \int_{p^\ominus}^{p_1} V_A^* \mathrm{d}p = \mu_A^\ominus(\text{l}, T) + RT\ln x_A + \int_{p^\ominus}^{p_1+\Pi} V_A^* \mathrm{d}p$$

因为 V_A^* 随压力变化很小，可以作为常数，整理上式得

$$RT\ln x_A = -\Pi V_A^* \tag{3-73}$$

可以证明，在稀薄溶液中此式可简化为

$$\Pi = c_B RT \tag{3-74}$$

式(3-74)称为理想稀薄溶液的渗透压公式。它表明，理想稀薄溶液渗透压只和溶质的浓度有关，而和溶质的本性无关，所以 Π 是溶液的依数性质。

根据以上讨论可知，如果施加于溶液上方的额外压力大于渗透压，即 $p_2 - p_1 > \Pi$ 时，溶液中的溶剂分子将会通过半透膜进入纯溶剂，这种现象称为反渗透。反渗透是 20 世纪 60 年代发展起来的一项新技术，最初用于海水淡化，后来又应用于处理工业废水。

例 3-6 某溶质 B 的水溶液 $b_B = 0.001\text{mol} \cdot \text{kg}^{-1}$，求 25℃时此溶液的蒸气压下降 Δp、凝固点降低 ΔT_f、沸点升高 ΔT_b 的数值及渗透压 Π（已知 25℃时水的蒸气压为 3168Pa）。

解： $b_B = 0.001\text{mol} \cdot \text{kg}^{-1}$

$$x_B = \frac{n_B}{n_A + n_B} \approx \frac{n_B}{n_A} = \frac{0.001\text{mol}}{1\text{kg}/0.018\text{kg} \cdot \text{mol}^{-1}} = 1.8 \times 10^{-5}$$

$$c_B \approx 1\text{mol} \cdot \text{m}^{-3}$$

$$\Delta p = p_A^* x_B = 3168\text{Pa} \times 1.8 \times 10^{-5} = 0.057\text{Pa}$$

$$\Delta T_f = K_f b_B = 1.86\text{K} \cdot \text{kg} \cdot \text{mol}^{-1} \times 0.001\text{mol} \times \text{kg}^{-1} = 1.86 \times 10^{-3}\text{K}$$

$$\Delta T_b = K_b b_B = 0.52\text{K} \cdot \text{kg} \cdot \text{mol}^{-1} \times 0.001\text{mol} \times \text{kg}^{-1} = 5.2 \times 10^{-4}\text{K}$$

$$\Pi = c_B RT = 1\text{mol} \cdot \text{m}^{-3} \times 8.314\text{J} \cdot \text{K}^{-1} \cdot \text{mol}^{-1} \times 298\text{K} = 2478\text{Pa}$$

计算结果表明，理想稀薄溶液的几个依数性中渗透压是最显著的。

3.8 非理想液体混合物及实际溶液的化学势

前几节曾分别在 Raoult 定律和 Henry 定律的基础上推导出了理想液体混合物和理想稀薄溶液中各组分化学势的表达式，由此导出了它们的性质。然而，这些

化学势表达式对于非理想液体混合物及实际溶液来说,是不适用的。为了得到适用于非理想液体混合物及实际溶液的化学势的表达式,G.N. Lewis(路易斯)引入了活度的概念。

3.8.1 活度和活度系数

如前所述,绝大多数液体混合物中的组分在大部分组成范围内,其蒸气分压与液相组成的关系并不遵守 Raoult 定律,如图 3-7 所示(图中下方的一条虚线代表 Raoult 定律,实线是实际蒸气压)。对组分 B,如图中的 G 点与 F 点产生偏离。为此,可将非理想液体混合物中任一组分 B 在指定的 T,p 及 x_B 时的蒸气分压 p_B 表示为

$$p_B = p_B^* x_B \gamma_B \qquad (3-75)$$

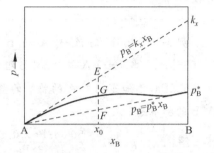

图 3-7 组分 B 的活度示意图

式中 γ_B 为一校正因子,它等于实际蒸气压 p_B 与 Raoult 定律计算值 $p_B^* x_B$ 的比值(即图 3-7 中 G 点蒸气压与 F 点蒸气压的比值)。当 $p_B > p_B^* x_B$(称为正偏差)时, $\gamma_B > 1$;当 $p_B < p_B^* x_B$(称为负偏差)时, $\gamma_B < 1$。γ_B 与 1 的差别反映 p_B 与 Raoult 定律的偏离程度,因此 γ_B 是一个描述液体混合物中组分 B 与理想液体混合物偏离程度的物理量,称为 B 的活度系数。由此可见,活度系数 γ_B 是组分 B 不理想程度的标志,其值不仅与温度、压力有关,还与组成有关。令

$$a_B = \gamma_B x_B \qquad (3-76)$$

a_B 称为组分 B 的活度,则式(3-75)可写作

$$p_B = p_B^* a_B \qquad (3-77)$$

式(3-77)与 Raoult 定律在形式上是完全一致的,只是将其中的组成 x_B 替换为活度 a_B。

引入活度的概念之后,利用推导理想液体混合物中任一组分 B 的化学势的方法,可以得到非理想液体混合物中任一组分 B 的化学势为

$$\mu_B(\text{sln}) = \mu_B^\ominus(1,T) + RT\ln a_B + \int_{p^\ominus}^{p} V_B^* \, dp \qquad (3-78)$$

式中 $\mu_B^\ominus(1,T)$ 为标准态的化学势,其意义与理想液体混合物化学势表达式中的 $\mu_B^\ominus(1,T)$ 相同,即为温度 T 及标准压力 $p^\ominus$ 下纯液体 B 的化学势。因此,非理想液体混合物的化学势表达式与理想液体混合物具有相同的形式,只是将其中的组成

x_B 替换为活度 a_B。为此可将活度理解为"校正组成"或"校正浓度"。式(3-78)是研究非理想液体混合物热力学性质的基础。

利用活度或活度系数的概念来研究非理想系统,是热力学常用的研究方法之一。它的普遍意义在于:在讨论非理想系统时,以理想系统为参考,即将非理想系统进行修正。这种处理方法不仅使得所有非理想系统的化学势表达形式完全统一,而且保持了与理想系统的形式相同,从而为处理普遍化的热力学问题提供了方便。

例 3-7 300K 时液体 A 与 B 的蒸气压分别为 $p_A^* = 37.338\text{kPa}$,$p_B^* = 22.656\text{kPa}$。当 1mol A 与 2mol B 组成液体混合物时,上方平衡的气相压力 $p=50.663\text{kPa}$,已知气相中 A 的物质的量分数 $y_A=0.6$。试求:$a_A,\gamma_A,a_B,\gamma_B$,并指出 A,B 的标准态。

解: $a_A = p_A/p_A^* = \dfrac{50\,663\text{Pa} \times 0.6}{37\,338\text{Pa}} = 0.814$, $\gamma_A = a_A/x_A = \dfrac{0.814}{1/3} = 2.442$

A 的标准态是 300K,$p^\ominus$ 条件下的纯 A 液体。

$a_B = p_B/p_B^* = \dfrac{50\,663\text{Pa} \times 0.4}{22\,656\text{Pa}} = 0.894$, $\gamma_B = a_B/x_B = \dfrac{0.894}{2/3} = 1.341$

B 的标准态是 300K,$p^\ominus$ 条件下的纯 B 液体。

3.8.2 实际溶液的化学势

在任意溶液中,溶剂和溶质并不分别遵守 Raoult 定律和 Henry 定律。但在表达它们的化学势时,人们习惯参考理想稀薄溶液,即通过将理想稀薄溶液中溶剂和溶质化学势表达式中的组成替换成活度。

3.8.2.1 溶剂的化学势

参考式(3-51),将任意溶液中溶剂 A 的化学势表示为

$$\mu_A(\text{sln}) = \mu_A^\ominus(l,T) + RT\ln a_A + \int_{p^\ominus}^{p} V_A^* \, dp \tag{3-79}$$

式中 a_A 称为溶剂 A 的活度,且 $a_A = \gamma_A x_A$。γ_A 为溶剂的活度系数,它反映溶剂对 Raoult 定律的偏差程度。式(3-79)中的标准态与式(3-51)相同,仍然是 $T,p^\ominus$ 下的纯 A 液体。

3.8.2.2 溶质的化学势

参考式(3-58)、式(3-59)和式(3-60),将溶质 B 的化学势统一表示为

$$\mu_B(\text{sln}) = \mu_B^\ominus(l,T) + RT\ln a_B + \int_{p^\ominus}^{p} V_B^\infty \mathrm{d}p \qquad (3\text{-}80)$$

式中 a_B 是溶质 B 的活度。据式(3-58)、式(3-59)和式(3-60),式(3-80)中的标准态有 3 种不同的选择方法,活度 a_B 的意义也有所不同,分别讨论如下:

(1) 选 $T,p^\ominus$ 下 $x_B=1$ 且遵守 Henry 定律的假想液体作标准态,则活度 a_B 的意义记作

$$a_{x,B} = \gamma_{x,B} x_B \qquad (3\text{-}81)$$

或

$$p_B = k_x a_{x,B} \qquad (3\text{-}82)$$

由此可知,活度系数 $\gamma_{x,B}$ 为

$$\gamma_{x,B} = \frac{p_B}{k_x x_B} \qquad (3\text{-}83)$$

式(3-83)表明,$\gamma_{x,B}$ 是溶质 B 的实际蒸气压与 Henry 定律的计算值之比,即图 3-7 中 G 点蒸气压与 E 点蒸气压的比,因此它是溶质 B 对 Henry 定律 $p_B = k_x x_B$ 的偏差程度的标志。

(2) 若选 $T,p^\ominus$ 下 $b_B = b^\ominus$ 且遵守 Henry 定律的假想溶液作标准态,则活度 a_B 的意义记作

$$a_{b,B} = \frac{\gamma_{b,B} b_B}{b^\ominus} \qquad (3\text{-}84)$$

或

$$p_B = k_b a_{b,B} \qquad (3\text{-}85)$$

其中活度系数 $\gamma_{b,B}$ 是溶质 B 对 Henry 定律 $p_B = k_b b_B/b^\ominus$ 的偏差程度的标志。

(3) 若选 $T,p^\ominus$ 下 $c_B = c^\ominus$ 且遵守 Henry 定律的假想溶液作标准态,则活度 a_B 的意义记作

$$a_{c,B} = \frac{\gamma_{c,B} c_B}{c^\ominus} \qquad (3\text{-}86)$$

或

$$p_B = k_c a_{c,B} \qquad (3\text{-}87)$$

其中活度系数 $\gamma_{c,B}$ 是溶质 B 对 Henry 定律 $p_B = k_c c_B/c^\ominus$ 的偏差程度的标志。

由以上讨论可以看出，任意溶液中溶剂和溶质的蒸气压总能够分别用公式 $p_A = p_A^* a_A$ 和 $p_B = k a_B$（其中 k 是 Henry 常数）来计算。对一指定状态的溶液来说，溶剂和溶质的化学势和蒸气压是唯一确定的，但溶质的活度和活度系数却随其标准态的选择不同而变化。

例 3-8 25℃时一氯甲烷（B）的水（A）溶液上方一氯甲烷的蒸气压与其浓度的关系如下：

溶液	①	②
$b_B / \text{mol} \cdot \text{kg}^{-1}$	0.029	0.131
$p_B / p^\ominus$	0.2700	1.2446

若 $b_B = 0.029 \text{mol} \cdot \text{kg}^{-1}$ 的溶液可视为理想稀薄溶液。试计算以上两溶液中溶质 B 的 $\gamma_{x,B}, a_{x,B}, \gamma_{b,B}$ 和 $a_{b,B}$。

解：对溶液①：$b_B = 0.029 \text{mol} \cdot \text{kg}^{-1}$

$$x_B \approx M_A b_B = 0.018 \times 0.029 = 5.22 \times 10^{-4}$$

因为该溶液中的溶质遵守 Henry 定律，即对 Henry 定律没有偏差，所以 $\gamma_{x,B} = \gamma_{b,B} = 1$。据式(3-81)和式(3-84)，得：

$$a_{x,B} = \gamma_{x,B} x_B = x_B = 5.22 \times 10^{-4}$$

$$a_{b,B} = \frac{\gamma_{b,B} b_B}{b^\ominus} = \frac{b_B}{b^\ominus} = 0.029$$

$$k_x = \frac{p_B}{x_B} = \frac{0.2700 p^\ominus}{5.22 \times 10^{-4}} = 517.2 p^\ominus$$

$$k_b = \frac{p_B}{b_B / b^\ominus} = \frac{0.2700 p^\ominus}{0.029} = 9.310 p^\ominus$$

对溶液②：$b_B = 0.131 \text{mol} \cdot \text{kg}^{-1}$

$$x_B = \frac{0.131}{0.131 + 1000/18} = 2.352 \times 10^{-3}$$

所以

$$a_{x,B} = \frac{p_B}{k_x} = \frac{1.2446 p^\ominus}{517.2 p^\ominus} = 2.406 \times 10^{-3}, \quad \gamma_{x,B} = \frac{a_{x,B}}{x_B} = \frac{2.406 \times 10^{-3}}{2.352 \times 10^{-3}} = 1.023$$

$$a_{b,B} = \frac{p_B}{k_b} = \frac{1.2446 p^\ominus}{9.310 p^\ominus} = 0.1337, \quad \gamma_{b,B} = \frac{a_{b,B}}{b_B / b^\ominus} = \frac{0.1337}{0.131} = 1.021$$

本章基本学习要求

1. 明确偏摩尔量及化学势的定义及它们之间的联系与区别。
2. 学会用化学势判据判断过程的方向及限度。
3. 理解 Raoult 定律和 Henry 定律的内容及两定律之间的区别,并熟练应用这两个定律进行计算。
4. 了解气体的标准态、逸度的概念,能正确写出气体的化学势表示式。
5. 明确理想液体混合物、理想稀薄溶液的概念,能正确选择各组分的标准态,并写出它们的化学势表示式。
6. 牢固掌握理想液体混合物的混合性质和理想稀薄溶液的依数性。
7. 了解逸度及活度的概念,学会计算实际液体混合物、溶液中各组分的活度及活度系数。

参考文献

1. 朱文涛. 物理化学(上册). 北京:清华大学出版社,1995
2. 傅鹰. 化学热力学导论. 北京:科学出版社,1963
3. 姚天扬. 热力学标准态. 大学化学,1995,10(1):18
4. 朱志昂. 热力学标准态及化学反应的标准热力学函数. 物理化学教学文集(二). 北京:高等教育出版社,1991
5. 梁毅,陈杰. 非理想气体和实际气体. 大学化学,1996,11(2):58
6. 杨时祥. 关于"逸度""活度"问题的几点浅见. 化学通报,1981,9:53
7. 许海涵. 浅释 GB 的逸度与活度的意义. 化学通报,1987,4:51

思考题和习题

思考题

1. 指出下列偏微分中哪些是偏摩尔量:
    (1) $(\partial U/\partial n_B)_{T,p,n_C,\cdots}$;
    (2) $(\partial H/\partial n_B)_{T,V,n_C,\cdots}$;
    (3) $(\partial C_{p,m}/\partial n_B)_{T,p,n_C}$;
    (4) $(\partial V/\partial n_B)_{T,p,n_C,\cdots}$。

其中 V 是水与乙醇组成的气液两相平衡系统的总体积。

2. 试分别比较理想液体混合物中 A 的 μ_A, V_A, H_A, S_A 与同温同压下纯 A 的 $\mu_A^*, V_A^*, H_A^*, S_A^*$ 的大小。

3. 请用 =, > 或 < 填空

(1) μ_1 (　) μ_2,　$\mu_1^\ominus$ (　) $\mu_2^\ominus$

下标 1, 2 分别代表 25℃, 10^5 Pa 的 $O_2(g)$ 和 25℃, 2×10^5 Pa 的 $O_2(g)$。

(2) μ_1 (　) μ_2,　$\mu_1^\ominus$ (　) $\mu_2^\ominus$

下标 1, 2 分别代表 25℃, 10^5 Pa 压力下的纯苯和苯与甲苯组成的理想液体混合物中的苯。

4. 试比较下列 6 种状态水的化学势及其标准态的化学势。6 种状态为

(1) 100℃, 101.325 kPa, $H_2O(l)$;

(2) 100℃, 101.325 kPa, $H_2O(g)$;

(3) 100℃, 2×101.325 kPa, $H_2O(l)$;

(4) 100℃, 2×101.325 kPa, $H_2O(g)$;

(5) 101℃, 101.325 kPa, $H_2O(l)$;

(6) 101℃, 101.325 kPa, $H_2O(g)$。

若以上 6 种状态分别用下标 1, 2, 3, 4, 5, 6 表示,则

(1) μ_1 (　) μ_2,　$\mu_1^\ominus$ (　) $\mu_2^\ominus$;　　(2) μ_1 (　) μ_3,　$\mu_1^\ominus$ (　) $\mu_3^\ominus$;

(3) μ_1 (　) μ_4,　$\mu_1^\ominus$ (　) $\mu_4^\ominus$;　　(4) μ_3 (　) μ_4,　$\mu_3^\ominus$ (　) $\mu_4^\ominus$;

(5) μ_5 (　) μ_6,　$\mu_5^\ominus$ (　) $\mu_6^\ominus$。

5. 若 α, β 两相中均含 A 和 B 两种物质,当相平衡时,下列哪些关系成立?

(1) $\mu_A^\alpha = \mu_B^\alpha$;　　(2) $\mu_A^\alpha = \mu_A^\beta$;　　(3) $\mu_A^\alpha = \mu_B^\beta$。

6. 互不相溶的 α, β 两相均为 A, B 的理想稀薄溶液,以 μ_A^α 表示 A 在 α 相中的化学势,$\mu_{A(\alpha)}^\ominus$ 表示 A 在 α 相标准态的化学势,其余类推。相平衡时,下列哪些关系式成立?

(1) $\mu_A^\alpha = \mu_A^\beta$　　　　　　　　(2) $\mu_{A(\alpha)}^\ominus = \mu_{A(\beta)}^\ominus$

(3) $\mu_A^\alpha = \mu_B^\beta$　　　　　　　　(4) $\mu_{A(\alpha)}^\ominus = \mu_{B(\beta)}^\ominus$

7. 若物质 B 同时溶于 α, β 两互不相溶的溶剂中,形成以 B 为溶质的 α, β 两种稀溶液,此时 $\mu_{B(\alpha)}^\ominus = \mu_{B(\beta)}^\ominus$ 对吗?

8. 在一定的温度(T)和压力下,某物质气液两相平衡时,两相化学势相等,即 $\mu_B(l, T) = \mu_B(g, T)$

(1) 若压力一定时,温度从 T 升高到 T',那么 $\mu_B(l, T')$ 与 $\mu_B(l, T)$,$\mu_B(g, T)$ 与 $\mu_B(g, T')$ 比较,哪个大?

(2) 令 $\Delta\mu_B(l) = \mu_B(l, T') - \mu_B(l, T)$,$\Delta\mu_B(g) = \mu_B(g, T') - \mu_B(g, T)$,那么 $\Delta\mu_B(l)$ 与 $\Delta\mu_B(g)$ 比较,哪个大? 为什么?

9. 在有机分析中经常用来鉴定有机化合物的一种方法是混合熔点法。现有一试样,经分析后认为可能是草酸。测定试样的熔点为462K,查得草酸的熔点也是462K,此时能否确认此样品就是草酸?现在把等量的试样与草酸混合后测熔点,如果仍然是462K,就可以确定是草酸了,为什么?

10. 试将下列溶液按凝固点由低到高的顺序排列:

(1) 100g 甘油($C_3H_8O_3$)溶于 1000g 水;

(2) 100g 乙醇(C_2H_6O)溶于 2000g 水;

(3) 100g 甲醇(CH_4O)溶于 3000g 水。

习题

1. 在 20℃,$1dm^3$ NaBr 水溶液中含 NaBr 321.9g,密度为 $1.238g \cdot cm^{-3}$。求该溶液的:

(1) 体积摩尔浓度 c; (2) 质量摩尔浓度 b;

(3) 物质的量分数 x; (4) 质量分数。

(答案:$3.128 mol \cdot dm^{-3}$;$3.414 mol \cdot kg^{-1}$;0.0579;26%)

2. 水和乙醇形成的溶液,$x(H_2O)=0.4$,乙醇的偏摩尔体积为 $57.5 \times 10^{-6} m^3 \cdot mol^{-1}$,溶液的密度为 $849.4 kg \cdot m^{-3}$,试求此溶液中水的偏摩尔体积。

(答案:$1.617 \times 10^{-5} m^3 \cdot mol^{-1}$)

3. 288K 及标准压力下,$10m^3$ 含乙醇质量分数为 0.96 的乙醇水溶液,今欲加水使其变为含乙醇 0.56,试计算:

(1) 应加水多少 m^3?

(2) 能得到多少 m^3 的乙醇溶液?

已知 288K 标准压力下水的密度为 $999.1 kg \cdot m^{-3}$,水与乙醇的有关偏摩尔体积列表如下:

质量分数	$V(H_2O)/cm^3 \cdot mol^{-1}$	$V(C_2H_5OH)/cm^3 \cdot mol^{-1}$
0.96	14.61	58.01
0.56	17.11	56.58

(答案:$5.75m^3$;$15.27m^3$)

4. 液体 A 和液体 B 形成理想混合物。由 1mol A 和 2mol B 混合而成的混合物在 323K 时平衡蒸气压为 $3.33 \times 10^4 Pa$。若在该混合物中再加入 1mol A,混合物的平衡蒸气压上升到 $3.70 \times 10^4 Pa$,试求纯液体 A 和 B 在 323K 的饱和蒸气压。

(答案:$4.81 \times 10^4 Pa$,$2.59 \times 10^4 Pa$)

5. 苯(C_6H_6)与甲苯($C_6H_5CH_3$)形成理想液体混合物,25℃ 将 1mol C_6H_6 与 1mol $C_6H_5CH_3$ 混合,求混合过程的 ΔV、ΔH、ΔU、ΔG 和 ΔS。

(答案:$0, 0, 0, -3.44 kJ, 11.53 J \cdot K^{-1}$)

6. 413.2K 时纯 C_6H_5Cl 和纯 C_6H_5Br 的蒸气压分别为 1.252×10^5 Pa 和 6.610×10^4 Pa。假定两液体组成理想混合物。若有一混合物在 413.2K, 1.013×10^5 Pa 压力下沸腾,试求该混合物的组成,以及在此情况下,液面上蒸气的组成。

(答案：0.5956, 0.7361)

7. 物质 A,B 能形成理想液体混合物。现将 $x_A(g)=0.40$ 的 A,B 混合蒸气放在一个带有活塞的圆筒内,恒定温度 T,使活塞慢慢移动压缩气体,求：

(1) 压缩到刚出现液体时系统的总压及液体的组成。

(2) 若 A,B 的一混合物正常沸点恰好为 T,求该液体混合物的组成。

已知在温度 T 时,A 和 B 的饱和蒸气压分别为 0.4×101.325 kPa 和 1.2×101.325 kPa。

(答案：67.888kPa, 0.6667; 0.25)

8. 在 293K 时将 HCl 溶于苯中并达到平衡,当溶液中 HCl 的物质的量分数为 0.0425 时,气相中 HCl(g) 的平衡分压为 101.325kPa。若同温度时某 HCl 的苯溶液的平衡蒸气总压为 101.325kPa,求该溶液中 HCl 的质量摩尔浓度,已知此时纯苯的饱和蒸气压为 10.011kPa。

(答案：$0.513\text{mol}\cdot\text{kg}^{-1}$)

9. 在 25℃ 时,在 1dm^3 的 $CHCl_3$ 中含有 1.0mol SO_2,溶液上方 SO_2 的平衡压力为 53.702kPa；在 1dm^3 的水中含有 1.0mol SO_2,水溶液上方 SO_2 平衡压力为 70.928kPa,此时 SO_2 在水中有 13% 电离成 H^+ 和 HSO_3^-。如今将 SO_2 通入一含有 1dm^3 $CHCl_3$ 和 1dm^3 H_2O 的容积为 5dm^3 的容器中(不含空气),在 25℃ 达到平衡时,1dm^3 水中 SO_2 的物质的量为 0.2mol,同时在水层中 SO_2 有 25% 电离。试求通入此容器中 SO_2 的总的物质的量。

(答案：0.4425mol)

10. 20℃ 溶液①的组成为 $1NH_3\cdot 8.5H_2O$,与其平衡的 $NH_3(g)$ 的压力为 10.6658kPa；溶液②的为 $1NH_3\cdot 21H_2O$,与其平衡的 $NH_3(g)$ 的压力为 3.600kPa。

(1) 从大量的溶液①中转移 1mol NH_3 到大量的溶液②中,求该过程的 ΔG。

(2) 20℃ 时,若将压力为 101.325kPa 的 1mol $NH_3(g)$ 溶解在大量的溶液②中,求该过程的 ΔG。

(答案：-2646kJ；-8.130kJ)

11. 某水溶液是含有非挥发性溶质的稀薄溶液,在 271.7K 时凝固(固相为纯的固态溶剂)。求该溶液的：

(1) 正常沸点；

(2) 298.2K 时的蒸气压(该温度下,纯水的蒸气压为 3.167kPa)；

(3) 298.2K 时的渗透压。

(答案：373.56K；3.123kPa；1.93×10⁶Pa)

12. 12.2g 苯甲酸溶于 100g 乙醇后,使乙醇的沸点升高 1.13K。若将 12.2g 苯甲酸溶于 100g 苯中,则苯的沸点升高 1.36K。计算苯甲酸在两种溶剂中的摩尔质量。计算结果说明了什么？

(答案：128.5g·mol⁻¹，233.2g·mol⁻¹)

13. 某造纸厂排出的废水沸点比纯水高 0.55K，现用反渗透处理，298K 时,在废水上方加多大压力才能在半透膜的另一方得到清水？（清水所受压力为 101.325kPa）。

(答案：2.722×10⁶Pa)

14. 人的血液(可视为水溶液)，在 101.325kPa 下于 −0.56℃凝固。已知水的凝固点降低常数 $K_f = 1.86 \text{K·kg·mol}^{-1}$。

(1) 求血液在 37℃的渗透压；

(2) 在同温度下，1dm³ 蔗糖($C_6H_{12}O_6$)水溶液中需含有多少克蔗糖时，才能与血液有相同的渗透压？

(答案：776kPa；54.2g)

15. 浓度为 b 的 NaCl 稀水溶液，298K 时其渗透压为 $2×10^5$Pa，计算下述过程中水的 $\Delta\mu$:

H_2O(298K,浓度为 b 的 NaCl 溶液中)⟶H_2O(298K,纯态)

(答案：3.6J·mol⁻¹)

16. 由水和乙醇组成的溶液，50℃时的一次实验结果如下表：

溶液蒸气压 p/kPa	蒸气分压		溶液中醇的浓度 x
	$p_{乙醇}$/kPa	$p_{水}$/kPa	
24.838	14.186	10.652	0.4439
28.891	21.438	7.453	0.8817

已知该温度下纯乙醇的蒸气压为 29.451kPa，纯水的蒸气压为 12.334kPa。试以纯液体的标准态，由实验数据计算乙醇和水的活度和活度系数。

(答案：0.4816,1.085；0.8636,1.5530

0.7279,0.8256；0.6043,5.108)

17. 在某一温度下，将碘溶于 CCl_4 中，当碘的物质的量分数 $x(I_2)$ 在 0.01～0.04 范围内时，溶液符合理想稀薄溶液的规律。测得平衡时气相中碘的蒸气压与液相中碘的物质的量分数之间的两组数据如下：

$p(I_2)$/kPa	1.638	16.72
$x(I_2)$	0.03	0.5

试求 $x(I_2) = 0.5$ 时,溶液中碘的活度及活度系数。

(答案:0.3062,0.6124)

18. 288.15K 时,1mol NaOH 溶于 4.559mol H_2O 中所形成溶液的蒸气压为 596.5Pa。在该温度下,纯水的蒸气压为 1750Pa,求:

(1) 溶液中水的活度等于多少?

(2) 溶液中的水和纯水的化学势相差多少?

(答案:0.350,$-2.515 \text{J} \cdot \text{mol}^{-1}$)

4 相平衡

相平衡是热力学在化学领域中的重要应用,也是化学热力学的主要研究内容之一。相律(phase rule)是 Gibss 根据热力学原理导出的相平衡基本定律,是所有多相平衡系统都遵循的普遍规律。它描述多相平衡系统中相数、组分数以及影响系统平衡的独立变量数(如温度、压力、组成等)之间的关系。通过相律可以确定平衡系统所具有的独立变量数,而对于系统的哪些性质可作为独立变量,这些变量之间的定量关系如何,则只能借助于热力学的其他定律及经验规则来解决。用图形的方式来描述多相系统的状态如何随温度、浓度、压力等变量的改变而改变,称为相图。本章中将介绍一些基本的典型相图,目的在于通过对这些相图的讨论掌握由相图获取系统相平衡信息的方法,并了解如何应用相图解决实际问题。

4.1 基本概念

4.1.1 相数

在系统内部,物理性质(强度性质)和化学性质完全均匀的部分称为一个相。在系统中共存相的数目称为相数,用符号 P 来表示。在多相系统($P>1$)中,共存的相与相之间在指定的条件下有明显的界面,称为相界面,在相界面两侧,某些性质的变化是突跃式的。

通常,在一个多相平衡体系中,由于各种气体均能无限混合,所以不论多少种气体都只存在一个气相;对于体系中的液体而言,视其互溶程度而定,可以是一相、两相或三相共存等;对于固体而言,如果固体不形成固溶体(固态溶液 solid solution),则不论分散得多细,有一种固体物质就是一相。

4.1.2 独立组分数

组成系统的各种物质称为物种,系统中所包含的物种数目称为物种数,用符号 S 表示。用于表示平衡系统中各相组成所需要的最少物种数称为"独立组分数",简称组分数,用符号 C 表示。组分数与物种数的关系为

$$C = S - R - R' \tag{4-1}$$

其中 R 叫做化学反应数,代表系统所包含的各物种之间实际存在的独立的化学反应的数目;R' 叫做浓度限制条件数,代表在系统中始终存在的固定浓度关系的数

目。应当引起注意的是,在任一个相中,$\sum_B x_B = 1$必然存在,这一关系不算作浓度限制条件,浓度限制条件是指除了$\sum_B x_B = 1$以外的独立浓度关系,浓度限制条件不是在每个相中必然有的。

对于同一个相平衡系统,物种数往往随人们主观考虑问题的方法、角度不同而异,而组分数却与这种人为因素无关。因此定义了组分数的概念就为用不同方法考虑问题的人提供了共同语言,从科学上讲,更能确切无误地描述系统。例如,多数人认为纯水中只含有一种物质H_2O,即$S=1$,则R和R'均为0,所以$C=1-0-0=1$;但也有人认为水中含有3种物质H_2O, H^+和OH^-,即$S=3$。但由于3种物质之间存在化学反应$H_2O \Longleftrightarrow H^+ + OH^-$和浓度限制条件$x(H^+) = x(OH^-)$,所以$R=1, R'=1$,于是$C=3-1-1=1$。因此,对于纯水系统,随人考虑问题的角度不同,物种数可以是1也可以是3,但组分数都必等于1,即水是单组分系统。

4.1.3 自由度和自由度数

在一定范围内可以独立改变而不会引起系统相数和各相形态变化的强度变量(如温度、压力、浓度等)叫做自由度,这些变量的数目叫做自由度数,用符号f表示。例如,液态水系统,可以在一定范围内任意改变温度和压力,仍可保持单相的水不变,则该系统的自由度数为2,记作$f=2$。若系统是液态水与水蒸气平衡共存,如果指定温度,则系统压力必须等于该温度下水的饱和蒸气压,否则系统中气、液两相就会有一相消失,这时压力并不能任意选择,故自由度数为1,即$f=1$。也就是说,若系统保持气-液共存的相态不变,温度和压力两者中只能任意变动一个。因此自由度数实际上是系统的独立变量数。

4.1.4 相律

为了确定一个系统的自由度数,可以采用如下方法:先找出所有用于描述系统状态的总的变量数,再减去这些变量之间关系式的数目。因为每增加一个关系式,即增加一个限制条件,独立变量便减少一个,所以

$$\text{自由度数}(f) = \text{总变量数} - \text{变量之间的独立关系式数} \tag{4-2}$$

设一平衡系统中有S种物质分布于P个相的每一相中,以下分别表示总变量数和变量间的关系式数。

1. 总变量数

在不考虑电场、磁场、重力场等外场影响的条件下,系统中每一个相的变量为:$T, p, x_1, x_2, \cdots, x_S$,其中下标$1, 2, \cdots, S$表示物质,共$2+S$个变量。因系统中共有

P 个相,所以系统中的总变量数为 $(2+S)P$。

2. 变量间的关系式数

①平衡时各相温度相等,即 $T(1)=T(2)=\cdots=T(P)$,其中 $(1),(2),\cdots,(P)$ 表示相,共有 $P-1$ 个等式;②平衡时各相压力相等,即 $p(1)=p(2)=\cdots=p(P)$,共有 $P-1$ 个等式;③每相中各物质的摩尔分数之和等于 1,即 $\sum_{B=1}^{S} x_B = 1$,共有 P 个这样的等式;④相平衡时,每种物质在各相中的化学势相等,即

$$\mu_1(1) = \mu_1(2) = \cdots = \mu_1(P)$$
$$\mu_2(1) = \mu_2(2) = \cdots = \mu_2(P)$$
$$\vdots$$
$$\mu_S(1) = \mu_S(2) = \cdots = \mu_S(P)$$

其中下标 $1,2,\cdots,S$ 表示物质,而 $(1),(2),\cdots,(P)$ 表示相,可见共有 $S(P-1)$ 个等式;⑤独立的化学反应数 R 和浓度限制条件 R',共有 $R+R'$ 个等式。所以,系统中变量间的独立关系式的总数为 $(2+S)(P-1)+P+R+R'$。

根据式(4-2)得,自由度数 $f = (2+S)P-[(2+S)(P-1)+P+R+R']=(S-R-R')-P+2$,即

$$f = C - P + 2 \tag{4-3}$$

此式是 Gibss 相律的最常用表达形式,它描述系统的自由度数与相数和独立组分数之间的关系。相律表明,对于指定的系统,相数越多自由度越少。

应用相律时应注意以下几点:①只有相平衡系统才遵守相律。②不论 S 种物质是否同时存在于各平衡相中,都不影响相律表示形式。③式(4-3)中的数字 2 源于"整个系统中各相的温度均为 T 并且压力均为 p"。有的系统并非只有一个温度或一个压力,此时应对公式(4-3)作相应的修改。若除 T,p 之外,还需要考虑其他外界因素(如电场、磁场、重力场)对平衡系统的影响,可设 n 为包含 T,p 及各种外界影响因素的数目,则相律的普遍化形式可以记作 $f=C-P+n$,其中 n 值随系统的具体情况而定。④在科研工作中,经常将某些变量的值固定不变,此时系统的自由度称为条件自由度,用 f^* 来表示。

虽然通过相律只能确定平衡系统的独立变量的数目,不能具体指出系统的独立变量是什么,但是它对多组分多相系统的研究仍然起着指导作用,因为它是热力学应用最广泛的定理之一。

例 4-1 试确定 $H_2(g)+I_2(g) \rightleftharpoons 2HI(g)$ 的平衡系统中,在下列情况下的独立组分数。

(1) 反应前只有 HI(g);
(2) 反应前 $H_2(g)$ 及 $I_2(g)$ 两种气体的物质的量相等;
(3) 反应前有任意量的 $H_2(g)$ 与 $I_2(g)$。

解:(1) 因为该系统平衡时物种数 $S=3$,存在一个化学反应,$R=1$。反应开始时只有 HI(g),则存在一个浓度限制条件$[H_2(g)]:[I_2(g)]=1:1$,即 $R'=1$,所以 $C=S-R-R'=3-1-1=1$

(2) 同上,$C=1$

(3) $S=3, R=1, R'=0$,所以 $C=S-R-R'=3-1-0=2$

例 4-2 $Na_2CO_3(s)$ 与 H_2O 可以生成如下 3 种水化物:$Na_2CO_3 \cdot H_2O(s)$,$Na_2CO_3 \cdot 7H_2O(s)$ 和 $Na_2CO_3 \cdot 10H_2O(s)$。试指出在 101.325kPa 下,与 Na_2CO_3 水溶液和冰平衡共存的水化物最多可以有几种。

解:因为 $S=5, R=3, R'=0$,所以 $C=S-R-R'=5-3-0=2$。由于压力固定为 101.325kPa,所以有 $f^*=C-P+1$。而当 $f^*=0$ 时 P 值最大,所以 $P_{max}=3$,表明在 101.325kPa 下,系统最多可以三相平衡共存。由于系统中已存在 Na_2CO_3 水溶液和冰两相,因此最多只能有一种水化物与溶液和冰平衡共存。

4.2 纯物质的相平衡

组分数 C 为 1 的系统叫做单组分系统,此类系统的相律表示为 $f=3-P$。由于自由度数不可能为负值,故单组分系统在相平衡时最多可以三相共存,此时 $f=0$,表明温度 T 和压力 p 都不能够变化;当系统为均相(即 $P=1$)时,$f=2$,表明此时 T 和 p 是两个可以独立变化的量;当系统两相平衡时,$f=1$,表明单组分系统两相平衡共存时 T 和 p 中只有一个可以自由变化,此时温度和压力之间必然存在一定的函数关系,此函数关系即为 Clapeyron(克拉贝龙)方程。

4.2.1 Clapeyron 方程

Clapeyron 方程用文字表述为:纯物质两相平衡时,压力随温度的变化率与此时的摩尔相变焓成正比,与温度和摩尔相变体积的乘积成反比。数学表达式为

$$\frac{dp}{dT} = \frac{\Delta H_m}{T\Delta V_m} \tag{4-4}$$

该方程可由热力学原理导出,式中 ΔH_m 和 ΔV_m 分别为相变过程的相变热和体积变。该方程适用于纯物质的任意两相平衡。下面讨论将 Clapeyron 方程应用

到最常见的两相平衡(气-液平衡、气-固平衡和固-液平衡)时的具体表达形式。

4.2.1.1 气-液平衡和气-固平衡

将 Clapeyron 方程应用于气-液或气-固两相平衡时，液体和固体称为凝聚相，用符号 cd 表示，则在相变过程的摩尔体积变化为

$$\Delta_{cd}^g V_m = V_m(g) - V_m(cd) \approx V_m(g)$$

若将蒸气视作理想气体，则 $V_m(g) = \dfrac{RT}{p}$，代入式(4-4)中，经整理可得

$$\frac{d \ln(p/[p])}{dT} = \frac{\Delta_{cd}^g H_m}{RT^2} \tag{4-5}$$

式(4-5)表示温度对纯物质(液体或固体)的饱和蒸气压的影响，此式称为 Clausius-Clapeyron 方程，简称克-克方程。式中 $[p]$ 为使用的压力单位，p 为液体或固体的饱和蒸气压，$\Delta_{cd}^g H_m$ 代表物质从液体或固体转变为气体的摩尔相变焓。

若近似认为 $\Delta_{cd}^g H_m$ 不随温度变化，则对式(4-5)积分可将克-克方程写作如下两种形式：

$$\ln \frac{p}{[p]} = -\frac{\Delta_{cd}^g H_m}{RT} + C \tag{4-6}$$

或

$$\ln \frac{p_2}{p_1} = -\frac{\Delta_{cd}^g H_m}{R} \left(\frac{1}{T_2} - \frac{1}{T_1} \right) \tag{4-7}$$

式中 p_1, p_2 分别代表温度为 T_1, T_2 时的蒸气压。

由于在推导克-克方程的过程中引入了一系列假设条件，所以克-克方程不如 Clapeyron 方程精确。

在用克-克方程计算液体蒸气压时，若缺少液体的摩尔汽化焓数据，可用 Trouton 规则估算。该规则指出，正常液体的沸点及摩尔汽化焓存在如下关系：

$$\frac{\Delta_l^g H_m}{T_b} \approx 88 \text{J} \cdot \text{K}^{-1} \cdot \text{mol}^{-1} \tag{4-8}$$

正常液体是指非极性的、分子不缔合的液体。式中 T_b 是液体的正常沸点，即外压为 101.325kPa 时的沸点。

4.2.1.2 固-液两相平衡

将 Clapeyron 方程应用到固-液平衡时，式(4-4)记作

$$\frac{dp}{dT} = \frac{\Delta_s^l H_m}{T \Delta_s^l V_m} \tag{4-9}$$

此式表示固-液两相平衡时熔点与压力的关系，其中，$\Delta_s^l H_m$ 是摩尔熔化焓，$\Delta_s^l V_m$ 是固体熔化为液体过程的摩尔体积变。由于熔化过程 $\Delta_s^l H_m > 0$，所以 dT/dp 的符

号完全取决于 $\Delta_s^l V_m$。对于大多数物质来讲,熔化过程 $\Delta_s^l V_m > 0$,故外压增大,熔点升高;对少数物质,如冰,由于熔化过程 $\Delta_s^l V_m < 0$,故熔点随外压升高而降低。

对于固-液平衡系统,当压力变化范围不很大时,将 $\Delta_s^l H_m$ 和 $\Delta_s^l V_m$ 均可视为常数,则式(4-9)经积分后得

$$\ln \frac{T_2}{T_1} = \frac{\Delta_s^l V_m}{\Delta_s^l H_m}(p_2 - p_1) \tag{4-10}$$

式中 T_1, T_2 分别代表压力为 p_1, p_2 时熔点。若已知某物质的正常熔点,可以利用此式计算任意压力下该物质的熔点。

例 4-3 已知水在 373K 时的饱和蒸气压为 101.325kPa,摩尔汽化焓为 40.7kJ·mol^{-1},试计算:

(1) 水在 368K 的饱和蒸气压;

(2) 当外压为 80kPa 时水的沸点。

解:(1) 根据式(4-7),$\ln \dfrac{p_2}{p_1} = -\dfrac{\Delta_l^g H_m}{R}\left(\dfrac{1}{T_2} - \dfrac{1}{T_1}\right)$

$$\ln \frac{p_2}{101.325\text{kPa}} = -\frac{40\,700}{8.314}\left(\frac{1}{368} - \frac{1}{373}\right)$$

解得

$$p_2 = 84.78\text{kPa}$$

(2) 同理,由式(4-7)得

$$\ln \frac{80\text{kPa}}{101.325\text{kPa}} = -\frac{40\,700}{8.314}\left(\frac{1}{T_2} - \frac{1}{373}\right)$$

$$T_2 = 366\text{K}$$

4.2.2 纯物质的相图

将不同温度、压力、组成条件下系统的相平衡情况用图形表示出来,称为相图。它是人们研究相平衡的主要方法。相图是由实验得到的,即把大量的相平衡实验数据用一张图表示出来。根据相图,人们能方便地了解在任意指定的温度、压力等条件下系统以怎样的相态存在以及各相的具体情况。

4.2.2.1 纯物质的相图中点、线、面的含义

若分别以压力 p 为纵坐标、温度 T 为横坐标,可用二维平面图描述纯物质系统的相平衡情况。纯物质系统的相律写作 $f = 3 - P$。若系统呈单相平衡,则 $f = 2$,为

双变量系统,在 p-T 图中是一块面积,即相图中的一块面积代表一个相;若系统呈两相平衡,则 $f=1$,为单变量系统,在 p-T 图中是一条曲线,即相图中的一条曲线代表两相平衡共存;若系统呈三相平衡,则 $f=0$,为无变量系统,在 p-T 图中是一个确定的点,称为三相点,它是由物质的本性决定的。

4.2.2.2 水的相图

图 4-1 为实验测得的水的相图。图中由 3 条曲线分割成的 3 块面积分别代表 3 个单相区,面积 AOB,BOC 以及 AOC,分别代表液体水、固体冰和水蒸气 3 个单相区。在这些区域中 $f=2$,要确定系统的状态必须同时指出它的温度和压力。

图中曲线 OA 是通过测量不同温度下水的饱和蒸气压得到的,所以它代表水与水蒸气平衡共存,称水的蒸气压曲线,在此曲线上 $f=1$。曲线 OA 终止于临界点 A,此时 $T_c = 647.2$K,$p_c = 2.206 \times 10^7$Pa,当 $T > T_c$ 时为气相区。虚线 OD 是 AO 线的延长线,代表过冷水(即 273.15K 下的水)的饱和蒸气压与温度的关系曲线。在热力学中,人们将过冷液体称为亚稳相。

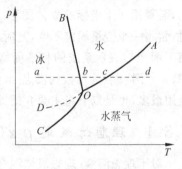

图 4-1 水的相图

曲线 OB 代表冰与水平衡共存,称作冰的熔点曲线。OB 线的斜率为负值,表明冰的熔点随压力的升高而降低。OB 线不能无限延长。研究发现,在 200MPa 以上冰的晶型将发生变化,相图变得复杂。

曲线 OC 代表冰与水蒸气平衡共存,称作冰的饱和蒸气压曲线或冰的升华曲线。OA,OC 及 OB 3 条曲线的斜率可由克-克方程或 Clapeyron 方程求得。

图中 O 点是水的三相点,在该点处水、冰、水蒸气三相平衡共存,此时 $f=0$,温度为 273.16K(0.01℃),压力为 610.62Pa。通常所说的冰点与三相点不同,冰点是指在外压为 101.325kPa 时,已经被空气饱和了的水与冰平衡共存的状态,冰点温度为 273.15K(0℃)。严格地说,在冰点时所涉及的水相是与空气相接触并被空气饱和的稀薄水溶液,所以在冰点时是空气、被空气饱和的稀薄水溶液和冰三相平衡,此时 $f=1$,所以当压力改变时,冰点也随之改变。

根据水的相图,可以对水的任一个变化过程进行相变分析,详细说明系统经历的一系列变化。例如系统由 a 点沿水平线变化至 d 点,这是一个等压加热过程。a 点是冰,在压力恒定的情况下逐渐升温,升温过程中 $f^* = 1-1+1 = 1$,温度变化不改变相态;当加热至 b 点时,开始出现液态,此时 $f^* = 1-2+1 = 0$,温度和压力均不发生变化,直至冰全部溶化成水,变为液相。进入液相区后,$f^* = 1-1+1 = 1$,温度继续升高而不改变相态。到达 c 点时,开始出现水蒸气,此时 $f^*=1-2+1=0$,直至液态水全部转化为水蒸气。进入气相区后,温度继续升高至 d 点,完成整个等压加热过程。

4.3 两组分系统的气-液平衡

对于二组分系统,相律表达为 $f=2-P+2=4-P$。当 $f=0$ 时,$P=4$,表明系统最多可以有四相平衡共存;当相数 $P=1$ 时,$f=3$,表明系统最多有 3 个可以自由变化的量,即温度、压力和组成。所以若要全面地表达二组分系统的相平衡情况,需要用 3 个坐标的立体图形。为了读图和作图方便,在绘制两组分系统相图时,常将一个变量固定不变,此时 $f^*=3-P$,系统的自由度数最多为 2,于是就可用平面图形表示系统的相平衡情况。这类相图有 3 种:T 为常数的蒸气压-组成图(p-x 图);p 为常数的沸点-组成图(T-x 图);x 为常数的 T-p 图。其中 T-x 图使用最多,也是以下将主要介绍的相图形式。

4.3.1 理想溶液的 p-$x(y)$ 相图和 T-$x(y)$ 相图

对于理想溶液(理想液体混合物),由纯液体混合形成溶液时没有体积效应和热效应,A 和 B 在全部浓度范围内都服从 Raoult 定律。平衡气相中 A 和 B 的分压与总压满足如下关系:

$$p_A = p_A^* x_A, \quad p_B = p_B^* x_B \quad p = p_A + p_B = p_A^* + (p_B^* - p_A^*)x_B \quad (4\text{-}11)$$

式中 p 为溶液的蒸气压,p_A^* 和 p_B^* 分别为纯 A 与纯 B 液体在溶液所处温度下的蒸气压。从式(4-11)中可看出,p 与 x_B 成直线关系,此直线代表溶液蒸气压与液相组成 x_B 的关系,如图 4-2(a)中液相线。若用 y_B 表示气相组成,用 y_B 对蒸气压

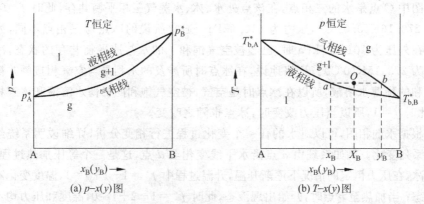

图 4-2 理想溶液的相图

p 作图得 4-2(a)中气相线。图 4-2(a)即为理想溶液的 p-$x(y)$ 相图,也称蒸气压-组成相图。图中液相线对应液相组成 x_B,气相线对应气相组成 y_B,液相线在气相线的上方。

当溶液的蒸气压等于外压时,溶液沸腾,此时的温度即为该溶液的沸点。由于溶液的蒸气压与其组成有关,在一定的外压下,不同组成溶液的沸点不同。在沸腾时,易挥发组分(饱和蒸气压高的组分)在气相中的含量大于它在液相中的含量。图 4-2(b)是根据实验数据绘制的理想溶液的 T-$x(y)$ 示意图,也称沸点-组成图,图中的两条线分别为气相线和液相线,气相线在液相线的上方。

在理想液体混合物的 p-$x(y)$ 和 T-$x(y)$ 相图中,液相线和气相线把全图分为 3 个区域。在 T 恒定的图 4-2(a)中,液相线以上是单相液相区(用 l 表示),$P=1$,$f^*=2$;在气相线以下是单相气相区(用 g 表示),$P=1$,$f^*=2$;气相线和液相线之间是气-液两相平衡区(用 g+l 表示),$P=2$,$f^*=1$,这表明只要 T 一定,气、液两相的组成就确定下来了。而在 p 恒定的 T-$x(y)$ 相图图 4-2(b)中,液相线以下是单相液相区,气相线以上是单相气相区,气相线和液相线之间是气-液两相共存区。在相图上,代表系统总组成的点叫物系点,代表某一相组成的点称为相点。对于均相系统,处于相图的单相区,其物系点就是它的相点,二者是一致的。对于两相系统,处于相图的气-液两相共存区,物系点与液相点和气相点不重合,此时通过物系点作水平线与液相线和气相线的交点分别为液相点和气相点。如图 4-2(b)中 O 点代表物系点,组成为 X_B,a 点和 b 点分别为液相点和气相点,两相的组成分别为 x_B 和 y_B。

当系统处于两相平衡时,若用 n_g,n_l 和 n 分别代表气相、液相和整个系统中的物质的量,则根据质量守恒原理,有

$$nX_B = n_g y_B + n_l x_B \tag{4-12}$$

将 $n=n_g+n_l$ 代入,整理得 $\dfrac{n_g}{n_l}=\dfrac{X_B-x_B}{y_B-X_B}$,记作

$$\dfrac{n_g}{n_l}=\dfrac{\overline{oa}}{\overline{ob}} \tag{4-13}$$

式(4-13)称作杠杆规则,它描述当系统呈两相共存时,气、液两相中物质的量之间的关系。应该指出,由于杠杆规则来源于质量守恒,所以适用于相图中的任意两相区。如果用质量分数表示组成,则杠杆规则应写作

$$\dfrac{m_g}{m_l}=\dfrac{\overline{oa}}{\overline{ob}} \tag{4-14}$$

其中 m_g 和 m_l 分别代表气、液两相的质量。

例 4-4 系统中物质 A 和 B 的物质的量均为 5mol，当加热到某一温度时，系统内气-液共存的两相组成分别为 $y_B=0.7, x_B=0.2$，求两相中各含 A 和 B 的物质的量。

解：根据杠杆规则

$$n_g(y_B - X_B) = n_l(X_B - x_B)$$

且

$$n_g + n_l = 10 \text{mol}$$

解得

$$n_g = 6 \text{mol}, \quad n_l = 4 \text{mol}$$

气相中含 B 的物质的量：

$$n_B(g) = n_g y_B = 6 \text{mol} \times 0.7 = 4.2 \text{mol}$$

气相中含 A 的物质的量：

$$n_A(g) = n_g - n_B(g) = 6 \text{mol} - 4.2 \text{mol} = 1.8 \text{mol}$$

同理可求得液相中含 A 和 B 的物质的量：

$$n_B(l) = 0.8 \text{mol}, \quad n_A(l) = 3.2 \text{mol}$$

4.3.2 非理想溶液的 $p\text{-}x(y)$ 相图和 $T\text{-}x(y)$ 相图

两组分完全互溶的非理想溶液(非理想液体混合物)，是指液体 A 与 B 在全部浓度范围内互溶但形成非理想溶液。这种溶液对于理想溶液的偏差情况与溶液所处的条件及两组分本身的性质有关。根据偏差的大小，可以将气-液平衡相图分为如下两种情况。

4.3.2.1 偏差不大的非理想溶液的 $p\text{-}x(y)$ 相图和 $T\text{-}x(y)$ 相图

在这类非理想溶液中，各组分对 Raoult 定律偏差不大，它们的蒸气压高于(称正偏差)或低于(称负偏差)Raoult 定律的计算值，但溶液的总蒸气压仍介于两个纯组分的蒸气压之间。它们的气-液相图与理想溶液的相图类似。属于这类系统的有 $CCl_4\text{-}C_6H_6$，$CH_3OH\text{-}H_2O$，$CS_2\text{-}CCl_4$ 等，示意相图见图 4-3。

4.3.2.2 偏差很大的非理想溶液的 $p\text{-}x(y)$ 相图和 $T\text{-}x(y)$ 相图

这类非理想溶液中的两个组分对 Raoult 定律有很大的偏差。当正偏差很大时，在 $p\text{-}x(y)$ 图上将出现极大点，如图 4-4(a)所示；在 $T\text{-}x(y)$ 图上出现极小点，如图 4-4(b)所示。各区域所代表的相态已在图中标出。属于这类系统的有 $C_6H_6\text{-}C_6H_{12}$，$CH_3OH\text{-}CHCl_3$，$CS_2\text{-}CH_3COCH_3$ 等。当负偏差很大时，在 $p\text{-}x(y)$ 图上将出现

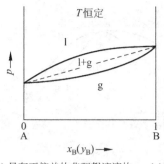
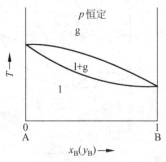

(a) 具有正偏差的非理想溶液的 $p\text{-}x(y)$ 图　(b) 具有正偏差的非理想溶液的 $T\text{-}x(y)$ 图

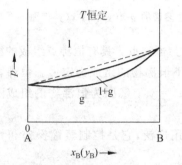
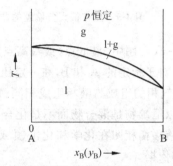

(c) 具有负偏差的非理想溶液的 $p\text{-}x(y)$ 图　(d) 具有负偏差的非理想溶液的 $T\text{-}x(y)$ 图

图 4-3　偏差不大的非理想溶液的 $p\text{-}x(y)$ 和 $T\text{-}x(y)$ 示意相图
（虚线代表理想情况，实线代表实际情况）

极小点，如图 4-5(a)所示；在 $T\text{-}x(y)$ 图上出现极大点，如图 4-5(b)所示。各区域所代表的相态已在图中标出。属于这类系统的有 $CH_3COOH\text{-}CHCl_3$，$HCl\text{-}H_2O$，$CH_3CH_2OH\text{-}H_2O$ 等。

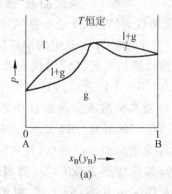
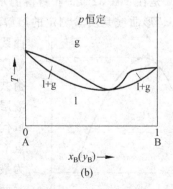

(a)　　　　　　　　　　　(b)

图 4-4　具有很大正偏差的非理想溶液的 $p\text{-}x(y)$ 和 $T\text{-}x(y)$ 相图

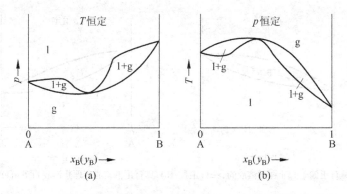

图 4-5　具有很大负偏差的非理想溶液的 p-$x(y)$ 和 T-$x(y)$ 相图

在 T-$x(y)$ 图中,最低点(或最高点)称为恒沸点。具有恒沸点组成的溶液叫做恒沸物。对于指定的 A 和 B,在一定压力下恒沸物的组成为定值。恒沸物有如下特点:①气相的组成与液相组成相同,即 $x_B = y_B$;②因为恒沸物的组成随压力而变化,所以恒沸物是混合物而不是化合物。

气-液平衡相图在化学和化工领域应用广泛,它是控制蒸馏操作和精馏操作的基础和依据。

4.4　两组分部分互溶系统的液-液平衡

在一定温度和压力下,A 和 B 两种液体有时不能完全互溶,而是两种液体存在一定的互溶度,称为部分互溶的双液系统。当这类系统处于液-液两相共存时,通过测定不同温度时两共存液相的组成,即可得到系统的液-液平衡相图。例如,图 4-6 是在 101 325Pa 下测得的水(A)-苯酚(B)系统的液-液平衡相图,图中的"倒 U"形曲线是实验测定的溶解度曲线,其左半段是 B 在 A 中的溶解度曲线,右半段是 A 在 B 中的溶解度曲线。溶解度曲线所包围的区域内代表液-液两相平衡共存(用 $l_1 + l_2$ 表示),这两个平衡共存的液层称为共轭溶液。溶解度曲线之外的区域代表单相的溶液(用 l 表示)。曲线的最高点 C 称为最高临界溶解点,其对应的温度称为最高临界溶解温度(T_c),当温度高于 T_c 时两液体完全互溶,低于 T_c 时两液体部分互溶。如果某系统的物系点为 a,即系统为

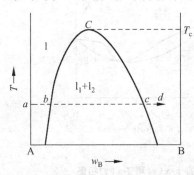

图 4-6　水(A)-苯酚(B)的液-液相图

纯水,若在等温等压下往水中逐渐加入苯酚,则物系点由 a 沿水平方向右移。开始时苯酚溶于水直至物系点移至 b,此时苯酚在水中的溶解达到饱和。继续加入苯酚,溶液开始分层,即形成共轭溶液,其中一层是苯酚在水中的饱和溶液(相点为 b),另一层是水在苯酚中的饱和溶液(相点为 c),此时 $f^* = 2-2+0=0$。所以分层后,继续向系统中加入苯酚,物系点在两相区内逐渐向右移动,两个共轭溶液的组成保持不变。根据杠杆规则,两相的相对数量不断变化,即组成为 b 的溶液逐渐减少,组成为 c 的溶液逐渐增多,直到物系点到达 c 点,溶液又变为一相。经过 c 点以后,整个系统变成水在苯酚中的不饱和溶液,直至到达 d 点。

与水-苯酚类似的部分互溶双液系统还有很多,如水-苯胺、苯胺-环己烷和水-正丁醇等。少数部分互溶双液系统具有最低临界溶解温度,当温度低于 T_c 时两液体完全互溶,高于 T_c 时出现部分互溶现象,如图 4-7;有的系统则同时具有最高和最低两个临界溶解温度,如图 4-8,当温度在 $T_{c,1}$ 和 $T_{c,2}$ 之间时两液体部分互溶,当温度低于 $T_{c,1}$ 或高于 $T_{c,2}$ 时为完全互溶;还有的没有临界溶解温度,温度高到液体的沸点,低到凝固点,两液体一直表现为部分互溶。

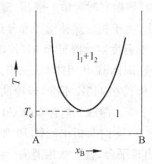 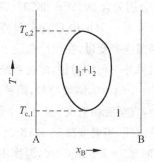

图 4-7 具有最低临界溶解温度的液-液相图　　图 4-8 具有两个临界溶解温度的液-液相图

4.5　两组分系统的固-液平衡

两组分系统的固-液相图通常是在压力为 101.325kPa 条件下测定的,由于压力对凝聚相系统的影响很小,因此一般用恒定压力下的温度-组成(T-x)图表示相变化规律,即用 T-x 二维平面图表示两组分系统的固-液相图。由相律 $f^* = 2-P+1 = 3-P$ 可知,当 $f^* = 0$ 时 $P=3$,表明系统最多可呈现三相平衡共存。本节将重点介绍几张典型的固-液相图。测定固-液相图常用的方法有热分析法和溶解度法。热分析法是将各种不同组成的实验样品加热至完全熔融后,将其在恒温环境中缓慢冷却,在冷却的过程中记录系统温度随时间的变化,画出温度-时间曲线,称步冷曲线。如果系统内不发生相变，则温度将随时间均匀降低，当系统内有相变发生时，由于相变潜热的影响，会在步冷曲线上出现转折点。然后根据各样品步冷曲线上的相变温度即可画出系统的固-液相图。溶解度法是在确定的温度下，直接测定固-液两相平衡时溶液和固相的组成，然后根据所测得的温度和相应溶解度数据绘制相图。

4.5.1 形成低共熔混合物的相图

当 A 和 B 的液相完全互溶而固相完全不互溶时，则它们的固-液平衡相图中含有低共熔混合物。下面以 Bi-Cd 系统为例来介绍这类具有低共熔混合物的相图，图 4-9(a)是用热分析法所测得的相图，图 4-9(b)中是 5 个不同组成样品的步冷曲线。其中曲线 a 和 e 分别是纯 Bi 和纯 Cd 的步冷曲线。当温度高于熔点时，为熔融态纯金属，$f^* = 1-1+1 = 1$，随着温度的降低不改变相态。当温度降至熔点时，析出固体，$f^* = 1-2+1 = 0$，温度不再发生变化，在步冷曲线上出现平台，直至液相消失全部成为固相，此时 $f^* = 1-1+1 = 1$，温度继续降低而不改变相态。曲线 b 和 d 分别为含 20%Cd 和 70%Cd 样品的步冷曲线，在熔融态时为单一液相，随着温度降低至图 4-9(b)中 C 点或 D 点，开始有纯固相析出，由于相变热补偿了部分热量，使得降温速率变慢，在步冷曲线上出现转折点。当系统温度继续降低至 413K 时，开始析出另外一种纯固相，此时系统为含 40%Cd 的熔液、固体 Bi 和固体 Cd 三相共存，$f^* = 2-3+1 = 0$，继续冷却，两种固体不断析出，温度保持 413K 不变，步冷曲线呈现平台，直至液相消失，变为两个固相共存，温度逐渐下降。曲线 c 是含 40%Cd 样品的步冷曲线，当温度降至 413K 时，系统中按照质量比 6∶4 同时析出固体 Bi 和固体 Cd，此时 $f^* = 2-3+1 = 0$，温度不变，在步冷曲线中出现平台，直至液相消失。

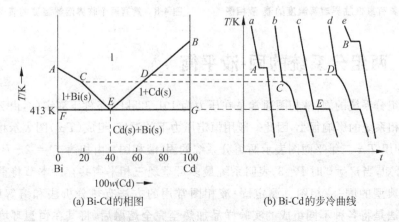

(a) Bi-Cd 的相图　　(b) Bi-Cd 的步冷曲线

图 4-9　Bi-Cd 的相图和 Bi-Cd 的步冷曲线

相图 4-9(a)是根据图 4-9(b)中的步冷曲线画出的,其中曲线 AE 和 BE 是两条凝固点曲线。而水平直线 GF 代表的是一个三相共存区,即两个纯固相和一个组成为含 40%Cd 的液相共存,所以 GF 线也称为三相线,此时 $f^* = 0$。图中 E 点是凝固点曲线的最低点,称为低共熔点(eutecitic point)。具有低共熔点组成的系统称为低共熔混合物(eutecitic mixture),因为具有该组成的熔融物在凝固点时两种固体同时按比例析出,所以低共熔混合物也常称作共晶物,低共熔点也称作共晶点。相图中各区域所代表的相态已在图中标出。

利用溶解度法同样可以描绘出具有低共熔点的相图,图 4-10 是利用溶解度法测定的 $H_2O\text{-}(NH_4)_2SO_4$ 系统的相图。相图中 M 点是纯水的凝固点,ME 曲线是 $(NH_4)_2SO_4$ 水溶液的凝固点曲线,NE 曲线是硫酸铵的饱和溶解度曲线,硫酸铵的溶解度随温度升高而增大。由于 $(NH_4)_2SO_4$ 的熔点很高,因而 NE 曲线未能延伸到硫酸铵的熔点。相图中各区域(包括三相线)所代表的相态已在图中标出。利用结晶法从水溶液中提取盐或提纯盐时,水-盐相图往往具有指导作用。

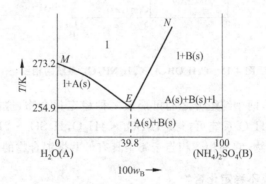

图 4-10　$H_2O\text{-}(NH_4)_2SO_4$ 系统的相图

4.5.2　形成化合物的相图

固体 A 和固体 B 虽然完全不互溶(即不形成固溶体),但有时能够形成化合物,例如,冰和许多无机盐能够形成水合物。以下介绍这类系统的相图。

4.5.2.1　生成稳定化合物

如果 A 和 B 形成的化合物在熔点之下是稳定的,当温度达到熔点时,熔化出的液相与固相有相同的组成,此化合物称为稳定化合物,也称为具有相合熔点的化合物。例如苯酚(C_6H_5OH,以 A 表示)-苯胺($C_6H_5NH_2$,以 B 表示)系统,它的相图如

图 4-11 所示。苯酚和苯胺在固态时生成一种分子比为 1∶1 的等分子化合物 $C_6H_5OH \cdot C_6H_5NH_2$(以 C 表示),若将此化合物加热至 304K,该化合物熔化,熔化所生成的液相与化合物组成相同,图中 D 点所对应的温度即为该化合物的熔点,称为化合物的相合熔点。生成稳定化合物的相图可以看做是由两个形成低共熔混合物的相图组合而成,其中一个是苯酚-化合物的相图,另一个是化合物-苯胺的相图。图中 E_1,E_2 分别为两个低共熔点,图中各区域所代表的相态已在图上标出。这类系统相图的意义和使用与 4.5.1 节介绍的相图相同。

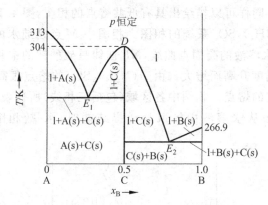

图 4-11 $C_6H_5OH(A)$-$C_6H_5NH_2(B)$ 系统的相图

在有些系统中,两个纯组分之间可形成多种稳定化合物,这类系统多为水-盐系统,例如 H_2SO_4-H_2O 系统可形成 $H_2SO_4 \cdot 4H_2O$,$H_2SO_4 \cdot 2H_2O$ 和 $H_2SO_4 \cdot H_2O$ 3 种稳定化合物,它的相图相当于 4 个具有低共熔混合物的相图之组合。

4.5.2.2 生成不稳定化合物

与生成稳定化合物的系统不同,若两个组分(A 和 B)形成的化合物(C)在升温过程中表现出不稳定性,在到达其熔点之前便发生分解,这类化合物叫做不稳定化合物。以 $H_2O(A)$-$NaCl(B)$ 系统为例,在 264K 以下,NaCl 和 H_2O 形成固体化合物 $NaCl \cdot 2H_2O(s)$,该化合物在 264K 时分解,分解为固体 $NaCl(s)$ 和组成为 $x_B = 0.102$ 的 NaCl 水溶液,该过程可表示为

$$mNaCl \cdot 2H_2O \longrightarrow nNaCl(s) + 溶液(x_B = 0.102)$$

此过程称为转熔反应,264K 叫做化合物的转熔温度,由于转熔过程生成的溶液组成不同于化合物组成,所以转熔温度也叫做不相合熔点,该化合物也称为具有不相合熔点的化合物。图 4-12 是 H_2O-$NaCl$ 系统的相图。

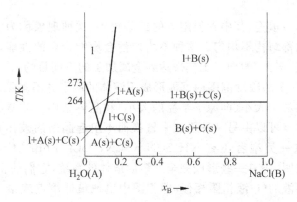

图 4-12　$H_2O(A)$-$NaCl(B)$ 系统的相图

4.5.3　形成固溶体的相图

在以上所讨论的各固-液平衡系统中,两个固体都是完全不互溶的。如果两个固体可形成固溶体,则相图与上述情况不同。这类系统分为两类,一类是形成完全互溶的固溶体,另一类是形成部分互溶的固溶体。

4.5.3.1　形成完全互溶的固溶体

固体 Ag 和固体 Au 能够形成完全互溶的固溶体,Ag-Au 系统的相图如图 4-13 所示。图中 1233K 和 1336K 分别为 Ag 和 Au 的熔点,上面的曲线为液相线,液相线上方为液相区,$f^* = 2$;下面的曲线为固相线,固相线下方为固相区(即固溶体区),$f^* = 2$;两曲线间为固-液两相平衡区,$f^* = 1$。由此可以看出,这类相图的形状与气-液平衡中所介绍的理想溶液或偏差不大的非理想溶液的气-液相图相似。

在具体应用固-液相图解决实际问题时往往比气-液相图复杂一些。例如在图 4-13 中,当组成为 M 的熔融物降温至 a_1 点时,开始析出与之平衡的 b_1 点所代表的固相,系统进入固液共存的两相区。当温度继续下降时,液相的组成沿 $a_1 \to a_2 \to a_3$ 变化,而固相组成沿 $b_1 \to b_2 \to b_3$ 变化。如果冷却过程进行得相当缓慢,液-固两相始终保持平衡,在达到 b_3 点所对应的温度时,剩下的最后一滴熔化物的组成为 a_3,

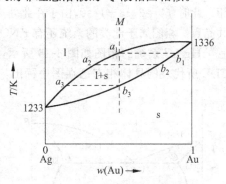

图 4-13　Ag-Au 系统的固-液相图

待液相消失后系统进入固相区。实际上,在晶体析出过程中,由于晶体内部扩散作用进行得很慢,固、液两相很难迅速达到平衡,所以较早析出的晶体形成"枝晶",而不易与熔化物建立平衡。枝晶中含高熔点的组分较多。干枝之间的空间被后来析出的晶体所填充,其中含低熔点的组分较多,这种现象称为"枝晶偏析",结果导致固体的内部结构不均匀。这种不均匀性会影响合金的性能,因此在工业上常采用"退火"或"淬火"的加工工艺来达到金属加工的不同目的。

像 Au-Ag 在全部浓度范围内都能形成固溶体的例子并不多见。一般来说,只有当两个组分的粒子大小(即原子半径的大小)和晶体结构都非常相似的条件下,在晶格内一种质点可以由另一种质点来置换而不引起晶格的破坏时,才能构成这种系统。属于这一类型者还有 NH_4SCN-$KSCN$,$PbCl_2$-$PbBr_2$,Cu-Ni,Co-Ni 等。实验测定结果表明,还有一些形成完全互溶固溶体的系统,它们的相图形状与偏差很大的非理想溶液的气-液相图相似,即相图中出现最低熔点或最高熔点,此类系统有 Cu-Au,Ag-Sb,KCl-KBr,Na_2CO_3-K_2CO_3 等。

4.5.3.2 形成部分互溶的固溶体

有些系统在液态时完全互溶,而在固相时部分互溶。这类系统的相图分为两种类型,以下分别以 Ag-Cu 和 Hg-Cd 为例进行讨论。

Ag-Cu 系统的固-液相图如图 4-14 所示,图中有一个低共熔点 E。图中 AE,BE 为液相线,在液相线以上系统以单一液相存在,$f^* = 2-1+1 = 2$;曲线 ACG 和左纵坐标轴之间的部分是 Cu 溶于 Ag 中形成的固溶体 s(Ⅰ),而曲线 BDF 和右纵坐标轴之间的部分是 Ag 溶于 Cu 中所形成的固溶体 s(Ⅱ),固溶体区内 $f^* = 2-1+1 = 2$;由 ACE 围成的部分与 BDE 围成的部分均是液相(l)与固溶体两相共存,此时 $f^* = 2-2+1 = 1$;由 $CGFD$ 包围区域是两种固溶体共存,即 s(Ⅰ)+s(Ⅱ),此时 $f^* = 2-2+1 = 1$。图中 E 点为低共熔点,在 E 点液相同时析出固溶体 s(Ⅰ) 和固溶体 s(Ⅱ)。CED 线表示三相平衡共存(即固溶体 s(Ⅰ)、固溶体 s(Ⅱ) 和液相),此时 $f^* = 2-3+1 = 0$,由于在此处液相同时析出两种固溶体,所以 E 点也称为共晶点。相图属于此类的系统还有 KNO_3-$NaNO_3$,AgCl-CuCl,Ag-Cu,和 Pb-Sb 等。

Hg-Cd 系统的相图如图 4-15 所示,属于另外一种类型。图中各区域及三相线 CDE 所代表的具体相态已在图中标出,其中 s(Ⅰ) 和 s(Ⅱ) 分别代表两种固溶体。

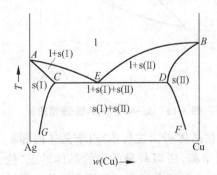

图 4-14 Ag-Cu 系统的相图

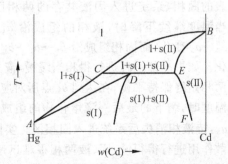

图 4-15 Hg-Cd 系统的相图

4.6 三组分系统的分配平衡

对三组分系统,相律表达式为:$f=3-P+2=5-P$。因此,当$f=0$时,$P=5$,即三组分系统最多可有5相同时平衡共存。若$P=1$,则$f=4$,表明三组分系统最多可有4个独立变量。由此可以看出,三组分系统的相平衡情况比两组分系统复杂得多。为此,人们在研究三组分系统的相平衡(不论是相平衡计算还是相图研究)时,通常将温度和压力指定,此时自由度数最多为$f^*=2$,于是三组分系统的变量是组成。

三组分系统的相平衡情况有许多种不同的类型,其中有三种情况既相对简单又有大的实用价值,它们是:分配平衡、部分互溶三液系的平衡和二盐-水系统的平衡。以下只简单介绍分配平衡及其应用。

设物质B能溶于α和β两种液体中,且α和β完全不相互溶(例如水和四氯化碳),实验表明,在等温等压下若将B溶解在共存的α和β两种液体里,在低浓度范围内,B在两相中的浓度比等于常数。这一经验结论称为分配定律。若以c_B^α和c_B^β分别代表B在两相达分配平衡时的浓度,则分配定律表示为

$$\frac{c_B^\alpha}{c_B^\beta}=K \tag{4-15}$$

式中K叫做分配系数,它与T,p以及溶质和两个溶剂的本性有关。对于指定的B,α和β,则$K=f(T,p)$。K值与1相差越大,表明B在两液体中的浓度相差越大,说明B在溶解时对两种溶剂具有高选择性。

对于上述三组分分配平衡系统,自由度数$f^*=3-2+0=1$,表明浓度c_B^α和c_B^β中只有一个独立变量,式(4-15)则具体描述了两者间的定量关系。实验表明,分配定律是稀薄溶液定律,即只有当溶液的浓度不大时,式(4-15)才正确地与实验结果相符。如果在分配平衡时溶液的浓度很高,则应将式中的浓度替换为活度。

应用分配定律时应该注意溶质在两相中是否有相同的分子形态。如果溶质在α相中以单分子形式存在,而在β相中有缔合、离解或化学反应等现象,式(4-15)就不能应用。这时应设法计算出溶质在β相中以单分子状态存在的浓度,才能应用该式。

分配平衡系统属于相平衡系统,所以溶质B在两相中的化学势相等,即$\mu_B^\alpha=\mu_B^\beta$。由此表示式出发,能够完全用热力学知识导出式(4-15)。从这个意义上说,分配定律虽然是经验定律,但它是化学势判据的必然结果。

分配定律有广泛的应用。例如,当分配平衡时,I_2在CCl_4中的浓度远大于在水中的浓度。如果某水溶液中含有I_2,若往此系统中加入CCl_4,则水溶液中的I_2

便浓集于 CCl_4 中。这种过程称为萃取，CCl_4 称作萃取剂。分配定律是萃取的理论基础。一般来说，萃取是将溶在 α 相中的物质抽提到不与 α 相互溶的 β 相中的过程。用萃取法可除去溶液中不希望有的物质，或将溶液中有用的物质分离出来。萃取作为一种分离手段目前已应用到各个领域，例如从矿物中提取稀有金属，从核废料中分离出铀的裂变产物，分离化学性质极相近的元素等都采用萃取分离方法。在许多化学工业部门，经常要排放大量含苯酚的废水，这些含酚废水中酚的含量虽不太高，一般没有达到饱和，但会对环境造成严重污染。为了减少水中酚的含量，在水排放前进行萃取处理。显然，所用萃取剂的分配系数即 $K=c_B$（萃取剂）$/c_B$（水）的值越大，萃取效果越好。

本章基本学习要求

1. 了解自由度和自由度数的概念，掌握相律的内容及其应用。
2. 掌握纯物质两相平衡的计算，尤其是液体蒸气压的计算。
3. 关于两组分系统的相平衡，重点是熟练掌握以下 7 张基本相图的形状特点，同时了解图中各区域及点、线、面的意义。在此基础上，学会利用相图分析解决实际问题。7 张基本相图包括：①理想溶液或偏差不大的非理想溶液的气-液平衡相图；②偏差很大的非理想溶液的气-液平衡相图；③部分互溶双液系统的液-液平衡相图；④形成简单低共熔混合物的相图；⑤形成稳定化合物的相图；⑥形成不稳定化合物的相图；⑦形成部分互溶固溶体的相图。

参 考 文 献

1. 朱文涛. 物理化学(上册). 北京：清华大学出版社，1995
2. 叶于浦，等. 无机物相平衡(无机化学丛书第十四卷). 北京：科学出版社，1997
3. 蔡文娟. 丰富深化相平衡图的热力学内涵. 大学化学，1993，8(3)：15
4. 巩育军，薛元英. 相平衡体系的通用关系式及其应用. 大学化学，1996，11(6)：54

思考题和习题

思考题

1. 在正常沸点及 101 325Pa 下，纯液体汽化成蒸气的过程中，下列各量哪个增加？哪个不变？

(1) 蒸气压；

(2) 摩尔汽化焓；

(3) 熵；

(4) 内能；

(5) Gibbs 函数。

2. 纯水在三相点处,自由度为零。在冰点时,自由度是否也等于零？为什么？

3. 分别将 $NH_4HS(s)$ 和 $CaCO_3(s)$ 置于两个不同的真空容器中,加热部分分解。这两种情况下的独立组份数各是多少？

4. $CaCO_3(s)$ 在高温下分解为 $CaO(s)$ 和 $CO_2(g)$,试根据相律解释下述事实：

(1) 若在定压的 CO_2 气中,将 $CaCO_3(s)$ 加热,实验证明在加热过程中,在一定温度范围内,$CaCO_3$ 不会分解；

(2) 若保持 CO_2 的压力恒定,实验证明只有一个温度能使 $CaCO_3$ 和 CaO 的混合物不发生变化。

5. 图 4-16 为碳的相图,试根据相图,回答下列问题：

(1) 碳在室温及一个大气压下以什么状态稳定存在？

(2) 在常温下把石墨变成金刚石要采取什么措施？

6. 图 4-17 为硫的相图,图中 s_1 代表单斜硫,s_2 代表正交硫,虚线代表亚稳相平衡。试根据相图,回答下列问题：

(1) 硫的相图有几个三相点？它们分别代表由哪几种相态的硫构成的平衡系统？

(2) 正交硫、单斜硫、液态硫、气态硫能否稳定共存？

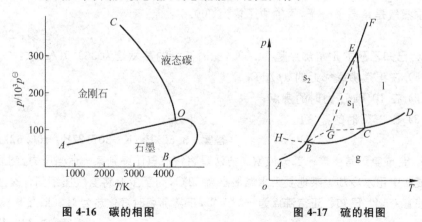

图 4-16　碳的相图　　　　图 4-17　硫的相图

7. 双液系统若形成恒沸物,试讨论在恒沸点时系统的组分数和自由度数各为多少？

8. 液体 A(高沸点)与液体 B(低沸点)能形成完全互溶的二组分系统。在一定温度下,向纯 B(l)中加入少量的 A(l),系统的蒸气压增大,则此系统是具有最低恒沸点还是最高恒沸点的系统?

习题

1. 指出下列各系统的组分数和自由度数:

(1) NaCl(s)与其水溶液平衡;

(2) 298K 时,I_2(s)与 I_2(g)平衡共存;

(3) 在密封容器中,Fe(s),FeO(s),C(s),CO(g),CO_2(g),O_2(g)平衡共存;

(4) 在一个抽成真空的容器中,充入一定量的 PCl_5(g),使之部分分解,反应 PCl_5(g)⇌PCl_3(g)+Cl_2(g)达到平衡;

(5) 将一定量的 HgO(s)放入一密封容器中加热到 723K,HgO(s)部分分解并达到平衡。

(答案:2,2; 1,0; 3,1; 1,2; 1,0)

2. 在水、苯、苯甲酸系统中,若任意指定下列条件,最多可有几相?

(1) 定温;

(2) 定温,定水中苯甲酸浓度;

(3) 定温,定压,定苯中苯甲酸浓度。

(答案:4; 3; 2)

3. 卫生部门规定汞蒸气在 $1m^3$ 空气中最高允许量为 0.01mg。已知汞在 20℃时饱和蒸气压为 0.16Pa,汞的汽化焓为 60.67kJ·mol^{-1}。若 30℃时汞蒸气在空气中达到饱和,此时空气中汞含量是卫生部门规定最高允许含量的多少倍?已知汞蒸气是单原子分子,汞的原子量为 200.6。

(答案:2900)

4. 已知乙醚的正常沸点是 34.5℃,此时乙醚的蒸发焓为 369.5J/g,求:

(1) 在正常沸点邻近的 dp/dT;

(2) 在 10^5Pa 压力时的沸点;

(3) 在 36℃时的蒸气压。

(答案:3.521Pa/K; 307.27K; 106.62kPa)

5. 合成氨厂常生产一部分液氨。方法是将气态氨压缩到某一适当压力,然后送到冷凝器中用水冷却。某地夏天水温最高为 32℃,问至少要将氨气压缩到什么压力才能使它液化? 已知氨正常沸点为-33.4℃,正常沸点时汽化热为 1.36kJ/g。

(答案:1.232MPa)

6. 固态苯在 243.2K 和 273.2K 的蒸气压分别为 298.6Pa 和 3.2664kPa。液态苯在 283.2K 和 303.2K 的蒸气压分别为 6.1728kPa 和 15.799kPa,试求苯的三相点及摩尔熔化焓。

(答案:280.2K,5.3kPa,10.50kJ·mol^{-1})

7. 液体 A 和液体 B 形成理想混合物。某 A, B 混合液中 A 的物质的量分数为 0.25。298K 时,该混合物上方平衡蒸气中 A 的物质的量分数为 0.5。已知 A 和 B 的摩尔蒸发焓分别为 20.92kJ·mol^{-1} 和 29.29kJ·mol^{-1}。试计算:

(1) 在 298K 时纯 A 和纯 B 蒸气压的比值;
(2) 在 373K 时纯 A 和纯 B 蒸气压的比值。

(答案:3.0;1.52)

8. 在 101.325kPa 时,$CH_3COOH(A)$-$C_3H_6O(B)$ 的气液平衡数据如下:

t/℃	118.1	110.0	103.8	93.1	85.8	79.7
x_B	0.0	0.050	0.100	0.200	0.300	0.400
y_B	0.0	0.162	0.306	0.557	0.725	0.840
t/℃	74.6	70.2	66.1	62.6	59.2	56.1
x_B	0.500	0.600	0.700	0.800	0.900	1.000
y_B	0.912	0.947	0.962	0.984	0.993	1.000

(1) 根据上述数据描绘该物系的 T-$x(y)$ 图,并标出图中各区域所代表的具体相态;

(2) 将 $x_B=0.40$ 溶液蒸馏时,求最初馏出液的组成;

(3) 求蒸馏到 82.5℃时,最后一滴馏出液和残液的组成;

(答案:0.84;0.80,0.35)

9. 已知不同温度下纯 A 和纯 B 液体的饱和蒸气压值如下:

T/K	353	356	359	362	365
p_A^*/kPa	74.661	81.327	88.659	96.659	105.325
p_B^*/kPa	53.329	57.995	63.328	69.328	75.994

(1) 设 A, B 的混合物为理想液体混合物,根据以上数据绘制压力-组成图。每一温度画两条线,一条表示混合物上方蒸气的总压,另一条表示蒸气中 A 的分压;

(2) 从所绘的图上,找出各温度下,在 75.994kPa 压力下沸腾的液相组成以及与之平衡的气相组成(将所得数值列成表);

(3) 求 75.994kPa 压力下纯 A 的沸点;

(4) 根据(2)中的数据,绘制 $p=75.994$kPa 时的 T-$x(y)$ 相图,并指出图中各部分所代表的相态。

10. 今有 A, B 各 100mol 的混合物,在 75.994kPa 时蒸馏(参阅前题的相图),直到沸点升高 0.5K。

(1) 求开始沸腾和最后沸腾时馏出物的组成；

(2) 若整个馏出物的组成取(1)中两数值的平均值，试问馏出物和剩余物中 A 和 B 的物质的量各为多少？

11. 不同温度下苯胺在水中的溶解度如下表所示（其中浓度 w 以苯胺质量分数表示）：

$t/℃$	20	40	60	80	100	120	140	160	167
w_1	0.031	0.033	0.038	0.055	0.072	0.091	0.135	0.249	0.486
w_2	0.95	0.947	0.942	0.935	0.916	0.881	0.831	0.712	0.486

(1) 按上面的数据，以温度为纵坐标，以溶解度为横坐标，绘制温度-溶解度图。

(2) 标出图中各相区的意义。

(3) 若将 50g 苯胺与 50g 水相混合，当物系所处温度为 100℃ 时，物系呈几相平衡？平衡相的组成如何？平衡相各为多少克？将物系升高温度到 180℃，物系的相数和自由度数怎样变化？

12. 用含有某种烷基叔胺的煤油溶液萃取处理含硝基酚质量浓度为 $5g \cdot dm^{-3}$ 的废水。萃取时油与水体积之比为 1∶5。已知常温下硝基酚在油、水两相中的分配系数为 36。

(1) 一次萃取后，废水中硝基酚的剩余含量为多少？

(2) 若安全排放标准为硝基酚含量 $\leqslant 3mg \cdot dm^{-3}$，需几次萃取才能达到排放标准？

(答案：$0.610g \cdot dm^{-3}$；4)

13. HAc-C_6H_6 系统的固-液相图如图 4-18 所示。

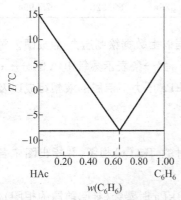

图 4-18 HAc-C_6H_6 的相图

(1) 指出图中各区域所代表的相态和自由度数。

(2) 从图中可以看出低共熔温度为 $-8℃$，低共熔混合物的组成为 $w(C_6H_6)=0.64$，试问将含苯 0.75 和 0.25（质量分数）的溶液各 100g 由 20℃ 冷却，首先析出的固体为何物？最多能析出固体多少克？

(3) 叙述将含苯 0.75 和 0.25 的溶液冷却到 $-10℃$ 时，该过程中的相变化情况。

(答案：$C_6H_6(s)$ 30.56g；HAc(s) 60.94g)

14. (1) 根据下列数据绘出 KNO_3-H_2O 的相图,数据为饱和溶液中 KNO_3 的质量分数及平衡共存的固相。

(2) 在相图上标注在 373K 时,由 25g H_2O 和 25g KNO_3 组成的物系恒温蒸发到水量减少 5g 的过程,并计算析出多少克 KNO_3?

T/K	273.2	271.3	270.3	273.2	283.2	293.2	303.2
$w(KNO_3)$	0	0.0499	0.10	0.116	0.173	0.240	0.314
共存固相	冰	冰	冰+KNO_3	KNO_3	KNO_3	KNO_3	KNO_3
T/K	313.2	323.2	333.2	343.2	353.2	363.2	
$w(KNO_3)$	0.390	0.461	0.524	0.580	0.628	0.669	
共存固相	KNO_3	KNO_3	KNO_3	KNO_3	KNO_3	KNO_3	

(3) 在相图上标注上述初始物系由 373K 冷却到 303K 的过程,计算析出结晶的质量。试比较浓缩及冷却结晶,对 KNO_3 来说,哪种更有利?

(答案:0;13.56g)

15. 图 4-19 为 $MgSO_4$-H_2O 系统的相图(部分),

(1) 试标出各区域存在的相;

(2) 设计由 $MgSO_4$ 的稀溶液制备 $MgSO_4 \cdot 6H_2O(s)$ 的最佳操作条件。

16. 图 4-20 是 H_2O-NaI 系统的相图,

(1) 试标出各区域中的平衡物相;

(2) 指出溶液 A 冷却过程中的相变化;

(3) 指出溶液 C 等温蒸发过程中的相变化。

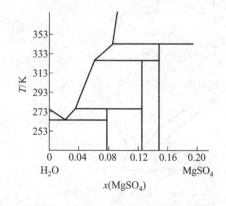

图 4-19 $MgSO_4$-H_2O 系统的部分相图

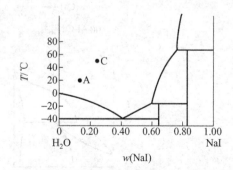

图 4-20 H_2O-NaI 系统的相图

17. 金属 A,B 形成化合物 AB_3,A_2B_3。固体 A,B,AB_3,A_2B_3 彼此不互溶,但在液态下能完全互溶。A,B 的正常熔点分别为 600℃,1100℃。化合物 A_2B_3 的熔

点为 900℃并与 A 形成低共熔点为 450℃。化合物 AB_3 在 800℃时分解成化合物 A_2B_3 和溶液。AB_3 与 B 形成低共熔点为 650℃。

(1) 根据上述数据画出 A,B 系统的熔点-组成示意图,并指出图中各区存在的相态及成分;

(2) 画出 $x_A=0.90$ 和 $x_A=0.30$ 熔液的步冷曲线,注明步冷曲线各段的相态及成分,并说明曲线各转折点处相态及成分的变化。

18. 试根据下列信息画出 A,B 二组分系统的固-液相图(示意图)。已知:A 的熔点为 190℃,B 的熔点为 920℃,B 在固相时有 α 和 β 两种晶型,α,β 两相转变温度为 820℃,β 在低温区稳定。A,B 可形成不稳定化合物 A_mB_n,$m/n=3/7$,该化合物在不相合熔点时与 β 及组成为 $x_B=0.35$ 的液相平衡共存。A,B 还能形成固溶体 γ,且 γ 的熔点随 B 的含量增加而逐渐升高。γ 中 B 的含量最多为 $x_B=0.40$,其熔点为 450℃,此时 γ 与 A_mB_n 及组成 $x_A=0.8$ 的液相平衡共存。并依据相图回答:

(1) 在相图中三相平衡共存的相区有几个? 分别是哪三相平衡共存?

(2) 分别画出组成为 $x_B=0.30$,$x_B=0.90$ 的液相冷却过程的步冷曲线。

19. 图 4-21 中包括 4 个两组分凝聚系统的相图:(a)Al-Ca 相图;(b)Mg-Pb 相图;(c)Ag-Pt 相图;(d)Al-Zn 相图。指出图中各区域所代表的相态。

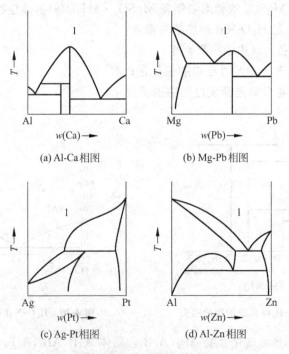

(a) Al-Ca 相图

(b) Mg-Pb 相图

(c) Ag-Pt 相图

(d) Al-Zn 相图

图 4-21 两组分凝聚系统的相图

5 化 学 平 衡

化学反应发生时,反应同时向正、反两个方向进行,系统处于热力学非平衡状态。随着反应的进行,各物质的量发生变化,正、反方向的反应速率也不断地变化,在一定条件下,当正、反两个方向的反应速率相等时,系统从非平衡状态达到了平衡状态,即化学平衡。达到平衡后,只要不改变外界条件,系统的组成不随时间变化,即反应达到了限度。从宏观上看,系统处于静止状态,但从微观上看,处于平衡状态的系统,正、逆反应仍在进行,是动态平衡。外界条件一经改变,平衡状态被打破,在新的条件下,化学反应向着趋于平衡的方向进行,最后在新的条件下达到新的平衡。

在热力学第二定律中,已经给出了利用状态函数判断过程方向和限度的基本原理。本章将应用这个原理研究化学反应。即在指定条件下,确定化学反应进行的方向和反应能达到的最大限度,导出平衡时各物质组成间的数量关系并用平衡常数表示。还研究温度、压力、组成等因素变化引起平衡移动时,平衡常数及平衡组成可能发生的变化等。在开发新反应的工艺路线时这些问题都是必须解决的,因而研究化学平衡对科研和生产都有重要的指导意义。

5.1 化学反应的方向和限度

5.1.1 化学反应的平衡条件

由热力学第二定律可知,在等温、等压且 $W'=0$ 的条件下,封闭系统中任一过程的方向与限度可用该过程的 Gibbs 函数变 ΔG 来判断。因而,为判断化学反应的方向和限度,先讨论化学反应的 Gibbs 函数变。

某一封闭系统中有化学反应 $0 = \sum_B \nu_B B$ 进行。化学反应系统属于组成可变的系统,根据式(3-11),当非体积功为 0 时该系统 Gibbs 函数的全微分为

$$dG = -SdT + Vdp + \sum_B \mu_B dn_B$$

其中 $dn_B = \nu_B d\xi$。如果反应是在等温、等压的条件下进行的,则上式成为

$$dG = \sum_B \mu_B dn_B = \sum_B \nu_B \mu_B d\xi$$

将上式写成偏导数形式,即

$$\left(\frac{\partial G}{\partial \xi}\right)_{T,p} = \sum_B \nu_B \mu_B$$

式中 $(\partial G/\partial \xi)_{T,p}$ 表示在等温、等压且 $W'=0$ 的条件下反应系统的 Gibbs 函数随反应进度的变化率。上式也可理解为在等温、等压且 $W'=0$ 的条件下，在一个无限大的反应系统中进行单位反应进度所引起的 Gibbs 函数变。所以通常将上述偏导数记作 $\Delta_r G_m = (\partial G/\partial \xi)_{T,p}$，并称为反应的摩尔 Gibbs 函数变。

由 Gibbs 函数判据可知：

$$\Delta_r G_m = \sum_B \nu_B \mu_B \begin{cases} <0 & \text{反应正向自动进行} \\ =0 & \text{反应呈平衡} \\ >0 & \text{反应正向不能自动进行，而是逆向自动进行} \end{cases} \tag{5-1}$$

式(5-1)是等温、等压且 $W'=0$ 的条件下，化学反应系统的某个指定状态(反应进度为 ξ)时，化学反应方向与限度的判据。式(5-1)表明，在上述条件下，任一化学反应总是向着 Gibbs 函数减小的方向进行，直至反应系统的 Gibbs 函数达到最小值，此时反应达到平衡，系统的 Gibbs 函数将不再改变。所以化学反应的平衡条件为

$$\Delta_r G_m^{eq} = \sum_B \nu_B \mu_B^{eq} = 0 \tag{5-2}$$

式(5-2)中上标"eq"代表平衡。式(5-1)、式(5-2)对封闭系统中任意化学反应普遍适用。

5.1.2 化学反应的标准平衡常数

若参与反应的所有物质都是理想气体，平衡时理想气体物质 B 的化学势为

$$\mu_B^{eq} = \mu_B^{\ominus}(T) + RT \ln \frac{p_B^{eq}}{p^{\ominus}} \tag{5-3}$$

式中 p_B^{eq} 为反应达到平衡时物质 B 的分压，代入式(5-2)得到

$$\Delta_r G_m^{eq} = \sum_B \nu_B \mu_B^{eq} = \sum_B \nu_B \mu_B^{\ominus}(T) + RT \ln \prod_B \left(\frac{p_B^{eq}}{p^{\ominus}}\right)^{\nu_B} = 0 \tag{5-4}$$

式中 $\sum_B \nu_B \mu_B^{\ominus}(T)$ 为所有参与反应的物质均处于标准态时反应的摩尔 Gibbs 函数变，称为反应的标准摩尔 Gibbs 函数变，用 $\Delta_r G_m^{\ominus}$ 表示，即 $\Delta_r G_m^{\ominus}(T) = \sum_B \nu_B \mu_B^{\ominus}(T)$。令

$$K^{\ominus} = \prod_B \left(\frac{p_B^{eq}}{p^{\ominus}}\right)^{\nu_B} \tag{5-5}$$

则式(5-4)整理后得到

$$\Delta_r G_m^{\ominus} = -RT \ln K^{\ominus} \tag{5-6}$$

$K^{\ominus}$ 称为标准平衡常数。对于理想气体反应，它表示反应达到平衡时各物质平衡分压的相对值 $(p_B^{eq}/p^{\ominus})$ 的 ν_B 次幂的连乘积，简称反应的平衡分压积。式(5-6)是标准平衡常数 $K^{\ominus}$ 的热力学定义式，它不仅适用于理想气体的化学反应，而且适用于其他

任何类型的化学反应。

$\Delta_r G_m^{\ominus}$ 的值取决于温度和标准态的选择，因此对于各物质标准态已选定的情况，$\Delta_r G_m^{\ominus}$ 和 $K^{\ominus}$ 都仅仅是温度的函数，而与反应系统的压力及起始组成无关。$K^{\ominus}$ 的值越大，表示平衡混合物中产物的浓度越大，反应进行的程度也越大。因此 $K^{\ominus}$ 是反应限度的标志。由定义式可知，$K^{\ominus}$ 为无量纲的量。

5.1.3 化学反应等温式

理想气体的等温化学反应系统中，当参与反应的各物质的初始态物质的量、系统压力 p 和反应进度 ξ 都一定时，各物质的化学势表示为

$$\mu_B = \mu_B^{\ominus}(T) + RT\ln\frac{p_B}{p^{\ominus}}$$

式中 p_B 为指定状态下物质 B 的分压，则系统的摩尔 Gibbs 函数变为

$$\Delta_r G_m = \sum_B \nu_B \mu_B = \sum_B \nu_B \mu_B^{\ominus} + RT\ln\prod_B \left(\frac{p_B}{p^{\ominus}}\right)^{\nu_B}$$

令 $J = \prod_B \left(\frac{p_B}{p^{\ominus}}\right)^{\nu_B}$，则上式为

$$\Delta_r G_m = \Delta_r G_m^{\ominus} + RT\ln J \tag{5-7}$$

把式(5-6)代入上式得

$$\boxed{\Delta_r G_m = -RT\ln K^{\ominus} + RT\ln J} \tag{5-8}$$

式(5-7)和式(5-8)都称为化学反应等温式，也称为 Van't Hoff(范托夫)等温方程式。式中 J 是温度为 T，压力为 p 以及反应进度为 ξ 的条件下，产物及反应物相对压力($p_B/p^{\ominus}$)的 ν_B 次幂的连乘积，简称为该状态下反应的压力积，它是无量纲的量。应该指出，J 与 $K^{\ominus}$ 是不同的。J 是反应系统在任意指定状态时反应的压力积，而 $K^{\ominus}$ 是反应达平衡时的压力积；J 与反应系统的 T,p 和组成均有关，而 $K^{\ominus}$ 只是 T 的函数。

依据 Gibbs 函数判据，用化学反应等温式可以判断反应系统在任意状态下反应自动进行的方向及限度。即

> 当 $J < K^{\ominus}$ 时，$\Delta_r G_m < 0$，正向反应自动进行；
> 当 $J > K^{\ominus}$ 时，$\Delta_r G_m > 0$，逆向反应自动进行；
> 当 $J = K^{\ominus}$ 时，$\Delta_r G_m = 0$，反应达到平衡。

应当指出，$\Delta_r G_m$ 与 $\Delta_r G_m^{\ominus}$ 是不同的。$\Delta_r G_m$ 是化学反应系统在任意指定状态下反应的摩尔 Gibbs 函数变，而 $\Delta_r G_m^{\ominus}$ 是参与反应的所有物质都处在标准状态时反应的摩尔 Gibbs 函数变；$\Delta_r G_m$ 的值与 $K^{\ominus}$ 和 J 两者有关，而 $\Delta_r G_m^{\ominus}$ 仅与 $K^{\ominus}$ 有关。

低压下气体化学平衡问题，可以用理想气体化学平衡的规律处理；高压下的

实际气体反应,只将式中气体压力改用逸度表示,也能导出相应的标准平衡常数表示式及化学反应等温式,用来解决反应进行的方向和限度问题。实际上,化学反应等温式(5-8)及上述判断反应进行方向的判据适用于所有化学反应,只是此时的 J 不再代表反应的"压力积"。对实际气体反应,J 代表反应的"逸度积";对溶液中的反应,J 代表反应的"浓度积"或"活度积"。

例 5-1 298.15K 时,反应 $\frac{1}{2} N_2(g) + \frac{3}{2} H_2(g) = NH_3(g)$ 的 $\Delta_r G_m^\ominus = -16.5 kJ \cdot mol^{-1}$。

(1) 物质的量之比为 $N_2 : H_2 : NH_3 = 1 : 3 : 2$ 的系统,总压力为 101.325kPa 时,计算反应的 J 及摩尔 Gibbs 函数变,并判断反应自动进行的方向。

(2) 求 298.15K 反应的 $K^\ominus$,并用 $K^\ominus$ 与 J 的比较判断反应的方向。

解:(1) 求反应的 J

$$J = \prod_B \left(\frac{x_B p}{p^\ominus}\right)^{\nu_B} = \frac{\left(\frac{2}{1+3+2} \times \frac{101.325 kPa}{101.325 kPa}\right)}{\left(\frac{1}{1+3+2} \times \frac{101.325 kPa}{101.325 kPa}\right)^{\frac{1}{2}} \times \left(\frac{3}{1+3+2} \times \frac{101.325 kPa}{101.325 kPa}\right)^{\frac{3}{2}}}$$

$= 2.309$

求反应的 $\Delta_r G_m$,并用它判断方向:

$\Delta_r G_m = \Delta_r G_m^\ominus + RT \ln J$

$= -16.5 \times 10^3 J \cdot mol^{-1} + 8.314 J \cdot mol^{-1} \cdot K^{-1} \times 298.15K \times \ln 2.309$

$= -14.426 kJ \cdot mol^{-1}$

因为 $\Delta_r G_m < 0$,所以正向反应自动进行。

(2) 求 $K^\ominus$,并用 $K^\ominus$ 与 J 的比较判断反应方向。根据式(5-6)

$$K^\ominus = \exp\left(\frac{-\Delta_r G_m^\ominus}{RT}\right) = \exp\left(\frac{16500 J \cdot mol^{-1}}{8.314 J \cdot mol^{-1} \cdot K^{-1} \times 298.15K}\right) = 777.7$$

因为 $K^\ominus > J$,所以正向反应自动进行。

通过 J 与 $K^\ominus$ 数值的对比,判断任一指定状态下反应进行的方向和限度,这是一种简单实用的方法。

5.2 标准平衡常数及平衡组成的计算

5.2.1 各类反应的标准平衡常数

5.2.1.1 实际气体反应的标准平衡常数

在温度 T 及压力 p 下,当实际气体混合系统达到化学平衡时,任一组分 B 的

化学势可表示为

$$\mu_B^{eq} = \mu_B^{\ominus}(g) + RT\ln\frac{f_B^{eq}}{p^{\ominus}} \tag{5-9}$$

f_B^{eq} 为反应达平衡时组分 B 的逸度。此时反应的 Gibbs 函数变为 0，即

$$\begin{aligned}\Delta_r G_m^{eq} &= \sum_B \nu_B \mu_B^{eq} \\ &= \sum_B \nu_B \mu_B^{\ominus} + RT\ln\prod_B\left(\frac{f_B^{eq}}{p^{\ominus}}\right)^{\nu_B} \\ &= \Delta_r G_m^{\ominus} + RT\ln\prod_B(f_B^{eq}/p^{\ominus})^{\nu_B} = 0\end{aligned} \tag{5-10}$$

根据 $K^{\ominus}$ 的定义：$\Delta_r G_m^{\ominus}(T) = -RT\ln K^{\ominus}$，于是上式为

$$-RT\ln K^{\ominus} = -RT\ln\prod_B(f_B^{eq}/p^{\ominus})^{\nu_B}$$

即

$$K^{\ominus} = \prod_B(f_B^{eq}/p^{\ominus})^{\nu_B} \tag{5-11}$$

由此式可看到，实际气体反应的标准平衡常数表达式在形式上与理想气体反应是相同的，只不过是将各组分的平衡分压 p_B^{eq} 换作平衡逸度 f_B^{eq} 而已。

当反应气体压力较低时，$f_B^{eq} \approx p_B^{eq}$，式(5-11)可变为

$$K^{\ominus} = \prod_B(p_B^{eq}/p^{\ominus})^{\nu_B} \tag{5-12}$$

即低压下实际气体反应的标准平衡常数与理想气体反应的标准平衡常数有相同的形式。例如，低压下实际气体反应 $4NH_3(g) + 5O_2(g) \rightleftharpoons 4NO(g) + 6H_2O(g)$ 的标准平衡常数可用平衡组成表示为

$$K^{\ominus} = \frac{\left(\dfrac{p_{NO}^{eq}}{p^{\ominus}}\right)^4 \left(\dfrac{p_{H_2O}^{eq}}{p^{\ominus}}\right)^6}{\left(\dfrac{p_{NH_3}^{eq}}{p^{\ominus}}\right)^4 \left(\dfrac{p_{O_2}^{eq}}{p^{\ominus}}\right)^5}$$

5.2.1.2　凝聚相反应的标准平衡常数

(1) 液、固凝聚相混合物反应的标准平衡常数

当反应 $0 = \sum_B \nu_B B$ 在温度 T 及压力 p 下达到平衡时，液、固相混合物中组分 B 的化学势为

$$\mu_B^{eq} = \mu_B^{\ominus} + RT\ln a_{x,B}^{eq} + \int_{p^{\ominus}}^{p} V_B^* dp \tag{5-13}$$

其中标准状态是 $T, p^{\ominus}$ 下的纯液体或纯固体。此时反应的 Gibbs 函数变为 0，即

$$\Delta_r G_m^{eq} = \sum_B \nu_B \mu_B^{eq} = \sum_B \nu_B \mu_B^{\ominus} + RT\ln\prod_B(a_{x,B}^{eq})^{\nu_B} + \sum_B \nu_B \int_{p^{\ominus}}^{p} V_B^* dp = 0 \tag{5-14}$$

因为
$$-RT\ln K^{\ominus}(T) = \Delta_r G_m^{\ominus}(T) = \sum_B \nu_B \mu_B^{\ominus}(T)$$

所以
$$-RT\ln K^{\ominus} = -RT\ln \prod_B (a_{x,B}^{eq})^{\nu_B} - \sum_B \nu_B \int_{p^{\ominus}}^{p} V_B^* \, dp$$

即
$$K^{\ominus} = \prod_B (a_{x,B}^{eq})^{\nu_B} \exp\left[\sum_B \nu_B \int_{p^{\ominus}}^{p} \left(\frac{V_B^*}{RT}\right) dp\right] \tag{5-15}$$

当反应系统压力 p 不太高时,式中因子 $\exp\left[\sum_B \nu_B \int_{p^{\ominus}}^{p} \left(\frac{V_B^*}{RT}\right) dp\right]$ 接近于 1,式(5-15)近似写成如下形式:

$$K^{\ominus} = \prod_B (a_{x,B}^{eq})^{\nu_B} \tag{5-16}$$

如果反应混合物是理想的,因为 $a_{x,B} = \gamma_B x_B = x_B$,式(5-16)就转化为

$$K^{\ominus} = \prod_B (x_B^{eq})^{\nu_B} \tag{5-17}$$

(2) 溶液中反应的标准平衡常数

当溶液中反应 $0 = \sum_B \nu_B B$ 在温度 T 及压力 p 下达到平衡时,若选用 $b^{\ominus} = 1\text{mol}\cdot\text{kg}^{-1}$ 为标准质量摩尔浓度,平衡时溶质 B 的化学势为

$$\mu_B^{eq} = \mu_B^{\ominus}(T) + RT\ln a_{b,B}^{eq} + \int_{p^{\ominus}}^{p} V_B^{\infty} \, dp \tag{5-18}$$

式中 $\mu_B^{\ominus}(T)$ 表示在温度 T 及标准压力 $p^{\ominus}$ 下, $b_B/b^{\ominus} = 1$ 时溶质 B 的假想标准态的化学势。以此式为基础,采用与(1)中类似的方法,可以导出溶液中反应的标准平衡常数为

$$K^{\ominus} = \prod_B (a_{b,B}^{eq})^{\nu_B} \tag{5-19}$$

若溶液是理想的,式(5-19)简化为

$$K^{\ominus} = \prod_B \left(\frac{b_B^{eq}}{b^{\ominus}}\right)^{\nu_B} \tag{5-20}$$

5.2.1.3 多相反应的标准平衡常数

多相反应中参与反应的物质不处于同一相。若反应系统中气体均视为理想气体,液、固相均为纯物质,则当反应 $0 = \sum_B \nu_B B$ 在温度 T 及压力 p 下达到平衡时,系统中各气体组分 B 的化学势为

$$\mu_B^{eq}(g) = \mu_B^{\ominus}(g) + RT\ln \frac{p_B^{eq}}{p^{\ominus}} \tag{5-21}$$

各纯液、固体组分 B 的化学势为

$$\mu_B^{eq}(l \text{ 或 } s) = \mu_B^{\ominus}(l \text{ 或 } s) + \int_{p^{\ominus}}^{p} V_B^* dp \approx \mu_B^{\ominus}(l \text{ 或 } s) \tag{5-22}$$

根据化学平衡条件：

$$\Delta_r G_m^{eq} = \sum_B \nu_B \mu_B^{eq}$$
$$= \sum_B \nu_B \mu_B^{\ominus} + RT \ln \prod_{B(g)} \left(\frac{p_B^{eq}}{p^{\ominus}}\right)^{\nu_B}$$
$$= \Delta_r G_m^{\ominus} + RT \ln \prod_{B(g)} \left(\frac{p_B^{eq}}{p^{\ominus}}\right)^{\nu_B} = 0$$

所以

$$K^{\ominus} = \prod_{B(g)} \left(\frac{p_B^{eq}}{p^{\ominus}}\right)^{\nu_B} \tag{5-23}$$

由于液、固相纯物质的活度都为 1，所以式(5-23)中不出现纯液体或纯固体的活度，只包括气体的平衡分压。根据此式，$CaCO_3$ 分解的多相反应

$$CaCO_3(s) \Longrightarrow CaO(s) + CO_2(g)$$

的标准平衡常数为

$$K^{\ominus} = p^{eq}(CO_2)/p^{\ominus}$$

若在多相反应系统中，有溶液存在，且参加反应的物质为溶液中的溶质，则当反应达平衡时，溶质 B 的化学势为

$$\mu_B^{eq} = \mu_B^{\ominus} + RT \ln a_B^{eq} + \int_{p^{\ominus}}^{p} V_B^{\infty} dp \approx \mu_B^{\ominus} + RT \ln a_B^{eq}$$

对于系统中的气相物质，在低压下，令 $a_B^{eq} = p_B^{eq}/p^{\ominus}$，则利用同样方法可导出：

$$K^{\ominus} = \prod_B (a_B^{eq})^{\nu_B} \tag{5-24}$$

例如，将醛与含有硝酸银的氨水溶液共热，便发生银镜反应，其反应方程式为

$$RCHO(aq) + 2Ag(NH_3)_2OH(aq) \Longrightarrow RCOONH_4(aq) + 2Ag(s) + 3NH_3(g) + H_2O(l)$$

其标准平衡常数可写为

$$K^{\ominus} = \frac{a_{RCOONH_4} \left(\frac{p_{NH_3}}{p^{\ominus}}\right)^3}{a_{RCHO} a_{Ag(NH_3)_2OH}^2}$$

式中气态物质 NH_3 的活度，由 $p_{NH_3}/p^{\ominus}$ 表示。由于 $H_2O(l)$ 是溶液的溶剂，产物 $H_2O(l)$ 的活度近似为 1，而 $Ag(s)$ 活度为 1，因而 a_{H_2O} 和 a_{Ag} 不出现在 $K^{\ominus}$ 的表达式中。

在计算上述各平衡常数时，要注意溶质活度 a_B 的数值与标准态的选择有关，因而 $K^{\ominus}$ 的数值也随标准的选择不同而异。

5.2.2 平衡组成的计算

在指定的条件下，化学反应达到平衡时，系统中平衡组成有确定值。

在平衡组成计算中,常遇到平衡转化率(转化率)、平衡产率(最大产率、产率)等术语,它们的定义为:

$$平衡转化率 = \frac{平衡时转化为产品的原料量}{投入的原料量} \times 100\% \quad (5-25)$$

$$平衡产率 = \frac{平衡时主产品的量}{理论上原料全部变为主产品的量} \times 100\% \quad (5-26)$$

由定义看出,平衡转化率、平衡产率分别是根据原料的消耗和产品的产量表示反应限度的。

例 5-2 已知反应① $N_2O_4(g) \rightleftharpoons 2NO_2(g)$,298K 时的 $K_1^\ominus = 0.14$。求:
(1) 系统总压为 101.325kPa 平衡时 N_2O_4 与 NO_2 的物质的量分数各为多少?
(2) 反应② $\frac{1}{2}N_2O_4(g) \rightleftharpoons NO_2(g)$ 的标准平衡常数 $K_2^\ominus$ 为多少?

解:(1) 设反应①平衡时 NO_2 的物质的量分数为 x,系统总压 $p = 101.325\text{kPa}$,由气体分压定律知,平衡时 $p_{NO_2}^{eq} = xp$,$p_{N_2O_4}^{eq} = (1-x)p$,故

$$K_1^\ominus = \frac{(p_{NO_2}^{eq}/p^\ominus)^2}{p_{N_2O_4}^{eq}/p^\ominus} = \frac{(xp/p^\ominus)^2}{(1-x)p/p^\ominus} = \frac{x^2}{1-x} = 0.14$$

解得

$$x = 0.3106$$

即平衡混合物中 NO_2 的物质的量分数为 0.3106,N_2O_4 为 0.6894。

(2) 反应②的标准平衡常数为

$$K_2^\ominus = \frac{p_{NO_2}^{eq}/p^\ominus}{(p_{N_2O_4}^{eq}/p^\ominus)^{\frac{1}{2}}} = \sqrt{K_1^\ominus} = \sqrt{0.14} = 0.37$$

此例表明,同一个化学反应,其平衡常数与反应方程式的写法有关。因此在涉及平衡常数的具体数值时,必须具体写出化学反应的计量方程。此例中,由于方程式①与②之间的关系为①=2×②,因而 $K_1^\ominus = (K_2^\ominus)^2$。

可以证明,若某两个方程式①和②的关系为①=-1×②,即两个反应互为逆反应,则 $K_1^\ominus = 1/K_2^\ominus$。这是由于这两个反应的 $\Delta_r G_m^\ominus$ 数值相等而符号相反,根据式(5-6),则它们的平衡常数互为倒数。推广而言,若有多个方程式相互关联(即其中一个可以通过其他几个的代数运算得到),则它们的平衡常数也相互关联。这种关联是通过这些反应的 $\Delta_r G_m^\ominus$ 的关系来确定的。

例 5-3 在 1000K 等物质的量的 $CO(g)$ 和 $H_2O(g)$ 反应,求 CO 和 H_2O 的平衡转化率为多少?已知 1000K 反应:

① $H_2(g) + \frac{1}{2}O_2(g) =\!=\!= H_2O(g)$ $\ln K_1^\ominus = -20.1130$

② $CO(g) + \frac{1}{2}O_2(g) =\!=\!= CO_2(g)$ $\ln K_2^\ominus = -20.4000$

解：首先求反应③$CO + H_2O = CO_2 + H_2$的标准平衡常数。因为化学反应方程式③=②-①,所以

$$\Delta_r G_m^\ominus(3) = \Delta_r G_m^\ominus(2) - \Delta_r G_m^\ominus(1)$$

将式(5-6)代入上式

$$-RT\ln K_3^\ominus = -RT\ln K_2^\ominus - (-RT\ln K_1^\ominus)$$

得

$$\ln K_3^\ominus = \ln K_2^\ominus - \ln K_1^\ominus = -20.4000 - (-20.1130) = -0.2870$$

故

$$K_3^\ominus = 0.7505$$

计算平衡转化率如下：

	CO	+	H_2O	$=\!=\!=$	CO_2	+	H_2
设初始时各物质的物质的量 n_B/mol	1		1		0		0
平衡时各物质的物质的量 n_B^{eq}/mol	$1-x$		$1-x$		x		x

$$\sum_B n_B^{eq} = (1-x) + (1-x) + x + x = 2$$

| 平衡时各物质的物质的量分数 | $\frac{1-x}{2}$ | $\frac{1-x}{2}$ | $\frac{x}{2}$ | $\frac{x}{2}$ |

$$K_3^\ominus = \frac{[x^{eq}(CO_2)p/p^\ominus][x^{eq}(H_2)p/p^\ominus]}{[x^{eq}(CO)p/p^\ominus][x^{eq}(H_2O)p/p^\ominus]}$$

$$= \frac{(x/2)(x/2)}{[(1-x)/2][(1-x)/2]} = \frac{x^2}{(1-x)^2} = 0.7505$$

解得$x=0.4642$。因此,平衡转化率$=(x/1) \times 100\% = 46.42\%$

此例中,任一个化学反应方程式可用另外两个方程式代数运算得到,表明3个反应中只有两个是独立反应,任何一个反应的平衡常数,可用两个独立反应的平衡常数表示。这种从几个已知的平衡常数,进行组合计算相关的未知反应的平衡常数,通常称为平衡常数的组合。由此可见,对于一些不易直接获得平衡常数的化学反应,可通过其他相关化学反应的平衡常数计算求出。

例5-4 当液、固体物质分解出气体产物达到平衡时,气体产物的总压力称为该分解物质的分解压,分解压随温度改变而变化。298.15K,将$NH_4HS(s)$放入某真空容器中,平衡时测得NH_4HS的分解压p为66.66kPa。

(1) 试求反应 $NH_4HS(s) \rightleftharpoons NH_3(g) + H_2S(g)$ 的 $K^\ominus$。

(2) 若原容器中盛有 $NH_3(g)$，其压力为 40.00kPa，求平衡时容器中总压力为多少？

解：(1) 在真空容器中

$$p = p^{eq}(NH_3) + p^{eq}(H_2S)$$

$$p^{eq}(NH_3) = p^{eq}(H_2S) = \frac{p}{2} = \frac{66.66\text{kPa}}{2} = 33.33\text{kPa}$$

所以

$$K^\ominus = \left(\frac{p^{eq}(NH_3)}{p^\ominus}\right)\left(\frac{p^{eq}(H_2S)}{p^\ominus}\right) = \left(\frac{33.33\text{kPa}}{101.325\text{kPa}}\right)^2 = 0.1089$$

(2) 设容器中原有 $NH_3(g)$ 压力为 $p(NH_3)$，平衡时由 $NH_4HS(s)$ 分解产生出 NH_3 和 H_2S 的分压相等，令其为 p，则

$$K^\ominus = \left(\frac{p(NH_3)+p}{p^\ominus}\right)\left(\frac{p}{p^\ominus}\right) = 0.1089$$

解得

$$p = 18.84\text{kPa}$$

平衡时总压

$$p_\text{总} = p(NH_3) + 2p = 40.00\text{kPa} + 2 \times 18.84\text{kPa} = 77.68\text{kPa}$$

5.3 化学反应的标准摩尔 Gibbs 函数变

标准平衡常数是研究化学平衡的重要数据，有些反应的标准平衡常数可以通过实验测定平衡组成的方法求得，如在例 5-4 中，通过测量平衡时反应系统的总压，可知平衡组成并求出标准平衡常数。有些化学反应的平衡组成不容易测定，其标准平衡常数可由化学反应的 $\Delta_r G_m^\ominus$ 利用定义式 $\Delta_r G_m^\ominus = -RT\ln K^\ominus$ 计算。

5.3.1 由反应的 $\Delta_r H_m^\ominus$ 和 $\Delta_r S_m^\ominus$ 计算 $\Delta_r G_m^\ominus$

由第 2 章可知，任一等温过程服从关系 $\Delta G = \Delta H - T\Delta S$。若参与化学反应 $0 = \sum_B \nu_B B$ 的所有物质均处于标准态，那么

$$\Delta_r G_m^\ominus = \Delta_r H_m^\ominus - T\Delta_r S_m^\ominus \tag{5-27}$$

式中 $\Delta_r G_m^\ominus$，$\Delta_r H_m^\ominus$ 和 $\Delta_r S_m^\ominus$ 分别表示温度为 T 时反应的标准摩尔 Gibbs 函数变、标准摩尔焓变和标准摩尔熵变，其中 $\Delta_r H_m^\ominus$ 和 $\Delta_r S_m^\ominus$ 可利用手册中的数据进行计算。因为热力学手册只提供 298.15K 时各物质的标准摩尔生成焓、标准摩尔熵的

数据，所以用式(5-27)只能计算 $\Delta_r G_m^{\ominus}(298.15K)$，从而计算 $K^{\ominus}(298.15K)$。其他任意温度下的 $\Delta_r G_m^{\ominus}$ 和 $K^{\ominus}$，则需查出各物质的 $C_{p,m}$ 然后根据热力学原理进行计算。

例 5-5 分别计算反应 $CO(g) + 2H_2(g) = CH_3OH(g)$ 在 298K 和 573K 的 $\Delta_r G_m^{\ominus}$ 及 $K^{\ominus}$。已知下列数据：

物质	$\Delta_f H_m^{\ominus}(298K)/$ (kJ·mol^{-1})	$S_m^{\ominus}(298K)/$ (J·mol^{-1}·K^{-1})	$C_{p,m}/$ (J·mol^{-1}·K^{-1})
CO(g)	−110.52	197.56	29.12
H$_2$(g)	0	130.57	28.82
CH$_3$OH(g)	−200.70	239.7	43.89

解：首先计算 298K 时 $\Delta_r H_m^{\ominus}$，$\Delta_r S_m^{\ominus}$，$\Delta_r G_m^{\ominus}$ 和 $K^{\ominus}$：

$$\Delta_r H_m^{\ominus}(298K) = \sum_B \nu_B \Delta_f H_{m,B}^{\ominus}(298K)$$
$$= -200.70 \text{kJ·mol}^{-1} - (-110.52 \text{kJ·mol}^{-1}) - 2 \times 0$$
$$= -90.18 \text{kJ·mol}^{-1}$$

$$\Delta_r S_m^{\ominus}(298K) = \sum_B \nu_B S_{m,B}^{\ominus}(298K)$$
$$= (239.7 - 197.56 - 2 \times 130.57) \text{J·mol}^{-1}·\text{K}^{-1}$$
$$= -219.00 \text{J·mol}^{-1}·\text{K}^{-1}$$

$$\Delta_r G_m^{\ominus}(298K) = \Delta_r H_m^{\ominus}(298K) - T\Delta_r S_m^{\ominus}(298K)$$
$$= -90.18 \times 10^3 \text{J·mol}^{-1} - 298K \times (-219.00 \text{J·mol}^{-1}·\text{K}^{-1})$$
$$= -90.18 \times 10^3 \text{J·mol}^{-1} + 65.262 \times 10^3 \text{J·mol}^{-1}$$
$$= -24.918 \text{kJ·mol}^{-1}$$

$$K^{\ominus}(298K) = \exp\left[-\frac{\Delta_r G_m^{\ominus}(298K)}{RT}\right] = \exp\left[\frac{-(-24.918 \times 10^3 \text{J·mol}^{-1})}{8.314 \text{J·mol}^{-1}·\text{K}^{-1} \times 298K}\right]$$
$$= 2.33 \times 10^4$$

因为
$$\Delta C_{p,m} = \sum_B \nu_B C_{p,m}$$
$$= 43.89 \text{J·mol}^{-1}·\text{K}^{-1} - 29.12 \text{J·mol}^{-1}·\text{K}^{-1}$$
$$- 2 \times (28.82 \text{J·mol}^{-1}·\text{K}^{-1})$$
$$= -42.87 \text{J·mol}^{-1}·\text{K}^{-1}$$

所以
$$\Delta_r H_m^{\ominus}(573K) = \Delta_r H_m^{\ominus}(298K) + \int_{298K}^{573K} \Delta_r C_{p,m} dT$$
$$= -90.18 \times 10^3 \text{J·mol}^{-1} - 42.87 \text{J·mol}^{-1}·\text{K}^{-1}$$
$$\times (573K - 298K)$$

$$= -101.97 \text{kJ} \cdot \text{mol}^{-1}$$

$$\Delta_r S_m^{\ominus}(573\text{K}) = \Delta_r S_m^{\ominus}(298\text{K}) + \int_{298\text{K}}^{573\text{K}} \frac{\Delta_r C_{p,m} \text{d}T}{T}$$

$$= -219.0 \text{J} \cdot \text{mol}^{-1} \cdot \text{K}^{-1} + \left(-42.87 \text{J} \cdot \text{mol}^{-1} \cdot \text{K}^{-1} \ln \frac{573\text{K}}{298\text{K}}\right)$$

$$= -247.03 \text{J} \cdot \text{mol}^{-1} \cdot \text{K}^{-1}$$

所以

$$\Delta_r G_m^{\ominus}(573\text{K}) = \Delta_r H_m^{\ominus}(573\text{K}) - 573\text{K} \times \Delta_r S_m^{\ominus}(573\text{K})$$

$$= -101.97 \times 10^3 \text{J} \cdot \text{mol}^{-1} \cdot \text{K}^{-1} - 573\text{K} \times (247.03 \text{J} \cdot \text{mol}^{-1} \cdot \text{K}^{-1})$$

$$= 39.5780 \text{kJ} \cdot \text{mol}^{-1}$$

$$K^{\ominus}(573\text{K}) = \exp\left[\frac{-\Delta_r G_m^{\ominus}(573\text{K})}{RT}\right] = 2.466 \times 10^{-4}$$

5.3.2 由标准生成 Gibbs 函数计算 $\Delta_r G_m^{\ominus}$

与生成焓的定义类似,将各物质生成反应的 Gibbs 函数变叫做该物质的标准摩尔生成 Gibbs 函数,简称生成 Gibbs 函数,用 $\Delta_f G_m^{\ominus}$ 表示。通常热力学数据手册给出了常见物质在 298.15K 时的 $\Delta_f G_m^{\ominus}(298.15\text{K})$。可以证明,任何反应的 $\Delta_r G_m^{\ominus}$ 等于参与反应的各物质 $\Delta_f G_m^{\ominus}$ 的代数和,即

$$\Delta_r G_m^{\ominus} = \sum_B \nu_B \Delta_f G_{m,B}^{\ominus} \tag{5-28}$$

若参与反应的所有物质的生成 Gibbs 函数已知(部分常用数据见书后附表),就能方便地用式(5-28)计算化学反应的 $\Delta_r G_m^{\ominus}$,并求出其标准平衡常数 $K^{\ominus}$。

对于溶液中的化学反应,在计算 $\Delta_r G_m^{\ominus}$ 时,往往要用到以 $b_B = b^{\ominus}$ 的假想标准态的 $\Delta_f G_m^{\ominus}$ 数据。若在手册中查不到所需溶质的 $\Delta_f G_m^{\ominus}$,可利用其饱和蒸气压或溶解度的数据计算求得。

例 5-6 求 298K 时 $C_4H_6O_5$(丁二酸)在水溶液中的第一电离常数 $K^{\ominus}$。已知此温下 $C_4H_6O_4(s)$ 在水中的溶解度为 $0.715 \text{mol} \cdot \text{kg}^{-1}$。

解:从热力学手册中查到:

物质	$\Delta_f G_m^{\ominus}(298\text{K})/(\text{kJ} \cdot \text{mol}^{-1})$
$C_4H_6O_4(s)$	-747.38
$C_4H_5O_4^-(aq)$	-722.34
$H^+(aq)$	0

为求水溶液中丁二酸的 $\Delta_f G_m^\ominus$，可设计如下途径：

$$C_4H_6O_4(s) \xrightarrow{\Delta G^\ominus} C_4H_6O_4(aq, b^\ominus = 1\text{mol·kg}^{-1})$$

$\Delta G_1 \searrow \qquad \nearrow \Delta G_2$

$$C_4H_6O_4(\text{饱和溶液} b = 0.715 \text{mol·kg}^{-1})$$

因为
$$\Delta G^\ominus = \Delta_f G_m^\ominus(C_4H_6O_4, aq) - \Delta_f G_m^\ominus(C_4H_6O_4, s)$$

所以
$$\begin{aligned}
\Delta_f G_m^\ominus(C_4H_6O_4, aq) &= \Delta_f G_m^\ominus(C_4H_6O_4, s) + \Delta G^\ominus \\
&= \Delta_f G_m^\ominus(C_4H_6O_4, s) + \Delta G_1 + \Delta G_2 \\
&= \Delta_f G_m^\ominus(C_4H_6O_4, s) + \Delta G_2 \\
&= -747.38 \times 10^3 \text{J·mol}^{-1} + 8.314 \text{J·mol}^{-1}\text{·K}^{-1} \\
&\quad \times 298.15\text{K} \times \ln \frac{1\text{mol·kg}^{-1}}{0.715 \text{mol·kg}^{-1}} \\
&= -746.55 \text{kJ·mol}^{-1}
\end{aligned}$$

对于丁二酸的第一电离反应：
$$C_4H_6O_4(aq) = C_4H_5O_4^-(aq) + H^+(aq)$$

$$\begin{aligned}
\Delta_r G_m^\ominus &= \Delta_f G_m^\ominus(H^+) + \Delta_f G_m^\ominus(C_4H_5O_4^-) - \Delta_f G_m^\ominus(C_4H_6O_4, aq) \\
&= 0 \text{kJ·mol}^{-1} + (-722.34 \text{kJ·mol}^{-1}) - (-746.55 \text{kJ·mol}^{-1}) \\
&= 24.21 \text{kJ·mol}^{-1}
\end{aligned}$$

$$\begin{aligned}
K^\ominus &= \exp\left(\frac{-\Delta_r G_m^\ominus}{RT}\right) \\
&= \exp\left(\frac{-24.21 \times 10^3 \text{J·mol}^{-1}}{8.314 \text{J·mol}^{-1}\text{·K}^{-1} \times 298.15\text{K}}\right) = 5.73 \times 10^{-5}
\end{aligned}$$

除了上面介绍的几种计算反应 $\Delta_r G_m^\ominus$ 和 $K^\ominus$ 的方法外，在第 6 章还将介绍计算 $\Delta_r G_m^\ominus$ 和 $K^\ominus$ 的电化学方法。

5.4 平衡移动

化学平衡在温度、压力、组成等条件恒定时，平衡状态不变化。若改变条件，旧平衡被破坏，在新条件下建立起新的平衡。这种由于条件改变，系统从一个平衡状态变到另一个平衡状态的过程称为平衡移动。影响平衡移动的因素有温度、压力、浓度及惰性组分含量等。

5.4.1 温度对化学平衡的影响

化学反应的平衡常数 $K^\ominus$ 仅是温度的函数,当温度变化时,$K^\ominus$ 也相应地变化。标准平衡常数的变化必然引起平衡组成的变化,即平衡发生移动。

根据 Gibbs-Helmholtz 方程式,化学反应的 $\Delta_r G_m^\ominus$ 与温度 T 的关系为

$$\frac{d(\Delta_r G_m^\ominus/T)}{dT} = \frac{-\Delta_r H_m^\ominus}{T^2} \tag{5-29}$$

把式(5-6)代入上式,得到

$$\frac{d\ln K^\ominus}{dT} = \frac{\Delta_r H_m^\ominus}{RT^2} \tag{5-30}$$

此式称为 Van't Hoff 方程式,它反映标准平衡常数与温度的关系。此方程式表明:

(1) 反应热的大小 $|\Delta_r H_m^\ominus|$ 决定了平衡常数对温度变化的敏感程度,即反应热越大,则 $|d\ln K^\ominus/dT|$ 值越大,表明当温度变化时 $K^\ominus$ 的改变越大。

(2) 若 $\Delta_r H_m^\ominus > 0$,即吸热反应,则 $d\ln K^\ominus/dT > 0$,表明 $K^\ominus$ 随温度上升而增大,故升高温度使吸热反应的平衡向右移动。

(3) 若 $\Delta_r H_m^\ominus < 0$,即放热反应,则 $d\ln K^\ominus/dT < 0$,表明 $K^\ominus$ 随温度上升而减小,故升高温度使放热反应平衡向左移动。

总之,当反应温度变化时,平衡总是向削弱温度变化的方向移动。

为了定量地计算出不同温度下的 $K^\ominus$ 值,需将式(5-30)的微分方程求解。由 Kirchhoff 定律给出 $\Delta_r H_m^\ominus$ 与 T 的关系:

$$\Delta_r H_m^\ominus = \int \Delta_r C_{p,m} dT + I$$

把此式代入式(5-30),积分后得

$$\ln K^\ominus = \int \left[\frac{\int \Delta_r C_{p,m} dT + I}{RT^2} \right] dT + I' \tag{5-31}$$

式中 I, I' 均为积分常数。借助热力学手册数据,计算出某个温度(通常是 298.15K)的 $\Delta_r H_m^\ominus$ 和 $\Delta_r G_m^\ominus(K^\ominus)$ 以确定 I, I' 的值,从而就确定了 $\Delta_r H_m^\ominus$ 和 $\Delta_r G_m^\ominus(K^\ominus)$ 以 T 为变量的函数关系,这样就可以求出任一温度的 $K^\ominus$ 值。

若反应物和产物的热容值接近,在较小的温度范围内 $\Delta_r C_{p,m}$ 近似为零,$\Delta_r H_m^\ominus$ 可认为是与温度无关的常数,式(5-30)的不定积分为

$$\ln K^\ominus = -\frac{\Delta_r H_m^\ominus}{R} \cdot \frac{1}{T} + C \tag{5-32}$$

式中 C 为积分常数,只要知道一个温度的 $K^\ominus$ 及 $\Delta_r H_m^\ominus$ 就能求出积分常数 C。由

式(5-32)可以看出,若 $\ln K^{\ominus}$ 对 $1/T$ 作图,为一条直线,其斜率为 $-\Delta_r H_m^{\ominus}/R$,因而由直线的斜率可以求出在一定温度范围内反应的平均标准摩尔焓变 $\Delta_r H_m^{\ominus}$。如果以 $K^{\ominus}(T_1)$ 和 $K^{\ominus}(T_2)$ 分别代表两个不同温度时的平衡常数,则由式(5-32)式可得

$$\ln \frac{K^{\ominus}(T_2)}{K^{\ominus}(T_1)} = \frac{\Delta_r H_m^{\ominus}}{R}\left(\frac{1}{T_1} - \frac{1}{T_2}\right) \tag{5-33}$$

如果某温度下的平衡常数已知,可用此式方便地计算其他温度下的平衡常数。

例 5-7 在高温下,二氧化碳分解反应为:$2CO_2(g) \Longleftrightarrow 2CO(g) + O_2(g)$。在 101.325 kPa 下,$CO_2(g)$ 的解离度在 1000K 为 2.5×10^{-5},在 1400K 为 1.27×10^{-2}。假定 $\Delta_r H_m^{\ominus}$ 不随温度变化,试求:

(1) 1000K 时反应的 $K^{\ominus}$ 和 $\Delta_r G_m^{\ominus}$;

(2) 1000K 时反应的 $\Delta_r H_m^{\ominus}$ 及 $\Delta_r S_m^{\ominus}$。

解:(1) 设初始 $CO_2(g)$ 的物质的量为 1mol,则按反应计量方程式:

	$2CO_2(g)$	$\Longleftrightarrow$	$2CO(g)$	$+$	$O_2(g)$	
n_B/mol	1		0		0	
n_B^{eq}/mol	$1-2.5\times 10^{-5}$		2.5×10^{-5}		1.25×10^{-5}	$\sum_B n_B^{eq} \approx 1mol$
p_B^{eq}	$(1-2.5\times 10^{-5})p$		$2.5\times 10^{-5}p$		$1.25\times 10^{-5}p$	

$$K^{\ominus}(1000K) = \frac{[p^{eq}(CO)/p^{\ominus}]^2 [p^{eq}(O_2)/p^{\ominus}]}{[p^{eq}(CO_2)/p^{\ominus}]^2}$$

$$= \frac{(2.5\times 10^{-5})^2 (1.25\times 10^{-5})}{(1-2.5\times 10^{-5})^2} = 7.813 \times 10^{-15}$$

$$\Delta_r G_m^{\ominus}(1000K) = -RT\ln K^{\ominus}(1000K)$$

$$= -8.314 J\cdot K^{-1}\cdot mol^{-1} \times 1000K \times \ln(7.813\times 10^{-15})$$

$$= 270.1 kJ\cdot mol^{-1}$$

(2) 根据已知,可以求得 $K^{\ominus}(1400K)$。按照反应的计量方程式:

	$2CO_2(g)$	$\Longleftrightarrow$	$2CO(g)$	$+$	$O_2(g)$	
n_B/mol	1		0		0	
n_B^{eq}/mol	$1-2.7\times 10^{-2}$		1.27×10^{-2}		6.35×10^{-3}	$\sum_B n_B^{eq} \approx 1.006 mol$
p_B^{eq}	$\dfrac{0.9873}{1.006}p$		$\dfrac{1.27\times 10^{-2}}{1.006}p$		$\dfrac{6.35\times 10^{-3}}{1.006}p$	

$$K^{\ominus}(1400K) = \frac{(1.27\times 10^{-2})^2 (6.35\times 10^{-3})}{0.9873^2 \times 1.006} = 1.044 \times 10^{-6}$$

将 $K^{\ominus}(1400K)$ 和 $K^{\ominus}(1000K)$ 数据代入式(5-33),得

$$\ln\frac{1.044\times10^{-6}}{7.813\times10^{-15}}=\frac{\Delta_r H_m^\ominus}{8.314\mathrm{J\cdot K^{-1}\cdot mol^{-1}}}\left(\frac{1}{1000\mathrm{K}}-\frac{1}{1400\mathrm{K}}\right)$$

解得

$$\Delta_r H_m^\ominus = 544.5\mathrm{kJ\cdot mol^{-1}}$$

因为 $\Delta_r H_m^\ominus$ 为常数,故

$$\Delta_r H_m^\ominus(1000\mathrm{K}) = 544.5\mathrm{kJ\cdot mol^{-1}}$$

$$\Delta_r S_m^\ominus(1000\mathrm{K}) = \frac{\Delta_r H_m^\ominus(1000\mathrm{K}) - \Delta_r G_m^\ominus(1000\mathrm{K})}{1000\mathrm{K}}$$

$$= \frac{(544.5-270.1)\times10^3\mathrm{J\cdot mol^{-1}}}{1000\mathrm{K}} = 274.4\mathrm{J\cdot K^{-1}\cdot mol^{-1}}$$

例 5-8 已知反应:$CO(g)+H_2O(g)=CO_2(g)+H_2(g)$。在298K 时,$K^\ominus = 9.963\times10^4$,求 $K^\ominus$ 与 T 的关系式及800K 时的 $K^\ominus$。有关热力学数据查书后附表。

解:根据式(5-30) $\dfrac{\mathrm{d}\ln K^\ominus}{\mathrm{d}T}=\dfrac{\Delta_r H_m^\ominus}{RT^2}$ 求 $K^\ominus$ 与 T 的关系式。有关热力学数据列表如下。

物 质	$\Delta_f H_m^\ominus(298\mathrm{K})/$ $(\mathrm{kJ\cdot mol^{-1}})$	$C_{p,m}/(\mathrm{J\cdot mol^{-1}\cdot K^{-1}})$		
		a	$b\times10^3\cdot\mathrm{K^{-1}}$	$c\times10^6\cdot\mathrm{K^{-2}}$
$CO_2(g)$	-393.51	26.75	42.258	-14.25
$H_2(g)$	0.0	26.88	4.437	-0.3265
$CO(g)$	-110.52	26.537	7.683	-1.172
$H_2O(g)$	-241.82	29.16	14.49	-2.022

因为

$$\Delta_r C_{p,m} = \sum_B \nu_B C_{p,m,B}$$
$$= -2.067\mathrm{J\cdot mol^{-1}\cdot K^{-1}} + 24.52\times10^{-3}\mathrm{J\cdot mol^{-1}\cdot K^{-2}}\cdot(T)$$
$$- 11.38\times10^{-6}\mathrm{J\cdot mol^{-1}\cdot K^{-3}}\cdot(T^2)$$

所以

$$\Delta_r H_m^\ominus = \int \Delta_r C_{p,m}\mathrm{d}T + I$$
$$= -2.067\mathrm{J\cdot mol^{-1}\cdot K^{-1}}(T) + \frac{24.52\times10^{-3}}{2}\mathrm{J\cdot mol^{-1}\cdot K^{-2}}(T^2)$$
$$- \frac{11.38\times10^{-6}\mathrm{J\cdot mol^{-1}\cdot K^{-3}}}{3}(T^3) + I$$

代入 $T=298\mathrm{K}$ 时的数据:

$$\Delta_r H_m^\ominus(298\text{K}) = \sum_B \nu_B \Delta_f H_m^\ominus(298\text{K}) = -41.17\text{kJ} \cdot \text{mol}^{-1}$$

由此确定出积分常数：

$$I = -41.54\text{kJ} \cdot \text{mol}^{-1}$$

所以

$$\Delta_r H_m^\ominus(T) = -2.067\text{J} \cdot \text{mol}^{-1} \cdot \text{K}^{-1}(T) + \frac{24.52 \times 10^{-3}}{2}\text{J} \cdot \text{mol}^{-1} \cdot \text{K}^{-2}(T^2)$$

$$- \frac{11.38 \times 10^{-6}\text{J} \cdot \text{mol}^{-1} \cdot \text{K}^{-3}}{3}(T^3) - 41540\text{J} \cdot \text{mol}^{-1}$$

$$\ln K^\ominus = \int \frac{\Delta_r H_m^\ominus}{RT^2}dT + I'$$

$$= -0.2486\ln T/\text{K} + 1.475 \times 10^{-3}\text{K}^{-1}(T)$$

$$- 2.282 \times 10^{-7}\text{K}^{-2}(T^2) + 4997\text{K}\left(\frac{1}{T}\right) + I'$$

把 $K^\ominus(298\text{K}) = 9.963 \times 10^4$ 代入上式，得

$$I' = -4.262$$

所以

$$\ln K^\ominus = -0.2486\ln(T/\text{K}) + 1.475 \times 10^{-3}(T/\text{K})$$

$$- 2.828 \times 10^{-7}(T/\text{K})^2 + 4997(\text{K}/T) - 4.262$$

$$K^\ominus(800\text{K}) = 3.883$$

5.4.2 压力和惰性气体对化学平衡的影响

仅以理想气体反应系统为例，讨论压力对化学平衡的影响。

根据理想气体反应的等温方程式：

$$\Delta_r G_m = -RT\ln K^\ominus + RT\ln J$$

当反应在一定条件下达到平衡时，$\Delta_r G_m = 0$，$K^\ominus = J$。在等温条件下，改变系统的压力或惰性组分含量都会引起 J 的变化，而 $K^\ominus$ 保持不变，于是 $\Delta_r G_m$ 不再为零，系统内将发生宏观的反应过程，引起平衡移动，改变平衡组成。下面分别讨论压力和惰性组分对化学平衡的影响。

5.4.2.1 压力对理想气体反应化学平衡的影响

用通式 $0 = \sum_B \nu_B B$ 表示的理想气体反应，J 的表达式可写作

$$J = \prod_B \left(\frac{p_B}{p^\ominus}\right)^{\nu_B} = \prod_B \left(\frac{x_B p}{p^\ominus}\right)^{\nu_B} = \left(\frac{p}{p^\ominus}\right)^{\sum_B \nu_B}\left(\prod_B x_B^{\nu_B}\right) \quad (5-34)$$

式中 p 为反应系统的总压，x_B 为各反应组分的物质的量分数。由上式可知，对增

分子反应,即 $\sum_B \nu_B > 0$ 的反应,在温度不变的条件下当 p 增加时,J 也增加,而 $K^\ominus$ 不变,因而使得 $J > K^\ominus$,反应将向左移动,重新达到平衡时,系统中产物的浓度将减少;当 p 减少时,J 也将减小,因而使 $J < K^\ominus$,反应向右移动,重新达到平衡时,系统中产物的浓度将增加。由此可见,对增分子的反应,减小反应系统压力,对正向反应是有利的;对减分子反应,$\sum_B \nu_B < 0$,压力的影响与上述情况正好相反;对等分子反应,$\sum_B \nu_B = 0$,压力的变化不会改变 J 值,因而不会引起平衡的移动。

在一定温度下,增大系统压力则体积缩小,所以增大压力与缩小体积作用是一样的。

例 5-9 500K 时,合成氨反应:

$$\frac{1}{2}N_2(g) + \frac{3}{2}H_2(g) \rightleftharpoons NH_3(g)$$

的 $K^\ominus = 0.30076$。若初始时反应物 $N_2(g)$ 与 $H_2(g)$ 的物质的量符合化学反应计量配比,求该温度下,系统的总压从 101.325kPa 增至 202.65kPa,506.25kPa 及 1013.25kPa 时的各平衡转化率 α(可近似按理想气体反应计算)。

解:该反应的 $\sum_B \nu_B = -\frac{1}{2} - \frac{3}{2} + 1 = -1 < 0$。由上面讨论可知,对于减分子反应,加压将使平衡向右移动,α 将增大。

设初始时 $N_2(g)$ 和 $H_2(g)$ 的物质的量分别为 1mol 和 3mol,则按反应计量方程式:

	$\frac{1}{2}N_2(g)$	+	$\frac{3}{2}H_2(g)$	$\rightleftharpoons$	$NH_3(g)$
n_B/mol	1		3		0
n_B^{eq}/mol	$1-\alpha$		$3(1-\alpha)$		2α

$\sum_B n_B^{eq} = (4-2\alpha)\text{mol} = 2(2-\alpha)\text{mol}$

| p_B^{eq} | $\dfrac{1-\alpha}{2(2-\alpha)}p$ | | $\dfrac{3(1-\alpha)}{2(2-\alpha)}p$ | | $\dfrac{2\alpha}{2(2-\alpha)}p$ |

$$K^\ominus = \frac{4\alpha(2-\alpha)}{3^{3/2}(1-\alpha)^2}(p/p^\ominus)$$

将 $K^\ominus = 0.30076$ 代入,整理后得 α 与 p 的关系式为

$$\alpha = 1 - \frac{1}{\sqrt{1 + 0.30076(p/p^\ominus)}}$$

将题给压力数据依次代入此式,求得 α,见下表:

p/kPa	101.325	202.65	505.25	1013.25
$\alpha/\%$	15.2	25.1	41.8	54.9

由上表可见,加压使 α 增大,与上述定性分析的结果一致。

5.4.2.2 惰性气体对平衡组成的影响

在实际生产中,往往由于原料不纯,或为了生产的需要,反应系统中存在一些不参与反应的物质,称为惰性组分。这些惰性组分虽不参与反应,但却可能引起平衡的移动,影响平衡组成。下面讨论在保持反应系统的温度和压力不变的条件下,惰性气体对理想气体反应平衡的影响。

有一个理想气体平衡混合物,在保持温度和总压不变的条件下往系统中添加惰性气体,系统的体积增大,使得参与反应的各气体的分压都减小了同样的倍数,这与减小反应系统的总压等效。因而在等温、等压下加入惰性气体,相当于减小压力;加入惰性气体,使理想气体反应平衡向着增分子方向移动,对于等分子反应不产生影响。惰性气体使平衡移动是通过改变反应的 J 实现的,因为 $K^{\ominus}$ 不受惰性气体的影响。

例如乙苯脱氢制苯乙烯的反应:
$$C_6H_5C_2H_5(g) \Longrightarrow C_6H_5C_2H_3(g) + H_2(g)$$

因为是增分子反应,故实际生产中为了提高乙苯的转化率,要向反应系统中通入大量惰性组分(水蒸气);对于减分子反应,则情况正好相反,即加入惰性组分将使平衡向左移动,减少平衡混合物中产物的含量,而对生产不利,例如,合成氨反应:
$$N_2 + 3H_2 = 2NH_3$$

因 $\sum_B \nu_B < 0$,惰性组分的增加对反应不利。在实际合成氨生产中,未反应完全的原料气 N_2 和 H_2 混合物要循环使用。在循环过程中,不断加入新的原料气 N_2 和 H_2,但其中 Ar 和 CH_4 等惰性组分因不起反应而不断积累,含量逐渐增高,降低了 $NH_3(g)$ 的产率。因而为了保持 NH_3 的产率,要定期放空一部分旧的原料气,以减少惰性组分的含量。

例 5-10 在 800K, 101.325kPa 下,已知乙苯脱氢制苯乙烯反应: $C_6H_5C_2H_5(g) = C_6H_5C_2H_3(g) + H_2(g)$ 的 $K^{\ominus} = 4.688 \times 10^{-2}$。试计算:

(1) 当反应达到平衡时,纯乙苯的解离度 α_1;

(2) 当总压降为 10.1325kPa 时,纯乙苯的解离度 α_2;

(3) 若往原料气中掺入水蒸气,使乙苯与水蒸气的物质的量之比为 1∶9,总压仍为 101.325kPa，求乙苯的解离度 α_3。

解：(1) 求 α_1

设原料气中纯乙苯初始的物质的量为 1mol，则按反应计量方程式，各反应组分的物质的量为

	$C_6H_5C_2H_5(g)$	$\rightleftharpoons$	$C_6H_5C_2H_3(g)$	$+$	$H_2(g)$
n_B/mol	1		0		0
n_B^{eq}/mol	$1-\alpha_1$		α_1		α_1

$\sum_B n_B^{eq} = (1+\alpha_1)\text{mol}$

p_B^{eq}	$\dfrac{1-\alpha_1}{1+\alpha_1}p$	$\dfrac{\alpha_1}{1+\alpha_1}p$	$\dfrac{\alpha_1}{1+\alpha_1}p$

$$K^\ominus = \frac{[p^{eq}(H_2)/p^\ominus][p^{eq}(C_6H_5C_2H_3)/p^\ominus]}{[p^{eq}(C_6H_5C_2H_5)/p^\ominus]}$$

$$= \frac{\left(\dfrac{\alpha_1}{1+\alpha_1} \cdot \dfrac{p}{p^\ominus}\right)^2}{\dfrac{1-\alpha_1}{1+\alpha_1} \cdot \dfrac{p}{p^\ominus}} = \frac{\alpha_1^2}{1-\alpha_1^2} \cdot \frac{p}{p^\ominus} = 4.688 \times 10^{-2}$$

解得

$$\alpha_1 = 0.212$$

(2) 求 α_2

当总压降为 10.1325kPa 时，可得

$$K^\ominus = \frac{\alpha_2^2}{1-\alpha_2^2} \cdot \frac{p}{p^\ominus} = 4.688 \times 10^{-2}$$

解得

$$\alpha_2 = 0.565 > \alpha_1$$

可见，对于 $\sum_B \nu_B > 0$ 的反应，减压将使平衡向右移动，因而 α 增大。

(3) 求 α_3

设原料气中乙苯和水蒸气的物质的量分别为 1mol 和 9mol，则按反应计量方程式，各组分的物质的量分别为

	$C_6H_5C_2H_5(g)$	$\rightleftharpoons$	$C_6H_5C_2H_3(g)$	$+$	$H_2(g)$,	$H_2O(g)$
n_B/mol	1		0		0	9
n_B^{eq}/mol	$1-\alpha_3$		α_3		α_3	9

$\sum_B n_B^{eq} = (10+\alpha_3)\text{mol}$

p_B^{eq}	$\dfrac{1-\alpha_3}{10+\alpha_3}p$	$\dfrac{\alpha_3}{10+\alpha_3}p$	$\dfrac{\alpha_3}{10+\alpha_3}p$

$$K^{\ominus} = \frac{\left(\dfrac{\alpha_3}{10+\alpha_3} \cdot \dfrac{p}{p^{\ominus}}\right)^2}{\dfrac{1-\alpha_3}{1+\alpha_3} \cdot \dfrac{p}{p^{\ominus}}} = \frac{\alpha_3^3}{(1-\alpha_3)(10+\alpha_3)} \cdot \frac{p}{p^{\ominus}} = 4.688 \times 10^{-2}$$

解得

$$\alpha_3 = 0.497 > \alpha_1$$

可见增分子的反应,在等温、等压下加入惰性组分之后,系统的总物质的量增加,因而参与反应的各气体分压下降,其效果与减压是相同的。

对增分子的反应,例如乙苯脱氢制苯乙烯的反应,减压和添加惰性组分虽然都能提高乙苯的转化率,但在实际生产中,由于减压后空气容易从外界漏进反应器内,在较高温度下有爆炸的危险,为了安全起见,常常采用添加水蒸气的方法提高乙苯的转化率。

若在定容条件下,理想气体反应系统达到了平衡,若充入惰性气体,使反应系统的总压增加。但由于各反应组分的分压没有改变,因而反应的 J 不变,即不会引起平衡的移动,只会提高对反应器的耐压要求,所以生产中不会在定容条件下充入惰性气体。

5.4.3 浓度对化学平衡的影响

改变参与反应物质的浓度,在气相反应中与改变反应物质的分压有同样的效果,不改变标准平衡常数,但改变了反应的 J,从而使平衡移动。当增加反应物浓度(分压)或减少产物浓度(分压)时,反应继续正向进行,直到建立新的平衡。实际生产过程中,为提高某种昂贵原料的转化率,经常采用加入过量的廉价易得的其他原料或不断把产物从系统中分离出来的方法,以推动反应正向进行。

总之,平衡移动是有规律进行的。任何处于化学平衡的系统,如果影响平衡的某一个因素发生改变,平衡就向着减弱这个改变的方向移动。升高了系统的温度,平衡向吸热反应的方向移动,使升高了的温度再降低;增大了平衡系统的压力,平衡向着气相减分子反应的方向移动,使增大的压力再逐步减小;若增大平衡系统中反应物的浓度,平衡就向着生成产物的方向移动,使反应物的浓度再逐步降低。这就是勒夏忒列(H. L. Le Chatelier)原理。

5.5 同时平衡

以上讨论的化学平衡均属于系统中只有一个化学反应的情况。实际生产中,往往是几个,几十个甚至上百个反应在一个系统中同时进行,这些反应同处于一个系统之中,它们之间必然要互相影响。若某些物质同时参与了两个或更多个反应,这些存在物质联系的反应称为同时反应,当同时反应都达到平衡时称为同时平衡。

例如,用投氯法除去废水中的氨,为了简化,仅考虑氯形成的次氯酸(HOCl)与氨(NH_3)的作用。NH_3 可变成一氯氨(NH_2Cl)、二氯氨($NHCl_2$)、三氯氨(NCl_3),其化学反应为

$$NH_3 + HOCl \rightleftharpoons NH_2Cl + H_2O \tag{1}$$

$$NH_3 + 2HOCl \rightleftharpoons NHCl_2 + 2H_2O \tag{2}$$

$$NH_2Cl + HOCl \rightleftharpoons NHCl_2 + H_2O \tag{3}$$

$$NH_3 + 3HOCl \rightleftharpoons NCl_3 + 3H_2O \tag{4}$$

$$NH_2Cl + 2HOCl \rightleftharpoons NCl_3 + 2H_2O \tag{5}$$

$$NHCl_2 + HOCl \rightleftharpoons NCl_3 + H_2O \tag{6}$$

在这一组反应中,HOCl 参与了每个反应,所以是同时反应。达到平衡时,为了计算平衡组成,通常先要确定独立反应数。上述 6 个反应中,它们之间有一定的关系,其中只有 3 个反应是独立的。可以任意选择一组独立反应,如反应(1),(2),(4)为一组,或(1),(3),(5)为一组等,其余的反应均可由独立反应的代数组合表示。

计算同时平衡系统的组成时,系统中同时参与几个反应的同一种物质,它的组成(分压)只能是唯一确定值。上述系统若选反应(1),(2),(4)为一组独立反应,设初始状态的氨和次氯酸的物质的量浓度分别为 a 和 b,平衡时 NH_2Cl,$NHCl_2$ 和 NCl_3 物质的量浓度分别为 x,y,z,那么平衡时,各物质的量浓度分别为

$$NH_3 + HOCl \rightleftharpoons NH_2Cl + H_2O \tag{1}$$
$$a-x-y-z \quad b-x-2y-3z \quad x$$

$$NH_3 + 2HOCl \rightleftharpoons NHCl_2 + 2H_2O \tag{2}$$
$$a-x-y-z \quad b-x-2y-3z \quad y$$

$$NH_3 + 3HOCl \rightleftharpoons NCl_3 + 3H_2O \tag{3}$$
$$a-x-y-z \quad b-x-2y-3z \quad z$$

对每个独立反应,平衡时各物质浓度间的关系与标准平衡常数的关系分别为:

$$\begin{cases} K_1^\ominus = \dfrac{x/c^\ominus}{[(a-x-y-z)/c^\ominus][(b-x-2y-3z)/c^\ominus]} \\[2mm] K_2^\ominus = \dfrac{y/c^\ominus}{[(a-x-y-z)/c^\ominus][(b-x-2y-3z)/c^\ominus]^2} \\[2mm] K_3^\ominus = \dfrac{z/c^\ominus}{[(a-x-y-z)/c^\ominus][(b-x-2y-3z)/c^\ominus]^3} \end{cases}$$

由热力学数据表给出的有关数据,可以计算出各独立反应的标准平衡常数。这样

未知量的个数等于独立方程数,原则上可由多元方程组联立求解,确定同时平衡系统的组成。电子计算机的应用,使多元高次方程组可以快速求解,因而同时平衡的组成计算是能够解决的。

例 5-11 在 600K 及催化剂作用下,正戊烷发生下列气相反应:

$$CH_3(CH_2)_3CH_3(正戊烷) \Longrightarrow CH_3CH(CH_3)CH_2CH_3(异戊烷) \quad (1)$$

$$CH_3(CH_2)_3CH_3(正戊烷) \Longrightarrow C(CH_3)_4 \quad (2)$$

求平衡混合物的组成。已知 600K 时各物质的标准摩尔生成 Gibbs 函数值如下:

物 质	$\Delta_f G_m^\ominus (600K)/(kJ \cdot mol^{-1})$
$CH_3(CH_2)_3CH_3$(正戊烷)	142.13
$CH_3CH(CH_3)CH_2CH_3$(异戊烷)	136.65
$C(CH_3)_4$	149.20

解:计算各反应的标准平衡常数:

$$K_1^\ominus = \exp\left[\frac{-\Delta_r G_m^\ominus(600K)}{RT}\right]$$

$$= \exp\left[\frac{-(136.65 - 142.13) \times 10^3 J \cdot mol^{-1}}{8.314 J \cdot mol^{-1} \cdot K^{-1} \times 600K}\right] = 3.00$$

$$K_2^\ominus = \exp\left[\frac{-(149.20 - 142.13) \times 10^3 J \cdot mol^{-1}}{8.314 J \cdot mol^{-1} \cdot K^{-1} \times 600K}\right] = 0.242$$

设反应初始时,系统中正戊烷的量为 1mol,同时平衡时各物质的量为

$$\begin{array}{lccc} & CH_3(CH_2)_3CH_3 & \Longrightarrow & CH_3CH(CH_3)CH_2CH_3 \quad (1)\\ n_B^{eq}/mol & 1-x-y & & x \end{array}$$

$$\begin{array}{lccc} & CH_3(CH_2)_3CH_3 & \Longrightarrow & C(CH_3)_4 \quad (2)\\ n_B^{eq}/mol & 1-x-y & & y \end{array}$$

平衡时系统中各物质之物质的量之和为

$$\sum_B n_B^{eq} = (1-x-y) + x + y = 1mol$$

写出每个独立反应标准平衡常数表达式,并联立求解:

$$\begin{cases} K_1^\ominus = \dfrac{xp/p^\ominus}{(1-x-y)p/p^\ominus} = 3.00 \\[2mm] K_2^\ominus = \dfrac{yp/p^\ominus}{(1-x-y)p/p^\ominus} = 0.242 \end{cases}$$

解得

$$x = 0.7072 mol, \quad y = 0.05705 mol$$

所以平衡混合物中正戊烷物质的量分数为

$$\frac{1-x-y}{1} = \frac{(1-0.6713-0.1049)\text{mol}}{1\text{mol}} = 0.2357$$

异戊烷物质的量分数为

$$\frac{x}{1} = \frac{0.6713\text{mol}}{1\text{mol}} = 0.7072$$

$C(CH_3)_4$ 物质的量分数为

$$\frac{y}{1} = \frac{0.1049\text{mol}}{1\text{mol}} = 0.05705$$

本章基本学习要求

1. 理解化学反应的 $\Delta_r G_m$ 和 $\Delta_r G_m^\ominus$，J 和 $K^\ominus$ 的意义及用途；在这两对性质中，各自包括的两个量之间的区别以及它们的关系。
2. 掌握 $\Delta_r G_m$，$\Delta_r G_m^\ominus$ 和 $K^\ominus$ 的计算方法。
3. 掌握如何判断化学反应的方向。
4. 掌握温度、压力、惰性气体和物质浓度对化学平衡的影响规律。
5. 了解同时平衡的计算方法。

参 考 文 献

1. 傅鹰. 化学热力学导论. 北京：科学出版社，1963
2. McGlashan M L 著. 化学热力学. 刘天和，刘芸译. 北京：中国计量出版社，1989
3. 王军民，刘芸. 在热化学教学中引入反应进度的概念. 大学化学，1988，3(5)：16
4. 张索林，魏雨，童汝亭. 物质数量(或浓度)对化学平衡影响的新描述. 大学化学，1986，1(3)：25
5. 张索林，张光宇，刘晓地. 对《浓度影响化学平衡描述》的几点补充. 大学化学，1994，9(3)：37
6. Xijun H, Xinping Y. Influences of Temperature and Pressure on Chemical Equilibrium in Non-ideal Systems. J Chem Educ,1991,68：259
7. Anderson K. Practical Calculation of Equilibrium Constant and the Enthalpy of Reaction at Different Temperature. J Chem Educ,1994,71：474
8. Gold J, Gold V. Le Chatelier's Principle and the Laws. Educ in Chem,1985,22：82

思考题和习题

思考题

1. 当一个气相反应在 101.325kPa 的条件下进行时,反应的 $\Delta_r G_m$ 就是 $\Delta_r G_m^\ominus$,对吗?

2. 其他条件均相同时,若系统中 H_2,O_2 和 H_2O 的物质的量之比分别为 $1:1:1$ 或 $2:1:2$,在这两种情况下反应 $2H_2(g)+O_2(g) \rightleftharpoons 2H_2O(g)$ 的 $K^\ominus$ 和 J,$\Delta_r G_m^\ominus$ 和 $\Delta_r G_m$ 分别相同吗?

3. 在 H_2S 气体中通入较多的 $NH_3(g)$,可能有两种反应存在:
   (1) $NH_3(g)+H_2S(g) \rightleftharpoons NH_4HS(s)$
   (2) $2NH_3(g)+H_2S(g) \rightleftharpoons (NH_4)_2S(s)$
两个反应的 $\Delta_r G_{m,1}$ 与 $\Delta_r G_{m,2}$,$\Delta_r G_{m,1}^\ominus$ 与 $\Delta_r G_{m,2}^\ominus$,$K_1^\ominus$ 与 $K_2^\ominus$,是否相同?

4. 对于任一化学反应 $0 = \sum_B \nu_B B$,若为 B 选取不同的标准态,则 $\mu_B^\ominus(T)$ 值就不同,$\Delta_r G_m^\ominus$ 也会变,那么反应的 $K^\ominus$ 也会变吗?据化学反应等温式 $\Delta_r G_m = \Delta_r G_m^\ominus + RT\ln J$ 计算出来的 $\Delta_r G_m$ 值也变化吗?

5. 反应 $H_2O(g)+C(s) \rightleftharpoons CO(g)+H_2(g)$ 在 400℃ 达到平衡,已知 $\Delta_r H_m^\ominus = 133.5 \text{kJ}\cdot\text{mol}^{-1}$,问在下列条件变化时对平衡有何影响?
   (1) 增加压力;
   (2) 升高温度;
   (3) 增大 $H_2O(g)$ 分压;
   (4) 压力不变,加入 $H_2(g)$;
   (5) 等温等压下加入 $N_2(g)$。

6. 一个放热的化学反应,是否温度越低,标准平衡常数越大?对这样的反应,生产中是否尽可能地采取低温措施?

7. 判断下列说法是否正确,并说明理由。
   (1) 在一定温度、压力下,某反应的 $\Delta_r G_m > 0$,故需寻找合适的催化剂使反应能够向正向进行。
   (2) 某反应的 $\Delta_r G_m^\ominus < 0$,所以该反应一定能正向进行。
   (3) 对于任何气相反应 $0 = \sum_B \nu_B B$,增加反应系统压力,$K^\ominus$ 不变化。
   (4) 平衡常数值变了,平衡一定会移动;反之,平衡移动了,平衡常数值一定改变。

8. 若氨厂铜洗塔中的黑渣以 CuS 的形式存在,有人提出,为避免污染,不采用

火法回收铜,而选用氨厂自产的氨水为主要试剂采用湿法回收铜,假设回收过程主要反应是:

$$CuS(s) + 2O_2(g) + 4NH_3 \cdot H_2O(aq) = Cu(NH_3)_4SO_4(aq) + 4H_2O(l)$$

试说明此方法是否可行?再计算此反应的标准摩尔焓变。根据化学平衡原理,讨论此反应在生产中应考虑的因素。已知298K时的热力学数据如下:

	CuS(s)	Cu(NH$_3$)$_4^{2+}$(aq)	NH$_3$(aq)	SO$_4^{2-}$(aq)
$\Delta_f G_m^\ominus$/(kJ·mol^{-1})	−48.953	−256.06	−26.61	−741.990
$\Delta_f H_m^\ominus$/(kJ·mol^{-1})	−48.534	−334.3	−80.33	−907.510

9. 在不同温度下 CaSO$_4$·2H$_2$O ══ CaSO$_4$ + 2H$_2$O 系统的平衡压力和纯水的饱和蒸气压如下:

T/K		323	328	333	338
p/kPa	CaSO$_4$·2H$_2$O 系统	10.666	14.532	19.865	27.193
	H$_2$O	12.266	15.732	19.865	25.065

由于 CaSO$_4$ 在水中溶解度很小,可以认为饱和溶液的蒸气压与纯水的相等。

(1) 在一个预先抽成真空的密封管中,从 323K 到 338K 加热水合物 CaSO$_4$·2H$_2$O,会观察到什么现象?

(2) 在 338K 蒸发 CaSO$_4$ 溶液分离出什么固相?328K 时又如何?

习题

1. 反应 2SO$_2$(g) + O$_2$(g) ══ 2SO$_3$(g) 在 1000K 时 $K^\ominus = 3.45$,计算 SO$_2$,O$_2$,SO$_3$ 分压分别为 20.265kPa, 10.133kPa, 101.325kPa 的混合气中,上述反应的 $\Delta_r G_m$,并判断混合气中反应自动进行的方向。若 SO$_2$,O$_2$ 的分压不变,SO$_3$ 的压力最小应为多少方能使反应按 2SO$_3$ ══ 2SO$_2$ + O$_2$ 的方向进行?

(答案:35.61kJ·mol^{-1},11.9kPa)

2. 反应 2NOCl(g) ══ 2NO(g) + Cl$_2$(g) 在 500K,总压为 101.325kPa 条件下达到平衡,亚硝酰氯 NOCl 的分压为 64.848kPa,起始时只有亚硝酰氯,计算这个反应的 $\Delta_r G_m^\ominus$,当 Cl$_2$ 的平衡分压为 10.133kPa 时,系统总压将为多少?

(答案:16.97kJ·mol^{-1},79.73kPa)

3. 已知 457K 维持系统总压为 101.325kPa 不变时,二氧化氮有 5% 分解成一氧化氮和氧,若反应用下述方程式(1)或(2)表示,分别求 $K^\ominus$。

$$2NO_2(g) ══ 2NO(g) + O_2(g) \qquad (1)$$

$$NO_2(g) ══ NO(g) + \frac{1}{2}O_2(g) \qquad (2)$$

(答案:6.756×10^{-5},8.22×10^{-3})

4. 反应：$CO_2(g) \rightleftharpoons CO(g) + \frac{1}{2}O_2(g)$ 在 1000K 和总压力为 101.325kPa 时，CO_2 的平衡转化率 $\alpha_1 = 2.5 \times 10^{-5}$。求

(1) 上述反应的标准平衡常数 $K_1^\ominus$；

(2) 若反应方程式写成 $2CO_2(g) \rightleftharpoons 2CO(g) + O_2(g)$，在同样条件下求该反应的标准平衡常数 $K_2^\ominus$ 和 CO_2 的平衡转化率 α_2。

(答案：8.84×10^{-8}；7.8×10^{-15}，2.5×10^{-5})

5. 在 929K 硫酸亚铁热分解：$2FeSO_4(s) \rightleftharpoons Fe_2O_3(s) + SO_2(g) + SO_3(g)$，当二固相存在并达到平衡时，系统总压力为 $0.9 \times 101.325kPa$。

(1) 计算硫酸亚铁在该温度下热分解反应的标准平衡常数。

(2) 当 929K 容器内有过量 $FeSO_4$，且 SO_2 初压为 $0.6 \times 101.325kPa$ 时，系统达到平衡后的总压力是多少？

(答案：0.2025；109.6kPa)

6. 1023K 时，反应

$$\frac{1}{2}SnO_2(s) + H_2(g) \rightleftharpoons \frac{1}{2}Sn(s) + H_2O(g)$$

平衡时系统总压力为 4.266kPa，$H_2O(g)$ 的分压为 3.168kPa，计算这个反应在 1023K 时的标准平衡常数 $K^\ominus$。如果同温度下反应

$$H_2(g) + CO_2(g) \rightleftharpoons CO(g) + H_2O(g)$$

的 $K^\ominus = 0.771$，求下述反应的 $K^\ominus$：

$$\frac{1}{2}SnO_2(s) + CO(g) \rightleftharpoons \frac{1}{2}Sn(s) + CO_2(g)$$

(答案：2.885，3.742)

7. 镍和一氧化碳在低温下生成羰基镍 $Ni(CO)_4$：$Ni(s) + 4CO(g) \rightleftharpoons Ni(CO)_4(g)$，羰基镍对人体危害很大，长期接触会引起肺癌等疾病。若在 423K 含物质的量分数为 5×10^{-3} 的一氧化碳混合气通过 Ni 表面，为了使气相中 $Ni(CO)_4$ 的物质的量分数小于 10^{-9}，问气体压力最大可为多少？已知 423K 时上述反应的标准平衡常数 $K^\ominus = 2.0 \times 10^{-6}$。

(答案：$9.406 \times 10^6 Pa$)

8. 求反应 $I^- + I_2 \rightleftharpoons I_3^-$ 在水溶液中 298K 的标准平衡常数 $K^\ominus$。已知 298K 时，I^- 和 I_3^- 的标准摩尔生成吉布斯函数 $\Delta_f G_m^\ominus$ 分别为 $-51.67 kJ \cdot mol^{-1}$ 和 $-51.50 kJ \cdot mol^{-1}$，I_2 在水中的饱和质量摩尔浓度为 $0.00132 mol \cdot kg^{-1}$。

(答案：707)

9. 在催化剂作用下,将乙烯通过水柱生成乙醇水溶液,反应如下:

$$C_2H_4(g) + H_2O(l) \xrightarrow{催化剂} C_2H_5OH(aq)$$

已知298K 的纯乙醇液体的饱和蒸气压为 7.599kPa,而乙醇的标准态溶液($b^\ominus =$ 1mol·kg^{-1})的饱和蒸气压为 533.3Pa,求此反应的标准平衡常数。

(答案:150.5)

10. 通常钢瓶中所装的压缩 N_2 气中,常含有少量的 O_2,在实验室中,欲除去 O_2,可将气体通过高温下的铜粉发生反应:$2Cu(s) + \frac{1}{2}O_2(g) = Cu_2O(s)$。已知该反应的 $\Delta_r G_m^\ominus$ 与温度的关系为:$\Delta_r G_m^\ominus/kJ·mol = -166.7 + 6.301 \times 10^{-2}(T/K)$。今若 873K 时使该反应达到平衡,试问经纯化后在 N_2 气中残余 O_2 的为多少?

(答案:4.36×10^{-9}Pa)

11. 329K 时 0.1kg 水中能溶解 3.31g 羟基苯甲酸,352K 时 0.1kg 水中能溶解 13.43g,试求 333K 时能溶解多少克?

(答案:4.28g)

12. 工业上用 Cl_2 在 H_2 中"燃烧"制 HCl,其火焰温度为 1600K。若 H_2 与 Cl_2 物质的量之比为 1:1,试求 HCl 的最大产率。比较 $\Delta_r G_m^\ominus$(298K) 与 $\Delta_r G_m^\ominus$(1600K)的数值,是否可以说此反应的最大产率在 1600K 比在 298K 时的大?

(答案:99.91%,-95.3kJ·mol^{-1},-102.2kJ·mol^{-1})

13. 在 2273K,总压为 101.325kPa 条件下,反应 $H_2O(g) = H_2(g) + \frac{1}{2}O_2(g)$ 达平衡时,有 2% 的水离解为氧和氢。

(1) 计算反应的 $K^\ominus$(2273K)。
(2) 若系统压力减小,水的离解度如何变化?
(3) 若加入氢气并保持体积不变,水的离解度如何变化?
(4) 如定体积条件下加入 N_2 气,水的离解度如何变化?

(答案:2.03×10^{-3})

14. 523K 时 PCl_5 气相分解反应 $PCl_5 = PCl_3 + Cl_2$ 的 $K^\ominus = 1.78$,若把 0.04mol 的 PCl_5 加入含有 0.2mol 的 Cl_2 的容器中,

(1) 如反应系统总压保持为 202.65kPa,达到平衡时 PCl_5 的离解度为多少?
(2) 当反应系统的体积保持为 4dm^3 不变,则平衡时 PCl_5 的离解度为多少?

(答案:0.513;0.433)

15. 环己烷和甲基环戊烷之间有异构化作用,异构化反应的标准平衡常数与温度有如下关系:

$$\ln K^\ominus = 4.814 - \frac{17120 \text{J} \cdot \text{mol}^{-1}}{RT}$$

试求 298K 时异构化反应的 $\Delta_r H_m^\ominus, \Delta_r S_m^\ominus$。

(答案：17.12kJ·mol^{-1}, 40.02J·mol^{-1}·K^{-1})

16. 潮湿 Ag_2CO_3 在 383K 时用空气流进行干燥，试计算空气中 CO_2 的分压最小应为多少方能避免 Ag_2CO_3 分解为 Ag_2O 和 CO_2？已知 298K 时有关热力学数据如下：

物　质	Ag_2CO_3(s)	Ag_2O(s)	CO_2(g)
$\Delta_f H_m^\ominus$/(kJ·mol^{-1})	−501.18	−29.051	−393.09
$S_m^\ominus$/(J·mol^{-1}·K^{-1})	167.22	121.64	213.60
$C_{p,m}$/(J·mol^{-1}·K^{-1})	109.52	68.55	40.13

(答案：1.00kPa)

17. 反应 $CuSO_4 \cdot 3H_2O(s) \Longleftrightarrow CuSO_4(s) + 3H_2O(g)$，已知 $K^\ominus(298K) = 10^{-6}$，$K^\ominus(323K) = 10^{-4}$，

(1) 298K 时有 0.01mol 的 $CuSO_4$(s) 置于容积为 2dm^3 的瓶中，为了使其转变为三水合物，需往此瓶中最少通入水蒸气的量是多少？

(2) 计算反应的 $\Delta_r H_m^\ominus$。

(答案：0.030 82mol；147.4kJ·mol^{-1})

18. 反应 $NiO(s) + CO(g) \Longleftrightarrow Ni(s) + CO_2(g)$ 在不同温度下的标准平衡常数 $K^\ominus$ 数据如下：

T/K	936	1027	1125
$K^\ominus/10^3$	4.54	2.55	1.58

(1) 计算该反应在 1000K 的 $\Delta_r G_m^\ominus, \Delta_r H_m^\ominus, \Delta_r S_m^\ominus$。

(2) 判断该反应的 $\Delta_r C_{p,m} > 0$，还是 $\Delta_r C_{p,m} < 0$？

(3) 在含 CO_2 为 0.20，CO 为 0.05，N_2 为 0.75 的气氛中，1000K 时 Ni 能否被氧化?

(答案：−66.6kJ·mol^{-1}，−50.6kJ·mol^{-1}；15.89J·mol^{-1}·K^{-1}；>0)

19. 一个可能大规模制 H_2 的方便方法是使 $CH_4 + H_2O$ 的混合气通过热的催化床。设用 5:1 的 H_2O-CH_4 混合气，温度 873K，压力 101.325kPa，只有下列反应发生：

$$CH_4 + H_2O \Longleftrightarrow CO + 3H_2 \quad K_1^\ominus(873K) = 0.543$$
$$CO + H_2O \Longleftrightarrow CO_2 + H_2 \quad K_2^\ominus(873K) = 2.494$$

求干的平衡气（即除去水蒸气的气体）的组成。

(答案：2.01%, 6.39%, 77.11%, 14.49%)

6 电 化 学

电化学是研究电现象与化学现象之间内在联系的一门学科。电化学所涉及的内容有热力学问题也有动力学问题,是物理化学的重要组成部分。

化学现象与电现象有着密切的联系,例如氧化还原反应实质是电子的得失问题,电解质溶液中的化学反应、电池及电解池中的化学反应等都是与电现象不可分的。从化学现象与电现象的联系出发来研究化学反应,就构成了电化学的全部内容。

在上述各章所研究的系统,一般来说是不导电的。电化学系统则必须能够导电,否则就没有研究的意义,因此构成电化学系统的物相包括导体(金属、电解质溶液、熔融盐)和半导体。以前所讨论的多相系统中,每一相都是电中性的,因此相与相之间没有电位差。然而,多相的电化学系统由于含有带电粒子(离子、电子),而且有些带电粒子不能进入所有各相,从而使得某些相可能带电,结果产生了相间电位差。

电化学的研究主要包括以下几个方面:①电解质溶液理论;②电化学平衡;③电极过程动力学;④应用电化学。本书简要地讨论前3个方面的内容,关于应用电化学方面的问题分别穿插到以上3个部分予以简单介绍。

6.1 电解质溶液的导电机理与 Faraday 定律

电化学的根本任务是揭示化学能与电能相互转换的规律,实现这种转换的特殊装置称为电化学反应器。电化学反应器分为两类:①原电池(电池);②电解池。在电池中,发生化学反应的同时对外放电,将化学能转变成电能。在电解池中情况相反,在给电解池通电的情况下池内发生化学反应,将电能转变为化学能。值得提出的是,多数电池或电解池都包含电解质溶液,或者说电解质溶液是电化学反应器的重要组成部分。与非电解质溶液相比,电解质溶液的特点之一是能够导电。在 6.1~6.4 节中讨论电解质溶液的导电性质。这部分内容不属于热力学而属于物理动力学的范畴,其中的概念和方法原则上也适用于熔融盐。

6.1.1 电解质溶液的导电机理

金属与电解质溶液都是电的导体,但它们的导电机理不同。金属称为第一类导体,在外电场的作用下,金属中的自由电子定向移动,是这类导体的导电机理;电解质溶液称为第二类导体,自由电子不能进入溶液,这类导体的导电机理比金属复杂。

一杯一般浓度的 $CuCl_2$ 水溶液,其中含有大量的 Cl^- 和 Cu^{2+}。将电极 A(例如金属 Pt)和电极 B(例如金属 Cu)插入溶液,然后接通电源,便有电流通过溶液,这就是简单的电解池,如图 6-1 所示。在通电过程中电解池内同时发生如下两种变化:

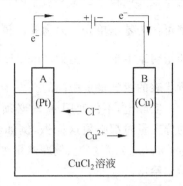

图 6-1 电解质溶液的导电机理

(1) 由于电极 A 和 B 的电位不同(A 的电位高于 B 的电位),于是在 A 与 B 之间产生一个指向 B 方向的电场。在该电场作用下,溶液中的 Cl^- 和 Cu^{2+} 向不同的方向迁移。在电场作用下,溶液中离子的这种定向迁移过程称为离子的电迁移。显然离子的电迁移属于物理过程。

(2) 在电极 A 与溶液的界面处,Cl^- 失去电子 e^- 变成氯气从电极上冒出:

$$2Cl^- \xrightarrow{\text{氧化}} Cl_2 + 2e^-$$

在电极 B 与溶液的界面处,Cu^{2+} 得到电子 e^- 变成金属铜:

$$Cu^{2+} + 2e^- \xrightarrow{\text{还原}} Cu$$

显然两个电极处发生的是化学变化,分别是氧化反应和还原反应,也叫做电极反应。

在通电过程中,以上两种过程(离子的电迁移和电极反应)是同时发生的,具体情况如下:由电池提供的电子在电极 B 上被消耗,而迁移到电极 A 处的 Cl^- 却将自己本身的电子释放给电极 A。可见两种过程的总结果相当于电池负极上的电子由 B 进入溶液,然后通过溶液到达 A,最后回到电池的正极。因此,离子的电迁移和电极反应的总结果便是电解质溶液的导电过程,这就是电解质溶液的导电机理。

应该指出,在电化学中讨论电极时,最关心的是电极上发生的化学反应是什么,为此本书按照电极反应的不同来命名和区分电极:将发生氧化反应的电极称为阳极,发生还原反应的电极称为阴极。于是上例中的电极 A 是阳极,电极 B 是阴极。

电解质溶液的导电性质是以溶液中含有大量的带电粒子(即离子)为前提的。如果没有离子,便没有电迁移和电极反应,也就没有导电本领。一杯酒精溶液,其中没有离子,所以不能导电。

6.1.2 物质的量的基本单元

物质的量 n 是大家熟知的基本量之一,它的定义为 $n=N/L$,其中 N 是基本单元的数目,L 是 Avogadro 常数。基本单元可以是分子、原子、离子、原子团、电子、光子及其他粒子或这些粒子的任意特定组合。例如 H_2，$\frac{1}{2}H_2$，$3H_2$，$H_2+\frac{1}{2}O_2$ 等都可作为基本单元。因为 n 的值与基本单元的数目有关，所以在具体使用 n 时必须指明基本单元。例如，$2\text{mol } H_2$、$4\text{mol } \frac{1}{2}H_2$ 和 $1\text{mol } 2H_2$ 的值互不相同，但它们所代表的氢气量是相同的。

实际上，不仅使用 n_B 时必须用 B 的化学式指明基本单元，而且在使用任何 n_B 的导出量时都必须这样做，例如物质的量浓度（即 $c_B=n_B/V$）、质量摩尔浓度（即 $b_B=n_B/m_A$）、摩尔量、偏摩尔量等都与基本单元有关，在使用这些量时都必须将化学式给出。

在以上各章，物质的量都是以一个分子或一个离子为基本单元，例如 $2\text{mol } H_2SO_4$，$1\text{mol } Cl^-$ 等。但在讨论电解质溶液导电问题时（本书 6.1～6.4 节），为了方便，总是以一个元电荷（即质子电荷或电子电荷）为基础选择基本单元。这一规定与前面各章的习惯不同，必须引起大家的注意。根据上述规定，1mol 铜离子是指 $1\text{mol } \frac{1}{2}Cu^{2+}$，1mol 硫酸根离子是指 $1\text{mol } \frac{1}{2}SO_4^{2-}$，1mol 氯离子是指 $1\text{mol } Cl^-$，1mol 氯化铁是指 $1\text{mol } \frac{1}{3}FeCl_3$，等等。对于离子和电解质，基本单元都与一个元电荷相对应，所以 a mol 的任何电解质当其全部电离后都产生 a mol 的正离子和 a mol 的负离子。一个电解质溶液中，正离子与负离子的数目不一定相同，但它们的物质的量相同，因而它们的浓度 c_B 也相同，这种规定便于处理问题。对于参与氧化或还原反应的任意物质，例如 6.1.1 节中参与电极反应的氯气和金属铜，它们的物质的量是指 $n\left(\frac{1}{2}Cl_2\right)$ 和 $n\left(\frac{1}{2}Cu\right)$。由此可见，在氧化还原反应中，1mol 的任何物质是指得到或失去 6.023×10^{23} e 电荷（约 96 500C）时所消耗或产生的物质的数量，即 1mol 物质是指与 1mol e 相对应的物质的数量。按照这种规定，在任意两个电极上如果参与反应的物质的 n 相等，则两电极上通过的电量必相等；反之，若通过的电量相等，则物质的 n 相等。

6.1.3 Faraday 电解定律

在大量电解实验的基础上，英国科学家 M. Faraday（法拉第）总结出如下规律：在电极上起反应的物质的量与通入的电量成正比。人们称之为 Faraday 电解定律，记作

$$Q = nF \tag{6-1}$$

其中，Q 代表通入的电量；n 代表在电极上起反应的物质的量；比例系数 F 称

Faraday 常数,F 代表 1mol 物质在电极上起反应时所通过的电量,由 6.1.2 节讨论可知,$F=96\,500\text{C}\cdot\text{mol}^{-1}$。

由式(6-1)看出,若通入电解池 a mol e 的电量,则在电极上就有 a mol 的物质起反应。由于在电路中不会产生电荷聚集,因此在电路的任何截面上通过的电量相同,所以电解池的阳极和阴极上起反应的物质的量总是相等。显然,如果将多个电解池串联,通电后所有电极上起反应的物质的量都相同。

Faraday 定律虽然是在电解实验的基础上总结出来的,但也适用于电池,即电池所放出的电量与电极上起反应的物质的量成正比,且电池的两极上起反应的物质的量相等。

6.2 离子的电迁移和电解质溶液的导电能力

6.2.1 离子的电迁移率和迁移数

在一定温度和压力下,对于一个指定的电解质溶液,其中任意离子 B 的电迁移速度 v_B 只取决于电场强度 E 的大小。实验表明,迁移速度与电场强度成正比,即

$$v_B = u_B E \tag{6-2}$$

式中 u_B 是比例系数,叫做离子 B 的电迁移率(也叫离子的淌度)。由此式可知,离子的电迁移率就是单位场强($1\text{V}\cdot\text{m}^{-1}$)时离子的迁移速度,单位是 $\text{m}^2\cdot\text{s}^{-1}\cdot\text{V}^{-1}$。

当人们比较任意两种离子的迁移快慢时,显然是在指定场强的条件下进行比较的,实际上是指电迁移率的相对大小。但是电迁移率并不是离子本身的性质,它与溶液中其他离子的本性以及溶液的浓度有关。这是由于溶液中不同离子间存在着不可忽略的相互作用,正负离子间不仅有强的静电引力,而且它们的迁移方向相反。这种相互作用越大,离子的电迁移率越小,所以在同一种电解质的溶液中,离子的电迁移率随溶液浓度的增大而减小,因此电迁移率 u 要具体进行实验测定。

为了得到离子本身的电迁移性质,必须设法排除溶液中与之共存离子的干扰,为此我们讨论 $c \to 0$ 的溶液,称为无限稀薄溶液。无限稀薄溶液具有以下两个特点:①离子间无静电作用。无限稀薄溶液是实际溶液的极限,它的性质可以通过实际溶液的性质外推来得到。②在无限稀薄溶液中弱电解质与强电解质没有区别。由无机化学中电离平衡的知识可知,弱电解质的电离度随浓度变小而增大,当 $c \to 0$ 时将达 100%,所以在无限稀薄溶液中弱电解质与强电解质一样完全电离。无限稀薄溶液中离子的电迁移是独立的,与其他离子无关,此时离子的电迁移率称为极限电迁移率,是由离子的本性决定的,用符号 u^∞ 表示。大多数离子在 298.15K 时的 u^∞ 可以从手册中查到,表 6-1 列出了几种离子的 u^∞ 值。由表可知,H^+ 和 OH^- 的 u^∞ 比一般离子

大得多。后来有人提出了水溶液中 H^+ 和 OH^- 的迁移机理,解释了这种现象。在一般浓度的强电解质溶液中,由于离子间的静电干扰使得 $u<u^\infty$,而在弱电解质溶液(如 HAc)或难溶强电解质溶液(如 AgCl)中,由于静电作用很小使得 $u \approx u^\infty$。

表 6-1　298.15K 时离子的极限电迁移率 u^∞

离子	$u^\infty \times 10^8/(m^2 \cdot s^{-1} \cdot V^{-1})$	离子	$u^\infty \times 10^8/(m^2 \cdot s^{-1} \cdot V^{-1})$
H^+	36.2	OH^-	20.6
Li^+	4.0	Cl^-	7.9
Na^+	5.2	Br^-	8.1
K^+	7.6	I^-	8.0
Ag^+	6.4	CO_3^{2-}	7.2
Cu^{2+}	5.9	Ac^-	4.2
Zn^{2+}	5.5	NO_3^-	7.4
Ba^{2+}	6.6	SO_4^{2-}	8.3

在电解质溶液导电时,溶液所导的总电量是由溶液中的所有离子共同分担的,其中某种离子所导的电量与总电量之比叫做该离子的迁移数,用符号 t 表示。对于某个电解质的溶液,通过的总电量为 Q,其中正、负离子所导的电量分别为 Q_+ 和 Q_-,则 $Q=Q_+ + Q_-$,离子的迁移数定义为

$$t_+ = \frac{Q_+}{Q}, \quad t_- = \frac{Q_-}{Q} \tag{6-3}$$

由于某种离子的迁移数是该离子所承担的导电分数,所以 t 是无量纲的纯数字。显然一个电解质溶液中正、负离子的迁移数之和应等于 100%,即

$$t_+ + t_- = 1 \tag{6-4}$$

在同一电解质溶液中,不同离子的迁移数代表它们对溶液导电所做贡献的相对大小,由于两种离子的电迁移率不同,所以整个导电任务并不是由它们平均分担的,迁移数的值取决于离子电迁移率的相对大小,即

$$\frac{t_+}{t_-} = \frac{u_+}{u_-} \tag{6-5}$$

此式的意义不难理解,一种电解质的溶液中两种离子的浓度相同($c_+ = c_-$),它们的迁移速度便决定了各自对导电的贡献。

根据式(6-5),某离子的迁移数是由它与另一种离子电迁移率的相对值决定的,因此迁移数不仅决定于两种离子的本性还与它们之间的相互作用有关。即使同一种电解质的溶液,浓度不同,迁移数的值也不同。所以溶液中离子的迁移数只能逐个溶液具体测定。表 6-2 列出了 298.15K 时几种强电解质溶液中离子的迁

移数。其中 KCl 溶液中的 $t(K^+)$ 随浓度的变化最小且最接近 50%，这表明 KCl 溶液中的 K^+ 和 Cl^- 总是以差不多相等的速度电迁移，因而导电任务几乎是由 K^+ 和 Cl^- 平均分担的。KCl 在电化学研究中被广泛使用，它的标准溶液的许多电化学数据均可从电化学手册中查找。

表 6-2 298.15K 时电解质溶液的离子迁移数 t_+

$c/(\text{mol} \cdot \text{dm}^{-3})$	HCl	NaCl	KCl	AgNO$_3$
0	0.821	0.396	0.491	0.464
0.01	0.825	0.392	0.490	0.465
0.02	0.827	0.390	0.490	0.465
0.05	0.829	0.388	0.490	0.466
0.1	0.831	0.385	0.490	0.468
0.2	0.834	0.382	0.489	—

6.2.2 电解质溶液的电导和电导率

溶液中的离子是导电的基本单位。一个电解质溶液的导电能力决定于两个方面：①溶液中所含离子的数目（严格说是电荷数目）。离子越多，即参加导电的基本粒子越多，溶液的导电能力就越强。②离子的电迁移率。电迁移率越大，表明离子电迁移的速度越快，溶液的导电能力就越强。

设参与导电的溶液的电阻为 R，人们常用它的倒数表示溶液的导电能力，称溶液的电导，用符号 G 表示，即

$$G = \frac{1}{R} \tag{6-6}$$

电导的单位是 Ω^{-1}，叫做西[门子](siemens)，用符号 S 表示。通常认为，电导越大，溶液的导电能力越强。若导电溶液的长度和横截面积分别为 l 和 A，则电导可表示为

$$G = \kappa \frac{A}{l} \tag{6-7}$$

其中 κ 是电阻率的倒数，叫做电导率，单位是 $S \cdot m^{-1}$，它代表当溶液的长度为 1m，横截面积为 1m² 时溶液的电导。在描述一个溶液或一种材料的导电能力时，显然用 κ 比用 G 更具科学性，因为 κ 将溶液的体积限定在 1m³，这样更有利于不同溶液进行比较。溶液的 G 和 κ 可以用普通物理电学中测量金属电阻的方法测量，也可以用仪器（电导仪或电导率仪）直接测定。但与固体电阻不同之处在于，测量时必须把溶液放入一个特定的容器——电导池中，如图 6-2 所示。电导池中有两个平行板电

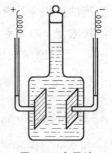

图 6-2 电导池

极,式(6-7)中的 l 和 A 分别是极板间的距离和极板间液柱的横截面积,将 l/A 称作电导池常数。

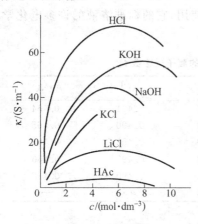

图 6-3 电导率与浓度的关系

对一种金属导体来说,在一定温度下其电导率是不变的。但对于一种电解质溶液,κ 却随溶液的浓度而改变,291K 时一些电解质溶液的电导率随浓度的变化情况示于图 6-3。由图可以看出以下两点:①强酸的电导率最大,强碱次之,盐类较低,弱电解质最低。这是由于 H^+ 和 OH^-(尤其 H^+)的电迁移率远远大于其他离子,至于弱电解质,则是由于单位体积中参与导电的离子数很少。②κ-c 曲线上存在极大点。实际上除了那些溶解度较低的盐类,它们在没有达到极大点时就已经饱和了,其他的电解质都有类似的情况。在较稀的浓度范围内,随浓度增大单位体积内的离子数目增加,κ 值便逐渐增大。当浓度足够大以后,离子间的静电作用使离子的电迁移率大大减小。另外,正、负离子还可能缔合成荷电量较少的或中性的离子对,因而会出现随浓度增大,κ 值减小的情况。至于弱电解质溶液,单位体积内的离子数目一直保持很少且电迁移率近似等于 u^∞,因而其电导率随浓度的变化很小。了解这些情况,对于在生产及科学研究中合适地选用电池或电解池内的电解质是有帮助的。

6.2.3 电解质溶液的摩尔电导率

κ 代表 $1m^3$ 溶液的导电能力,由于浓度改变时其中电解质的含量和溶液的内部结构都将发生变化,这对数据分析是不方便的,为此引入摩尔电导率的概念。

在相距 1m 的两个平行电极之间,放置含有 1mol 某电解质的溶液,此时的电导称为该溶液的摩尔电导率,用符号 Λ_m 表示。因为将电解质指定为 1mol,故导电溶液的体积应是含有 1mol 该电解质的溶液的体积 V_m(单位为 $m^3 \cdot mol^{-1}$)。它与溶液浓度 c 的关系为:$V_m = 1/c$。由于 κ 是相距 1m 的平行电极之间 $1m^3$ 溶液的电导,所以摩尔电导率 Λ_m 可表示为 $\Lambda_m = \kappa V_m$,即

$$\Lambda_m = \frac{\kappa}{c} \tag{6-8}$$

Λ_m 的单位是 $S \cdot m^2 \cdot mol^{-1}$。任何电解质的 Λ_m 均是对 1mol 电解质而言,例如 1mol NaCl,1mol $\frac{1}{2}H_2SO_4$,1mol HAc 等。当这些电解质完全电离后所产生的

正、负电荷均为1mol,这就为比较不同电解质的导电能力提供了共同的基础。通常所说的一个电解质溶液的导电能力就是指溶液的摩尔电导率。

摩尔电导率是1mol电解质的导电能力,它取决于两个因素:①与1mol电解质在溶液中实际电离产生的离子数量成正比,而离子数量正比于电离度 α,所以 Λ_m 与 α 成正比;②与正、负离子的电迁移率之和 $(u_+ + u_-)$ 成正比。具体关系记作

$$\Lambda_m = \alpha(u_+ + u_-)F \tag{6-9}$$

式中比例系数 F 是 Faraday 常数,此式适用于任意电解质溶液。对于强电解质溶液,α 恒等于1,上式变为

$$\Lambda_m = (u_+ + u_-)F \tag{6-10}$$

即1mol强电解质的导电能力只取决于离子的电迁移率。

由以上讨论可知,Λ_m 与溶液的浓度有关。在实验基础上,人们将这种关系绘成 Λ_m-$\sqrt{c}$ 曲线,如图6-4所示。由图可以看出:①对于强电解质,Λ_m 随浓度降低而增大,这是由于浓度减小时离子间静电引力变小,使离子电迁移率增大。进一步研究发现,在较稀的浓度范围内,所有强电解质的 Λ_m-$\sqrt{c}$ 都近似成直线关系。化学家 Kohlrausch 在实验基础上提出如下经验公式:

$$\Lambda_m = \Lambda_m^\infty (1 - \beta\sqrt{c}) \tag{6-11}$$

此式称为 Kohlrausch 经验规则,只适用于强电解质的稀薄溶液。其中 β 在一定温度下对于指定的电解质是一个常数。Λ_m^∞ 是直线的截距,代表当 $c \to 0$ 时溶液的摩尔电导率,称为极限摩尔电导率。②对于弱电解质,Λ_m 随浓度降低而增大,与强电解质的区别是,当浓度较低时,Λ_m 随浓度降低而急剧增大,曲线十分陡峭。这是由于当浓度很低之后,电离度随浓度降低而明显增大。

电解质溶液的极限摩尔电导率 Λ_m^∞ 是1mol电解质完全电离成离子且两种离子互不干扰的情况下的导电能力。在一定温度下,Λ_m^∞ 只取决于组成电解质的两种离子本身,即 Λ_m^∞ 是电解质的特性参数,是电解质最大导电本领的标志。因此在研究电解质溶液导电时,Λ_m^∞ 值是重要的,表6-3列出了一些电解质在298.15K时的 Λ_m^∞。

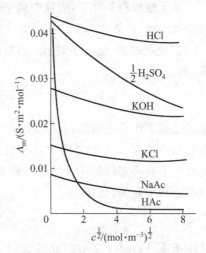

图6-4 298K时一些电解质溶液的 Λ_m 与浓度的关系

表 6-3　298.15K 时一些电解质的极限摩尔电导率 Λ_m^∞

电解质	$\Lambda_m^\infty \times 10^2/(S \cdot m^2 \cdot mol^{-1})$	电解质	$\Lambda_m^\infty \times 10^2/(S \cdot m^2 \cdot mol^{-1})$
HCl	4.2616	$\frac{1}{3}LaCl_3$	1.4594
HNO_3	4.2130	KNO_3	1.4496
$\frac{1}{2}H_2SO_4$	4.2962	$\frac{1}{2}Na_2SO_4$	1.2991
KCl	1.4986	KOH	2.7152
$\frac{1}{2}MgCl_2$	1.2940	NaOH	2.4811
LiCl	1.1503	$AgNO_3$	1.3336

电解质的极限摩尔电导率是实际溶液的极限情况($c \to 0$),因此其值不能通过一次实验直接测量,只能通过许多实验数据 $\Lambda_m - \sqrt{c}$ 外推得到。由以上讨论可知,对于强电解质,在较稀的浓度范围内,$\Lambda_m - \sqrt{c}$ 近似成直线关系,所以可通过外推得到 Λ_m^∞ 的准确值。但对弱电解质,在稀浓度范围内曲线陡峭,使外推法遇到困难,再者又不表现为明显的直线关系,故弱电解质的 Λ_m^∞ 不可用外推法求得。

6.3　离子独立迁移定律及离子的摩尔电导率

在无限稀释条件下,溶液中离子间没有静电干扰,离子的电迁移是独立的。在讨论 Λ_m^∞ 时,对象是 1mol 电解质且其完全电离生成无相互干扰的正、负离子各 1mol。设此时正、负离子对 Λ_m^∞ 的贡献分别为 λ_+^∞ 和 λ_-^∞,称为离子的极限摩尔电导率,则

$$\Lambda_m^\infty = \lambda_+^\infty + \lambda_-^\infty \tag{6-12}$$

此式适用于任意电解质,其中 λ_+^∞ 和 λ_-^∞ 都是指 1mol 离子所具有的导电能力,所以它们只取决于离子本身而与共存的离子无关。可见,λ^∞ 是离子的特性参数,在一定温度下有确定值。这个结论叫做离子独立迁移定律。不难理解,λ^∞ 与离子的极限电迁移率有关,记作

$$\lambda^\infty = u^\infty F \tag{6-13}$$

其中 F 是 Faraday 常数。此式表明,离子的摩尔电导率可以通过测定电迁移率来求得,常用离子的 λ^∞ 可从手册中查找,表 6-4 列出了一些离子在 298.15K 时的 λ^∞ 值。

表 6-4　298.15K 时一些离子的极限摩尔电导率 λ^∞

离子	$\lambda^\infty \times 10^4/(S \cdot m^2 \cdot mol^{-1})$	离子	$\lambda^\infty \times 10^4/(S \cdot m^2 \cdot mol^{-1})$
H^+	349.82	OH^-	198.0
Li^+	38.69	Cl^-	76.34
Na^+	50.11	Br^-	78.4
K^+	73.52	I^-	76.8
NH_4^+	73.4	NO_3^-	71.44
Ag^+	61.92	CH_3COO^-	40.9
$\frac{1}{2}Ca^{2+}$	59.50	ClO_4^-	68.0
$\frac{1}{2}Mg^{2+}$	53.06	$\frac{1}{2}SO_4^{2-}$	79.2

在 6.2.3 节中谈到,弱电解质的 Λ_m^∞ 不宜通过实验数据外推得到。离子独立迁移定律解决了这个问题,例如,据式(6-12)可将醋酸 HAc 的极限摩尔电导率表示为

$$\begin{aligned}\Lambda_m^\infty(HAc) &= \lambda^\infty(H^+) + \lambda^\infty(Ac^-) \\ &= [\lambda^\infty(H^+) + \lambda^\infty(Cl^-)] + [\lambda^\infty(Ac^-) + \lambda^\infty(Na^+)] \\ &\quad - [\lambda^\infty(Cl^-) + \lambda^\infty(Na^+)] \\ &= \Lambda_m^\infty(HCl) + \Lambda_m^\infty(NaAc) - \Lambda_m^\infty(NaCl)\end{aligned}$$

由于 HCl,NaAc 和 NaCl 都是强电解质,它们的极限摩尔电导率均可通过实验,用外推法求得。所以此例表明,一个弱电解质的极限摩尔电导率可以借助相关强电解质,用实验方法获得。

6.4　电导法的应用

运用电导知识分析研究电解质溶液的性能,通过电导测量来解决形形色色的具体问题,这种方法称为电导法。电导法是电化学的主要方法之一,在进行测量时具有准确、快速的特点,所以在仪器分析中有多种应用。以下介绍几个实例。

6.4.1　水质的检验

在科学研究及生产过程中,经常使用纯度很高的水。例如半导体器件的生产与加工过程,清洗用水若含杂质会严重影响产品质量甚至产生废品。

水本身有微弱的电离。理论计算表明,298K 时纯水的电导率 κ 应为 $5.5 \times 10^{-6} S \cdot m^{-1}$,而一般蒸馏水约为 $10^{-3} S \cdot m^{-1}$,这是由于空气中溶入的 CO_2 和一般玻璃器皿上溶下来的离子所造成的。用石英器皿经过 28 次重蒸馏(将蒸馏水用

KMnO$_4$ 和 KOH 溶液处理以除去 CO$_2$ 和有机杂质,然后重新蒸馏)后得到水的 κ 为 6.3×10^{-6} S·m^{-1},这实际上已成为纯水。高纯水的检验是不可能用化学方法来进行的,电导法是常用的方法之一,因为水的 κ 值直接反映水中杂质含量的高低。在这方面电导法的快速和高灵敏度是任何化学方法所望尘莫及的。

6.4.2 弱电解质电离常数的测定

在弱电解质溶液中,可近似忽略离子间的静电作用,于是可做两方面的引申:①在电导方面,可认为 $u \approx u^\infty$;②在平衡性质方面,可近似认为活度系数等于 1,因此电离平衡常数可用平衡浓度积计算。根据式(6-9),弱电解质的摩尔电导率也可写为

$$\Lambda_m = \alpha(u_+^\infty + u_-^\infty)F \tag{6-14}$$

在无限稀释的溶液中,电离度 $\alpha = 1$,式(6-9)为

$$\Lambda_m^\infty = (u_+^\infty + u_-^\infty)F \tag{6-15}$$

以上两式相除,得

$$\alpha = \frac{\Lambda_m}{\Lambda_m^\infty} \tag{6-16}$$

此式描述弱电解质的电离度与摩尔电导率的关系,不能用于强电解质溶液。

例 6-1 298K 时实验测得 50.000 mol·m^{-3} HAc 溶液的摩尔电导率为 7.358×10^{-4} S·m^2·mol^{-1},试计算 HAc 的电离常数 $K^\ominus$。

解:由表 6-4 查得 298K 时 H$^+$ 和 Ac$^-$ 的极限摩尔电导率分别为 349.82×10^{-4} 和 40.9×10^{-4} S·m^2·mol^{-1},于是得

$$\Lambda_m^\infty = \lambda^\infty(\text{H}^+) + \lambda^\infty(\text{Ac}^-) = (349.82 + 40.9) \times 10^{-4} \text{ S·m}^2\text{·mol}^{-1}$$
$$= 390.72 \times 10^{-4} \text{ S·m}^2\text{·mol}^{-1}$$

据式(6-16),得

$$\alpha = 7.358 \times 10^{-4} / 390.72 \times 10^{-4} = 0.0188$$

$$\text{HAc} \Longleftrightarrow \text{H}^+ + \text{Ac}^-$$

平衡时 $\qquad\qquad\qquad c(1-\alpha) \qquad \alpha c \qquad \alpha c$

$$K^\ominus = \frac{[c(\text{H}^+)/c^\ominus] \cdot [c(\text{Ac}^-)/c^\ominus]}{c(\text{HAc})/c^\ominus} = \frac{(\alpha c)^2/c^\ominus}{c(1-\alpha)} = \frac{\alpha^2 c/c^\ominus}{1-\alpha}$$
$$= \frac{0.0188^2 \times 50/1000}{1 - 0.0188} = 1.801 \times 10^{-5}$$

6.4.3 难溶盐溶度积的测定

难溶盐是强电解质,但其溶液中离子浓度极小,因此在 6.4.2 节中讨论弱电解质电离度时对于离子的两项近似①和②亦成立,于是式(6-10)可写作

$$\Lambda_m = (u_+ + u_-)F \approx (u_+^\infty + u_-^\infty)F$$

将此式与式(6-15)比较,得

$$\Lambda_m = \Lambda_m^\infty \tag{6-17}$$

此式适用于难溶强电解质,它是用电导法计算难溶盐溶度积的依据。

难溶盐溶度积是固体盐溶解电离平衡的 $K^\ominus$,例如 AgCl

$$\text{AgCl(s)} \rightleftharpoons \text{Ag}^+ + \text{Cl}^-$$

由于固体 AgCl 的活度等于1,且忽略活度系数的影响,所以溶度积为

$$K^\ominus = \frac{c(\text{Ag}^+)}{c^\ominus} \cdot \frac{c(\text{Cl}^-)}{c^\ominus} \tag{6-18}$$

因此求溶度积只需求饱和溶液中的离子浓度 c。

因为

$$\Lambda_m(\text{AgCl}) = \frac{\kappa(\text{AgCl})}{c} \tag{6-19}$$

其中 $\kappa(\text{AgCl})$ 是 AgCl 对整个溶液电导率 $\kappa(\text{sln})$ 的贡献,对于难溶盐,由于 $\kappa(\text{sln})$ 值很小,其中水的贡献 $\kappa(\text{H}_2\text{O})$ 不可忽略不计,所以

$$\kappa(\text{AgCl}) = \kappa(\text{sln}) - \kappa(\text{H}_2\text{O}) \tag{6-20}$$

将式(6-17)和式(6-20)代入式(6-19)并整理,得

$$c = \frac{\kappa(\text{sln}) - \kappa(\text{H}_2\text{O})}{\Lambda_m^\infty(\text{AgCl})}$$

其中 $\Lambda_m^\infty(\text{AgCl})$ 可通过查手册中的 $\lambda^\infty(\text{Ag}^+)$ 和 $\lambda^\infty(\text{Cl}^-)$ 数据求出,因此只需分别测定 AgCl 饱和溶液的 $\kappa(\text{sln})$ 和纯水的 $\kappa(\text{H}_2\text{O})$ 便可计算出浓度 c。在此例中 c 就是 $c(\text{Ag}^+)$ 和 $c(\text{Cl}^-)$,从而可由式(6-18)计算出 AgCl 的溶度积 $K^\ominus$:

$$K^\ominus = \left(\frac{\kappa(\text{sln}) - \kappa(\text{H}_2\text{O})}{[\lambda^\infty(\text{Ag}^+) + \lambda^\infty(\text{Cl}^-)]c^\ominus} \right)^2$$

6.4.4 电导滴定

在滴定分析中,关键问题之一是确定滴定终点。对于那些在终点附近溶液电导发生突变的反应,可利用这种电导突变来确定滴定终点,称为电导滴定。例如,若以强酸 HCl 滴定强碱 NaOH,反应为

$$\text{NaOH} + \text{HCl} \longrightarrow \text{Na}^+ + \text{Cl}^- + \text{H}_2\text{O}$$

滴定过程可以看做溶液中电导很大的 OH⁻ 逐渐被电导较小的 Cl⁻ 取代的过程,因此溶液电导逐渐下降,滴定终点时电导最低。当 HCl 过量后,由于 H⁺ 电导很大,溶液的电导急剧升高。滴定曲线如图 6-5 所示,滴定终点 D 可由两条直线延长线的交点来确定。

电导滴定使用的仪器是电导仪,滴定时应使用较浓的滴定液,采用微量滴定管以限制加入液的体积,若加入体积太大,滴定曲线不直,会影响结果的精确度。由于电导仪是现成的仪器,可用记录仪进行连续记录,在记录仪上直接画出滴定曲线。

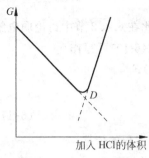

图 6-5 电导滴定曲线

6.5 电解质溶液热力学

以上各节讨论了电解质溶液的导电性质,本节将讨论电解质溶液的热力学性质,即平衡性质。所谓溶液的热力学性质包括两类:一类是溶剂的性质由于溶质的存在而发生变化,即依数性。原则上讲,电解质溶液的这类性质与非电解质溶液相比并无太大的特殊性。可以设想,由于电解质在溶液中发生电离,溶剂的依数性将会倍增。以下将重点讨论另一类性质,即溶质的热力学性质。

6.5.1 强电解质溶液的活度和活度系数

与非电解质溶液相比,电解质溶液具有高得多的不理想性,即应该考虑活度系数。这主要是由于电解质溶液中离子间存在不可忽略的静电作用。在 6.4 节曾经提到,弱电解质溶液中,由于离子间静电引力可以忽略,可近似认为活度系数为 1,因此本节只讨论强电解质溶液。对于任意强电解质 $M_{\nu_+} A_{\nu_-}$ 的溶液(质量摩尔浓度为 b),若其中电解质的活度为 a,则 $a = \gamma b/b^{\ominus}$,在 101 325Pa 时电解质的化学势为

$$\mu = \mu^{\ominus} + RT\ln a \tag{6-21}$$

这种处理方法是把溶液中的电解质作为整体对待,然而该电解质在溶液中按下式完全电离成离子:

$$M_{\nu_+} A_{\nu_-} \rightarrow \nu_+ M^{z_+} + \nu_- A^{z_-}$$

则其中正、负离子的化学势可分别表示为

$$\mu_+ = \mu_+^{\ominus} + RT\ln a_+, \quad \mu_- = \mu_-^{\ominus} + RT\ln a_- \tag{6-22}$$

其中 a_+ 和 a_- 分别为正、负离子的活度,$a_+ = \gamma_+ b_+/b^{\ominus}$,$a_- = \gamma_- b_-/b^{\ominus}$。因为电解质的化学势等于离子化学势之和,即

$$\mu = \nu_+ \mu_+ + \nu_- \mu_-, \quad \mu^\ominus = \nu_+ \mu_+^\ominus + \nu_- \mu_-^\ominus \tag{6-23}$$

所以

$$\mu = \nu_+(\mu_+^\ominus + RT\ln a_+) + \nu_-(\mu_-^\ominus + RT\ln a_-)$$

即

$$\mu = \mu^\ominus + RT\ln(a_+^{\nu_+} \cdot a_-^{\nu_-}) \tag{6-24}$$

将式(6-24)与式(6-21)对比,得

$$a = a_+^{\nu_+} \cdot a_-^{\nu_-} \tag{6-25}$$

因为以上 3 个活度和活度系数均无法实验测量,因此需要定义可用实验方法测量的离子平均活度 $a_\pm$、离子平均活度系数 $\gamma_\pm$ 及与之有关的离子平均浓度 $b_\pm$ 如下:

$$\left.\begin{array}{l} a_\pm = (a_+^{\nu_+} \cdot a_-^{\nu_-})^{1/\nu} \\ \gamma_\pm = (\gamma_+^{\nu_+} \cdot \gamma_-^{\nu_-})^{1/\nu} \\ b_\pm = (b_+^{\nu_+} \cdot b_-^{\nu_-})^{1/\nu} \end{array}\right\} \tag{6-26}$$

其中 $\nu = \nu_+ + \nu_-$。由此可见,以上定义的 3 个平均量均是几何平均。由于在定义中并没有改变"活度是校正浓度"的含义,所以平均活度与平均浓度的关系为

$$a_\pm = \gamma_\pm b_\pm / b^\ominus \tag{6-27}$$

对比式(6-26)中的第一式与式(6-25),可知电解质活度与平均活度具有如下关系

$$a = a_\pm^\nu \tag{6-28}$$

由于两种离子总是在溶液中共存以保持溶液的电中性,所以人们无法配置单个离子的溶液,即无法单独测量 γ_+ 和 γ_-。只有 $\gamma_\pm$ 才可由实验测定,通常所说的电解质溶液的活度系数就是指 $\gamma_\pm$。为此,在具体计算单个离子活度时总是用 $\gamma_\pm$ 代替 γ_+ 和 γ_-,即

$$a_+ = \gamma_+ b_+ / b^\ominus = \gamma_\pm b_+ / b^\ominus$$
$$a_- = \gamma_- b_- / b^\ominus = \gamma_\pm b_- / b^\ominus$$

表 6-5 列出了部分电解质 $\gamma_\pm$ 的测定值。人们对 $\gamma_\pm$ 数据进行具体分析后发现:①$\gamma_\pm$ 反映电解质溶液对理想溶液的偏离程度,而在较稀的浓度范围内这种偏离是由于离子间静电作用引起的。当溶液无限稀释时,静电作用消失,$\gamma_\pm = 1$,表明溶液变为理想溶液。应该指出,这里所说的"理想溶液"是指"无静电作用",而与第 3 章中所说的理想溶液不同。②对于电解质溶液,即使浓度很稀,一般也不允许将 $\gamma_\pm$ 当做 1。例如 0.001mol·kg^{-1} 的 CuSO$_4$ 溶液,其 $\gamma_\pm$ 只有 0.74。然而对于同样浓度的非电解质溶液,将 γ 当做 1 则是完全合理的。

表 6-5　298.15K 时一些电解质的 $\gamma_\pm$ 值 $[b^\ominus=1\mathrm{mol}(M_{\nu_+}A_{\nu_-})\cdot\mathrm{kg}^{-1}]$

$b/b^\ominus$	LiBr	HCl	$CaCl_2$	$Mg(NO_3)_2$	Na_2SO_4	$CuSO_4$
0.001	0.97	0.96	0.89	0.88	0.89	0.74
0.01	0.91	0.90	0.73	0.71	0.71	0.44
0.1	0.80	0.80	0.52	0.52	0.44	0.15
0.5	0.75	0.76	0.45	0.47	0.27	0.06
1	0.80	0.81	0.50	0.54		0.04
5	2.7	2.4	5.9			
10	20	10	43			

为了定量描述溶液中离子间的静电作用，Lewis 于 1921 年定义了一个量，叫做离子强度，用符号 I 表示。根据定义，一个溶液的离子强度为

$$I=\frac{1}{2}\sum_B b_B z_B^2 \tag{6-29}$$

其中 b_B 为溶液中任意离子 B 的质量摩尔浓度，z_B 为离子 B 的价数。可见，离子强度是溶液的性质，单位与 b_B 相同。一个溶液的离子强度实际上是溶液中离子电荷所形成的静电场强度的量度，所以 I 值决定着 $\gamma_\pm$ 的大小。

Debye-Huckel 理论是有关强电解质的基础理论之一，也称作离子互吸理论。该理论认为，在低浓度时强电解质是完全电离的；并认为强电解质溶液的不理想性完全是由于离子间的静电引力所引起的。以该理论为基础，可推导出计算稀薄溶液活度系数 $\gamma_\pm$ 的如下公式

$$\ln\gamma_\pm=-1.171|z_+z_-|\sqrt{\{I\}} \tag{6-30}$$

其中 $\{I\}$ 代表离子强度 I 的数值。此式称为 Debye-Huckel 极限公式，它只适用于 298.15K 时很稀的水溶液，溶液越稀就越能较好地服从此式，这就是所谓"极限公式"的原因。

6.5.2　电解质溶液中离子的热力学性质

在电解质溶液中，离子作为溶质，它的许多热力学性质(例如偏摩尔热容 $C_{p,+}$ 和 $C_{p,-}$)都无法进行单独的实验测定。为此，人为地规定水溶液中氢离子(称水合氢离子)的热力学性质的数值，然后以此为基础把其他水合离子的热力学性质制成表格。

水溶液中 H^+ 的标准状态是指 101 325Pa 下 $b(H^+)=1\mathrm{mol}\cdot\mathrm{kg}^{-1}$ 且 $\gamma(H^+)=1$ 的假想状态。按照规定，任意温度下标准状态的 H^+(aq) 的摩尔生成 Gibbs 函数、摩尔生成焓、摩尔熵和摩尔热容均等于 0

$$\Delta_f G_m^\ominus(H^+, aq) = 0$$
$$\Delta_f H_m^\ominus(H^+, aq) = 0$$
$$S_m^\ominus(H^+, aq) = 0$$
$$C_{p,m}^\ominus(H^+, aq) = 0$$
(6-31)

此处符号"aq"代表水溶液,由于标准状态是溶液中的 H^+,所以 $S_m^\ominus$ 和 $C_{p,m}^\ominus$ 实际上是偏摩尔量。

式(6-31)对水溶液中 H^+ 的热力学性质作了规定,以此为基础便能够计算出其他离子热力学性质的相对值。

单个离子的热力学性质虽然无法测量,但将电解质 $M_{\nu_+} A_{\nu_-}$ 溶液中的离子 $\nu_+ M^{z+}$ 和 $\nu_- A^{z-}$ 作为整体时的热力学性质却是可以测量的,例如生成热 $\Delta_f H_m^\ominus(M_{\nu_+} A_{\nu_-})$ 等是可测的。将两种离子作为一个整体(当做 $M_{\nu_+} A_{\nu_-}$)对待,只不过是一种主观看法或处理方法,并不对热力学性质产生影响,因此

$$\Delta_f G_m^\ominus(M_{\nu_+} A_{\nu_-}, aq) = \nu_+ \Delta_f G_{m,+}^\ominus + \nu_- \Delta_f G_{m,-}^\ominus$$
$$\Delta_f H_m^\ominus(M_{\nu_+} A_{\nu_-}, aq) = \nu_+ \Delta_f H_{m,+}^\ominus + \nu_- \Delta_f H_{m,-}^\ominus$$
$$S_m^\ominus(M_{\nu_+} A_{\nu_-}, aq) = \nu_+ S_{m,+}^\ominus + \nu_- S_{m,-}^\ominus$$
$$C_{p,m}^\ominus(M_{\nu_+} A_{\nu_-}, aq) = \nu_+ C_{p,m,+}^\ominus + \nu_- C_{p,m,-}^\ominus$$
(6-32)

式(6-32)是 $\mu = \nu_+ \mu_+ + \nu_- \mu_-$ 的必然结果。根据这些关系,若正离子是 H^+ 则可以计算出与它直接相联系的任何负离子的性质。依此类推,就可求出所有水合离子的性质。手册中列出了水溶液中各种常见离子在 25℃ 时标准热力学函数值,用时可以直接查阅。

6.5.3 电化学势判据

物质传输方向总是由高化学势朝着低化学势,即向着化学势降低的方向,称为化学势判据,它只适用于没有非体积功的过程(即单纯的物质传输过程)。换言之,化学势是单纯的物质传输过程的推动力。例如,单纯的浓差扩散过程,因为没有非体积功,所以遵守化学势判据,方向总是由高浓度向低浓度。但在电场作用下(即做电功的情况下)离子电迁移的方向却不遵守由高浓度向低浓度的规则,这是因为电迁移过程既涉及物质传输也涉及电荷传输。在电化学系统中,不仅有许多粒子(离子、电子等)带电,而且大部分物相也带电,因而物质传输过程伴随有电功,于是在电化学系统中讨论物质转移(相变、化学反应等)的方向时,只考虑化学势已经不能满足需要,为此应该引入一个新的状态函数,它同时包括化学势和电功两个推动力,称之为电化学势,用符号 $\tilde{\mu}$ 表示。

在某一相中离子 B 的电化学势是指在一定温度和压力下,从无限远处将 1molB 移入巨大的该相内部时所引起的 Gibbs 函数变。因为此过程既涉及物质转移,也涉及电荷转移,所以过程的 Gibbs 函数变包括两部分能量:①离子 B 进入该相内部所引起化学势能的变化,即该相的化学势 μ_B;②离子克服该相内电荷的电场力所做的电功。设离子 B 的价数为 z_B,该相的电位为 Φ,则此过程的电功为 $z_B F\Phi$。因此电化学势表示为

$$\tilde{\mu}_B = \mu_B + z_B F\Phi \tag{6-33}$$

此式称为电化学势的表达式。对于非带电物质,$z_B=0$,所以 $\tilde{\mu}_B=\mu_B$,即非带电物质的电化学势就是其化学势。

电化学势在理论及实践中都有广泛的应用,其中之一就是用以判断带电粒子在相间传质的方向和限度。设离子 B 在相互接触的 α 和 β 两相中的电化学势分别为 $\tilde{\mu}_B(\alpha)$ 和 $\tilde{\mu}_B(\beta)$,如果 $\tilde{\mu}_B(\alpha) > \tilde{\mu}_B(\beta)$,则 B 由 α 相向 β 相转移;如果 $\tilde{\mu}_B(\alpha) < \tilde{\mu}_B(\beta)$,则 B 由 β 相向 α 相转移;如果 $\tilde{\mu}_B(\alpha) = \tilde{\mu}_B(\beta)$,则 B 在两相间不发生宏观传质现象。以上结论称为离子在相间传质的电化学势判据,表示为

$$\begin{aligned} \tilde{\mu}_B(\alpha) > \tilde{\mu}_B(\beta), & \quad \alpha \rightarrow \beta \\ \tilde{\mu}_B(\alpha) < \tilde{\mu}_B(\beta), & \quad \beta \rightarrow \alpha \\ \tilde{\mu}_B(\alpha) = \tilde{\mu}_B(\beta), & \quad \alpha \rightleftharpoons \beta \end{aligned} \tag{6-34}$$

式(6-34)表明,离子总是毫无例外地由电化学势较高的相流向电化学势较低的相;相平衡的条件是同种离子在各相中的电化学势相等,即

$$\tilde{\mu}_B(\alpha) = \tilde{\mu}_B(\beta) \tag{6-35}$$

对于非带电物质,由于电化学势就是化学势,此时上述判据就是化学势判据。由式(6-35)出发,可以导出呈相平衡的离子或溶液的许多性质,它对于处理平衡问题是十分有用的。

同样可以证明,在电化学系统中,任意反应 $0 = \sum_B \nu_B B$ 的平衡条件是

$$\sum_B \nu_B \tilde{\mu}_B = 0 \tag{6-36}$$

6.6 可逆电池

电池是将化学能转变成电能的装置,是一种电化学反应器,它是电化学的主要研究对象之一。一般来说,若一个化学反应过程涉及电子在不同物质间的转移(即含有氧化还原步骤),则该反应就可以在电池中进行。同一个反应,在普通反应器

中进行与在电池中进行只是两种不同的途径,所有状态函数变化相同,但功和热却不同。例如把固体 Zn 放入 Cu^{2+} 的溶液中,则发生反应

$$Zn + Cu^{2+} \longrightarrow Zn^{2+} + Cu$$

在该过程中电子直接由 Zn 转移到 Cu^{2+},没有电功。若将此反应安排在如图 6-6 所示的电池中进行,由于电子供体 Zn 与电子受体 Cu^{2+} 不能直接接触,电子转移只能通过导线在外电路中完成,此过程有电功。因为上述两过程的内能变相同,根据热力学第一定律可知,它们具有不同的热量。

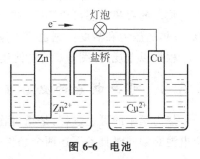

图 6-6 电池

6.6.1 化学能与电能的相互转换

在等温等压下,某电池放电时电池内发生 1mol 反应 $0 = \sum_{B} \nu_B B$,称电池反应。根据热力学第二定律,则

$$-\Delta_r G_m \geqslant W' \quad \begin{pmatrix} > 不可逆 \\ = 可逆 \end{pmatrix}$$

其中 $-\Delta_r G_m$ 代表反应所引起的电池(系统)Gibbs 函数的减少,称反应的化学能;W' 代表电池所作的电功,即电池所提供的电能。因为 $\Delta_r G_m$ 与过程是否可逆无关,所以上式表明:可逆电池与不可逆电池所提供的电能不同。

在可逆电池中,$-\Delta_r G_m = W'_r$,即化学能全部转变为电能。若令 z 代表电池反应的电荷数(即反应方程式中转移的电子数),E 代表电池的电动势,则 zF 为电量,$W'_r = zFE$。于是

$$-\Delta_r G_m = zFE \tag{6-37}$$

此式将化学反应的性质 $\Delta_r G_m$ 与电池的性质 E 联系在一起,是研究可逆电池的基础。

在不可逆电池中,$-\Delta_r G_m > W'_{ir}$,即化学能的一部分转变为电能,其余部分以热的方式浪费了。此时电池所提供的电能 $W'_{ir} = zFU$,其中 U 是电池的端电压。

6.6.2 电池的习惯表示方法

电池由两个电极(阳极和阴极)构成。这里所说的"电极",也叫半电池,它包括在电极上参与氧化反应(阳极)或还原反应(阴极)的所有物质。从这个意义上讲,阳极加阴极便构成电池。

为了便于交流,人们习惯于用符号表示电池。用符号表示电池要遵照以下规定:①阳极写在左边,阴极写在右边。②构成电池的物质都要注明状态。除注明

聚集状态外,气体物质还应注明压力,溶液中的物质应注明活度。③相界面用符号"|"表示,盐桥用符号"‖"表示。

应该指出,要求注明物质的状态主要是为了进行定量计算。在不至于造成误解时物质的聚集状态可以不写,如果只为了定性的表示电池而不进行任何定量计算,具体的压力和活度数据也可以不写。

根据以上规定,图 6-6 的电池用符号表示为:$Zn|Zn^{2+}\|Cu^{2+}|Cu$。

6.6.3 可逆电池的必备条件

热力学中的可逆过程,是指过程中所产生的变化能够同时完全消除。据此,一个电池必须同时具备下述两个条件才是可逆的。

6.6.3.1 条件 1——内部条件

在放电和充电过程中电池内的物质变化互逆。即在放电时电池内所发生的一切物质变化,在充电时能够完全复原。这就要求电池应该满足如下两个要求:①电池放电时发生的化学反应与充电时的化学反应互为逆反应;②电池内不含有不同电解质溶液的接触界面(简称液体接界),因为在放电和充电时液体接界处的物质传输过程不互逆,使得充电以后电池不能复原。遇到这种情况,使用盐桥连接两种液体,则可近似当做可逆电池,见 6.10.2 节。

6.6.3.2 条件 2——使用条件

电池必须在电流趋近于零的情况下工作。

上述的条件 1 是电池可逆的内因,是决定因素;条件 2 是可逆的外因。从热力学观点分析,条件 1 指的是物质复原,条件 2 指的是能量复原。总的来说,可逆电池一方面要求电池内的变化必须是可逆的,另一方面要求所有变化都必须在平衡条件下进行。

6.6.4 可逆电极的分类

构成可逆电池的电极必须是可逆电极。所以了解哪些电极是可逆电极,对于设计和制作可逆电池是十分必要的。至今,人们对可逆电极的分类方法不尽一致,但一般情况下可逆电极主要包括以下 3 类。

6.6.4.1 第一类电极

这类电极包括金属电极和气体电极。金属电极是将金属浸在含有该金属离子的溶液中所构成的,例如 $Zn^{2+}|Zn$ 和 $Cu^{2+}|Cu$ 等。气体电极是利用气体在溶液中

的离子化倾向安排的电极,例如 $H^+|H_2|Pt$ 和 $Pt|O_2|OH^-$ 等。其中惰性金属 Pt 并不参与电极反应,主要起导电作用。所以在这类电极中,参与电极反应的物质存在于两个相中。

6.6.4.2 第二类电极

参与电极反应的物质存在于 3 个相中,例如 $Cl^-|AgCl|Ag$ 和 $OH^-|Ag_2O|Ag$ 等。这类电极上的平衡不是单纯的金属与其离子平衡,还牵涉到第三个相。

6.6.4.3 第三类电极

也叫氧化还原电极,参与电极反应的各物质均在溶液相中,例如电极 $Pt|Fe^{3+},Fe^{2+}$ 和电极 $Au|Cr^{3+},Cr_2O_7^{2-}$ 等,其中惰性金属 Pt 和 Au 不参与电极反应,主要起导电作用。

6.7 可逆电池与化学反应的互译

电化学的主要任务之一是探讨电能与化学能的相互转换规律,完成这一任务是以电池与化学反应的相互转换为基础的,也称为电池与反应的"互译"。实际上这是同一问题的两个侧面。

6.7.1 电极反应和电池反应

电极反应和电池反应,是指可逆电池放电时在各电极上发生的净变化和整个电池中的净变化。阳极反应是氧化反应,阴极反应是还原反应,两者相加就是电池反应。因为电池是可逆的,所以不论阳极反应还是阴极反应,都是在平衡条件下进行的,虽然写的是单向反应,实际上是物质平衡和电荷平衡。由此可见,在电极反应式中,不能出现电极上没有的物质。

例 6-2 写出电池 $Pt|H_2(100kPa)|HCl(0.1mol \cdot kg^{-1})|Cl_2(5kPa)|Pt$ 的电极反应和电池反应。

解: 阳极 $H_2 \longrightarrow 2H^+ + 2e^-$
    阴极 $Cl_2 + 2e^- \longrightarrow 2Cl^-$
    电池反应 $H_2 + Cl_2 \longrightarrow 2H^+ + 2Cl^-$

生成物中的 H^+ 和 Cl^- 是同一溶液中的离子,因此 $(H^+ + Cl^-)$ 与 HCl 等价,只是写法不同而已。所以该电池反应也可写作 $H_2 + Cl_2 \longrightarrow 2HCl$。由于反应的电荷数

$z=2$,所以发生 1mol 该反应时,电池放出 2mol e 的电量。

例 6-3 写出电池 Pt|H$_2$($p^\ominus$)|NaOH(aq)|O$_2$($p^\ominus$)|Pt 放出 4mol e 的电量时的电池反应。

解: 　阳极　　　　$2H_2+4OH^- \longrightarrow 4H_2O+4e^-$
　　　阴极　　　　$O_2+2H_2O+4e^- \longrightarrow 4OH^-$
　　　电池反应　　$2H_2+O_2 \longrightarrow 2H_2O$

在写电池反应时,消去了两端的 $4OH^-$ 和 $2H_2O$,这是由于它们的状态相同。该反应是氢气燃烧的化学反应,因此上述电池是氢氧燃料电池。

例 6-4 写出电池 Pt|Sn^{4+},Sn^{2+} ‖ Cl$^-$|AgCl|Ag 的电池反应。

解: 　阳极　　　　$Sn^{2+} \longrightarrow Sn^{4+}+2e^-$
　　　阴极　　　　$2AgCl+2e^- \longrightarrow 2Ag+2Cl^-$
　　　电池反应　　$Sn^{2+}+2AgCl \longrightarrow Sn^{4+}+2Ag+2Cl^-$

对可逆电池进行理论计算时,首先应该正确地写出电池反应。由以上各例可知,在写电池反应时还应该注意以下问题:①阳极反应和阴极反应的电荷数应该相同;②将离子合并写作电解质时应保证不改变物质本身;③方程式两端的同种物质,只有状态相同时才能对消。

6.7.2 根据反应设计电池

为了使一个化学反应在电池中进行,首先要把电池设计出来。关键是由给定的反应确定阳极(氧化反应)和阴极(还原反应),然后把两电极组合成电池。若两电极中的溶液不是同一个溶液,中间需用盐桥连接。为确保设计的电池正确,可按 6.7.1 节的办法写出电池反应,以检查是否与给定的反应相符。

例 6-5 将反应 $H_2(g)+Cl_2(g) \longrightarrow 2HCl(aq)$ 设计成电池。

解:
$$\overset{\text{氧化}}{\overbrace{H_2(g)+Cl_2(g) \longrightarrow 2HCl(aq)}_{\text{还原}}}$$

由图示可知,阳极为 H$^+$|H$_2$|Pt,阴极为 Pt|Cl$_2$|Cl$^-$,且 H$^+$ 和 Cl$^-$ 是同一个盐酸溶液中的离子,所以电池为如下的单液电池

　　　　　　Pt | H$_2$ | HCl(aq) | Cl$_2$ | Pt

例 6-6 将反应 $H_2O \longrightarrow H^+ + OH^-$ 设计成电池。

解：该反应不是氧化还原反应，难于直接确定阳极和阴极。为此，在上述方程式两端加上等量的且状态完全相同的氢气，即

$$H_2O + \frac{1}{2}H_2(p) \longrightarrow H^+ + OH^- + \frac{1}{2}H_2(p)$$

则此反应与原反应等价。对于这个反应，很容易找到如下氧化过程和还原过程：

$$H_2O + \frac{1}{2}H_2(p) \longrightarrow H^+ + OH^- + \frac{1}{2}H_2(p)$$

（上方：氧化；下方：还原）

可见 $Pt \mid H_2(p) \mid H^+$ 为阳极，$OH^- \mid H_2(p) \mid Pt$ 为阴极，所以电池为

$$Pt \mid H_2(p) \mid H^+ \parallel OH^- \mid H_2(p) \mid Pt$$

总之，设计电池时首先从化学反应本身寻找氧化反应和还原反应。对于非氧化还原反应，通过两端添加物质的办法制造氧化过程和还原过程。

一个指定的化学反应方程式，只表明物质的转换关系以及反应物和产物的状态，而设计的电池只不过是完成这个反应的一种具体途径。同一个状态变化是可能通过多种途径来实现的，所以根据同一个化学反应有可能设计出多个电池，但这种情况并不多见。

6.8 电极的相间电位差与电池的电动势

在多相的电化学系统中，由于带电粒子（离子、电子）在各相中的特性不同，导致产生相间电位差（也称相间电势）。根据相邻两相的差异不同，相间电位差的形成机理也不一样。在两种不同金属互相接触时，由于界面两侧金属的电子逸出功不同而在界面上形成"双电层"。例如当铜和锌接触时，由于锌的电子逸出功小于铜，即电子更容易从锌中逸出，结果在界面的铜一侧由于存在多余的电子而荷负电，锌一侧由于缺少电子而荷正电。由于静电引力作用，正、负电荷分别集中在界面两侧。由此形成的双电层抑制电子进一步通过界面由锌传入铜，达平衡后在界面上形成稳定的双电层。此双电层的电位差就是铜-锌相间电位差。

电极-电解质溶液界面是可逆电池中主要的相界面，当把电极材料浸入电解质溶液时，一般可分为以下两种情况：

（1）若电极材料参与电极反应，例如电极 $Zn^{2+} \mid Zn$。根据现代金属理论和溶液理论，金属锌的晶格中有锌离子和自由电子，而电子不能进入溶液。因为

Zn^{2+} 在电极相和溶液相中的化学势不同,必然在相间传输,即 Zn^{2+} 由化学势较高的相转入化学势较低的相。若 Zn^{2+} 由电极相进入溶液而把电子留在电极上,导致电极相荷负电而溶液相荷正电,如图 6-7 所示;若 Zn^{2+} 由溶液相进入电极相,则情况相反。不论哪种情况,都会在电极-溶液界面上形成双电层,此双电层会抑制 Zn^{2+} 在相间的进一步传输,很快建立平衡。平衡后双电层的电位差就是电极-溶液相间电位差。

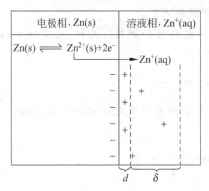

图 6-7 电极-溶液界面上的双电层

由于静电引力作用,电极相所带的电荷(图 6-7 中为负电荷)总是集中在电极表面上,而在电极附近区域的溶液中带异号电荷的离子(称反离子,图 6-7 中为 Zn^{2+})是过剩的。这些反离子一方面由于受到电极表面电荷的吸引,趋向于集中地排列在紧靠电极表面的地方,另一方面由于热运动,这种集中了的离子又会向远离电极的方向扩散。当静电引力与扩散达平衡时便形成稳定的双电层。由此可见,电极-溶液界面上的双电层由电极表面电荷层与溶液中过剩的反离子层所组成。溶液中的反离子层包括紧密层和扩散层两部分,紧密层紧靠相界面,厚度 d 约 10^{-10} m,其反离子被牢固吸引在紧靠电极表面附近,而扩散层的厚度 δ 稍大且与溶液中离子浓度有关,δ 随浓度增大而减小。从电极相表面到紧密层外沿的电位差称紧密层电势,扩散层两侧的电位差称扩散层电势。设紧密层电势和扩散层电势分别为 ψ_1 和 ψ_2,则电极-溶液相间电位差 $\Delta\Phi$ 等于两者之和,即

$$\Delta\Phi = \psi_1 + \psi_2$$

(2) 若是惰性电极(如铂、石墨),即电极材料不参与电极反应,则电极-溶液界面电位差的产生基于电极表面的吸附作用。例如电极 $Pt|O_2|OH^-$,溶液中溶有大量氧,在铂表面吸附一层氧分子或氧原子,被吸附的氧从铂上获得电子并与水反应生成 OH^- 进入溶液,结果溶液荷负电,而铂由于失去电子荷正电,于是在电极-溶液界面上形成双电层。此双电层的电位差即是相间电位差。如果溶液中有足够的 H^+,则通过吸附从铂上获得电子而还原成氢,结果铂荷正电而溶液荷负电,在电极-溶液界面上形成双电层,产生相间电位差。这种电位差构成的电极就是氢电极。

电极的相间电位差取决于以下 3 个因素:①电极的本性;②温度;③参与电极反应的各物质的活度。

如果 $\Delta\Phi_阳$ 和 $\Delta\Phi_阴$ 分别代表阳极和阴极的相间电位差,则可逆电池的电动势

应该是两者叠加的结果,即等于它们的代数和,记作

$$E = \Delta\Phi_{阳} + \Delta\Phi_{阴}$$

6.9 可逆电池电动势的测量与计算

据式(6-37)可知,电动势代表电池每释放 1C(库仑)电量时所消耗的化学能,所以它是一个电池作电功的能力的标志,因此电动势是电池的最重要的性质之一。以下分别讨论它的测量方法和计算方法。

6.9.1 电动势的测量

可逆电池必须满足的使用条件是 $I\to 0$,因此不能用电压表来测量可逆电池的电动势。这是因为使用电压表时必须使有限的电流通过才能驱动指针偏转,因此所得的结果不是可逆电池的电动势,而是不可逆电池的端电压。为了精密测量电动势的值,需用电位差计。

6.9.1.1 对消法

电位差计测量电动势所用的方法称对消法,其原理如图 6-8 所示。AB 为均匀滑线电阻,通过可调电阻 R 与工作电源 E_w 构成通路,在 AB 上产生均匀的电位降,自 A 至 B,标以不同的电位降值。E_x 和 E_s 分别是待测电池和已精确得知其电动势的标准电池。K 为双向电开关,换向时可选 E_x 或 E_s 之一与 AC 相通,C 为与 K 相连的可在 AB 上移动的触点。双向开关与 C 间有一可测量 10^{-9} A 电流的高灵敏度的检流计 G。

电动势的测量分以下两步进行:①首先利用标准电池校准 AB 上的电位降刻度。如果在实验温度时标准电池 E_s 的电动势为 1.018 65V,则将 C 点移到 AB 滑线上标记 1.018 65V 的 C_1 处,K 扳向下使 E_s 与 AC 相通,迅速调节 R 致使G中无电流通过。此时电动势 E_s 与 AC_1 的电位降等值反向而对消。②测定 E_x。R 固定在上面已调好的位置上,将 K 扳向上使 E_x 与 AC 连通,迅速移动 C 到 AB 上的 C_2 点致使G中无电流通过,此时电动势 E_x 与 AC_2 的电位降等值反向而对消,C_2 点所标记的电位降值即为 E_x 的大小。

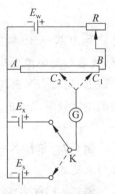

图 6-8 对消法原理

6.9.1.2 电动势的符号

电动势代表电池作电功的本领,其值可由电位差计测量,本无符号可言。但在关系式 $\Delta_r G_m = -zFE$ 中,$\Delta_r G_m$ 是化学反应的 Gibbs 函数变,可正可负,所以必须为电动势 E 人为地规定一套符号以保证上式成立:①如果 $\Delta_r G_m < 0$,即化学反应在反应器中自发进行,则 $E > 0$;②如果 $\Delta_r G_m = 0$,即化学平衡,则 $E = 0$,表明此时化学反应没有做功本领;③如果 $\Delta_r G_m > 0$,即化学反应不能自发进行,则 $E < 0$。电动势为负,表明用符号表示的电池与实际情况不符,实际电池的阳极和阴极恰与所表示的情况相反。遇到这种情况,不必重新表示电池,只要给实验测量的电动势值加上负号($E < 0$)即可。

6.9.2 电动势与电池中各物质状态的关系——Nernst 公式

公式 $\Delta_r G_m = -zFE$ 表明,可由电池反应的 $\Delta_r G_m$ 计算电动势。从本质上讲,电动势是由参与电池反应的各物质的状态所决定的,即可以由各物质的活度计算电动势。

在等温等压下,一个巨大可逆电池放出 1mol e 的电量时,电池内发生 1mol 反应 $0 = \sum_B \nu_B B$。据化学反应等温式

$$\Delta_r G_m = \Delta_r G_m^\ominus + RT\ln J$$
$$-zFE = -zFE^\ominus + RT\ln J$$

即

$$E = E^\ominus - \frac{RT}{zF}\ln J \tag{6-38}$$

此式称为 Nernst(能斯特)公式,其中 J 是反应的活度积。$E^\ominus$ 是电池的标准电动势,代表参与电池反应的所有物质都处在标准状态时电池的电动势。由 $\Delta_r G_m^\ominus = -zFE^\ominus$ 可知,$E^\ominus$ 只与温度有关,其值可由 $\Delta_r G_m^\ominus$ 计算。式(6-38)解决了如何由物质的活度计算电池的电动势。

例 6-7 根据 Nernst 公式,写出电池 $Pt|H_2(p_1)|NaOH(aq)|O_2(p_2)|Pt$ 电动势的表达式。

解:电池放出 4mol e 的电量时,电池反应为

$$2H_2(p_1) + O_2(p_2) \longrightarrow 2H_2O(aq)$$

则

$$E = E^{\ominus} - \frac{RT}{4F} \ln \frac{a^2(\mathrm{H_2O})}{(p_1/p^{\ominus})^2 (p_2/p^{\ominus})}$$

其中 $E^{\ominus}$ 代表当 $p_1 = p_2 = p^{\ominus}$，且碱液中的水近似为纯水时电池的电动势。

6.9.3 由电极电势计算电动势

电动势是电池中所有相间电位差叠加的结果。设 $\Delta \Phi_{阳}$ 和 $\Delta \Phi_{阴}$ 分别代表阳极和阴极上的相间电位差，则 $E = \Delta \Phi_{阳} + \Delta \Phi_{阴}$。由于单个相间电位差不能直接实验测量，因此解决 $\Delta \Phi_{阳}$ 和 $\Delta \Phi_{阴}$ 只能用相对值的办法。即选一个统一的参考点作为比较标准，从而得到各电极相间电位差的相对值，这种相对值叫做电极电势，用符号 φ 表示。人们选择的统一参考点是标准氢电极。

6.9.3.1 标准氢电极

人们把标准氢电极规定为 $\mathrm{H}^+(a=1) | \mathrm{H_2}$ (理想气体，$p^{\ominus}$) | Pt，其中 $\mathrm{H_2}$ 和 H^+ 均处在标准状态。该电极上的还原反应为

$$2\mathrm{H}^+ (a=1) + 2e^- \longrightarrow \mathrm{H_2} (理想气体，p^{\ominus})$$

为了方便，将任意温度下标准氢电极的电极电势规定为零，即

$$\varphi^{\ominus} (\mathrm{H}^+ | \mathrm{H_2}) \equiv 0 \tag{6-39}$$

标准氢电极只是一个各类电极相互比较的标准，与它相比，使得所有电极电势都有了唯一确定的值，为解决问题提供了方便。

6.9.3.2 甘汞电极

以标准氢电极为标准，可以规定任意电极电势的值。但真正的标准氢电极并不存在，比如标准状态的 $\mathrm{H_2}$ 本身就是一种假想的状态，另外也无法配置 $a(\mathrm{H}^+)=1$ 的溶液，所以实际上它只是一个各种电极相互比较的标准，根本无法制备。在实验室里，若要尽可能精确地制备它就必须克服不少困难。此外它本身的稳定性差，使用也不方便。因此在具体实验工作中人们多采用简单、稳定、制备方便的电极作为比较的标准，称为参比电极，其中饱和甘汞电极就是最常用的参比电极之一。它的电极电势已与标准氢电极相比较而求出了精确的值。

饱和甘汞电极表示为 $\mathrm{KCl(aq,饱和)} | \mathrm{Hg_2Cl_2(s)} | \mathrm{Hg}$，其构造示意图如图 6-9 所示，该电极上的还原反应为

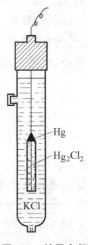

图 6-9 甘汞电极

$$Hg_2Cl_2 + 2e^- \longrightarrow 2Hg + 2Cl^-$$

根据电极中 KCl 溶液的浓度不同,除饱和甘汞电极外,还有其他形式的甘汞电极。甘汞电极克服了氢电极的上述种种弊端,电势稳定可靠,使用方便且容易制备,被广泛应用于科学研究和生产过程。至今它已变成商品在市场上出售。

6.9.3.3 任意电极的电极电势

单个相间电位差无法直接测量,但电动势可以测量。为此,对于任意电极 x,按照如下规定来定义它的电极电势 φ:以标准氢电极作阳极,以指定电极 x 作阴极组成一个电池,该电池的电动势定义为电极 x 的电极电势。即电池

$$\boxed{\text{标准氢电极} \parallel \text{任意电极 x}} \tag{6-40}$$

的电动势为 E,则

$$\varphi \equiv E \tag{6-41}$$

显然,按照这种定义给出的电极电势 φ 并不等于电极 x 中金属-溶液的相间电位差,而是此电位差对于标准氢电极中相间电位差的相对值。φ 值越大,说明该电极上的还原反应越容易进行,即电极中的氧化态物质越容易被还原。因此,在实际工作中常用电极电势表示物质被还原的难易程度。

电极电势 φ 是由构成电极的物质的状态决定的。当参与电极反应的所有物质均处在标准状态时的电极电势叫做标准电极电势,用符号 $\varphi^\ominus$ 表示。当标准状态选定之后,$\varphi^\ominus$ 只与温度有关,即 $\varphi^\ominus = f(T)$。书末附录中列出了部分常用电极在 25℃时的标准电极电势。

按照规定,任意电极电势都是式(6-40)所示电池的电动势,所以原则上可用该电池反应的 Gibbs 函数变、活度积和标准 Gibbs 函数变分别计算 φ 和 $\varphi^\ominus$。但由于标准氢电极中的 H_2 和 H^+ 都处在标准状态,它们对该电池反应的 Gibbs 函数变、活度积和标准 Gibbs 函数变都没有贡献,因此在计算 φ 和 $\varphi^\ominus$ 时不必写整个电池反应,只需写出该电极上的还原反应即可。所以关于 φ 和 $\varphi^\ominus$ 的计算公式可写作

$$\boxed{\begin{aligned} \Delta_r G_m &= -zF\varphi \\ \Delta_r G_m^\ominus &= -zF\varphi^\ominus \\ \varphi &= \varphi^\ominus - \frac{RT}{zF}\ln J \end{aligned}} \tag{6-42}$$

式中 $\Delta_r G_m$,$\Delta_r G_m^\ominus$ 和 J 均是电极上还原反应的性质。因此,计算电极电势时,首先应该正确地写出电极上的还原反应。

例 6-8 由于碱金属与水发生激烈的化学反应,电极
$NaCl(1.022 mol \cdot kg^{-1}, \gamma_\pm = 0.665) \mid Na(s)$

是无法进行实验测定的。试计算 25℃时上述电极的 φ。

解：电极反应为

$$Na^+ (1.022\text{mol} \cdot kg^{-1}, \gamma_\pm = 0.665) + e^- \longrightarrow Na(s)$$

该反应的标准 Gibbs 函数变为

$$\Delta_r G_m^\ominus = \Delta_f G_m^\ominus(Na,s) - \Delta_f G_m^\ominus(Na^+)$$

由热力学手册查得

$$\Delta_f G_m^\ominus(Na,s) = 0, \quad \Delta_f G_m^\ominus(Na^+) = -261.88 \text{kJ} \cdot \text{mol}^{-1}$$

所以

$$\Delta_r G_m^\ominus = -\Delta_f G_m^\ominus(Na^+) = 261.88 \text{kJ} \cdot \text{mol}^{-1}$$

$$\Delta_r G_m^\ominus = -zF\varphi^\ominus$$

$$\varphi^\ominus = -\frac{\Delta_r G_m^\ominus}{zF} = -\frac{261.88 \times 10^3}{1 \times 96\,500}\text{V} = -2.714\text{V}$$

据 Nernst 公式得

$$\varphi = \varphi^\ominus - \frac{RT}{zF}\ln\frac{a(Na,s)}{a(Na^+)}$$

$$= -2.714\text{V} - \left(\frac{8.314 \times 298.15}{1 \times 96\,500}\ln\frac{1}{1.022 \times 0.665}\right)\text{V} = -2.724\text{V}$$

例 6-9 由手册查得 25℃时的如下数据：

电极(1)：$Cu^{2+}|Cu$ $\quad \varphi_1^\ominus = 0.337\text{V}$

电极(2)：$Cu^+|Cu$ $\quad \varphi_2^\ominus = 0.521\text{V}$

试求电极 $Cu^{2+}, Cu^+|Au$ 的标准电极电势。

解：设待求电极为(3)，则其电极反应为

$$Cu^{2+} + e^- \longrightarrow Cu^+ \tag{3}$$

电极(1)和(2)的反应分别为

$$Cu^{2+} + 2e^- \longrightarrow Cu \tag{1}$$

$$Cu^+ + e^- \longrightarrow Cu \tag{2}$$

显然，方程式(3)=(1)-(2)，于是

$$\Delta_r G_{m,3}^\ominus = \Delta_r G_{m,1}^\ominus - \Delta_r G_{m,2}^\ominus$$

即

$$-F\varphi_3^\ominus = -2F\varphi_1^\ominus - (-F\varphi_2^\ominus)$$

$$\varphi_3^\ominus = 2\varphi_1^\ominus - \varphi_2^\ominus = (2 \times 0.337 - 0.521)\text{V} = 0.153\text{V}$$

6.9.3.4 由电极电势计算电动势

任意可逆电池都由阳极和阴极两个半电池组成，可表示为

$$\text{阳极} \parallel \text{阴极}$$

设其电动势为 E，两个电极电势分别为 $\varphi_{阳}$ 和 $\varphi_{阴}$，则该电池放电时的电极反应和电池反应为

阳极：还原态(阳) $\longrightarrow$ 氧化态(阳) $+ ze^-$，Gibbs 函数变为 $\Delta_r G_m(阳)$

阴极：氧化态(阴) $+ ze^- \longrightarrow$ 还原态(阴)，Gibbs 函数变为 $\Delta_r G_m(阴)$

电池：还原态(阳) + 氧化态(阴) $\longrightarrow$ 氧化态(阳) + 还原态(阴)

设电池反应的 Gibbs 函数变为 $\Delta_r G_m$，则

$$\Delta_r G_m = \Delta_r G_m(阳) + \Delta_r G_m(阴)$$

即

$$-zFE = zF\varphi_{阳} + (-zF\varphi_{阴})$$

整理后得

$$\boxed{E = \varphi_{阴} - \varphi_{阳}} \tag{6-43}$$

如果所有物质都处在标准状态，则记作

$$\boxed{E^{\ominus} = \varphi_{阴}^{\ominus} - \varphi_{阳}^{\ominus}} \tag{6-44}$$

以上两式表明，可以由两个电极电势计算电池的电动势，电池的标准电动势可通过查阅手册中的 $\varphi^{\ominus}$ 数据利用式(6-44)求得。

例 6-10 试计算 298.15K 时电池

$$Cu \mid Cu(OH)_2 \mid OH^- (0.1 mol \cdot kg^{-1}) \parallel Cu^{2+}(0.1 mol \cdot kg^{-1}) \mid Cu$$

的电动势，并判断电池内反应的方向。

解：由于电池中的两个电解质溶液均没给出活度系数，所以只能设 $\gamma_{\pm} = 1$，进行近似估算。自标准电极电势表查得

$$Cu^{2+} + 2e^- \longrightarrow Cu \quad \varphi_{阴}^{\ominus} = 0.337V$$

所以

$$\varphi_{阴} = \varphi_{阴}^{\ominus} - \frac{RT}{2F} \ln \frac{a(Cu)}{a(Cu^{2+})}$$

$$= 0.337V - \left(\frac{8.314 \times 298.15}{2 \times 96\,500} \ln \frac{1}{0.1}\right)V = 0.307V$$

又查得

$$Cu(OH)_2 + 2e^- \longrightarrow Cu + 2OH^- \quad \varphi_{阳}^{\ominus} = -0.224V$$

所以

$$\varphi_{阳} = \varphi_{阳}^{\ominus} - \frac{RT}{2F} \ln \frac{a(Cu)a^2(OH^-)}{a[Cu(OH)_2]}$$

$$= -0.224\text{V} - \left(\frac{8.314 \times 298.15}{2 \times 96\,500}\ln 0.1^2\right)\text{V} = -0.165\text{V}$$

因此
$$E = \varphi_{阴} - \varphi_{阳} = 0.307\text{V} + 0.165\text{V} = 0.472\text{V}$$

由于 $E>0$，所以上述电池反应的方向与实际情况相符，即电池反应为
$$\text{Cu}^{2+} + 2\text{OH}^- \longrightarrow \text{Cu(OH)}_2$$

以上谈到，电动势 E 可以通过电池反应的 $\Delta_r G_m$ 或 Nernst 公式直接进行计算，也可以通过电极还原反应的 $\Delta_r G_m$ 或 Nernst 公式先算出 φ，然后再利用式(6-43)进行间接计算。两种方法实际上并无区别，是完全一致的。

6.10 液接电势及其消除

6.10.1 液接电势的产生与计算

两种不同电解质的溶液或同一电解质的两个不同浓度的溶液相互接触时，在液-液界面上产生的相间电位差称作液接电势。例如当两个浓度不同的盐酸溶液 $\text{HCl}(\text{aq}_1, b_1)$ 和 $\text{HCl}(\text{aq}_2, b_2)$ 相接触时，若 $b_1 < b_2$，则 H^+ 和 Cl^- 同时由溶液 2 向溶液 1 扩散，如图 6-10 所示。由于 H^+ 的扩散速度大于 Cl^-，致使溶液 1 因 H^+ 过剩而荷正电，溶液 2 则因 Cl^- 过剩而荷负电，于是在液-液界面上形成双电层。此双电层抑制 H^+ 的扩散而加速 Cl^- 的扩散，很快使两者扩散速度相等，双电层达到稳定，此时双电层的电位差即是液接电势，用符号 E_l 表示。由此可见，液接电势是由于在液-液界面处正、负离子的扩散速度不同而产生的。

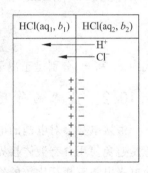

图 6-10 液接电势的产生

如果将上述两个溶液用来制作电池
$$\text{Pt} \mid \text{Cl}_2(p^{\ominus}) \mid \text{HCl}(b_1) \vdots \text{HCl}(b_2) \mid \text{Cl}_2(p^{\ominus}) \mid \text{Pt}$$
则该电池反应为
$$\text{Cl}^-(b_1) \longrightarrow \text{Cl}^-(b_2)$$
若根据这个反应，用 Nernst 公式计算电池的电动势，可得
$$E_{理论} = -\frac{RT}{F}\ln\frac{a(\text{Cl}^-, b_2)}{a(\text{Cl}^-, b_1)}$$

应该指出，此计算值并不等于上述电池的电动势 E。这是由于上述电池中存在液-液界面，所以不是可逆电池，不能用 6.9 节中的方法求 E。具体来说，以上计算只

考虑到两个电极上的变化,即只考虑到电极的相间电位差而没考虑液接电势 E_l。因此上述电池的电动势应等于以上计算值与液接电势的代数和,即

$$E = E_{理论} + E_l \tag{6-45}$$

此式适用于任意包含液-液界面的电池,其中 $E_{理论}$ 是按 6.9 节中的方法计算的电动势。只要存在液体接界就必然存在液接电势,而与有无电池存在无关,也无所谓正负。而上式中 $E_{理论} = \varphi_{阴} - \varphi_{阳}$ 存在符号,所以必须为 E_l 规定相应的符号才能保证式(6-45)有意义。根据 $E_{理论}$ 的符号,规定 E_l 等于界面右侧的电位减去界面左侧的电位。因此,在电池中的液接电势是一个有符号的量。

在包含液-液界面的双液电池中(例如上述电池),液接电势可按下式计算:

$$E_l = (t_+ - t_-) \frac{RT}{F} \ln \frac{(b\gamma_\pm)_{阳}}{(b\gamma_\pm)_{阴}} \tag{6-46}$$

式中 t_+ 和 t_- 分别代表正、负离子在液-液界面处的迁移数,$(b\gamma_\pm)_{阳}$ 和 $(b\gamma_\pm)_{阴}$ 分别代表阳极区溶液和阴极区溶液的浓度与平均活度系数之积。应该指出,此式只适用于 1-1 价型的同一种电解质的不同溶液,例如 $HCl(b_1) | HCl(b_2)$,$NaNO_3(b_1) | NaNO_3(b_2)$ 等。

对于非 1-1 价型的同一种电解质的两个不同溶液间的液接电势,计算公式为

$$E_l = \left(\frac{t_+}{z_+} - \frac{t_-}{|z_-|} \right) \frac{RT}{F} \ln \frac{(b\gamma_\pm)_{阳}}{(b\gamma_\pm)_{阴}} \tag{6-47}$$

式中 z_+ 和 z_- 分别是正离子和负离子的价数。

6.10.2 盐桥的作用

液接电势会对电池的电动势产生干扰,因此在准确度要求较高的测量工作中总是避免使用含有液体接界的电池。另外,在纯粹的电极研究中,为了排除干扰,使电极电势有相互比较的价值,也必须设法消除液接电势。消除液接电势的通用方法是在两个电极溶液之间插入盐桥。

在实验工作中,盐桥必须是具备以下条件的电解质溶液:①正、负离子具有相近的扩散速度;②高浓度,一般用饱和溶液;③作为盐桥的物质不能与两侧溶液中的任何一方发生反应。在具体实验中,能作为盐桥的电解质并不多,通常用得最多的是饱和 KCl 溶液。

需要指出,盐桥并不能完全消除液接电势,只能将其大大削弱。一般情况下,使用盐桥之后,可将液接电势减小到 1~2mV 以下,对于一般的测量工作,这是允许的。一般用盐桥时电动势的测量精度不会超过 ±1mV,因此在要求精确的电化学测量中,应尽量避免采用有液体接界的电池。

6.11 电化学传感器及离子选择性电极

在复杂的物质系统中,人们往往希望有选择性地测出其中某一种物质的含量。若用化学分析方法不仅步骤烦琐,操作困难,有时甚至是不可能的,尤其对于那些含量极少的物质。近年逐渐发展起来的电化学传感器为解决这一难题做出了巨大贡献。电化学传感器主要利用某种敏感材料与待测物质相互作用将该物质的浓度信号直接或间接地转换成电信号。由于电信号的测量与记录快速准确,所以传感器深受科技工作者的欢迎。传感器的开发研制工作属于十分活跃的科学领域,每年都有新的传感器问世,在化学、化工、生物、医学、环境检测等领域发挥着越来越大的作用。

电化学传感器实际上是各种不同的专用电极,电极上的敏感材料是它的关键组件。一般把这种敏感材料制成薄膜以后,它只对极少数物质甚至只对一种物质有响应,即这种特种膜对于物质具有高选择性。所以传感器与膜技术关系密切。

6.11.1 膜平衡与膜电势

当一张电化学膜将两种电解质溶液隔开时,如果膜对任何离子的通过均无阻碍,而只起防止两种溶液迅速混合的作用时,则在膜两侧便产生扩散电势,这就是 6.10 节所讨论的液接电势。有许多天然膜或人造膜,对于离子的透过具有高选择性,即只允许一种或少数几种离子透过,而对其他分子和离子来说它却像一块不可穿透的刚性壁。这种性能的机理至今尚未完全搞清楚,这种膜称为半透膜。例如人体内的细胞膜就是 K^+ 的半透膜。

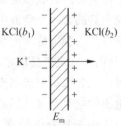

图 6-11 膜平衡和膜电势的概念

如图 6-11 所示,有一张 K^+ 的半透膜,膜两侧分别是两种浓度不同的 KCl 溶液,若 $b_1 > b_2$,则 K^+ 倾向于由溶液 b_1 向溶液 b_2 扩散,使得膜的 b_2 一侧产生净正电荷,而 b_1 一侧产生净负电荷,即在膜中产生电场。该电场抑制了 K^+ 的扩散过程,最终达到平衡,称为膜平衡。膜平衡时在膜两侧形成稳定双电层,此双电层的电位差叫做膜电势,用符号 E_m 表示。

如果半透膜只允许一种或几种离子透过而不允许溶剂透过,则称为非渗透膜平衡。如果膜对溶剂及一种或几种离子是可透过的,则称为渗透膜平衡,也称 Donnan 平衡。以下所讨论的膜平衡是指非渗透膜平衡。

由以上讨论可知,膜电势是由于某些特殊的膜对离子有选择性而产生的,它是指膜两侧的平衡电位差,所以 E_m 本身无所谓正负。但是为了便于将 E_m 与其他形式的电位差(如液接电势和其他形式的相间接触电势)进行叠加计算,同样规定膜电势等于膜右侧的电位减去左侧的电位,因此在许多数学表达式中 E_m 是一个有符号的量。设离子 B 的价数为 z_B(例如 $z(Cu^{2+})=2, z(Cl^-)=-1$),今有一张 B 的半透膜将两个含 B 的溶液隔开,膜左、右两侧溶液中 B 的活度分别为 $a_{B,左}$ 和 $a_{B,右}$,在一定温度和压力下建立膜平衡以后,膜电势可按下式计算:

$$E_m = \frac{RT}{z_B F} \ln \frac{a_{B,左}}{a_{B,右}} \tag{6-48}$$

此式表明,膜电势的大小是由可透离子在膜两侧活度的相对值决定的,可透离子在膜两侧的活度差异越大,$|E_m|$ 就越大。

如果膜允许多种离子穿透,式(6-48)对每一种可透离子都是适用的,但是膜电势 E_m 只有一个,式中的活度是指膜平衡时的活度。

6.11.2 离子选择性电极简介

离子选择性电极是一类利用膜电势测定溶液中某种特定离子活度的电化学传感器。它的外壳是对这种离子具有特殊选择性的薄膜材料,内部包含一个内参比电极。将它插入含有特定离子的溶液中,该离子便与它的敏感膜相互作用产生膜电势,且膜电势的大小与溶液中这种离子的活度一一对应。显然,整个离子选择性电极的电极电势由膜电势和内参比电极电势两部分组成。对于一个制作好的离子选择性电极,其内参比电极是固定不变的,所以整个电极的电势取决于膜电势,即离子选择性电极的电势取决于待测离子的活度。由此可见,离子选择性电极不同于经典电极,经典电极的电势是氧化还原电势,而离子选择性电极的电势决定于膜电势。

人们最早制作的离子选择性电极是一种 H^+ 选择性电极,因为它的敏感膜是一种只对 H^+ 有响应的特殊玻璃膜,所以称为玻璃电极。玻璃电极的构造如图 6-12 所示,下端的球形容器就是由特殊玻璃膜制成的,内参比电极为 $HCl(0.1 mol \cdot dm^{-3}) | AgCl | Ag$。若将玻璃电极浸入一个 H^+ 活度为 $a(H^+)$ 的溶液中,则它的电势等于内参比电极的电势与膜电势的代数和,记作

$$\varphi_g = \varphi(Cl^- | AgCl | Ag) + E_m$$

其中 φ_g 代表玻璃电极的电极电势,由此可以导出

$$\varphi_g = \varphi_g^{\ominus} + \frac{RT}{F} \ln a(H^+) \tag{6-49}$$

对于一个制作好的玻璃电极,在一定温度下式中 $\varphi_g^{\ominus}$ 是常数。由此可以看出,玻璃电极的电势取决于待测溶液中的 $a(H^+)$,

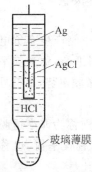

图 6-12 玻璃电极

且与 $a(H^+)$ ——一对应。人们把这种能反映 H^+ 活度的电极称为氢离子指示电极，所以玻璃电极是一种氢离子指示电极。

离子选择性电极是一个半电池，它的电势不能单独测量，因此在具体使用时必须将它与一个合适的外参比电极组成电池，然后测量电池的电动势。因为膜的电阻很大，所以测量电动势的部分不是普通的电位差计而是具有极高输入阻抗的测量系统。

优质的离子选择性电极应该具备选择性高、响应范围宽、响应速度快、准确度高等特点。因为它是一类结构和操作简单、响应迅速、能用于有色和浑浊溶液的非破坏性分析工具，可以分辨不同离子的存在形式，能测量少到几微升的样品，所以十分适用于野外分析和现场自动连续检测。它的分析对象十分广泛，已成功地应用于环境检测、水质与土壤分析、临床化验、海洋考察、工业流程控制以及地质、冶金、农业、食品和药物分析等领域。离子选择性电极的研制和开发工作也十分活跃，至今已商品化的离子选择性电极已近 30 种。

6.12 电动势法的应用

利用电动势数据及其测量来解决科研、生产及其他实际问题称为电动势法。电动势法是重要的电化学方法之一，具有广泛的应用。电动势的测量具有高精确度的优点，所以许多重要的基础数据往往用电动势法求取。另外，电动势法也用作重要的分析手段，制作成各式各样的仪器（例如酸度计等），进行各种专门的测量。

化学工作者常希望用电动势法求取化学反应的性质（例如焓变等）的精确值。解决这类问题的一般程序如下：首先将指定的化学反应设计成电池；然后制作电池，测量电池的电动势；最后根据电动势值计算欲求的诸量。由此可见，只有那些可能变成电池的化学反应才可应用电动势法。这就是电动势法的局限性。

6.12.1 求取化学反应的 Gibbs 函数变和平衡常数

由关系式 $\Delta_r G_m = -zFE$ 可知，欲求某反应的 $\Delta_r G_m$，只需测量它所对应电池的电动势即可。

由热力学知道，反应的标准 Gibbs 函数变与平衡常数有如下关系：

$$\Delta_r G_m^\ominus = -RT\ln K^\ominus$$

即

$$-zFE^\ominus = -RT\ln K^\ominus$$

$$K^\ominus = \exp\frac{zFE^\ominus}{RT} \tag{6-50}$$

此式提供了计算化学反应标准平衡常数的电化学方法。

例 6-11 试计算 298.15K 时 HgO(s) 的分解压。

解：反应 $2HgO(s) \longrightarrow 2Hg(l) + O_2$ 所对应的电池为

$$Pt \mid O_2 \mid OH^- (aq) \mid HgO \mid Hg$$

该电池放出 4mol e 的电量时的电池反应即为上述反应。由标准电极电势表查得 298.15K 时的下列数据：

$$\varphi^{\ominus}(OH^- \mid HgO \mid Hg) = 0.0984V$$
$$\varphi^{\ominus}(O_2 \mid OH^-) = 0.4010V$$

所以

$$E^{\ominus} = \varphi^{\ominus}(OH^- \mid HgO \mid Hg) - \varphi^{\ominus}(O_2 \mid OH^-)$$
$$= 0.0984V - 0.4010V = -0.3026V$$

代入式(6-50)，即求得反应的平衡常数

$$K^{\ominus} = \exp\frac{zFE^{\ominus}}{RT} = \exp\frac{4 \times 96500 \times (-0.3026)}{8.314 \times 298.15} = 3.461 \times 10^{-21}$$

因为上述反应的平衡常数与 HgO(s) 的分解压 $p(O_2)$ 间有如下关系：

$$K^{\ominus} = p(O_2)/p^{\ominus}$$

所以

$$p(O_2) = K^{\ominus} p^{\ominus} = 3.461 \times 10^{-21} \times 101325 Pa = 3.507 \times 10^{-16} Pa$$

6.12.2 测定化学反应的熵变

由热力学公式：

$$\left(\frac{\partial \Delta_r G_m}{\partial T}\right)_p = -\Delta_r S_m$$

$$\left(\frac{\partial (-zFE)}{\partial T}\right)_p = -\Delta_r S_m$$

即

$$\Delta_r S_m = zF\left(\frac{\partial E}{\partial T}\right)_p \tag{6-51}$$

此式表明，用电动势法测定化学反应的熵变时，需要测定电动势的温度系数 $(\partial E/\partial T)_p$。即将电池制作好以后，在不同温度下多次测定其电动势，根据实验数据画出曲线 E-T，在曲线上相应处求得切线的斜率即是温度系数 $(\partial E/\partial T)_p$。

6.12.3 测定化学反应的焓变

化学反应一般均在等温条件下进行，所以
$$\Delta_r G_m = \Delta_r H_m - T\Delta_r S_m$$
即
$$\Delta_r H_m = \Delta_r G_m + T\Delta_r S_m$$
将 $\Delta_r G_m$ 和 $\Delta_r S_m$ 与电动势的关系代入上式，得
$$\Delta_r H_m = -zFE + zFT\left(\frac{\partial E}{\partial T}\right)_p \tag{6-52}$$

此式表明，可以通过测定电池电动势求出化学反应的焓变。与量热法测定焓变相比，电动势法所得的结果要精确可靠得多。

$\Delta_r H_m$ 是状态函数的变化，同一个化学反应，不论它以什么方式进行，$\Delta_r H_m$ 是唯一的。若在普通反应器中进行，没有非体积功，$\Delta_r H_m$ 就是反应热；如果在可逆电池中进行，则做电功，所以 $\Delta_r H_m$ 不等于电池中化学反应的热效应。由热力学可知，电池反应的热效应，应按以下方法计算：
$$Q_r = T\Delta_r S_m$$
将式(6-51)代入，得
$$Q_r = zFT\left(\frac{\partial E}{\partial T}\right)_p \tag{6-53}$$

式中 Q_r 代表可逆电池的热效应，可见它与 $(\partial E/\partial T)_p$ 有关。

6.12.4 电解质溶液活度系数的测定

电解质溶液中离子的平均活度系数主要依靠实验测定，电动势法是常用的实验方法之一。例如要测定某质量摩尔浓度为 b 的盐酸溶液的平均活度系数 $\gamma_\pm$，为此需要利用该溶液设计一个电池，使得其电动势的表达式中除 $\gamma_\pm$ 以外均为已知量，比如可设计如下电池：

$$\text{Pt} \mid \text{H}_2(101\,325\text{Pa}) \mid \text{HCl}(b) \mid \text{AgCl} \mid \text{Ag}$$

电池反应为
$$\frac{1}{2}\text{H}_2(101\,325\text{Pa}) + \text{AgCl}(s) \longrightarrow \text{Ag}(s) + \text{H}^+ + \text{Cl}^-$$

根据 Nernst 方程，整理后可将电池电动势表示为
$$E = E^\ominus - \frac{2RT}{F}\ln\frac{\gamma_\pm b}{b^\ominus} \tag{6-54}$$

整理后得

$$\ln\gamma_\pm = \frac{(E^\ominus - E)F}{2RT} - \ln\frac{b}{b^\ominus} \tag{6-55}$$

此式右端的 T 和 b 为已知量，$R, F, E^\ominus$ 和 $b^\ominus$ 均为常数，因此只需由实验测定上述电池的电动势 E 便可利用此式求得溶液 HCl(b) 的 $\gamma_\pm$。

其他电解质溶液的 $\gamma_\pm$ 可用类似的方法测定，即找出对电解质溶液中正、负离子都可逆的电极，装配成电池(最好不包含液体接界)，测定电池的电动势，从而求出 $\gamma_\pm$。例如 HBr(aq) 和 $ZnSO_4$(aq) 的 $\gamma_\pm$ 可以分别利用下列电池进行测量：

$$Pt \mid H_2(101\ 325Pa) \mid HBr(aq) \mid AgBr \mid Ag$$
$$Zn \mid ZnSO_4(aq) \mid PbSO_4 \mid Pb$$

6.12.5 pH 的测定

pH 是表示溶液酸碱度的一种标度，其定义为 $pH = -\lg a(H^+)$。鉴于不同的指示剂在不同的 pH 范围内有不同的颜色，所以一般可用比色法测定 pH。比色法只适用于粗略的分析，比较精确的 pH 测量可以用电化学方法。具体做法如下：在待测溶液中安置一个 H^+ 指示电极，则它的电极电势与待测溶液的 pH 有关。将它与一个参比电极构成电池，测量其电动势 E，由此便可计算出待测溶液的 pH。

6.12.5.1 以氢电极作 H^+ 指示电极

将氢电极与甘汞电极组成如下电池：

$$Pt \mid H_2(101\ 325Pa) \mid 待测溶液(pH) \mid 甘汞电极$$

则电动势为

$$\begin{aligned} E &= \varphi_{甘} - \varphi(H^+ \mid H_2) \\ &= \varphi_{甘} + \frac{RT}{F}\ln\frac{1}{a(H^+)} = \varphi_{甘} + \frac{2.303RT}{F}pH \end{aligned} \tag{6-56}$$

所以

$$pH = \frac{(E - \varphi_{甘})F}{2.303RT} \tag{6-57}$$

其中 $\varphi_{甘}$ 和 T 已知，于是只需测定电动势 E 便可由式(6-57)计算出 pH。

氢电极是所有氢离子指示电极中精密度最高的，结果准确，且适用于 pH = 0~14 的整个范围。但是氢电极制备复杂，使用不便。

6.12.5.2 以醌·氢醌电极作 H^+ 指示电极

醌·氢醌常用符号 $Q·H_2Q$ 表示，它是醌(Q)与氢醌(H_2Q)的等分子化合物，在水中溶解度极小且溶于水后全部离解成醌和氢醌。

Q·H₂Q 电极是氧化还原电极,十分容易制备。取一些待测溶液,将少量 Q·H₂Q 溶入其中即成饱和溶液,插入惰性金属 Pt,就构成 Q·H₂Q 电极:

$$Pt \mid Q, H_2Q, H^+$$

电极反应为

$$Q + 2H^+ + 2e^- \longrightarrow H_2Q$$

根据 Nernst 方程,整理后电极电势可表示为

$$\varphi(Pt \mid Q, H_2Q) = \varphi^{\ominus}(Pt \mid Q, H_2Q) - \frac{2.303RT}{F}pH \tag{6-58}$$

为了测定 pH,将 Q·H₂Q 电极与甘汞电极组成电池:

$$甘汞电极 \mid 待测溶液(pH), Q, H_2Q \mid Pt$$

则电动势为

$$E = \varphi(Pt \mid Q, H_2Q) - \varphi_{甘}$$

将式(6-58)代入,整理后得

$$pH = \frac{[\varphi^{\ominus}(Pt \mid Q, H_2Q) - E - \varphi_{甘}]F}{2.303RT} \tag{6-59}$$

式中右端除 E 以外其他物理量都是已知量或可以从手册中查到,因此只需测量电动势 E,即可由上式计算出溶液的 pH 值。

Q·H₂Q 电极制备简单,使用方便,是日常工作中常用的 H^+ 指示电极,但 H₂Q 有微弱的酸式电离且容易被氧化,因此它不适用于碱性溶液和含有强氧化剂的溶液。另外,Q·H₂Q 电极只能对溶液进行取样分析,因此直接在存放溶液的容器中进行测定,定会由于 Q·H₂Q 的加入而污染溶液。

6.12.5.3 以玻璃电极作 H^+ 指示电极

将玻璃电极和甘汞电极同时浸入待测溶液,便组成电池:

$$玻璃电极 \mid 待测溶液 \mid 甘汞电极$$

则电动势为

$$E = \varphi_{甘} - \varphi_g$$

将式(6-49)代入并整理后得

$$pH = \frac{(E - \varphi_{甘} + \varphi_g^{\ominus})F}{2.303RT} \tag{6-60}$$

由此可见,该电池的电动势 E 即可反映溶液 pH 的大小,这就是常用的 pH 计。

6.12.6 电势滴定

在滴定分析中,常用指示剂确定滴定终点。对于有色或浑浊的系统以及没有适当指示剂的场合,应用这种方法比较困难。在酸碱滴定、氧化还原滴定、络合滴定和沉淀滴定中,被滴定溶液中某离子的浓度随滴定液的加入而变化且在终点前

后变化剧烈。如果在溶液中放入一个对该种离子可逆的指示电极,再放一个参比电极组成电池,则只要测定电动势随滴定液加入量的变化,就可以知道离子浓度的变化而定出滴定终点,这种方法称为电势滴定。在滴定终点前后溶液中离子的浓度往往连续变化几个数量级,致使电动势发生突跃,所以电势滴定的确是滴定终点的好办法。另外,电势滴定将离子浓度的变化转变成电信号,使滴定操作自动化成为可能。电势滴定与 6.4.4 节介绍的电导滴定是滴定分析中常用的电化学方法。以下以酸碱滴定为例对电势滴定予以说明。

以标准 NaOH 溶液滴定 HCl 溶液,在被滴定的盐酸溶液中发生如下变化:

$$H^+ + Cl^- + NaOH \longrightarrow Na^+ + Cl^- + H_2O$$

溶液中 H^+ 的浓度随加入 NaOH 的体积 $V(NaOH)$ 而变化。若选氢电极作 H^+ 指示电极,与甘汞电极组成电池

$$Pt \mid H_2(101\ 325Pa) \mid 被滴定溶液 \mid 甘汞电极$$

在滴定过程中,溶液中 H^+ 逐渐减少,即 pH 逐渐增大,据式(6-56)可知,电动势逐渐升高。以 E 对 $V(NaOH)$ 作图,得到图 6-13(a)所示的滴定曲线。滴定曲线上的斜率最大处即是滴定终点。为了更准确地确定滴定终点,常常将图 6-13(a)中的斜率 dE/dV 对 $V(NaOH)$ 作图,见图 6-13(b),曲线出现峰点,此即滴定终点。

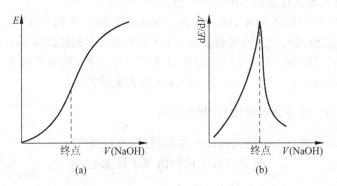

图 6-13　电势滴定曲线

6.13　电极过程动力学

以上所讨论的电池和电极都是可逆的,这部分内容属于热力学范畴。此时电路中 $I \to 0$,即电极上没有净电流通过,电极处于电化学平衡,因此以上各节所说的电极电势严格说是可逆电势或平衡电势,用符号 φ_r 表示,此处下标"r"代表可逆以与本节所讨论的电极电势相区别。然而在实际的电化学过程中,不论是电池还是电解池,都不可能在没有电流的情况下运行。因此,实际过程中的电极是有电流通过的,即实际电极过程是不可逆过程,此时的电极电势称不可逆电势或实际电势,

用符号 φ_{ir} 表示,下标"ir"代表不可逆过程。对于同一个电极,φ_{ir} 与电流的大小、电极反应的阻力等因素有关,所以不再是热力学问题而主要是动力学问题。

6.13.1 电极的极化与超电势

6.13.1.1 电极的极化

在不可逆电极过程中,电极电势与可逆电极电势不同,这种电极电势偏离平衡值的现象称为电极的极化。根据产生极化的具体原因不同,通常可将极化分为 3 类:浓差极化、电化学极化和电阻极化。其中电阻极化是指有电流通过时,在电极表面生成一层氧化物薄膜或其他物质,从而增大了电阻。这种情况并非每个电极都有,没有普遍意义,因此以下只讨论浓差极化和电化学极化。

(1) 浓差极化

当无电流通过时,电极处于平衡状态,溶液相的浓度处处相等。如有电流通过电极,电极反应不管是产生离子还是消耗离子,总会造成电极附近溶液的浓度与溶液本体不同。例如电极 $Zn^{2+}|Zn$,其电极反应为:

$$Zn^{2+} + 2e^- \longrightarrow Zn$$

若忽略活度系数的影响,则其可逆电极电势为

$$\varphi_r = \varphi^\ominus + \frac{RT}{2F}\ln\frac{b(Zn^{2+})}{b^\ominus} \tag{6-61}$$

当上述电极作为阴极实际工作时,在电极-溶液界面附近的溶液中的 Zn^{2+} 将以一定速率沉积到电极上,由于离子扩散过程存在阻力,远处的 Zn^{2+} 来不及扩散到阴极附近,结果使得金属 Zn 附近的溶液中 Zn^{2+} 的浓度 $b'(Zn^{2+})$ 小于溶液本体,即 $b'(Zn^{2+}) < b(Zn^{2+})$。这种情况相当于阴极上的金属不是插在浓度为 $b(Zn^{2+})$ 的溶液中,而是插在另外一个浓度为 $b'(Zn^{2+})$ 的溶液中,所以此时的电极电势应为

$$\varphi_{ir,阴} = \varphi^\ominus + \frac{RT}{2F}\ln\frac{b'(Zn^{2+})}{b^\ominus} \tag{6-62}$$

与式(6-61)相比,可知 $\varphi_{ir,阴} < \varphi_{r,阴}$。这种当有电流通过时,由于电极附近与溶液本体间的浓差而产生的极化叫做浓差极化。

当上述电极作为阳极实际工作时,由于产生的 Zn^{2+} 不能及时扩散出去,结果使得金属 Zn 附近的溶液中 Zn^{2+} 的浓度高于溶液本体,即 $b'(Zn^{2+}) > b(Zn^{2+})$。于是此时的电极电势大于平衡值,即 $\varphi_{ir,阳} > \varphi_{r,阳}$。

对于其他任意电极,可进行类似的讨论。由此可以看出,浓差极化后使阴极的电极电势降低而使阳极的电极电势升高。要想削弱这种极化,即减小浓差极化的程度,就应该设法减小扩散阻力,使电极附近与溶液本体的浓度差异变小,例如加

强对溶液的搅拌等。

(2) 电化学极化

也称为活化极化。一个电极在无电流通过的可逆情况下,在电极-溶液界面处形成稳定的双电层,此时电极上有一定的带电程度,建立了相应的电极电势 φ_r。当有电流通过时,这种双电层结构被破坏,于是会改变电极上的带电程度,从而使 φ_{ir} 偏离 φ_r。例如电极 $Zn^{2+}|Zn$,作为阴极实际工作时,电子便经外部导线以一定速度流到 Zn 上,但由于在 Zn-溶液界面处的 Zn^{2+} 还原反应存在阻力并不能以同样的速度及时消耗掉这些电子。于是,与平衡情况相比,Zn 金属上有了多余的电子,此时的电极电势便低于平衡值,即 $\varphi_{ir,阴} < \varphi_{r,阴}$。当上述电极作为阳极实际工作时,电子以一定速度离开金属 Zn,但 Zn 的氧化反应却不能以同样的速度及时补充流走的电子。于是,与平衡情况相比,Zn 金属上有了多余的正电荷,此时的电极电势便高于平衡值,即 $\varphi_{ir,阳} > \varphi_{r,阳}$。这种极化就是电化学极化,由以上分析可知,它产生的原因是由于当有电流通过时,电极反应存在阻力,致使无法及时补充或消耗电极上由于电流所造成的电荷变化。即电化学极化是由电极反应的动力学因素而引起的。要想削弱这种极化,即减小电化学极化的程度,就应该设法减小电极反应的阻力,提高反应速率。例如在使用金属铂作惰性电极时,总是电镀上一层绒状的铂黑,就是为了加速电极反应,以减小电化学极化。

由以上分析可以看出,与浓差极化类似,电化学极化的结果使阴极的电极电势降低而使阳极的电极电势升高。

当有电流通过电极时,浓差极化和电化学极化同时存在,兼而有之,此时的电极电势与其平衡值的偏离是两种极化的总结果。综上所述,可以得出如下结论:不论极化产生的原因如何,作为极化的结果,总是毫无例外地使阴极的电势降低,使阳极的电势升高。这个结论不仅适用于电池,也适用于电解池。根据电极电势的意义,阴极电势降低意味着阴极上还原反应的趋势减小,阳极电势升高意味着阳极上氧化反应的趋势减小。因此,不论阴极或阳极,极化都是电极为了克服过程的阻力所付出的代价,结果使得电极过程更难于进行。即极化程度越大,阴极上的还原反应越难于进行,阳极上的氧化反应越难于进行。这就是极化的全部意义。

6.13.1.2 超电势

人们用超电势 η 来度量电极的极化程度,其定义为

$$\eta = |\varphi_{ir} - \varphi_r| \tag{6-63}$$

式中 η 是各种极化的总结果。对于一个指定的电极,在一定温度下 η 决定于电流密度,即决定于电极的使用情况,电流越大,则超电势越高。

超电势可以进行实验测量,据式(6-63),测量超电势实际上就是测量有电流通过时的电极电势 φ_{ir}。测量不同电流密度 j 时的 φ_{ir} 值,将测量结果画成曲线 φ_{ir}-j,称为极化曲线。图 6-14 中(a)和(b)分别是阴极极化曲线和阳极极化曲线。测定极化曲线在实际的电化学工作中具有广泛的应用。

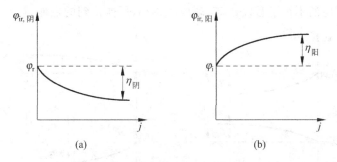

图 6-14　电极的极化曲线

大量的测定结果表明,一般析出金属的超电势较小,而析出气体的超电势较大,这是气体一般较难从电极上析出的原因之一。在气体超电势的研究中,对 H_2 的研究最为充分。早在 1905 年,Tafel 在实验基础上提出了氢析出时超电势与电流密度的定量关系,

$$\eta = a + b \lg\{j\} \tag{6-64}$$

此式称为 Tafel 公式,其中$\{j\}$是电流密度的值,a 和 b 是与电极材料、电极表面状态、温度等有关的常数。

6.13.2　不可逆情况下的电池和电解池

在可逆情况下,电池与电解池中 $I \to 0$,电池的放电过程与电解池的充电过程完全互逆,两者的阴、阳极互换,两个过程中不仅物质变化互逆而且能量变化也互逆。实际工作的电池和电解池则不然,两者的能量变化是不互逆的。

在不可逆情况下电极发生极化。如果只讨论单个电极的极化和超电势,只需指明这个电极实际上是阴极还是阳极,不必区分它是在电池中工作还是在电解池中工作,因为两种情况下的极化曲线均如图 6-14 所示,没有什么区别。但在研究由两个极化电极组成的电化学装置的两极电势差时,却必须区分是电池还是电解池。

对于电池,设其电流为 I,内阻为 R。以闭合回路中的单位正电荷为对象,则电池的电势($\varphi_{ir,阴} - \varphi_{ir,阳}$)是其总的能量来源,电池的端电压 $U_{端}$ 是其中消耗在外电路上的那一部分,而 IR 是为克服电池内阻所消耗的电位降。据能量守恒原理

$$\varphi_{ir,阴} - \varphi_{ir,阳} = U_{端} + IR$$

当内阻很小，IR 可以忽略不计时，上式简化为

$$U_\text{端} = \varphi_\text{ir,阴} - \varphi_\text{ir,阳} \tag{6-65}$$

由于 $\varphi_\text{ir,阴}$ 和 $\varphi_\text{ir,阳}$ 均与电流大小有关，所以 $U_\text{端}$ 也必随电流而改变。根据两极的极化曲线，很容易找到 $U_\text{端}$-j 的具体关系，如图 6-15(a)所示。由图可以看出，电流越大，即电池放电的不可逆程度越高，端电压越小，所能得到的电能越少。

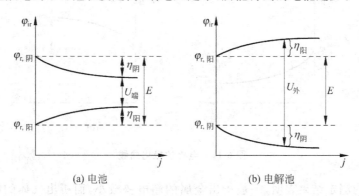

图 6-15 电池的端电压、电解池的外加电压与电流密度的关系

在电解池中，实际的阳极恰是它所对应的电池的阴极，实际的阴极却是电池的阳极，所以电池的电势应为 $\varphi_\text{ir,阳} - \varphi_\text{ir,阴}$，此处的下标"阳"和"阴"代表电解池的阳极和阴极。对于电解池，外加电压 $U_\text{外}$ 是单位正电荷的总能量来源，其中一部分用于克服电池的电势，其余部分用于克服电解池的内阻 R，所以

$$U_\text{外} = (\varphi_\text{ir,阳} - \varphi_\text{ir,阴}) + IR$$

若忽略电解池的内阻，则上式简化为

$$U_\text{外} = \varphi_\text{ir,阳} - \varphi_\text{ir,阴} \tag{6-66}$$

根据两极的极化曲线，可以得到 $U_\text{外}$ 与电流密度 j 的关系，如图 6-15(b)所示。由图可知，电解池在工作时，所通过的电流越大，即电解池的不可逆程度越高，所需要的外加电压越大，消耗的电能也越多。

由以上讨论可以看出，在不可逆情况下，由于电极极化，使用电池时人们得到的电功减少，电解时所消耗的电功增多，因此从能源利用角度来看，超电势的存在是不利的。尽管如此，超电势也常给人类带来好处。人们可以利用各种电极的超电势不同，使得某些本来不能在阴极上进行的还原反应也能顺利地在阴极上进行。例如，可在阴极上电镀 Cd，Ni 等而不会有氢气析出。在为铅蓄电池充电时，如果氢没有超电势，就无法使铅沉积到电极上，只会冒出氢气。另外，人们正是利用了浓差极化现象，提出了分析化学中常用的极谱分析方法。

6.13.3 电解池中的电极反应

在一个指定的电解池中,每一种离子从溶液中析出时都有它所对应的电极。例如 H^+ 在阴极上析出 H_2 时的电极是 $H^+|H_2(101\ 325Pa)$,OH^- 在阳极上析出 O_2 时的电极为 $O_2(101\ 325Pa)|OH^-$,Cu^{2+} 在阴极上析出 Cu 时的电极为 $Cu^{2+}|Cu$ 等。这些电极的电极电势称为相应物质的析出电势。例如对于 $a(Cu^{2+})=1$ 的 $CuSO_4$ 溶液,$Cu^{2+}|Cu$ 的电极电势为 0.337V,我们就说 Cu^{2+}(或 Cu)的析出电势为 0.337V,记作 $\varphi(Cu^{2+}|Cu)=0.337V$。

某物质的析出电势是指它所对应的电极的实际电势。在一定温度下析出电势既与溶液的浓度有关,也与超电势有关。因而析出电势是 φ_{ir},而不是 $\varphi^{\ominus}$ 和 φ_r。

一个溶液通常含有许多种离子,各种离子的析出电势一般并不相同。根据式(6-66)可知外加电压与析出电势的关系,即在阳极上析出电势越低,阴极上析出电势越高,则需要的外加电压越小。因此当电解池的外加电压从零开始逐渐增大时,在阳极上总是析出电势较低的物质先从电极上析出,即按照析出电势从小到大的顺序依次析出;而在阴极上而是析出电势较高的物质先析出来,即按照析出电势从大到小的顺序依次析出。

例 6-12 在 298.15K 时以 Pt 作电极电解某 $0.5\text{mol}\cdot\text{kg}^{-1}$ 的 $CuSO_4$ 溶液。如果 H_2 在 Pt 和 Cu 上的超电势分别为 0 和 0.230V,金属离子析出的超电势可以忽略不计,$CuSO_4$ 溶液的活度系数 $\gamma_{\pm}=0.066$。

(1) 试回答,当外加电压逐渐增加时,为什么在阴极上首先析出 Cu?

(2) 试计算,当氢气开始从阴极上析出时,溶液中 Cu^{2+} 的浓度还有多大?

解:(1) 溶液中可能在阴极上析出的离子只有 H^+ 和 Cu^{2+} 两种,析出电势较高的应首先析出。以下分别计算它们的析出电势。

$$H^+ + e^- \longrightarrow \frac{1}{2}H_2(101\ 325Pa)$$

$$\varphi_{ir}(H^+|H_2|Pt) = \varphi_r(H^+|H_2|Pt) - \eta$$

$$= -\frac{RT}{F}\ln\frac{1}{a(H^+)}$$

$$= \left[\frac{2.303\times 8.314\times 298.15}{96\ 500}\lg a(H^+)\right]V$$

$$= 0.059\ 16\times\lg 10^{-7}V = -0.414V$$

$$= \varphi_r(H^+|H_2|Pt)$$

而

$$Cu^{2+} + 2e^- \longrightarrow Cu$$

$$\begin{aligned}\varphi_{ir}(Cu^{2+}\mid Cu) &= \varphi_r(Cu^{2+}\mid Cu) - \eta \\ &= \varphi^{\ominus} - \frac{RT}{2F}\ln\frac{1}{a(Cu^{2+})} \\ &= \left(0.337 - \frac{0.05916}{2}\lg\frac{1}{0.5\times 0.066}\right)V = 0.293V\end{aligned}$$

于是

$$\varphi_{ir}(Cu^{2+}\mid Cu) > \varphi_{ir}(H^+\mid H_2\mid Pt)$$

即 Cu^{2+} 的析出电势较高,所以 Cu 首先在阴极上析出。

(2) H_2 在 Cu 上的析出电势为

$$\varphi_{ir}(H^+\mid H_2\mid Cu) = \varphi_r - \eta = (-0.414 - 0.230)V = -0.644V$$

当氢气开始析出时,必满足:

$$\varphi_{ir}(H^+\mid H_2\mid Cu) = \varphi_{ir}(Cu^{2+}\mid Cu)$$

即

$$-0.644 = 0.337 - \frac{0.05916}{2}\lg\frac{1}{a(Cu^{2+})}$$

解得

$$a(Cu^{2+}) = 6.76\times 10^{-34}$$

所以 Cu^{2+} 的残留浓度约为 $6.76\times 10^{-34}\ mol\cdot kg^{-1}$,这表明当阴极上开始冒氢气时,溶液中的 Cu^{2+} 已几乎全部沉积。

6.13.4 金属的腐蚀与防护

金属材料与周围环境发生化学、电化学和物理等作用而引起的变质和破坏,称为金属腐蚀。被腐蚀的材料和制品,会显著降低强度、塑性和韧性等力学性能,恶化电学和光学性能,缩短使用寿命,甚至造成火灾、爆炸等灾难性事故。美国 1975 年由于金属腐蚀造成的经济损失为 700 亿美元,占当年国民经济生产总值的 4.2%。据工业发达国家统计,每年由于金属腐蚀造成的钢铁损失约占钢铁年产量的 10%~20%。由金属腐蚀引起的间接损失更大。所以腐蚀是不容忽视的社会公害。

根据腐蚀机理,通常把金属腐蚀分作化学腐蚀、电化学腐蚀和物理腐蚀 3 类。化学腐蚀是指金属在不导电的液体和干燥气体中的腐蚀,这种腐蚀与普通的多相反应没有差别,是金属表面直接与腐蚀介质中的物质发生反应而引起的破坏。例如高温金属在空气中的氧化即属于这类腐蚀。在化学腐蚀过程中,由于在金属表面上形成一层氧化膜,它把金属与腐蚀介质隔开,从而使腐蚀速率变慢。物理腐蚀是指由于物理作用而引起的破坏,例如合金在液态金属、熔盐、熔碱中的溶解等。但是单纯的机械损害不属于腐蚀的范畴。电化学腐蚀在金属腐蚀中所占的比例最高,它约占化工设备腐蚀破坏的70%,而且可能引发灾难性事故,所以是金属腐蚀学的研究重点。

19世纪50年代以来,随着金属学、金属物理、物理化学、电化学、力学等基础学科的发展,在核能、航空、航天、能源、石油化工等工业技术迅猛发展的推动下,金属腐蚀学逐渐发展成一门独立的学科。它的研究内容包括两个方面:①金属腐蚀过程的基本规律和机理的研究;②防腐技术的探索和实施,以及金属腐蚀的实验方法和检测。

6.13.4.1 电化学腐蚀

金属与电解质溶液作用所发生的腐蚀,它是由于金属表面产生原电池(称腐蚀电池)作用而引起的。在腐蚀电池中,被腐蚀的金属作阳极,被氧化成金属离子。大多数金属腐蚀属于这种情况,例如铁在稀硫酸中被腐蚀产生氢气:

$$Fe + 2H^+ \longrightarrow Fe^{2+} + H_2$$

此腐蚀电池的阳极是铁电极,设电势为 φ_1;阴极是氢电极,设电势为 φ_2。两电极反应分别为

$$Fe \longrightarrow Fe^{2+} + 2e^- \tag{1}$$

$$2H^+ + 2e^- \longrightarrow H_2 \tag{2}$$

因为这是一对共轭反应,两者必须同时发生且反应速率相等(共轭过程的条件)。腐蚀电池的极化曲线如图6-16所示。两条曲线的交点满足共轭过程条件。交点所对应的电势称腐蚀电势;交点所对应的电流 I_c 称自腐蚀电流,可用它代表腐蚀速率。由图可知,增大阳极或阴极的超电势(即增大它们的极化程度)都会使 I_c 减小,这是金属防腐的重要渠道。

金属的耐蚀性用腐蚀速率来评价。测定腐蚀速率的经典方法是失重法,即测定在单位时间内金属的平均失重。失重法准确,但周期长。电化学方法是测量 I_c,此法迅速简便。

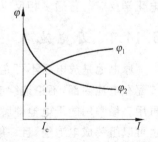

图6-16 腐蚀电池极化曲线

6.13.4.2 防腐蚀方法

防腐蚀技术包含丰富的内容,一般从两个方面考虑。一是设法提高材料的抗腐蚀能力,二是设法降低介质的腐蚀性能。具体的防腐蚀方法如下:①合理选材,

选择耐蚀性高的材料。②表面保护。对材料进行表面处理,形成表面防护层,从而将材料与腐蚀介质隔开以达到防腐目的,例如电镀、非金属涂层就是常用的表面保护方法。③介质处理。改变腐蚀介质的性质,以防止或减轻它对材料的腐蚀作用。这种方法适用于介质体积有限的情况。④电化学保护。对于金属的电化学腐蚀常采用这种方法,以下予以简要介绍。

为了防止或控制金属的电化学腐蚀,除一般防腐方法以外,电化学保护是金属防腐的重要措施。它包括:①阴极保护。将被保护金属外加阴极极化以控制或防止腐蚀。阴极保护包括外加阴极电流和牺牲阳极两种方法。②阳极保护。对易钝化金属外加阳极电流,使金属处在钝化区。③添加缓蚀剂。此外,自19世纪70年代以后,通过表面修饰提高金属的耐蚀能力是一项新型技术。例如通过激光表面熔融或离子注入技术改变金属的表面结构或表面组成,以提高耐蚀能力。

6.14 化学电源

化学电源是一类将化学能转变成电能的电化学反应器,习惯上称之为电池。电池与普通的化学反应器不同,它能使化学反应中的氧化过程和还原过程在不同部位进行,这就是阳极和阴极。任何电池都由两个电极和它们之间的电解质构成。两个电极上分别有氧化反应和还原反应发生,电解质起电荷传输作用。电解质可以是电解质溶液(也称电解液,包括水溶液和非水溶液)、熔盐或固体电解质,它们都是离子导体。在电化学中,电极也称为半电池,应包括金属和它附近的电解质。金属是电子导体,它不允许离子通过;而电解质是离子导体,它不允许电子通过。因此当电流通过电池时,在金属|电解质界面上一定发生电子和离子的交换。这是电化学反应与普通多相反应的主要不同之处,也是电池领域的研究重点。

6.14.1 原电池

原电池是放电后不可充电再用的化学电源,所以也称一次电池。活性物质被装配在电池内部,不论连续或间断放电,只要任何一种活性物质耗尽,电池即不能再用。最常用的干电池即属于此类。原电池是完全独立的电源,可以是单体电池,也可以组装成电池组,且一般做成全密封式,可按任意方位放置,使用方便,广泛应用于小型便携式电子设备上。

一类原电池是水溶液原电池,它的电解质是水溶液。在水溶液原电池中,锌是目前可使用的电负性最高的金属阳极材料;另一类是非水溶液电解质电池,它以溶有盐类的非水溶剂为电解质,主要优点是可使用在水溶液中无法实现的高活性金属做阳极。例如锂电池,已被广泛用作携带式电子设备的电源。常用的有机溶剂为碳酸丙烯酯、乙腈、二甲基甲酰胺等。还有一类固体电解质电池,它是以固态离子导体为电解质的原电池。这种固体电解质在常温下具有高的离子电导率。这类电池适用温度范围宽,不存在漏液和排气问题。电解质本身兼作隔膜,结构简单,组合方便,耐振动、冲击、旋转,易微型化,是目前可能做到体积最小的电池品种。有一类原电池称为贮备电池,使用前须经激活才能进入工作状态,激活前由于电极材料与电解液不接触,电池可长期储备 5~15 年。激活后可高功率放电,通常只工作几十秒到几十分钟,主要应用于鱼雷、高空探测、海上救生信号、炸弹引爆和导弹等。

6.14.2 蓄电池

蓄电池是放电后可充电再用的化学电源,又称二次电池。在放电和充电时,蓄电池中发生的化学反应互逆,即充电后使蓄电池恢复到放电前的状态。充电过程是将电能转变成化学能的过程,所以蓄电池是一种储能装置。对多数蓄电池,这种反复充放电循环一般为几百次,甚至可达几千次。循环次数的多少,主要决定于电极的可逆性及隔膜和结构材料等在充放电过程中的稳定性。蓄电池的发展已有一百多年历史,迄今已有几十个品种,其中铅酸电池、镍氢电池和锂离子电池等被广泛使用。

6.14.3 燃料电池

燃料电池是借助于电池内的燃烧反应,将化学能直接转为电能的装置,是一种新型的高效化学电源,是除火力、水力、核能之外的第四种发电方式,是目前十分活跃的科研领域之一。至今人们研究最多的是氢氧燃料电池和直接甲醇燃料电池,前者以氢气作燃料,后者以甲醇作燃料,研究已经取得了可喜的成果。

燃料电池主要具有以下 4 个特点:①可以长时间连续工作。即燃料电池兼顾了普通化学电源能量转换效率高和常规发电机组连续工作的优点,只要连续不断地把反应物(燃料和空气)供给电池,并把电极反应的产物不断地从电池排出,就可以连续不断地把燃料的化学能直接转换成电能。②效率高。1894 年 W. Ostwald 指出,如果化学反应通过热能做功,则反应的能量转换效率受 Carnot 效率限制,整个过程的能量利用率不可能大于 50%。即使目前采用的新型火力发电机组,能量利用率也只有 35%~40%。由于燃料电池不以热机形式工作,电池反应的能量转换等温进行,因此其转换效率不受 Carnot 效率限制,燃料中大部分化学能都可以直接转换为电能,效率可达 80%。③不污染环境。燃料电池是一种清洁的能源,故有"绿色电池"之称。例如,直接甲醇燃料电池发电产物只是水和 CO_2,所以在载人宇宙飞船上它可同时提供清洁的饮用水。另外,燃料电池中不存在机械转动部分,振动噪音很小。④理论能量密度高。例如直接甲醇燃料电池的理论质量能量密度可达到 $2430W \cdot h \cdot kg^{-1}$,这是一般电池所望尘莫及的。

迄今为止人们对燃料电池的研究已有一百多年的历史。至 20 世纪 60 年代,燃料电池开始应用于航天领域,美国的空间飞行器将氢氧燃料电池作辅助能源,用瓶装的纯氢和纯氧分别作阳极和阴极的活性物质,以氢氧化钾作电解质组成燃料电池,为双子星座和阿波罗等宇宙飞船提供了电源。此后,燃料电池的研究盛行,研究课题主要集中在催化剂、电解质和电极制备工艺等方向。目前两电极反应均以金属 Pt 作催化剂,不仅价格昂贵,而且催化活性还有待提高;电池中通用的电解质价格昂贵且导电性和稳定性不高。只有较好地解决了这些问题,才能为燃料电池的产业化打下基础。近些年来,随着石油等石化燃料出现危机以及对环境保护的日益关注,人们对燃料电池的科学研究寄予厚望。

本章基本学习要求

1. 电解质溶液与非电解质溶液的主要区别

(1) 电解质溶液的导电性质

理解溶液的电导、电导率和摩尔电导率以及离子的电迁移率、迁移数和摩尔电导率的概念,掌握以上各量之间的关系。

(2) 电解质溶液的热力学不理想性

离子平均活度和平均活度系数的定义及意义。

2. 电导法及其应用。

3. 可逆电池与化学反应的互译。

4. 电动势的计算。

5. 电动势法及其应用。

6. 电极极化及其对电池和电解池的影响。

参考文献

1. 杨文治. 电化学基础. 北京: 北京大学出版社, 1982
2. 吴浩青, 李永舫. 电化学动力学. 北京: 高等教育出版社, 1998
3. 博克里斯 JO'M, 德拉齐克 DM 著. 电化学科学. 夏熙译. 北京: 人民教育出版社, 1980
4. 李启隆. 电导及其应用. 化学教育, 1988, (1): 40
5. 杨永华. 关于电解质的化学势和活度. 大学化学, 1997, 12(5): 14
6. 张光玺. 离子迁移数测定中各物质量的关系. 化学通报, 1995, (5): 60

7. 苏文煅. 电极/溶液界面双电层分子模型发展. 大学化学,1994,9(5):34

8. 张五昌. 关于标准氢电极. 大学化学,1986,1(1):32

9. Persons R. Electrical Double Layer: Recent Experimental and Theoretical Developments. Chem Rev,1990,90:813

10. Feiner A S,McEvoy A J. The Nernst Equation. J Chem Educ,1994,71:493

思考题和习题

思考题

1. 求强电解质和弱电解质的极限摩尔电导率的方法相同吗？

2. 为什么要引进离子强度的概念？为什么电解质溶液的活度系数要用 $\gamma_\pm$ 表示？在用 Debey-Huckel 极限公式计算 $\gamma_\pm$ 时有什么限制条件？

3. 试讨论 AgCl(s) 在下列液体中溶解度的大小，并按由小到大的次序排列。
   (1) 纯水；　　　　　　　　　　　(2) $0.1\text{mol} \cdot \text{dm}^{-3}$ NaCl 水溶液；
   (3) $0.1\text{mol} \cdot \text{dm}^{-3}$ $NaNO_3$ 水溶液；　(4) $0.1\text{mol} \cdot \text{dm}^{-3}$ K_2SO_4 水溶液。

4. 为测定 HgO(s) 的分解压,设计了下列电池,其中哪个电池是正确的？为什么？
   (1) $Pt|O_2(g)|H_2SO_4(aq)|HgO(s)|Hg$；
   (2) $Pt|O_2(g)|NaOH(aq)|HgO(s)|Hg$；
   (3) $Pt|O_2(g)|H_2O(l)|HgO(s)|Hg$。

5. 试为反应 $Cd(s)+I_2(s) \longrightarrow Cd^{2+}(aq)+2I^-(aq)$ 设计一电池,并求 298K 时该电池的 $E^\ominus$ 以及反应的 $\Delta_r G_m^\ominus$ 和 $K^\ominus$。若将电池反应写成：
$$\frac{1}{2}Cd(s) + \frac{1}{2}I_2(s) \longrightarrow \frac{1}{2}Cd^{2+}(aq) + I^-(aq)$$
上述各量有无变化？

6. 下列两电池反应均可写作 $Cu^{2+}+Cu \longrightarrow 2Cu^+$。两电池反应的 $\Delta_r G_m^\ominus$ 以及两电池的 $E^\ominus$ 有何关系？
$$Cu \mid Cu^+ \parallel Cu^+, \quad Cu^{2+} \mid Pt \qquad (1)$$
$$Cu \mid Cu^{2+} \parallel Cu^+, \quad Cu^{2+} \mid Pt \qquad (2)$$

7. 已知电池 $Tl|TlCl(s)|NaCl(aq)|AgCl(s)|Ag$ 的电动势温度系数为 $(\partial E/\partial T)_p = -4.7\times 10^{-3} \text{V}\cdot\text{K}^{-1}$,且 $E(298\text{K})=0.779\text{V}$,问：
   (1) 温度升高时,电池反应的平衡常数将如何变化？
   (2) 若阳极改用 Tl-Hg(汞齐),则电池反应的平衡常数随温度升高怎样变化？

8. 下列两个浓差电池,其电动势 E 是否相等？标准电动势 $E^\ominus$ 是否相等？dE/dT 是否相等？电池反应的标准平衡常数是否相等？电池反应的 Gibbs 函数

变 $\Delta_r G_m$ 是否相等？

(1) Sn(s)|SnCl₂(aq)|Sn-Bi 合金(x(Sn)=0.89)；

(2) Sn(s)|SnCl₂(aq)|Sn-Bi 合金(x(Sn)=0.50)。

9. 用电动势 E 的数值判断在 298K 时亚铁离子能否依下式使 I_2 还原成 I^-：

$$Fe^{2+}(a=1) + \frac{1}{2}I_2(s) \longrightarrow I^-(a=1) + Fe^{3+}(a=1)$$

10. 为什么在电解 $ZnSO_4$ 酸性溶液时，在铅阴极上不析出 H_2 而沉积出 Zn？为什么在电解 NaCl 溶液时，在阳极不析出 O_2 而析出 Cl_2？

习题

1. 用铂电极电解 $CuCl_2$ 水溶液，通过电流为 20A，经 15min 后，问：

(1) 在阴极上析出多少铜？

(2) 在阳极上析出 300K，101.325kPa 的氯气的体积是多少？

(答案：5.926g；$2.296 \times 10^{-3} m^3$)

2. 测定水样盐度的一种简单方法是测定它的电导率。假定电导率全部是由 NaCl 引起的。某农场将取自一口井的水装入电导池中，测得电阻是 $1.426 k\Omega$。在同一电导池中装满 $0.01 mol \cdot dm^{-3}$ 的 KCl 溶液时，测得电阻为 251Ω。若水中盐的质量分数超过 1.00×10^{-4} 时就不符合要求，这口井中的水可用否？已知 $0.01 mol \cdot dm^{-3}$ 的 KCl 水溶液的电导率为 $0.1412 S \cdot m^{-1}$。

3. 298K 时，在某电导池中盛以浓度为 $0.01 mol \cdot dm^{-3}$ 的 KCl 水溶液，测得电阻 R 为 484.0Ω。当盛以不同浓度 c 的 NaCl 水溶液时测得数据如下：

$c/(mol \cdot dm^{-3})$	0.0005	0.0010	0.0020	0.0050
R/Ω	109 10	5494	2772	1128.9

已知 298K 时 $0.01 mol \cdot dm^{-3}$ 的 KCl 水溶液的电导率为 $0.1412 S \cdot m^{-1}$，求：

(1) NaCl 水溶液在不同物质的量浓度时的摩尔电导率 Λ_m；

(2) 以 Λ_m 对 $\sqrt{c}$ 作图，求 NaCl 的 Λ_m^∞。

(答案：1.253×10^{-2}，1.244×10^{-2}，1.233×10^{-2}，$1.211 \times 10^{-2} S \cdot m^2 \cdot mol^{-1}$；$1.275 \times 10^{-2} S \cdot m^2 \cdot mol^{-1}$)

4. 298K，$0.0275 mol \cdot dm^{-3}$ 的 H_2CO_3 水溶液的电导率为 $3.86 \times 10^{-3} S \cdot m^{-1}$，离子 H^+ 和 HCO_3^- 的极限摩尔电导率分别为 $350 \times 10^{-4} S \cdot m^2 \cdot mol^{-1}$ 和 $47 \times 10^{-4} S \cdot m^2 \cdot mol^{-1}$。求 H_2CO_3 离解为 H^+ 及 HCO_3^- 时的离解度及离解常数。

(答案：0.35%，3.43×10^{-7})

5. 291K 时测得 CaF_2 饱和水溶液及配制溶液的纯水的电导率分别为 $38.6 \times 10^{-4} S \cdot m^{-1}$ 和 $1.5 \times 10^{-4} S \cdot m^{-1}$。已知 291K 时下列物质的极限摩尔电导率为：

$\Lambda_m^\infty\left(\frac{1}{2}CaCl_2\right)=116.7\times10^{-4}\,S\cdot m^2\cdot mol^{-1}$,$\Lambda_m^\infty(NaCl)=108.9\times10^{-4}\,S\cdot m^2\cdot mol^{-1}$,$\Lambda_m^\infty(NaF)=90.2\times10^{-4}\,S\cdot m^2\cdot mol^{-1}$。求 291K 时 CaF_2 的溶解度和标准溶度积。

(答案：$1.893\times10^{-4}\,mol\cdot dm^{-3}$,$2.29\times10^{-11}$)

6. 分别计算下列各溶液的离子强度。各溶液中每种溶质的质量摩尔浓度均为 $0.025\,mol\cdot kg^{-1}$。

(1) $NaCl$；(2) $LaCl_3$；(3) $CuSO_4$；(4) $NaCl$ 和 $LaCl_3$。

(答案：0.025；0.15；0.10；$0.175\,mol\cdot kg^{-1}$)

7. 试用 Debey-Huckel 极限公式计算 298K 时 $0.001\,mol\cdot kg^{-1}$ 的 $K_3Fe(CN)_6$ 溶液的离子平均活度系数值(实验值为 0.808)。

(答案：0.762)

8. 25℃ 时 $K_{sp}^\ominus(CaCO_3)=4.8\times10^{-9}$,计算该温度下 $CaCO_3$ 分别在含有 Na_2CO_3 为 $50\,mg\cdot kg^{-1}$ 的溶液和含 $NaOH$ 为 $100\,mg\cdot kg^{-1}$ 的溶液中的溶解度。

(答案：$1.407\times10^{-5}\,mol\cdot kg^{-1}$,$8.759\times10^{-5}\,mol\cdot kg^{-1}$)

9. 用浓度为 $1.045\,mol\cdot dm^{-3}$ 的 $NaOH$ 的溶液滴定 100mL 盐酸,得到下列数据：试根据实验数据求盐酸的浓度。

$V(NaOH)/mL$	0	1.0	2.0	3.0	4.0	5.0
R/Ω	2564	3521	5650	8065	4831	3401

(答案：$0.0282\,mol\cdot dm^{-3}$)

10. 写出下列电极的电极反应：

(1) $Cu(s)|Cu^{2+}$；　　　　　　(2) $I_2(s)|I^-$；

(3) $Hg(l)|Hg_2Cl_2(s)|Cl^-$；　　(4) $Pb(s)|PbSO_4(s)|SO_4^{2-}$；

(5) $Ag(s)|Ag_2O(s)|OH^-$；　　(6) $Sb(s)|Sb_2O_3(s)|H^+$；

(7) $Pt|Tl^+,Tl^{3+}$；　　　　　　(8) $Pt|O_2(g)|OH^-$；

(9) $Pt|O_2(g)|H^+$；　　　　　　(10) $Pt|Cr^{3+},Cr_2O_7^{2-},H^+$。

11. 写出下列可逆电池的化学反应及电池电动势的 Nernst 方程式：

(1) $Pt|H_2(g)|HCl|Cl_2(g)|Pt$；

(2) $Ag|AgCl(s)|CuCl_2|Cu(s)$；

(3) $Pb|PbSO_4(s)|K_2SO_4||KCl|PbCl_2(s)|Pb$；

(4) $Pt|Fe^{3+},Fe^{2+}||Hg_2^{2+}|Hg$；

(5) $Pt|H_2(g)|NaOH|HgO(s)|Hg$；

(6) $Pt|H_2(g)|H_2SO_4|O_2(g)|Pt$。

12. 将下列化学反应设计成电池:

(1) $Zn(s) + H_2SO_4 \longrightarrow ZnSO_4 + H_2(g)$;

(2) $H_2(g) + I_2(s) \longrightarrow 2HI(aq)$;

(3) $Fe^{2+} + Ag^+ \longrightarrow Fe^{3+} + Ag$;

(4) $AgCl(s) + I^- \longrightarrow AgI(s) + Cl^-$;

(5) $AgCl(s) \longrightarrow Ag^+ + Cl^-$;

(6) $\frac{1}{2}H_2(g) + AgCl(s) \longrightarrow Ag(s) + HCl(aq)$;

(7) $2Br^- + Cl_2(g) \longrightarrow Br_2(l) + 2Cl^-$;

(8) $Ni(s) + H_2O \longrightarrow NiO(s) + H_2(g)$;

(9) $H^+ + OH^- \longrightarrow H_2O(l)$;

(10) $H_2 + \frac{1}{2}O_2 \longrightarrow H_2O(l)$。

13. 电池 $Pt|H_2(101.325kPa)|HCl(0.1mol \cdot kg^{-1})|Hg_2Cl_2(s)|Hg$ 的电动势 E 与温度 T 的关系为:$E = 0.0694V + 1.881 \times 10^{-3} V(T/K) - 2.9 \times 10^{-6} V(T/K)^2$

(1) 写出电池反应;

(2) 计算电池在 298K 时可逆放电 2mol 元电荷电量时的 $\Delta_r G_m, \Delta_r S_m, \Delta_r H_m$ 以及该过程的热量。

(答案:$-71.80kJ \cdot mol^{-1}, 29.45J \cdot mol^{-1} \cdot K^{-1}, -63.02kJ \cdot mol^{-1}, 8.78kJ \cdot mol^{-1}$)

14. $Pb-Hg(x=0.0165)|Pb(NO_3)_2(aq)|Pb-Hg(x'=0.000\,625)$。其中 x, x' 代表 Pb 在汞齐中的物质的量分数。假定上述组成下的铅汞齐可视为理想固体混合物,

(1) 计算该电池在 298K 的电动势;

(2) 该电池在 298K, 101.325kPa 的条件下可逆放电 1mol 元电荷电量,求电池反应的 $\Delta_r G_m, \Delta_r S_m, \Delta_r H_m$ 以及该过程的热量。

(3) 设温度、压力同(2),若使电池在两极短路的情况下放电,求电池反应的 $\Delta_r G_m, \Delta_r S_m, \Delta_r H_m$ 以及过程的热量。

(答案:$0.042V$;$-4.053kJ \cdot mol^{-1}, 13.60J \cdot mol^{-1} \cdot K^{-1}, 0, 4.053kJ \cdot mol^{-1}$;$-4.053kJ \cdot mol^{-1}$;$13.60J \cdot mol^{-1} \cdot K^{-1}, 0, 0$)

15. (1) 利用标准电极电势数据,计算如下反应在 298K 的标准平衡常数:

$$Fe^{2+} + Ag^+ \rightleftharpoons Fe^{3+} + Ag$$

(2) 将适量银粉加入浓度为 $0.05mol \cdot kg^{-1}$ 的 $Fe(NO_3)_3$ 溶液中,计算平衡时

Ag^+ 的质量摩尔浓度(假定活度系数为 1)。

(答案：2.976；0.0442 mol·kg^{-1})

16. $Zn(s)|ZnCl_2(b=0.010\ 21\ mol·kg^{-1})|AgCl|Ag$ 在 298 K 时的电动势为 1.1566 V。计算该 $ZnCl_2$ 溶液中的离子平均活度系数 $\gamma_\pm$。

(答案：0.72)

17. 已知 $Cu^{2+}+2e^- \longrightarrow Cu(s), \varphi_1^\ominus = 0.337\ V$

$Cu^+ + e^- \longrightarrow Cu(s), \varphi_2^\ominus = 0.521\ V$

试求 $Cu^{2+}+e^- \longrightarrow Cu^+$ 的标准电极电势 $\varphi_3^\ominus$。

(答案：0.153 V)

18. 298 K 时某电池的标准电动势为 -0.453 V，该电池反应为

$2Hg(l) + O_2(g) + 2H_2O(l) \longrightarrow 2Hg^{2+}(aq) + 4OH^-(aq)$ (1)

已知排放到环境中的工业废汞在 298 K 时与水中溶解氧的反应为

$2Hg(l) + O_2(aq) + 2H_2O(l) \longrightarrow 2Hg^{2+}(aq) + 4OH^-(aq)$ (2)

假定溶液的 pH=7，液面上氧的分压为 0.2×101.325 kPa，溶液中各离子活度系数可近似为 1。

(1) 当 $Hg^{2+}(aq)$ 的质量摩尔浓度为 10^{-5} mol·kg^{-1} 时，水中溶解氧能否将工业废汞氧化？

(2) 当反应(1)达到平衡时，$Hg^{2+}(aq)$ 的质量摩尔浓度为多少？

(答案：2.11×10^{-2} mol·kg^{-1})

19. 电池 $Sb|Sb_2O_3|pH=3.98$ 的缓冲溶液 ‖ 饱和甘汞电极，在 298 K 时测得该电池电动势 $E_1 = 0.2280$ V，若将缓冲溶液换成待测 pH 值的溶液，测得电池电动势 $E_2 = 0.3451$ V，试计算该溶液的 pH；若电池中换用 pH=4.50 的缓冲溶液时，电池的电动势应为多少？

(答案：5.96，0.259 V)

20. 一海洋学家欲测定海水样品中氟离子(F^-)的含量，使用一种氟离子选择电极，电极电势与 F^- 浓度之间的关系为：

$$\varphi = \varphi^\ominus - \frac{RT}{F}\ln\left(\frac{c(F^-)}{c^\ominus}\right)$$

该电极电势是相对于另一参比电极确定的。这位海洋学家在一海水样品中加入足够的氟化物，当样品中添加的氟离子的浓度为 10^{-5} mol·dm^{-3} 时，测得电池电动势比未加氟化物前的电动势下降了 20 mV，估算最初存在于海水样品中氟离子的浓度，假定氟离子不与海水中任一阳离子络合。

(答案：8.46×10^{-6} mol·dm^{-3})

7 表面与胶体化学基础

表面化学是研究任何两相之间的界面上所发生的物理化学过程的科学,物质的两相之间密切接触的过渡区称为界面,如气-液、气-固、液-液、液-固及固-固界面。习惯上将其中的气-液和气-固界面称为表面,其余的称为界面。其实二者并无严格区分,常常通用。界面不是一个没有厚度的纯粹几何面,可以是单分子层,也可以是多分子层,一般为几个分子层厚度,常称之为表面层或表面相。对于任何一个相界面,处在表面层的分子与相内部的分子在受力情况、能量状态和所处的环境上均不相同。通常情况下,系统的表面积不大,表面层上的分子数目相对于内部分子而言是微不足道的,因此忽略表面性质对系统的影响。但当物质高度分散时,系统有巨大的表面积,表面层分子在整个系统中所占的比例较大,表面性质就显得十分突出了。研究表面现象无论在理论上还是在实践上都有十分重要的意义。在理论上,表面现象不仅是胶体化学、多相催化和纳米科学的理论基础之一,而且还渗透到生命科学、药物学以及其他学科。

7.1 比表面能与表面张力

7.1.1 比表面能

物质表面层(也称表面相)的分子与内部分子所处的环境不同,使得表面分子与内部分子的受力情况不同。以纯液体表面为例,如图 7-1 所示,上方为气相,下方为液相(也称体相),图中分别用 B 和 A 表示表面分子和体相分子。液体内部分子 A 受到周围分子的作用力是对称的,相互抵消,合力为零,因此分子在液体内部移动时不需要做功。而对于表面层分子 B,一方面受到液体分子的作用力,另一方面受到气体分子的作用力,且液体内部分子的作用力远大于气体分子的作用力,所以表面层的分子处于一个不对称的力场中,表面层分子受到一个垂直于液体表面并指向液体内部的合力,此力力图将其拉向液体的内部。若要增加液体的表面积,即更多的液体分子从体相移至表面层,必须克服此不对称力场而对分子做功,从而使分子能量增加,这意

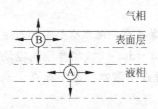

图 7-1 表面分子与内部分子的
受力情况不同

着表面分子比体相分子具有更多的能量。

在等温、等压以及组成不变的条件下,可逆地增大系统的表面积时环境所做的功称为表面功。表面功与表面积的增加 dA 成正比,即

$$-\delta W' = \gamma dA \tag{7-1a}$$

式中 γ 为比例系数。此式若以积分形式写出,则为

$$W' = -\int_{A_1}^{A_2} \gamma dA \tag{7-1b}$$

此式用于计算表面功。根据热力学第二定律,等温、等压下的可逆过程,$-\delta W' = dG$,所以式(7-1a)可记作 $dG = \gamma dA$,于是 γ 可以表示成

$$\gamma = \left(\frac{\partial G}{\partial A}\right)_{T,p,n_B} \tag{7-2}$$

由此可以看出,γ 代表在等温、等压且组成不变的条件下,增加 $1m^2$ 表面积时,系统 Gibbs 函数的增加,所以 γ 称为比表面 Gibbs 函数,也称做比表面能,单位是 $J \cdot m^{-2}$。因此,若扩大系统的表面积,环境对系统做功,系统的 Gibbs 函数增加。所以在表面热力学中,对系统进行描述时,还须加上变量 A,即 $G = f(T,p,n_B,A)$,其中 n_B 代表系统中任意物质的摩尔数,因此热力学基本关系式应该在式(3-11)的基础上加上一项 γdA,γdA 代表表面效应,即

$$dG = -SdT + Vdp + \sum_B \mu_B dn_B + \gamma dA \tag{7-3}$$

可以证明,比表面能的定义除了式(7-2)以外,还有如下 3 种形式:

$$\gamma = \left(\frac{\partial U}{\partial A}\right)_{S,V,n_B} = \left(\frac{\partial H}{\partial A}\right)_{S,p,n_B} = \left(\frac{\partial (A)}{\partial A}\right)_{T,V,n_B} \tag{7-4}$$

其中 (A) 代表 Helmholtz 函数。以上 γ 的 4 种定义是等价的,但式(7-4)中的 3 种定义用得较少。

7.1.2 表面张力

根据前面的分析可知,表面分子具有比体相内部分子更高的能量,因此液体就有自动收缩其表面积,以使系统趋于更稳定状态的趋势,这样就使得表面上存在着一种使表面积收缩的力,人们把这种存在于表面上的单位长度上的力定义为表面张力,暂用符号 γ' 表示,单位为 $N \cdot m^{-1}$。只要有表面存在,就会有表面张力,它作用在表面上的任何地方,力图使表面收缩变小。在表面的边界上,表面张力垂直于边界线指向表面内部。表面张力总是作用在表面上,如果表面是弯曲的,例如水珠的表面,则表面张力就沿着曲面的切线方向。

将一边可以自由滑动的金属丝框粘上肥皂液膜,如图 7-2 所示,作用在液膜边

沿的表面张力将使可自由滑动的金属丝 AB(长度为 l)向左移动,直至液膜完全收缩消失为止。如果在可滑动金属丝 AB 上施加一向右的与表面张力呈平衡的力 F,则 AB 将不再滑动。由于液膜具有正、反两个表面,因此 AB 边沿的总长度为 $2l$,故

$$F = \gamma' \cdot 2l$$

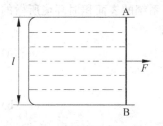

图 7-2 表面张力示意图

如果在等温、等压的条件下,使金属丝在力 F 的作用下,可逆地向右移动距离 $\mathrm{d}x$,则液膜增加的表面积为 $\mathrm{d}A = 2l\mathrm{d}x$,此过程环境做的表面功为

$$-\delta W' = F\mathrm{d}x = \gamma' \cdot 2l\mathrm{d}x = \gamma' \mathrm{d}A$$

将此结果与式(7-1a)比较,可得

$$\gamma = \gamma'$$

由此可以得出结论,一种液态物质的比表面 Gibbs 函数 γ 与表面张力 γ' 是两个数值和量纲都完全相同的物理量。实际上,它们只是从不同侧面来反映表面的不对称力场,是不对称力场大小的度量,所以它们的本质是相同的。因此没有必要再对两者进行区分,通常统一用符号 γ,称为表面张力。

表面张力 γ 是物质的特性,与温度、压力以及组成有关。对于液体,分子间作用力强的物质具有较大的表面张力,通常形成金属键、离子键的液体物质具有较大的表面张力,如汞;极性液体次之,如水;非极性的共价键物质最小。另外,物质的表面张力会因为共存的另一相不同而有较大的变化。除此之外,多数物质的表面张力随温度升高而降低,而压力对表面张力的影响较小(通常情况下可以忽略不计)。固体物质也存在表面张力,但固体表面张力的测定比较困难,目前主要采用间接的方法估算或理论计算。液体的表面张力比较容易测定,常用的实验方法有最大泡压法、毛细管上升法和滴重法等。

7.2 弯曲表面现象

7.2.1 弯曲液面的附加压力和 Young-Laplace 公式

设某液体外部的压力为 $p_{外}$,液体的压力为 p,如果不考虑重力的影响,当液体表面是平面时,则液体的压力与外压相等;如果液体表面是曲面(比如液滴、气泡或毛细管中的液体),则液体压力并不等于外压,即弯曲液面的两侧压力不等,存在着压力差。这种压力差是由于液体表面张力的作用而产生的,叫做附加压力,用 Δp 表示。如图 7-3(a)所示,在凸液面上,截取一小块液面 $ABCA$,作用在小面积

边界线上的表面张力由于不能对消而产生一个指向曲面球心的合力,使得液体内部压力大于外压,从而产生附加压力 Δp。因此凸液面液体的压力为 $p=p_\text{外}+\Delta p$。对于凹液面如图 7-3(b)所示,表面张力产生的附加压力 Δp 的方向则是指向液体外部,结果减小了液体的压力,所以凹液面下液体的压力为 $p=p_\text{外}-\Delta p$。

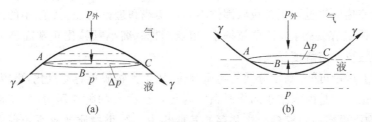

图 7-3　弯曲液面的附加压力示意图

弯曲液面的附加压力与曲率半径 r 及表面张力 γ 之间的关系为

$$\Delta p = \frac{2\gamma}{r} \qquad (7\text{-}5)$$

此式叫做 Young-Laplace 公式,可见弯曲液面的附加压力 Δp 与液体的表面张力成正比,与液面的曲率半径成反比,半径越小,附加压力越大。当液面为平面时,曲率半径 $r \to \infty$,$\Delta p = 0$,表明平面液体不产生附加压力。上式表明,若曲率半径足够小(比如纳米粒子),则其内部压力是非常大的,甚至可达数百个大气压,这种高压粒子的许多性质都与正常物质不同。需要强调的是,附加压力的大小可以根据上式进行计算,而附加压力的方向总是指向曲率半径中心,即附加压力总是加在曲率半径一侧。对于由液膜构成的气泡,例如肥皂泡,因为存在内、外两个表面且曲率半径大约相同,所以泡内的附加压力应为

$$\Delta p = \frac{4\gamma}{r} \qquad (7\text{-}6)$$

细小固体颗粒内部也存在附加压力,其大小同样可以用 Young-Laplace 公式计算,只是式中的 γ 和 r 分别代表固体的表面张力和颗粒半径。

7.2.2　弯曲液面的饱和蒸气压和 Kelvin 方程

按照克-克方程计算的蒸气压,只反映平表面液体蒸气压,并未考虑表面的影响。当蒸气与高度分散的小液滴平衡时,蒸气压的值不同于平面液体,此时蒸气压应该用下式计算

$$\ln \frac{p_r}{p_0} = \frac{2\gamma M}{RT\rho r} \qquad (7\text{-}7)$$

此式称 Kelvin 方程,其中 p_r 和 p_0 分别代表半径为 r 的小液滴的蒸气压和平面液

体的蒸气压,γ是液体的表面张力,M是摩尔质量,ρ是液体的密度。从 Kelvin 方程可以看出,$p_r > p_0$,表明小液滴比平面液体更容易挥发,且液滴越小,蒸气压越大。可以证明,Kelvin 方程同样适用于计算易挥发的小颗粒固体的蒸气压。

另外,对于细小的固体颗粒,不仅蒸气压不同于正常的块状固体,而且其熔点和溶解度等热性质也与正常块状固体不同。实践和理论均表明:细小的固体颗粒比正常固体更容易熔化,且颗粒越小,熔点越低;细小颗粒比正常固体更容易溶解,且颗粒越小,溶解度越大。

由以上讨论可知,高度分散的物质颗粒,比正常物质更容易汽化,更容易溶解,更容易熔化。这是由于细小的物质颗粒内部存在很高的附加压力,使其化学势升高,于是物质更容易转移到与之共存的其他相中。细小物质颗粒所表现出的上述种种不同于正常物质的特性,在表面化学中统称为弯曲表面现象。

7.3 溶液的表面吸附

7.3.1 溶液表面的吸附现象和 Gibbs 吸附公式

在一定温度下,任何纯液体都有一定的表面张力。当加入溶质后,溶液表面张力会发生变化。根据能量最低原则,很容易理解,溶质若能降低表面能量(即降低表面张力),则溶质会在表面层相对浓集;而导致表面能量增加的物质则在表面层相对地降低浓度以降低系统的表面能量。这样就造成了溶液表面层浓度与溶液本体浓度不同的现象,称为溶液表面的吸附现象。若溶质在表面相浓度小于体相浓度,称为负吸附;若大于体相浓度,则叫做正吸附。

为了定量表示溶液中的吸附现象,在 19 世纪后期,Gibbs 用热力学方法推得,在一定温度下,二组分稀溶液中溶质 B 的表面吸附量与溶液浓度和表面张力之间定量关系的方程,称为 Gibbs 吸附等温方程:

$$\Gamma = -\frac{c_B}{RT}\left(\frac{d\gamma}{dc_B}\right)_T \tag{7-8}$$

式中,c_B 为溶液的浓度;γ 为溶液的表面张力;Γ 称为表面吸附量,Γ 是指在 $1m^2$ 表面上所含溶质的量超出体相中同量溶剂所溶解的溶质的量。值得指出的是,Γ 是过剩量,其值可正可负,正值代表正吸附,即随浓度的增加表面张力下降;负值代表负吸附,即随浓度的增加表面张力升高。

溶液的 γ 是可测量的,由实验测得的 γ-c_B 曲线确定 $(d\gamma/dc_B)_T$ 之值,便可根据式(7-8)计算出表面吸附量。大量研究表明,表面活性物质的溶液的表面吸附量随浓度提高而增大,且当浓度很大以后,表面吸附量不再随浓度而变化,表明吸附已达饱和,称为饱和吸附量或最大吸附量,用符号 Γ_{max} 表示。

7.3.2 表面活性剂及其应用

溶液表面张力与溶液的浓度有关。如果保持温度和压力不发生变化,溶液的表面张力随浓度的变化可以呈现 3 种情况。以溶剂水为例,第一种情况,加入溶质,如无机盐后,使得水溶液的表面张力有所增加;第二种情况,当加入低级醇、醛等可溶性有机化合物,可使水溶液的表面张力有所降低;第三种情况,只需要加入少量物质,就可以使溶液的表面张力急剧下降,当到达一定浓度后,表面张力就不再发生变化了。第三种情况所加物质通常是脂肪醇硫酸酯钠等,称为表面活性剂。

表面活性剂分子的两端是不对称的,一端是具有亲水性的极性基团,另一端是具有憎水性(也称亲油)的非极性基团。这种结构决定了表面活性剂分子是一种双亲性分子(即一端亲水,一端亲油),当它们溶于水后,极性基倾向于留在水中,而非极性基倾向于翘出水面,或朝向非极性的有机溶剂中。

表面活性剂的分类方法很多,常用的方法是按其分子的结构来分,即当表面活性剂溶于水后能电离生成离子的,称为离子型表面活性剂,不电离的称为非离子型表面活性剂。在离子型表面活性剂中,若活性基团是阴离子的,称为阴离子表面活性剂;若活性基团是阳离子的,称为阳离子表面活性剂;若活性基团是两性的,则称为两性型表面活性剂。少量表面活性剂加入到水中后,大多数分子会定向排列在溶液表面上,极少数散落在溶液中。若继续加入表面活性剂,到达一定浓度时,表面层已达到饱和吸附,成为紧密的单分子层,多余的分子在溶液内部由于憎水基之间相互靠近而缔合成微小的缔合体,称为胶束。人们将开始形成胶束时表面活性剂的浓度称为临界胶束浓度(CMC)。根据形成胶束的不同形状,把它们分为球状胶束、棒状胶束、层状胶束等多种类型。

表面活性剂的应用十分广泛,几乎涉及工农业生产、食品和日常生活等各个领域。其中润湿、起泡、增溶以及乳化和洗涤作用尤为突出。

在生产及生活中,人们常利用表面活性剂改变某种液体对固体的润湿程度,有时把不润湿的表面改为润湿的表面,有时则刚好相反,这些都可以借助表面活性剂达到预期目的。液体对固体的润湿程度通常以接触角 θ 来表示,当把液体滴在固体表面上达到平衡时,液滴以一定的形状存在,如图 7-4 所示。其中 A 是液滴边缘上的一点,所以是气-液-固三相的交界点,作用在该点处的 3 个界面张力已在图中标出。所谓接触角 θ 是指液体表面张力 γ_{l-g} 和固-液界面张力 γ_{s-l} 之间的夹角,它可以通过实验测量。由于 A 点受力平衡,所以

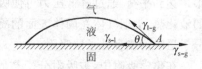

图 7-4 液体对固体表面的润湿作用

$$\gamma_{s\text{-}g} = \gamma_{l\text{-}s} + \gamma_{l\text{-}g}\cos\theta \tag{7-9}$$

此式称为 Young 方程。其中接触角 θ 用于描述液体对固体表面的润湿情况：θ 角越小，润湿程度越高，当 $\theta<90°$ 时，称液体对固体表面润湿；当 $\theta=0°$ 时，称液体对固体表面完全润湿；$\theta>90°$ 时称不润湿。

表面活性剂的增溶作用也有极为广泛的应用，比如日常生活中的洗涤，就是把油污增溶到肥皂胶束之中。在石油开采中，将表面活性剂注入油层，用增溶方式把原油带出地层以提高收率。洗涤作用是一个比较复杂的过程，它与润湿、增溶和起泡等作用有关。最早用作洗涤剂的肥皂，是用动植物油脂和 NaOH 或 KOH 皂化而制得。在合成洗涤剂中除了含有某些起泡剂、乳化剂等表面活性物质外，还要加入一些硅酸盐等非表面活性剂，使溶液有一定的碱性，同时可防止清洁固体表面重新被污物沉积。

7.4 固体表面的吸附

7.4.1 吸附作用

固体和液体一样，表面上的分子与固体内部的分子所处的环境不同，表面分子受力不平衡，表面有超额能量。但是固体不能流动，不能像液体那样以缩小表面积的方式降低系统的表面能。但是，当气（液）体分子碰撞固体表面时，固体表面上的过剩力场可捕获气（液）相分子，使之相对固定在固体表面上，于是改变了固体的表（界）面状态，从而使系统的表面能下降。这种现象称为固体表面的吸附现象。产生吸附作用的固体物质称为吸附剂，被吸附的气（液）体物质称为吸附质。在实际工作和生活中所用的吸附剂，通常是一些比表面积（单位质量的吸附剂所具有的表面积，m^2/kg）很大的且吸附能力强的多孔固体物质，如活性炭、硅胶和分子筛等。吸附的逆过程称脱附，即被吸附的分子脱离表面重新回到气（液）相中。

7.4.2 物理吸附和化学吸附

按照吸附作用力的性质不同，人们将吸附分为物理吸附和化学吸附两种类型。在物理吸附中，被吸附分子与固体表面分子的相互作用是范德华力。物理吸附能很快达到平衡，通过降低压力可使吸附质脱附。物理吸附的吸附热接近气相物质的液化热，类似气体在固体表面的凝聚。物理吸附往往低温时容易发生，表现为单分子层吸附或多分子层吸附。

在化学吸附中，被吸附分子与固体表面分子以化学键力相结合，可有电子转移、原子重排和化学键的生成与破坏，所以化学吸附类似于化学反应，吸附热与化学反应热相近。化学吸附具有很高的选择性,只表现为单分子层吸附。往往高温时化学吸附的速率更大,而且很难脱附。

在很多情况下,物理吸附和化学吸附相伴而生。对于同一个系统,当温度变化时,可能改变吸附力的性质和吸附类型。

7.4.3 吸附曲线和吸附方程

7.4.3.1 吸附量和吸附曲线

为定量描述气-固界面的吸附作用,引入表面吸附量的概念,用符号 Γ 表示,并且定义

$$\Gamma = V/m \tag{7-10}$$

式中,m 为吸附剂的质量;V 代表达到吸附平衡时所吸附吸附质的体积(标准状况),也称吸附体积。至今吸附量的定义并不完全统一,也常用 $\Gamma = n/m$ 或 $\Gamma = m'/m$ 定义吸附量,其中 m 为吸附剂的质量,n 和 m' 为气体的摩尔数和质量。达吸附平衡时,吸附速率与脱附速率相等,此时气相中吸附质的压力以及固体的表面覆盖度(表面被气体分子覆盖的百分数,用符号 θ 表示)都不再变化。显然,在同一次吸附实验中,吸附量与表面覆盖度成正比,即 $\Gamma \propto \theta$。对于指定的吸附剂和吸附质来说,吸附量是温度和压力的函数,可写为 $\Gamma = f(T,p)$,此函数的图形称为吸附曲线。当温度一定时,$\Gamma = f(p)$,描述吸附量与吸附质压力的关系,此曲线称吸附等温线;当吸附质压力恒定,则 $\Gamma = f(T)$,描述等压时吸附量与温度关系的曲线称为吸附等压线;当吸附量不变,$p = f(T)$,描述等吸附量时,温度与吸附质压力关系的曲线为吸附等量线。3 种吸附曲线中最常用的是吸附等温线。

7.4.3.2 Langmuir 吸附方程

Langmuir 在研究气体在金属上的吸附时,根据实验数据发现了一些规律,提出了吸附模型和吸附公式。在 1915 年发表了第一个关于固体吸附气体的理论,称为 Langmuir 吸附理论,它的基本假设是:①气体在固体表面上的吸附是单分子层的。只有当气体分子碰撞到固体的表面上时才能被吸附。②固体表面是均匀的,各处的吸附能力相同。③被吸附在固体表面上的分子之间无作用力,所以已被吸附的分子从固体表面脱附的几率不受周围被吸附分子的影响。④吸附平衡是动态平衡。此时从宏观上看,在固体表面上气体分子不再进行吸附或脱附,但实际上,吸附和脱附仍在不停地进行,只是两者的速率相等。

在此假设基础上,从理论上导出了单分子吸附等温式,称 Langmuir 吸附方程:

$$\Gamma = \Gamma_{\max}\theta = \Gamma_{\max}\frac{bp}{1+bp} \tag{7-11}$$

式中 θ 就是上面所提到的表面覆盖度，比例常数 Γ_{max} 代表 $\theta=1$ 时的吸附量，即当固体表面恰被一层气体分子盖满时的表面吸附量，所以 Γ_{max} 也叫做最大吸附量或饱和吸附量。p 是达到吸附平衡时气体的压力。b 称为吸附系数，只是温度的函数，而与吸附质的压力无关，它的大小代表固体表面吸附气体的能力。在相同条件下，吸附系数越大，平衡时吸附的气体越多，所以吸附系数可以看做是表面对气体吸附程度的量度。据吸附量的定义，$\Gamma=V/m$，$\Gamma_{max}=V_{max}/m$，则上式还可写作

$$V = V_{max} \frac{bp}{1+bp} \tag{7-12}$$

式中 V_{max} 称作最大吸附体积或饱和吸附体积，代表当固体表面恰被一层气体分子盖满时的表面吸附体积（标准状况）。Langmuir 方程第一次定量描述了气-固吸附，为后来某些吸附等温式的建立起了奠基作用。但是由于基本假设过于理想化，与实际偏差较大。

7.4.3.3 BET 吸附方程

在 Langmuir 吸附理论基础上，Brunauer，Emmet 和 Teller 于 1938 年提出了多分子层气-固吸附理论，简称为 BET 吸附理论。与 Langmuir 吸附理论不同之点在于，首先假定吸附为多分子层吸附，第一层吸附是基于固体表面分子与吸附质之间的分子间力，第二层、第三层及其余各层的吸附是基于吸附质分子之间的分子间力，并假定不是等上一层吸附饱和之后才开始下一层吸附，而是从一开始就表现为多分子层吸附。在此假定基础上，导出如下吸附等温式：

$$V = \frac{V_{max}cp}{(p_0-p)[1+(c-1)p/p_0]} \tag{7-13}$$

此式称 BET 吸附方程。其中 V，V_{max} 和 p 的意义与式(7-12)中相同，c 是与吸附热有关的常数，p_0 是吸附质在该温度下的饱和蒸气压。BET 理论的物理图像清晰，基本上描述了吸附的一般规律，为学术界普遍接受和采用。但是与 Langmuir 吸附理论一样，BET 理论同样没有考虑到表面的不均匀性和被吸附分子间的相互作用，所以必然会导致与实际情况的偏差。

7.4.3.4 Freundlich 吸附方程

除了 Langmuir 方程和 BET 方程外，还有许多经验的气-固吸附等温式，其中常用的为 Freundlich 吸附等温式：

$$\Gamma = K_F p^{1/n} \tag{7-14}$$

其中，Γ 为平衡吸附量；p 为吸附质平衡分压；K_F 与 n 是与吸附剂和吸附质本质以及温度有关的常数。Freundlich 吸附等温式是最早提出的吸附等温式。它没有

明确的物理图像,只是简单地通过方程式中两个常数表达吸附的规律,后来才从理论上得到证明。

目前对气-固吸附的研究十分活跃,得到许多经验的或半经验的吸附方程。不少研究者在前人工作的基础上不断建立新模型,提出新理论,并正在努力构建统一的吸附等温式。

7.4.4 固-液界面的吸附

以上讨论了固体对气体吸附的规律,同样,固体对溶液中的某些溶质具有吸附作用。本节仅介绍固体-非电解质溶液的吸附作用。人们在长期实践中发现,非电解质稀溶液中的吸附等温线,因系统不同而具有多种形式,有些与气-固吸附等温线形式相似。对于固-液吸附量的定义为

$$\Gamma = \frac{n}{m} = \frac{V(c_1 - c_2)}{m} \tag{7-15}$$

其中,m 为吸附剂的质量;n 为吸附平衡时固体从溶液中吸附的吸附质的物质的量;V 是溶液的体积;c_1 和 c_2 分别为吸附前后溶液中吸附质的浓度。

固-液吸附是十分复杂的,除了和气-固吸附一样受温度、浓度因素的影响外,还与溶质、溶剂与吸附剂的相互作用有关,所以还没有完善的理论。迄今人们对固-液吸附已发现如下一些定性的规律:

(1) 吸附剂、溶质、溶剂三者极性对吸附量的影响

极性吸附剂容易从非极性溶剂的溶液中优先吸附极性组分,非极性吸附剂容易从极性溶剂的溶液中优先吸附非极性组分。

(2) 溶质在溶剂中的溶解度对吸附量的影响

溶解度越小的溶质越容易被吸附。因为溶解度越小,说明溶质与溶剂之间的相互作用力相对较弱,被吸附的倾向就越大。

(3) 温度对吸附量的影响

大多数吸附是放热的,通常温度升高时吸附量下降。但有些溶质其溶解度随温度升高而下降,则吸附量随温度升高而增大。

除此之外,吸附量还与吸附剂的表面状态和孔结构等因素有关。总之,上述规律是初步的,在运用上述规律分析各种情况时,必须对具体系统深入研究才能得到正确的结论。

7.5 胶体分散系统概述

1861 年 Graham 提出了胶体的概念,胶体是一类重要的分散系统,它具有巨大的界面积。胶体在自然界普遍存在,在实际生活和生产中占有重要的地位。胶

体化学是物理化学的一个重要分支,它在物理学、生物学和材料科学等领域都有广泛的应用,所以掌握胶体分散系统的一些基本原理和性质十分重要。

7.5.1 分散系统的种类

一种或几种物质分散在另一种物质中所形成的系统称为分散系统,被分散的物质称为分散相,分散相周围的介质称为分散介质。分散系统通常有 3 种分类方法:

(1) 按分散相粒子的大小分类

当分散相与分散介质以分子和离子形式均匀混合时,通常直径小于 10^{-9} m 的粒子形成均匀的均相系统,称为分子分散系统,如 $CuSO_4$ 溶液、空气等。分散相的粒子直径在 $10^{-9} \sim 10^{-7}$ m 之间所形成的特殊分散系统,称为胶体。这时粒子大小处于宏观与微观之间,远小于宏观状态,但它不是原子或分子,而是许多原子或分子的聚集体,整个系统虽然目测均匀,但实际上是高度分散的多相不均匀系统。这种分散系统是纳米科学中的研究热点。当分散相的粒子直径大于 10^{-7} m,在普通显微镜下可以观察到,甚至目测也是混浊不清的分散系统,称为粗分散系统,该系统不稳定,很快会发生沉淀。

(2) 按照分散介质的物态进行分类

可分为气溶胶、液溶胶和固溶胶。

(3) 按照分散相与分散介质之间的亲和力的大小分类

分散相与分散介质之间没有亲和力或只有弱的亲和力,称为憎液溶胶,如贵金属溶胶和氢氧化物溶胶,属于热力学上不稳定、不可逆的体系,本书所讨论的胶体即属于这一类;分散相与分散介质之间的亲和力很强,称为亲液溶胶,如高分子溶胶,属于热力学稳定、可逆的体系。

7.5.2 胶体的制备与净化

制备胶体大致有两种方法:①分散法。利用机械设备、电能、热能等将粗分散系统的粒子分散来制备大小适中的胶体。②凝聚法。利用化学或物理方法,先制成难溶物分子的过饱和溶液,再使之相互结合成胶体粒子而得到溶胶。

为了提高胶体的稳定性,不论是分散法还是凝聚法制备溶胶,都需要加入少量电解质作为稳定剂。若加入的电解质过多,则过量的电解质反而会破坏溶胶的稳定性。为了提高溶胶的稳定性,通常需要利用渗析法或超过滤法对新制备的溶胶进行净化处理。

7.6 溶胶的动力性质和光学性质

7.6.1 Brown 运动

1827 年,植物学家用显微镜观察到悬浮在液面上的花粉末在不停地做不规则运动,后来发现其他物质的粉末也有类似的现象。人们将微粒的这种运动称为 Brown 运动。

胶体粒子(简称胶粒)在介质中的 Brown 运动属于热运动,所以不需要消耗能量,它是介质分子固有热运动的表现。胶体粒子受到介质分子的不断撞击,由于它的体积及质量足够小,瞬间受到的撞击力不平衡,因而粒子按瞬间合力方向不断地改变它的位置,因而进行无规则运动。

在显微镜下,观察到粒子的运动,粒子程"之"字形前进,每单位时间内的位移距离和方向都不相同,在三维空间的各个方向上都有位移,而且每个方向上机会是均等的。

7.6.2 扩散现象

和真溶液一样,当存在浓度差时,胶粒从含量高的区域向低的区域扩散。从微观现象来看,真溶液的扩散是分子热运动的结果,而溶胶的粒子扩散是粒子 Brown 运动引起的。通常情况下利用扩散系数 D 描述扩散速率,它与胶体粒子半径 r 的关系服从下式:

$$D = \frac{RT}{L} \frac{1}{6\pi\eta r} \tag{7-16}$$

此公式只适用于球形粒子,式中 R 和 L 分别为摩尔气体常数和 Avogadro 常数,η 为介质黏度,其值可以由实验测量。在一定温度下,D 与 r 成反比,说明胶粒越小扩散速率越大。扩散系数 D 是溶胶的重要动力学参数,它是扩散强弱的标志,其值可以用多种方法测量。扩散系数的测定十分有用,测定 D 之后可以由上式计算粒子半径。

7.6.3 沉降和沉降平衡

如果胶体粒子的密度比分散介质的密度大,粒子在重力作用下缓慢地向容器底部降落的现象叫做沉降。粒子因重力而沉降使容器底层浓度逐渐增大,造成上下之间的浓差。一方面粒子受到重力而下降,另一方面由于扩散运动又促使浓度趋于均一,两者共同作用构成了系统的稳定状态,在上下方向形成一定的浓度梯度不再改变,这种状态称为沉降平衡。

在重力场作用下,粒子所受到下沉的力为

$$W = \frac{4}{3}\pi r^3(\rho - \rho_0)g \tag{7-17a}$$

其中,r 为球形粒子半径;ρ,ρ_0 分别为分散相和分散介质的密度,g 为重力加速度。

另外,粒子下沉时受到阻力,根据 Stokes 定律,阻力为

$$F = 6\pi \eta r v \tag{7-17b}$$

式中,η 为分散介质黏度;v 为沉降速度。

当粒子所受的下沉力和阻力相等时,受力平衡,粒子将以恒定速度沉降,通常所说的沉降速度,即是指这种恒速沉降的速度。此时 $W=F$,将以上两式代入,整理后得

$$v = \frac{2r^2(\rho - \rho_0)g}{9\eta} \tag{7-18}$$

此即重力场中的沉降公式。此式表明,沉降速度与介质的黏度成反比,与分散相和分散介质的密度差值成正比;v 与 r^2 成正比,即半径增大,沉降速率显著增加。在粗分散系中,粒子较大,不足以克服重力影响,甚至还未达到沉降平衡,粒子就沉降到容器底部。

当粒子半径小于 10nm 时,沉降速度完全可忽略不计。这表明,分散度越大,粒子越小,介质黏度越大,分散相和分散介质的密度差越小时,动力稳定性也就越大。胶体在重力场中是动力稳定系统,难以测定沉降速度,通常利用超离心机所产生的巨大离心力代替重力来测定沉降速度。如果测定了粒子在重力场中的沉降速度,由式(7-18)即可求出粒子半径。工业上根据沉降速度对粒子大小的依赖关系,利用沉降分析法测定粒子的粒度分布。

7.6.4 溶胶的光学性质

胶体的光学性质是其高度分散性和不均匀性的反映。1869 年 Tyndall 发现,当一束强光射入溶胶,从侧面(与光束垂直的方向)可看到因散射而形成的明显光柱,这种现象称为 Tyndall 效应。该现象产生的主要原理是,当光照射到粒子上时,若分散粒子直径大于入射光的波长时,主要发生光的反射作用;若分散粒子直径小于入射光的波长时,则粒子对光产生散射作用,散射的光称为乳光。在胶体分散系中,粒子直径在 $10^{-9} \sim 10^{-7}$ m,比可见光的波长小得多,因此光散射现象很明显。

Rayleigh 于 1871 年研究了光散射作用,用下式描述 Tyndall 效应:

$$I = K\frac{\overline{N}V^2}{\lambda^4}I_0 \tag{7-19}$$

其中 I 和 I_0 分别是散射光和入射光的强度，$\bar{N}$ 是单位体积中的粒子数，V 是单个粒子的体积，λ 是入射光波长，K 是与分散相和分散介质折射率有关的常数。由式(7-19)看出，散射光即乳光的强度与单位体积中的粒子数成正比。利用这个性质制成的测定溶胶粒子数密度的仪器称为乳光计（或称浊度计），通过测量溶胶的乳光强弱来得到粒子数密度，即进行浊度分析。另外，乳光强度与粒子体积平方成正比。实验表明，粒子半径小于 47nm 时发生乳光现象。真溶液中微粒太小，散射现象十分微弱，因此可根据 Tyndall 效应区分真溶液和溶胶。

综上所述，可利用溶胶的乳光现象，定量研究溶胶的粒子数密度、胶粒大小、形状及运动情况等。

7.7 溶胶的电学性质

7.7.1 溶胶带电的原因

溶胶固体物质与水（极性）介质接触后，界面上布满带电荷的离子，形成固-液带电界面。界面带电是胶粒与介质界面上相互作用的结果，带电的原因是多方面的，如电离、吸附、晶格取代或摩擦带电等，其中电离和吸附最为重要。

(1) 胶粒表面分子的电离和溶解

胶粒表面分子与介质作用，发生电离，一种离子进入介质中，胶体粒子因而带电，例如硅胶粒子是由很多 SiO_2 分子组成的，在表面上 SiO_2 分子和水接触生成 H_2SiO_3，H_2SiO_3 电离成 SiO_3^{2-} 和 H^+，后者进入水中，而胶粒表面为 SiO_3^{2-}，带负电。

(2) 固-液界面的吸附作用

胶体系统具有巨大的比表面，因而胶体粒子有将介质中的离子吸附到自己表面上的趋势。由于这种吸附有选择性，故吸附的结果使胶体粒子表面带电，若吸附正离子，则胶体粒子带正电，称为正溶胶；若吸附负离子，则胶体粒子带负电，称为负溶胶。一般阴离子比阳离子水合能力差，较容易被固体界面吸附，因而胶粒表面具有较多的负电。有时某些已带电的表面选择吸附高价异性离子，甚至改变表面带电性质。

7.7.2 胶粒的带电结构

在胶体系统中，固体粒子表面带有某种电荷，而整个系统是电中性的，所以在溶液中必存在等量的反号离子，称为反离子，于是在相界面上出现带电双电层。关于双电层电荷分布情况,很多人进行过研究,提出多种模型。目前被多数人接受的是 1924 年 Stern 提出的双电层模型。该模型认为,构成双电层的反离子,一部分处于距固体表面有一二个分子直径的距离内,靠静电引力紧密地分布在粒子表面周围,称为紧密层;另一部分反离子则以扩散状态处于紧密层的外面,称为扩散层。现以 AgI 溶胶(KI 为稳定剂)为例,说明胶粒结构,见图 7-5。胶粒中心部分是 Ag^+ 和 I^- 堆积起来的固体粒子,称为胶核,通常含 Ag^+ 和 I^- 离子约为 10^3 个。胶核是固体分散相,对离子的吸附使其表面带电。在 AgI 溶胶制备过程中,若以 KI 作稳定剂,根据胶核"总是选择吸附与其组成相类似的离子"的规则,胶核表面会吸附 I^- 而带负电。由于静电作用,荷负电的表面会吸引溶液中的正离子 K^+,靠近表面的一部分 K^+ 与溶剂水一起构成紧密层,而另一部分 K^+ 由密渐疏扩散地分布在紧密层外面,这就是扩散层,如图 7-5 所示。处于紧密层的反离子 K^+ 受到固体表面吸附的 I^- 电荷的吸引力较大,而扩散层的 K^+ 所受的吸引力较小。当胶核运动时,紧密层伴随它一起运动,共同构成一个独立的运动个体,所以通常把胶核和它周围的紧密层称为胶粒。把胶粒的外沿称为滑移界面,它是胶粒与介质相对运动的界面。严格地说,滑移界面并不是紧密层和扩散层的分界线,而比紧密层稍稍扩大一些。胶粒是带电的,它的带电性质取决于胶粒中究竟哪一种离子过剩。由图 7-5 表示的 AgI 溶胶,胶粒中负离子 I^- 过剩,所以是负溶胶。胶核、吸附 I^-、紧密层、扩散层一起构成胶团。胶团是电中性的,它的边界是不易确定的,这与溶胶中离子浓度有关。

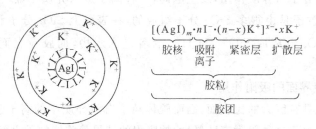

图 7-5 **AgI 胶体粒子的结构**

为了便于表达和交流,通常用结构式表示胶粒的结构,例如图 7-5 中右侧的表示式即是 AgI 胶粒的结构式。常用的无机净水聚集剂 $FeCl_3$,在水中由于水解生成 $Fe(OH)_3$ 溶胶,其胶粒结构式为

$$\{[Fe(OH)_3]_m \cdot nFeO^+ \cdot (n-x)Cl^-\}^{x+} \cdot xCl^-$$

显然 $Fe(OH)_3$ 溶胶为正溶胶。上述胶粒结构是根据理论和某些间接实验推测得到的,它仅仅是胶粒结构的近似描述。

7.7.3 ζ电势

胶粒表面形成双电层,两相间存在一定的界面电势,通常把分散相的固体表面与溶液内部之间的电位差称为表面电势,用符号χ表示,而把滑移界面与溶液内部之间的电位差称为电动电势(或ζ电势),用符号ζ表示。正溶胶ζ电势的意义如图7-6所示。

ζ电势与表面电势χ是有区别的。χ仅取决于胶核表面所选择吸附的离子数目,而与这种离子在紧密层和扩散层的分布情况无关。ζ取决于胶核表面吸附的离子数目与紧密层中反离子的数目之差,此差值与溶液中所含离子的浓度有关。ζ电势仅是χ电势的一部分,因而ζ电势值总是小于χ的值。

ζ电势非常重要,它是描述胶粒带电情况的物理量:①ζ电势值的大小是胶粒带电程度的标志。ζ值越大,表明滑移界面处的电位与溶液内部的差异越大,即胶粒带电量越多。反之,ζ值越小,表明胶粒带电量越少。当ζ=0时,表明滑移界面处的电位与溶液内部相等,此时胶粒不带电,称等电状态。在等电状态时,紧密层中的反离子电荷等于表面吸附离子的电荷。②ζ电势的符号代表胶粒的带电性质(即电荷的正负)。由此可见,ζ电势是反映胶体电性质的关键物理量。

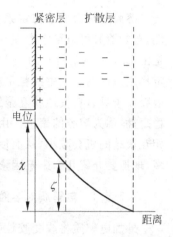

图7-6 正溶胶的ζ电势示意图

7.7.4 电动现象

胶粒表面双电层的存在被电动现象所证实。所谓电动现象,是指带电胶粒与带异号电荷的介质之间作相对运动的现象。在电场作用下,带电胶粒根据它所带电荷的正负,朝某一电极方向迁移,这种电动现象称为电泳。若固相胶粒不动,而带异号电荷的介质在电场中发生定向移动的现象称为电渗。从理论上可以导出胶粒电泳速度v与ζ电势之间的关系:

$$v = \frac{\varepsilon E \zeta}{c \pi \eta} \tag{7-20}$$

式中,E是电极间电场强度;η和ε分别为介质的黏度和介电常数;c是与胶粒几何形状有关的量,对圆柱形粒子$c=4$,对球形粒子$c=6$。电渗速度与ζ电势之间也有类似于式(7-20)的关系。此式表明,可通过测定电泳速度求出ζ电势。不难理解,在其他条件相同的情况下,v随ζ的增大而增大,因而可以通过测定电泳速率来研究电解质对ζ的影响。

除了电泳、电渗现象外,溶胶还具有沉降电势和流动电势等电动现象。电泳和电渗现象都是在外加电场作用下发生的胶粒与介质的相对移动,所以属于因电而动。相反,胶粒在重力场作用下的移动(沉降)则会产生电势差,称为沉降电势;介质在流动时也会产生电势差,称流动电势。这两种电势是因为带电粒子移动而产生的,属于因动而产生电。相对来讲,其中以电泳和电渗研究较多,应用也较广。

7.7.5 溶胶的稳定性

溶胶是热力学不稳定系统。但在一定条件下,溶胶具有相对的、暂时的稳定性,有的溶胶可以稳定存在几天、几年甚至几十年。溶胶所具有的相对稳定性主要是由 Brown 运动具有的动力稳定作用、胶粒带电具有的电性稳定作用和溶剂化稳定作用造成的。其中胶粒带电是溶胶能够稳定存在的主要原因。基于表面性质,溶胶粒子具有自发地相互聚结而形成大颗粒并沉淀出来的倾向,从而使溶胶失去稳定性,称为溶胶的聚沉。由于胶粒带电,电斥力使得它们的相互碰撞几率降低,相互聚结的机会减小,从而使溶胶的稳定性增强。影响溶胶稳定性的具体因素很多,现扼要介绍几个影响因素。

7.7.5.1 电解质对溶胶稳定性的影响

外加电解质将改变胶粒的带电情况(即改变 ζ 电势),从而使溶胶的稳定性发生变化。电解质的这种影响具有两重性:当电解质的浓度较小时,胶核表面对离子的吸附还远没有饱和,电解质的加入为表面吸附提供了有利条件。结果使胶粒的带电程度提高,ζ 值增大,从而胶粒间的静电斥力增大而不易聚结,所以此时电解质对溶胶起稳定作用;当电解质的浓度足够大时,表面吸附已无多大变化,但进入紧密层的反离子却会大大增加,从而使 ζ 电势降低,扩散层变薄,胶粒间静电斥力减小而引起溶胶聚沉。正是由于电解质的这种两重性,在制备溶胶时,往往需要加入少量电解质作稳定剂,但这种稳定剂却不可加得过多,因为大量的电解质非但不起稳定作用,反而会促使聚沉,使溶胶破坏。实验发现,溶胶的聚沉速率与电解质浓度之间存在着比较复杂的关系。为了比较不同外加电解质对溶胶稳定性影响的程度,引入了聚沉值的概念。电解质的聚沉值,是指使溶胶在一定时间内完全聚沉所需要加入电解质的最小浓度。所以电解质的聚沉值越大,则该电解质对溶胶的聚沉能力越弱;反之,聚沉值越小,其聚沉能力越强。

从一系列实验结果可总结出电解质对溶胶聚沉的定性规律:①电解质中起聚沉作用的主要是与胶粒电荷相反的离子,即阴离子使正溶胶聚沉,阳离子则使负溶胶聚沉;②不同电荷数离子的聚沉能力随电荷数增高而急剧增加,称为 Schulze-Hardy 规则;③电荷数相同离子的聚沉能力也有所不同,例如正离子对负溶胶聚沉能力可排成下列次序

$$Cs^+ > Rb^+ > K^+ > Na^+ > Li^+$$

负离子对正溶胶的聚沉能力次序为

$$Cl^- > Br^- > NO_3^- > I^-$$

上述这种次序称为感胶离子序，它可作为选择聚沉剂的参考。

另外，与胶粒所带电荷相同的离子称为同号离子，一般来说，它们对胶体具有一定的稳定作用，使电解质的聚沉能力降低，而且离子的价数越高，这种作用越强。但有时情况却恰恰相反，所以同号离子的影响尚无统一规律，需要具体研究。

7.7.5.2 溶胶系统的相互聚沉

带有相反电荷的两种溶胶相互混合，则会发生聚沉，称溶胶的相互聚沉。聚沉的程度取决于两种溶胶的比例，若两种溶胶的用量悬殊，聚沉很不完全，这是由于其中用量较少的那种溶胶所带的电荷远不能中和掉另一种溶胶所带的电量；当两溶胶所带的电量相同时，则混合后两种溶胶均处于等电点，此时便完全聚沉。

7.7.5.3 高分子溶液使溶胶聚沉

通常加入极少量的可溶高分子化合物，就可导致溶胶迅速聚沉，沉淀呈疏松的棉絮状，这种现象称为絮凝作用，产生絮凝的高分子化合物称为絮凝剂。天然高分子化合物中，淀粉和蛋白质等都有絮凝作用。高分子的絮凝作用与电解质的聚沉作用完全不同，电解质引起的聚沉过程比较缓慢，所得到的沉淀颗粒紧密，体积小。利用高分子溶液使溶胶聚沉在污水处理以及化工生产中均得到了较为广泛的应用。

此外，影响溶胶稳定性的因素还很多，例如强烈搅拌和振荡、加热等也可能使溶胶发生聚沉，这是由于这些操作促进了胶粒之间的相互碰撞，增加了它们相互聚结的机会。

7.8 纳米技术与胶体化学

就像毫米、微米一样，纳米是一个尺度概念，是1m的十亿分之一，并没有物理内涵。将物质分散到纳米尺度（在1~100nm范围内）以后，物质的许多性质往往会发生变化，出现特殊性能。这种既不同于原来组成的原子、分子，也不同于宏观物质的材料，即为纳米材料。过去，人们只注意原子、分子或宏观物质，常常忽略这个中间领域的材料，而这类实际上大量存在于自然界，只是以前没有认识到这个尺度范围材料的性能。率先真正认识到它的性能并引用纳米概念的是日本科学家，他们在20世纪70年代用蒸发法做了超微粒子，并通过研究它们的性能发现：导电、导热的铜、银导体做成纳米尺度以后，就失去了原来的性质，表现出既不导电、也不导热。磁性材料也是如此,像铁-钴合金,做成直径 20～30nm 的颗粒,磁畴就变成了单磁畴,它的磁性比原来高 1000 倍。20 世纪 80 年代中期,人们就正式把这类材料命名为纳米材料。

纳米技术是一种在纳米尺度空间内的生产方式和工作方式,并在纳米空间认识自然,创造一种新的技能。比如进入血管的机器人很小,将来它要工作的工具就必须是纳米器件。最近,科学家已经发明了纳米铲子、纳米勺子,血管机器人可以在血管里用这些工具来进行操作,这就是纳米工具,绝不像现在的工具。

纳米技术的内涵非常广泛,它包括纳米材料的制造技术,纳米材料向各个领域应用的技术(含高科技领域),在纳米空间构筑器件实现对原子、分子的翻切、操作以及在纳米微区内对物质传输和能量传输新规律的认识,等等。实际上纳米丝、纳米管、纳米线、纳米电缆、纳米薄膜、三维纳米块体、复合材料等都是纳米材料,范围相当广。另外,纳米材料不单纯是固态的,也有液态。

由于纳米粒子太小,小到普通显微镜也无法分辨,在研究过程中必须使用扫瞄隧道显微镜(STM)和原子力显微镜,所以纳米电子学和电子器件的开发在纳米技术发展中占有重要地位。

纳米粒子的尺寸在胶体分散系统的分散相的范围内,因而,当纳米粒子分散在介质中形成胶体分散系统时,系统就具有胶体的性质。纳米超微粒子的制备是纳米科技的核心问题,能够用制备溶胶的方法来制备纳米超微粒子,如机械研磨法、超声波分散法、胶溶法、电分散法以及物理凝聚法、化学凝聚法等。

本章基本学习要求

1. 理解表面功、比表面能和表面张力的概念。
2. 等温等压下系统表面积变化过程中热力学函数变化的计算。
3. 弯曲表面现象产生的原因及计算。
4. 溶液的表面吸附现象和固体的表面吸附现象。
5. 胶体的电性质。

参 考 文 献

1. 朱文涛. 物理化学(下册). 北京: 清华大学出版社,1995
2. 周祖康等. 胶体化学基础. 北京: 北京大学出版社,1987
3. 顾惕人等. 表面化学. 北京: 科学出版社,1994
4. 李爱昌. 凯尔文公式的应用及液体过热现象解释一些问题. 大学化学,1996,11(3): 59

5. 吴金添,苏文段. 微小液滴化学势及其在界面化学中应用. 大学化学,1995,10(1):55
6. Ayao Kitahara, Akira Watanabe. 界面化学. 邓彤,赵学范译. 北京:北京大学出版社,1992

思考题和习题

思考题

1. 下面两种说法似乎是矛盾的:

(1) 对于一个在等温、等压下的平衡体系,某种分子的化学势必是处处相同,因此,若有某液体与其蒸气呈平衡(界面是平的),则此种分子在表面区中的化学势必与其在液体体相中的一样,所以将一个分子自体相区移至表面区不需要做功。

(2) 将一个分子自体相区移至表面区必须做功。因为这样做意味着增加系统的表面积,因而也就增加了系统的表面 Gibbs 函数。

对上述说法加以讨论,并解决此表观矛盾。

2. 玻璃管两端分别有半径大小不等的肥皂泡,当打开玻璃管上的活塞将两个气泡连通后,有什么现象发生?

3. 图 7-7 中 A,B,C,D 和 E 是插入同一个水槽中且直径相同的玻璃毛细管,其中 A 内水面高度 h 是平衡时的高度。

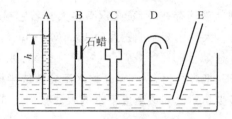

图 7-7 思考题 3 图示

(1) 试标出 B,C,D 和 E 毛细管中水面位置及凹凸情况。

(2) 如图所示,若预先将 A,B 和 C 中水面吸至 h 高度之上让其自动下降,其结果将如何?

4. 20℃时用同一支滴管分别滴出 $1cm^3$ 的水和 $1cm^3$ 的苯,滴数分别为 17 和 40,试解释滴数不同的原因。已知 20℃时水和苯的表面张力分别为 $72.8 \times 10^{-3} N \cdot m^{-1}$ 和 $31.6 \times 10^{-3} N \cdot m^{-1}$,密度分别为 $0.998 g \cdot cm^{-3}$ 和 $0.879 g \cdot cm^{-3}$。

5. 在无外界干扰的条件下,下列各现象能否发生?说明原因。

(1) 纯净的蒸气在正常沸点下,并不凝结;

(2) 液体的结晶温度低于它的正常凝固点;

(3) 分散度愈大的晶粒溶解度愈大;

(4) 纯液体加热至沸点温度而不沸腾。

6. 若 $CaCO_3$ 进行热分解,问细粒 $CaCO_3$ 的分解压(p_A)与块状 $CaCO_3$ 的分解压(p_B)相比,两者大小如何？试说明为什么？

7. 有体积分别为 $100dm^3$ 和 $10dm^3$ 两个容器,分别含同种气体 100mg 和 10mg。在相同温度下各加入 1g 活性炭,哪一个容器中气体被吸附得多？为什么？

8. 根据物理化学原理,简要说明：

(1) 锄地保墒的科学道理。

(2) 氧气在某固体表面上吸附,温度 400K 时进行得很慢,在 350K 时进行得更慢,这个吸附主要是化学吸附还是物理吸附？

(3) 为什么在精密仪器中,往往放硅胶吸附剂而不是活性炭？

9. 几个密度相同、半径不等的球状颗粒在黏度一定的液体介质中沉降,哪一个沉降速度快？

10. 电动电势与表面电势的主要区别是什么？带负电的 AgI 溶胶 3 份,分别加入 KI,KNO_3,$Fe(NO_3)_3$,对该溶胶的表面电势和电动电势的影响是否相同？

习题

1. 1g 汞以一个球状液滴存在时,表面积有多大？若它被分成直径等于 70nm 的汞溶胶时,表面积有多大？已知汞的密度为 $13.6Mg \cdot m^{-3}$。

(答案：$8.49 \times 10^{-5} m^2$,$6.3m^2$)

2. 在 293K 条件下,把半径为 $r_1 = 1mm$ 的水滴分散成半径为 $r_2 = 1\mu m$ 的小水滴,问环境至少需做多少功？已知该温度下水的表面张力为 $0.07288N \cdot m^{-1}$。

(答案：$9.16 \times 10^{-4} J$)

3. 在 283K 时,可逆地使纯水表面积增加 $1.0m^2$ 的面积,吸热 0.04J,求该过程的 ΔG,W,ΔU,ΔH,ΔS 各为多少？已知该温度下纯水的比表面 Gibbs 函数为 $0.074J \cdot m^{-2}$。

(答案：0.074J,$-0.074J$,0.114J,0.114J,$1.413 \times 10^{-4} J \cdot K^{-1}$)

4. 将正丁醇($M_r = 74$)蒸气骤冷至 0℃,发现其过饱和度 p_r/p_0 约为 4 时方能自行凝结成液滴。若 0℃时正丁醇的表面张力 $\gamma = 0.026N \cdot m^{-1}$,密度 $\rho = 1000kg \cdot m^{-3}$,试计算：

(1) 在此饱和度时所凝成液滴的半径；

(2) 每一液滴所含正丁醇的分子数目。

(答案：$1.22 \times 10^{-9}m$,62 个)

5. 假定一固体溶于某溶剂形成理想稀薄溶液,
(1) 导出固体溶解度与颗粒大小的如下关系：
$$\ln \frac{x_r}{x} = \frac{2\gamma M}{RTr\rho}$$
其中 γ 为固-液界面张力, M 为固体物质的摩尔质量, ρ 为固体密度, x_r 与 x 分别为小颗粒固体溶解度和正常溶解度, r 为颗粒半径。

(2) 25℃时,已知块状 $CaSO_4$ 在水中的溶解度为 $15.33\times10^{-3}\,mol\cdot dm^{-3}$,半径为 $3\times10^{-5}\,cm$ 的 $CaSO_4$ 细晶的溶解度为 $18.2\times10^{-3}\,mol\cdot dm^{-3}$, $\rho(CaSO_4)=2.96\,g\cdot cm^{-3}$,试求 $CaSO_4$ 与水之间的界面张力。

(答案：$1.388\,N\cdot m^{-1}$)

6. 25℃时,二硝基苯在水中的溶解度为 $5.9\,mol\cdot m^{-3}$,若其界面张力为 $0.0257\,N\cdot m^{-1}$,求直径为 $0.01\,\mu m$ 的二硝基苯颗粒的溶解度。25℃时二硝基苯的密度为 $1565\,kg\cdot m^{-3}$,二硝基苯的摩尔质量 $M=168\,g\cdot mol^{-1}$。

(答案：$9.21\,mol\cdot m^{-3}$)

7. 用活性炭吸附 $CHCl_3$ 符合 Langmuir 方程,在 273K 的饱和吸附量为 $93.8\,dm^3\cdot kg^{-1}$。已知 $CHCl_3$ 的分压为 $13.4\,kPa$ 时吸附量为 $82.5\,dm^3\cdot kg^{-1}$。试计算：
(1) Langmuir 方程中的吸附系数 b；
(2) $CHCl_3$ 的分压为 $6.67\,kPa$ 时的吸附量。

(答案：$0.5448\,kPa^{-1}$；$73.56\,dm^3\cdot kg^{-1}$)

8. 在 298K 时,某固体吸附剂吸附废气中二氧化碳符合 Langmuir 方程,已知二氧化碳的平衡分压 p 和吸附量 Γ 的关系如下：

p/kPa	3.333	26.664	43.996	61.328
$\Gamma/g\cdot g^{-1}$	0.75	2.00	2.20	2.30

假定二氧化碳分子的截面积 $1.2\times10^{-19}\,m^2$,求吸附剂的比表面积。

(答案：$4.29\times10^3\,m^2\cdot g^{-1}$)

9. 473K 时,测定氧气在某催化剂上的吸附作用,当平衡压力为 $101.325\,kPa$ 及 $1.01325\,MPa$ 时,每千克催化剂吸附氧气的量分别为 $2.5\,dm^3$ 和 $4.2\,dm^3$,设该吸附作用符合 Langmuir 方程,试计算当氧气的吸附量为饱和值的一半时,平衡压力为多大？

(答案：$82.68\,kPa$)

10. 273K 时,用 10g 炭黑吸附甲烷,不同平衡压力 p 下被吸附气体在标准状况下的体积 V 的数据如下：

p/kPa	13.332	26.664	39.997	53.329
V/cm³	97.5	144	182	214

试问该吸附系统对 Langmuir 方程和 Freundlich 方程中哪一个符合得更好一些？

11. 77K 时测得 N_2 在 TiO_2 上吸附数据如下：

p/p^*	0.01	0.04	0.10	0.20	0.40	0.6	0.8
Γ/dm³·kg⁻¹	1.0	2.0	2.5	2.9	3.6	4.3	5.0

其中 p^* 为 N_2 在 77K 时的饱和蒸气压，p 为平衡分压，Γ 为吸附量。试用 BET 方程计算 TiO_2 的比表面积。已知 N_2 分子截面积为 1.62×10^{-19} m²。

(答案：10.3 m²·kg⁻¹)

12. 用木炭吸附水溶液中溶质 A，已知符合 Freundlich 方程，形式为 $\Gamma=0.5c^{1/3}$，式中 Γ 的单位为每克木炭所吸附 A 之克数，c 的单位是 g·dm⁻³。若 1dm³ 溶液起初含溶质 A 的质量为 2g，加入的木炭重 2g，平衡时溶液中剩余多少克 A？

(答案：1g)

13. 用活性炭作吸附剂除去水溶液中残存的某种农药。298K 时，取 250cm³ 水溶液的实验数据如下：

投入活性炭质量 m/g	0	0.253	0.290	0.298	0.391
平衡时农药质量浓度 c/mg·dm⁻³	515	2.94	0.902	0.786	0.407
投入活性炭质量 m/g	0.491	0.641	0.835	1.005	
平衡时农药质量浓度 c/mg·dm⁻³	0.300	0.1164	0.0873	0.0582	

(1) 计算饱和吸附量为多少？

(2) 若间歇式吸附反应器内的实际吸附量仅为饱和吸附量的 80%，废水含这种农药量为 500mg·dm⁻³，排放要求为不大于 0.1mg·dm⁻³，问处理 100t 废水的反应器需要活性炭多少 kg？

(答案：546mg·g⁻¹, 114.45kg)

14. 大量的气-固吸附研究表明，在吸附量一定的条件下，吸附压力与吸附温度之间的关系服从克-克方程。已知在某活性炭样品上吸附 8.95×10^{-4} dm³ 的氮气（在标准状况下），吸附的平衡压力与温度之间的关系为

T/K	194	225	273
p/kPa	446.1	1165.2	3586.9

计算上述条件下,氮在活性炭上的吸附热。

(答案：-11.6 kJ·mol^{-1})

15. 25℃时乙醇水溶液的表面张力 γ 随乙醇浓度 c（mol·dm^{-3}）的变化关系为

$$\gamma/(\text{mN}\cdot\text{m}^{-1}) = 72 - 0.5(c/\text{mol}\cdot\text{dm}^{-3}) + 0.2(c/\text{mol}\cdot\text{dm}^{-3})^2$$

试分别计算浓度为 0.1mol·dm^{-3} 和 0.5mol·dm^{-3} 的乙醇溶液在 25℃时的表面吸附量。

(答案：1.857×10^{-8} mol·m^{-2}, 6.054×10^{-8} mol·m^{-2})

16. 293K 时丁酸水溶液的表面张力与浓度的关系可准确地用下式表示：

$$\gamma = \gamma_0 - A\ln(1 + Bc/c^{\ominus})$$

其中 γ_0 是该温度下纯水的表面张力,c 为丁酸的浓度,A 和 B 是常数。

(1) 试求此溶液丁酸的表面吸附量 Γ 与其浓度 c 的关系。(设活度系数均为1)。

(2) 已知 $A = 0.0131$ N·m^{-1}, $B = 19.62$ dm^3·mol^{-1}, 试求丁酸浓度为 0.20mol·dm^{-3} 时的吸附量 Γ 为多少?

(3) 丁酸表面饱和吸附量 $\Gamma_{\max}$ 为多少?

(4) 假定饱和吸附时,表面全部被一层丁酸分子占据,计算每个丁酸分子的截面积。

(答案：4.286×10^{-6} mol·m^{-2}; 5.38×10^{-6} mol·m^{-2}; 3.09×10^{-19} m^2)

17. 实验室中常往废银盐溶液中加入 NaOH 溶液以回收银,试写出此过程中形成 AgOH 胶粒的结构式(写出整个胶团)。

18. 下列电解质对某溶胶的聚沉值分别为

$$c(\text{NaNO}_3) = 300 \text{mol}\cdot\text{dm}^{-3}, \quad c\left(\frac{1}{2}\text{MgCl}_2\right) = 25 \text{mol}\cdot\text{dm}^{-3}$$

$$c\left(\frac{1}{2}\text{Na}_2\text{SO}_4\right) = 295 \text{mol}\cdot\text{dm}^{-3}, \quad c\left(\frac{1}{3}\text{AlCl}_3\right) = 0.5 \text{mol}\cdot\text{dm}^{-3},$$

问此溶胶的电荷符号。

8 化学动力学基础

化学热力学圆满地解决了化学反应及有关物理过程中的能量转换、过程方向、限度以及各种平衡性质的计算,从而对科学研究和工业生产起了重大作用,但是,关于化学反应,热力学还有以下两个问题没有解决:①化学反应的速率;②化学反应的机理。

化学反应的速率,即化学反应的快慢,是化学及化工工作者十分关心的问题。这个问题必与时间因素有关,而热力学只关心过程的初末状态和过程进行的方式(如等温等压),而不考虑时间因素。热力学中研究化学反应的方向时固然有定量的判据,但它与速率的大小无关。例如,由热力学计算得到,298K 时以下两个反应的 Gibbs 函数变分别为

(1) $H_2(g) + \frac{1}{2}O_2(g) \longrightarrow H_2O(l)$ $\Delta_r G_{m,1}^{\ominus} = -237.19 \text{kJ} \cdot \text{mol}^{-1}$

(2) $HCl(sln) + NaOH(sln) \longrightarrow H_2O(sln) + NaCl(sln)$ $\Delta_r G_{m,2}^{\ominus} = -79.91 \text{kJ} \cdot \text{mol}^{-1}$

因为 $\Delta_r G_{m,1}^{\ominus}$ 和 $\Delta_r G_{m,2}^{\ominus}$ 均为负值,所以两个反应在上述条件下都可自发进行。虽然 $\Delta_r G_{m,1}^{\ominus}$ 比 $\Delta_r G_{m,2}^{\ominus}$ 要负得多,但并不代表反应(1)比(2)快得多。实际上反应(1)慢得几乎没有发生,而反应(2)却是在瞬间内完成的中和反应。由此表明,热力学中的判据与过程的速率毫不相干,$\Delta_r G_m$ 值很负的反应不一定是快速反应。

反应机理,也称反应历程,是指反应物分子具体遵循什么途径,经过哪些步骤,最终变成产物分子。热力学只管反应物和最终产物的状态以及反应过程的宏观条件(如温度、压力等),而不涉及途径的细节。反应机理是从微观角度研究反应的全过程,显然不属于热力学的范畴。

以上两个重要问题的解决要靠化学动力学。化学动力学的基本任务是研究各种反应条件(如温度、压力、浓度、介质及催化剂等)对化学反应速率的影响,揭示化学反应的机理并研究物质结构与反应能力之间的关系。其最终目的是为了控制化学反应过程,以满足生产和科学技术的需要。

本章重点介绍各种人为控制条件对反应速率的影响,这部分内容称为化学动力学的唯象规律,它与化工生产紧密相关。同时简单介绍有关反应机理和反应速率理论的基本内容。

8.1 基本概念

8.1.1 化学反应速率

对于任意化学反应 $0 = \sum_B \nu_B B$，用单位时间内在单位体积中化学反应进度的变化来表示反应进行的快慢程度，称为化学反应速率（简称反应速率），用符号 r 表示，即

$$r = \frac{d\xi}{dt} \frac{1}{V} \tag{8-1}$$

其中体积 V 的单位为 m^3，反应进度 ξ 的单位为 mol，时间 t 的单位为 s，所以反应速率 r 的单位为 $mol \cdot m^{-3} \cdot s^{-1}$。即反应速率具体代表在 1s 内，$1m^3$ 的反应体系中，所进行化学反应的摩尔数。

由 ξ 的定义知，$d\xi$ 与具体选用哪种物质表示无关，而与反应方程式的写法有关。所以在表示反应速率 r 的时候，可以具体选用任何一种参与反应的物质，只需明确写出反应方程式。$d\xi$ 与任意物质 B 的 dn_B 的关系为

$$d\xi = dn_B / \nu_B$$

代入前式得

$$r = \frac{1}{\nu_B} \frac{dn_B}{dt} \frac{1}{V}$$

如果反应在等容条件下进行，则可写作

$$r = \frac{1}{\nu_B} \frac{dc_B}{dt} \tag{8-2}$$

此式叫做反应速率的定义，式中 c_B 为物质 B 的物质的量浓度，单位为 $mol \cdot m^{-3}$。当物质 B 的分子式较复杂时，为了书写方便，常将 c_B 记作 [B]。

由式(8-2)可知，对于任意反应 $aA + bB \rightarrow cC + dD$，其反应速率 r 有如下 4 种具体表示形式：

$$r = \frac{1}{-a} \frac{dc_A}{dt} = \frac{1}{-b} \frac{dc_B}{dt} = \frac{1}{c} \frac{dc_C}{dt} = \frac{1}{d} \frac{dc_D}{dt} \tag{8-3}$$

此式不仅表明可选用任意一种反应物或产物描述反应速率，而且表明了在反应过程中各物质浓度随时间的变化率之间的关系。

关于速率的表示，有以下 4 个问题需要说明：

(1) 只有均相等容反应，其反应速率才可用式(8-2)表示，本章所讨论的反应均属于这种情况。

(2) 一般来说，化学反应的机理是复杂的，反应过程中生成许多中间产物。上

述反应速率的定义只适用于中间产物浓度非常小的化学反应，因为此时中间产物对反应物和产物计量上的影响可以忽略。

(3) 在理想气体混合物中，分压 p_B 与浓度 c_B 成正比，所以有时也用分压随时间的变化 $(1/\nu_B)(\mathrm{d}p_B/\mathrm{d}t)$ 来表示反应速率。这种表示方法本书不专门介绍。如果遇到这类具体情况，读者很容易导出两种表示式之间的如下关系：

$$\frac{1}{\nu_B}\frac{\mathrm{d}p_B}{\mathrm{d}t} = \frac{1}{\nu_B}\frac{\mathrm{d}(n_B RT/V)}{\mathrm{d}t} = \frac{RT}{\nu_B}\frac{\mathrm{d}(n_B/V)}{\mathrm{d}t} = RT \cdot \frac{1}{\nu_B}\frac{\mathrm{d}c_B}{\mathrm{d}t}$$

(4) 在许多动力学书籍和文献中还存在如下定义：对反应物 B，将 $-\mathrm{d}c_B/\mathrm{d}t$ 称作 B 的消耗速率；对产物 B，将 $\mathrm{d}c_B/\mathrm{d}t$ 称作 B 的生成速率。所以式(8-3)表明了化学反应速率、各种反应物消耗速率及各种产物生成速率之间的关系。本章以下各节所用的速率一律采用化学反应速率的定义。

由速率定义式(8-2)可以看出，测定反应速率即是测定 $\mathrm{d}c_B/\mathrm{d}t$，所以通过跟踪反应过程中某反应物或产物的浓度 c_B，然后将测得的 $c_B\text{-}t$ 关系画成曲线，由曲线上各点的斜率即可求得反应速率。这种测定方法只适用于一般进行不快的化学反应。对于快速反应，例如溶液中的酸碱中和反应，反应进行的时间往往与反应物混合的时间(一般大于 1s)相当甚至更短，这种反应几乎在反应物混合的同时就完成了，$c_B\text{-}t$ 关系是无法测定的，快速反应需要用特殊的方法进行测定。

8.1.2 元反应和反应分子数

通常的化学反应方程式只给出反应的初态和末态以及参加反应的各物质之间的计量关系，所以也称做反应计量式，是对反应的整体宏观描述，不能给出反应过程的任何微观信息。只有搞清了反应机理，才能了解反应物分子是如何最终变成产物分子的。例如 HBr 的气相合成反应，计量式可写作：$H_2 + Br_2 \longrightarrow 2HBr$。但它并不是通过一个氢分子与一个溴分子直接碰撞时实现的。经过长期研究后发现，该反应是分下列 5 个化学反应完成的：

$$Br_2 + M \longrightarrow 2Br\cdot + M \tag{1}$$
$$Br\cdot + H_2 \longrightarrow HBr + H\cdot \tag{2}$$
$$H\cdot + Br_2 \longrightarrow HBr + Br\cdot \tag{3}$$
$$H\cdot + HBr \longrightarrow H_2 + Br\cdot \tag{4}$$
$$2Br\cdot + M \longrightarrow Br_2 + M \tag{5}$$

这 5 个步骤就是 HBr 合成反应的机理，$H\cdot$ 和 $Br\cdot$ 是中间产物，在计量式中并不出现。机理中的每一步叫做一个元反应(也称基元反应或基元步骤)，它代表由分子(粒子)直接碰撞而完成的一次化学行为。例如元反应(1)的意义是：一个溴分子与 M 粒子相碰撞而分解成两个自由基 $Br\cdot$。M 可能是惰性分子或容器壁等，它在碰撞时将一定能量传给 Br_2 而使其分解,所以此处的 M 起到提供能量的作用,称 M 是能量供体。可见元反应代表某一化学行为的实际情况,所以它的写法是唯一的。

在元反应中,直接发生碰撞的粒子数称反应分子数。按照反应分子数的不同,元反应分别叫做单分子反应、双分子反应和三分子反应,其中最常见的是双分子反应。

8.1.3 简单反应和复合反应

各个化学反应都有各自不同的反应机理,人们把机理中只包含一个元反应的反应称为简单反应,而把机理中包含两个或更多个元反应的称为复合反应(也称复杂反应)。例如,丁二烯与乙烯合成环己烯的反应是一个双分子元反应,故为简单反应:

$$CH_2CHCHCH_2 + C_2H_4 \longrightarrow C_6H_{10}$$

而碘化氢气相合成反应 $H_2 + I_2 \longrightarrow 2HI$ 的机理包含如下 3 个元反应:

$$I_2 \rightleftharpoons 2I\cdot$$
$$2I\cdot + H_2 \longrightarrow 2HI$$

所以该反应为复合反应。

真正搞清楚一个化学反应的机理是不容易的,往往需要长期的大量的动力学研究工作。由于这方面工作的困难,至今只有极少数化学反应的机理被人们搞清楚了。

8.2 物质浓度对反应速率的影响

影响反应速率的主要因素有浓度、温度、催化剂和溶剂等,有些反应(例如植物的光合作用)还与光的强度有关。以下将分别讨论上述诸因素对速率的影响。本节先介绍通常情况下如何描述物质浓度对反应速率的影响。

8.2.1 速率方程

实验发现,在一定温度及催化剂条件下,大部分化学反应的速率都与反应物(或产物)的浓度有关。例如,3 种卤化氢合成反应的速率与浓度有如下关系:

$$H_2 + I_2 \longrightarrow 2HI \qquad r = k[H_2]\cdot[I_2]$$
$$H_2 + Cl_2 \longrightarrow 2HCl \qquad r = k[H_2]\cdot[Cl_2]^{0.5}$$
$$H_2 + Br_2 \longrightarrow 2HBr \qquad r = \frac{k[H_2]\cdot[Br_2]^{0.5}}{1 + k'[HBr]/[Br_2]}$$

这类描述速率与浓度的关系式称为化学反应的速率方程,其中 k 和 k' 均是经验常数。由上述实例可知,不同反应的速率方程互不相同,没有通式,所以对于任意反应 $aA+bB+\cdots \longrightarrow cC+\cdots$,速率方程可记作

$$r = f(c_A, c_B, c_C, \cdots) \tag{8-4}$$

可见,速率方程(8-4)是个微分方程。在特定条件下,这类微分方程往往可以求解,结果得到物质浓度与时间的函数关系,例如 $c_A = f(t), c_B = f(t)$ 等,这类关系式也称为速率方程。因此,速率方程具有微分式和积分式两种形式,两者是统一的,但在实际工作中,积分式往往用得更多。

速率方程对化工生产设计和反应机理研究都很有用。但速率方程必须靠实验测定,所以速率方程实际上是经验方程。

8.2.2 元反应的速率方程——质量作用定律

长期的实验结果表明,元反应的速率方程不仅形式简单且具有统一规律。对于任意元反应 $aA+bB \longrightarrow cC+dD$,其速率方程为

$$r = kc_A^a c_B^b \tag{8-5}$$

即元反应的速率与反应物浓度的乘积成正比,其中各浓度的方次等于参与元反应的各相应分子的个数。元反应的这个规律称为质量作用定律,其中比例常数 k 称做速率系(常)数,关于它的意义我们将在下面详细讨论。元反应服从质量作用定律,这是不奇怪的,因为它是分子在一次直接碰撞中完成的反应,其速率必与碰撞的每个分子的浓度成正比。例如 $2A \longrightarrow C$ 是两个 A 分子相碰撞,所以 $r=kc_A c_A = kc_A^2$。因此元反应的速率方程可根据反应式直接写出,不必实验测定。

8.2.3 反应级数与速率系数

实验表明,大部分化学反应的速率方程可以表示成如下幂函数形式

$$r = kc_A^\alpha c_B^\beta \cdots \tag{8-6}$$

式中 $k, \alpha, \beta, \cdots$ 是由实验测定的经验常数。其中 $\alpha, \beta, \cdots$ 分别叫做反应对物质 A,B,$\cdots$ 的分级数。它们分别代表各物质的浓度对反应速率的影响程度。通常令 $n = \alpha + \beta + \cdots, n$ 叫做反应的总级数,简称反应级数。例如 HCl 气相合成反应的速率方程为 $r = k[H_2] \cdot [Cl_2]^{0.5}$,即该反应对 H_2 为 1 级,对 Cl_2 为 0.5 级,而该反应为 1.5 级,此式表明 H_2 浓度对速率的影响比 Cl_2 大一些。反应级数是纯经验数字,它可以是整数,也可以是分数;可以是正数,也可以是负数,还可以是零。它与元反应的反应分子数从意义到数值特点都是不同的,但对于元反应而言,其反应级数恰等于反应分子数。

式(8-6)中的比例系数 k 称速率系数,它相当于反应系统中各物质的浓度均为 $1\mathrm{mol \cdot m^{-3}}$ 时的反应速率,其大小取决于反应温度、催化剂和溶剂等,而与反应系统中各物质的具体浓度无关。为了对不同反应或同一反应在不同条件下进行比较,通常所说的一个反应进行得"快"或"慢"均是指 k 值的大小,因此要提高反应的速率,实际上就是设法提高 k 值。由式(8-6)可以看出,速率系数 k 具有导出单位,它是由 $k=r/(c_A^\alpha c_B^\beta \cdots)$ 决定的。即对于不同级数的反应,k 的单位是不同的。反之,可以根据给定的速率系数来判断反应级数。例如,若某反应的 $k=2.0\mathrm{s}^{-1}$,则该反应为 1 级反应。

只有当反应的速率方程可以表示成式(8-6)的幂函数时,才有级数和速率系数,否则,反应无级数和速率系数可言。例如,在 8.2.1 节给出的 HBr 合成反应的速率方程表明,该反应无级数,式中的 k 和 k' 也不叫速率系数。

8.3 具有简单级数的化学反应

如果反应的速率方程具有式(8-6)的幂函数形式,且式中的分级数 $\alpha,\beta,\cdots$ 的取值为 0,1,2,3 等,则称具有简单级数的化学反应。以下分别讨论这类反应的特点。

8.3.1 一级反应

实验发现,许多物质的分解、原子蜕变、异构化等反应表现为一级反应。对于任意一级反应 A→P,由纯 A 开始,且反应物 A 的起始浓度为 a,设反应进行过程中任意时刻 t 反应物 A 的浓度为 c_A,则记作

$$\begin{array}{ccc} & \text{A} \rightarrow \text{P} & \\ t=0 & a & \\ t & c_A & \end{array}$$

于是化学反应速率 r 为

$$-\frac{dc_A}{dt} = kc_A \qquad (8\text{-}7)$$

将此式在 $t=0$ 到任意时刻 t 之间积分,得

$$\ln \frac{a}{c_A} = kt \qquad (8\text{-}8)$$

$$\ln\{c_A\} = -kt + \ln\{a\} \qquad (8\text{-}9)$$

式(8-7)和式(8-9)分别为上述一级反应速率方程的微分式和积分式。若反应进行了时间 t 后,A 的消耗百分数为 y,则 $c_A = a(1-y)$,代入式(8-8)得

$$\ln \frac{1}{1-y} = kt \tag{8-10}$$

此式也常用于一级反应的计算。

式(8-9)和式(8-10)表明，一级反应具有以下两个特点：

(1) $\ln\{c_A\}$-t 呈直线，且直线的斜率等于$-k$，即在反应进行过程中，反应物浓度的对数呈直线下降。这一特点常被用于确定某反应为一级反应。

(2) 反应物消耗一半所需要的时间称为反应的半衰期，通常用 $t_{1/2}$ 表示。将 $y=1/2$ 代入式(8-10)，即可求得一级反应的半衰期

$$t_{1/2} = \frac{\ln 2}{k} \tag{8-11}$$

可见，一级反应的半衰期与反应物的初始浓度无关，即不论反应物的初始浓度多大，消耗一半所需要的时间是相同的。

例 8-1 已知反应 $A+B \longrightarrow C+D$ 的速率方程为 $r=kc_A$，A 的初始浓度为 300 mol·m^{-3}，在 320 K 时的半衰期为 2.16×10^3 s。试求

(1) 反应进行到 40 min 时的反应速率；

(2) A 反应掉 32% 所需要的时间。

解：由速率方程知该反应为一级反应，可由半衰期求速率系数

$$k = \frac{\ln 2}{t_{1/2}} = \frac{\ln 2}{2.16 \times 10^3 \text{s}} = 3.21 \times 10^{-4} \text{s}^{-1}$$

(1) 当反应进行到 40 min 时，A 的浓度为 c_A，则据式(8-9)得

$$c_A = a \cdot \exp(-kt)$$
$$= 300 \times \exp(-3.21 \times 10^{-4} \times 40 \times 60) \text{mol·m}^{-3} = 139 \text{mol·m}^{-3}$$
$$r = kc_A = 3.21 \times 10^{-4} \times 139 \text{mol·m}^{-3} \cdot \text{s}^{-1} = 4.46 \times 10^{-2} \text{mol·m}^{-3} \cdot \text{s}^{-1}$$

(2) 据式(8-10)，A 消耗掉 32% 所需要的时间为

$$t = \frac{1}{k} \cdot \ln \frac{1}{1-y} = \left(\frac{1}{3.21 \times 10^{-4}} \cdot \ln \frac{1}{1-0.32} \right) \text{s} = 1200 \text{s} = 20 \text{min}$$

8.3.2 二级反应

下面以反应 $A+B \longrightarrow P$ 为例讨论二级反应。设该反应对 A 和 B 均为 1 级，由反应物开始且 A 和 B 的初始浓度分别为 a 和 b，反应过程中任意时刻 t 时 A 减少的浓度为 x，即

	A	+	B	$\longrightarrow$	P
$t=0$	a		b		0
t	$a-x$		$b-x$		x

则反应速率可表示为

$$\frac{dx}{dt} = k(a-x)(b-x) \tag{8-12}$$

为了求解此微分方程,分以下两种情况处理:

1. 若 $a=b$,即 A 与 B 的初始浓度相同,则式(8-12)变为

$$\frac{dx}{dt} = k(a-x)^2$$

$$\frac{dx}{(a-x)^2} = k\,dt$$

将此式在 $t=0$ 到任意时刻 t 之间积分,得

$$\frac{1}{a-x} = kt + \frac{1}{a} \tag{8-13}$$

此式是这类二级反应速率方程的积分式,由此可以看出这类二级反应具有以下两个特点:

(1) 反应物浓度的倒数与时间成线性关系,即 $\frac{1}{a-x}$-t 是一条直线,且直线的斜率等于速率系数 k;

(2) 设反应物消耗 50%,即 $x=a/2$,代入式(8-13)得反应的半衰期

$$t_{1/2} = \frac{1}{ka} \tag{8-14}$$

此式表明,二级反应的半衰期与反应物的初始浓度成反比。

2. 若 $a \neq b$,即 A 与 B 的初始浓度不同,则式(8-12)为

$$\frac{dx}{(a-x)(b-x)} = k\,dt$$

在 $t=0$ 到任意时刻 t 之间积分,得

$$\ln\frac{(a-x)}{(b-x)} = (a-b)kt + \ln\frac{a}{b} \tag{8-15}$$

其中 $(a-x)$ 和 $(b-x)$ 分别为反应过程中任意时刻 A 和 B 的浓度。所以上式表明 $\ln(c_A/c_B)$-t 成直线,直线的斜率=$(a-b)k$。这就是这类二级反应的特点。由于在整个反应过程中 A 和 B 的消耗百分数不同,所以此反应无半衰期可言。实际上,对于由多种反应物开始的任意化学反应,只有当反应物按计量比投料时才有半衰期。

8.3.3 零级反应

零级反应的速率不受浓度影响。若反应 A ⟶ P 为零级反应,则反应速率为

$$-\frac{dc_A}{dt} = k \tag{8-16}$$

解得

$$c_A = -kt + a \tag{8-17}$$

其中 a 是 A 的初始浓度。由此可以看出,零级反应具有以下特点:

(1) 在反应过程中,c_A-t 呈直线关系,且直线的斜率等于速率系数 $-k$;

(2) 若将 $c_A = a/2$ 代入式(8-17),可求得半衰期

$$t_{1/2} = \frac{a}{2k} \tag{8-18}$$

因此,零级反应的半衰期与反应物的初始浓度成正比。

以上分别详细讨论了零级、一级和二级反应及其特点,所运用的方法是,先列出速率方程(微分方程),然后解出它的积分形式,最后根据积分式讨论其特点。这种处理方法属于动力学的基本方法,也适用于其他任意级数的化学反应。另外,上述几种具有简单级数的化学反应的特点,都是动力学的基本知识,为了便于读者进行比较和记忆,将有关内容列于表 8-1。从中可以看出如下几点:

(1) 零级反应,c_A-t 成直线,且斜率$= -k$。一级反应,$\ln\{c_A\}$-t 成直线,且斜率$= -k$。二级反应,若 $a = b$,$1/c_A$-t 成直线,且斜率$= k$;若 $a \neq b$,$\ln(c_A/c_B)$-t 成直线,且斜率$= (a-b)k$。

(2) 零级反应,$t_{1/2}$ 与 a 成正比;一级反应,$t_{1/2}$ 与 a 无关;二级反应,$t_{1/2}$ 与 a 成反比。

很容易证明,对于任意级数的反应,其半衰期与反应物初始浓度的关系可以写成通式

$$t_{1/2} = A a^{1-n} \tag{8-19}$$

其中 A 是与反应级数和速率系数有关的常数。所以上式表明,对于任意反应,半衰期与初始浓度的 $(1-n)$ 次方成正比。以上具有简单级数反应的半衰期规律实际上是式(8-19)的具体应用。

表 8-1 几种具有简单级数的反应

级数 n	反应类型	速率方程(微分式)	速率方程(积分式)	半衰期
0	A $\longrightarrow$ P	$-\dfrac{dc_A}{dt} = k$	$c_A = -kt + a$	$t_{1/2} = \dfrac{a}{2k}$
1	A $\longrightarrow$ P	$-\dfrac{dc_A}{dt} = kc_A$	$\ln\{c_A\} = -kt + \ln\{a\}$	$t_{1/2} = \dfrac{\ln 2}{k}$
2	A+B $\longrightarrow$ P ($a=b$) 或 A $\longrightarrow$ P	$-\dfrac{dc_A}{dt} = kc_A c_B = kc_A^2$	$\dfrac{1}{c_A} = kt + \dfrac{1}{a}$	$t_{1/2} = \dfrac{1}{ka}$
	A+B $\longrightarrow$ P ($a \neq b$)	$-\dfrac{dc_A}{dt} = kc_A c_B$	$\ln \dfrac{c_A}{c_B} = (a-b)kt + \ln \dfrac{a}{b}$	无

(3) 零级反应,k 的单位是 $mol \cdot m^{-3} \cdot s^{-1}$；一级反应,$k$ 的单位是 s^{-1}；二级反应,k 的单位是 $m^3 \cdot mol^{-1} \cdot s^{-1}$。

0~2 级反应的以上动力学特征,常被用来确定一个反应的级数。

应该指出的是,上述各级反应的速率方程和半衰期公式都是与特定的反应类型相对应的。对于同一级数的反应,若反应类型不同,速率方程及半衰期公式有可能不同。另外,即使对同一反应类型,速率的描述方法不同,得出的公式也可能有不同的表观形式。所以,在记忆上述各级反应的动力学特征的同时,要重点掌握上述处理问题的基本方法,即正确列出并求解微分方程,这样才能够正确处理各种反应。

8.4 反应级数的测定

确定一个反应的速率方程对于工程设计和科学研究都有重要意义,而确定速率方程的关键是确定级数。反应级数应该通过实验来测定,通过具体跟踪在反应过程中某物质浓度的变化,然后对 $c\text{-}t$ 数据进行必要处理后即可得到反应级数。确定一个级数可采用两种不同的实验方案：一种是对单一样品进行测定,以下简称方案 1；另一种是对多个样品进行测定,以下简称方案 2。对实验数据的处理方法可分为积分法和微分法两种,积分法是指以速率方程的积分式为依据处理数据,而微分法是指以速率方程的微分式为依据处理数据。

8.4.1 $r = kc_A^n$ 型反应级数的测定

这类反应的速率只与一种反应物的浓度有关,只需测定一个级数 n。

8.4.1.1 方案 1

一个实验样品,初始浓度为 a。分别测定不同时刻反应物 A(也可以是其他参与反应的物质)的浓度,设得到如表 8-2 所示的数据。

表 8-2　一个样品的实验数据

t	0	t_1	t_2	t_3	t_4	…
c_A	a	c_1	c_2	c_3	c_4	…

对上述实验数据可用积分法或微分法进行处理。

1. 积分法

此法以速率方程的积分式为基础,具体又可分为作图法、尝试法和半衰期法

3 种。

(1) 作图法：根据实验数据分别作图 c_A-t, $\ln\{c_A\}$-t, $1/c_A$-t, …。由其中成直线者，即可确定级数 n，而且可由直线斜率得到速率系数 k。

(2) 尝试法：其实上面介绍的作图法就是一种尝试法，此处所说的尝试法是指直接用实验数据进行尝试。若分别将零级反应、一级反应、二级反应等的速率方程记作如下 3 式：

$$k = \frac{a - c_A}{t} \tag{8-20}$$

$$k = \frac{1}{t}\ln\frac{a}{c_A} \tag{8-21}$$

$$k = \frac{1}{t}\left(\frac{1}{c_A} - \frac{1}{a}\right) \tag{8-22}$$

首先将各组数据分别代入式(8-20)，若求得的各 k 值近似等于常数，则反应为零级，且速率系数为以上各 k 值的平均值。如果各 k 值有较大差异，应继续用式(8-21)尝试，确定是否为一级反应。如此反复，直至得到满意的结果为止。

作图法和尝试法都具有盲目性，它只适用于那些具有简单级数的反应。例如某反应是 1.6 级，此级数就难于用作图法或尝试法求取，而下面介绍的半衰期法却可以克服上述缺点。

(3) 半衰期法：将式(8-19)两端取对数，得

$$\lg\{t_{1/2}\} = (1-n)\lg\{a\} + \lg\{A\} \tag{8-23}$$

此式表明，对于任意级数的反应，$\lg\{t_{1/2}\}$-$\lg\{a\}$ 一定成直线关系，由直线的斜率即可求得级数，即 $n = 1 -$ 斜率。

为了用式(8-23)求 n，应首先根据表 8-2 的数据作出 c_A-t 图，由图即可找到许多不同初始浓度下的半衰期（为什么？），然后再用上述方法求取 n 值。

2. 微分法

此法以速率方程的微分式为基础。将 $r = kc_A^n$ 两端取对数，得

$$\lg\{r\} = n\lg\{c_A\} + \lg\{k\} \tag{8-24}$$

此式表明，$\lg\{r\}$-$\lg\{c_A\}$ 成直线关系，且直线的斜率即等于级数 n。为此，应首先根据表 8-2 的数据作出 c_A-t 曲线，由曲线各点处的斜率求得一系列的反应速率，如 r_0, r_1, r_2, r_3, r_4 等，见图 8-1(a)，然后将 r, c_A 数据分别取对数后作 $\lg\{r\}$-$\lg\{c_A\}$ 直线，见图 8-1(b)，由直线斜率求 n。

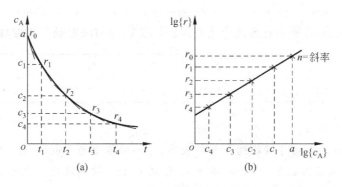

图 8-1 微分法求反应级数

8.4.1.2 方案 2

多个实验样品,初始浓度分别为 $a_1, a_2, a_3, \cdots$。对于每一个样品,分别测定 c_A 随 t 的变化。这样,有几个样品,就得到几个 c_A-t 数据群。

用微分法处理数据。首先将每个样品的 c_A-t 数据画成曲线,然后由曲线起点处的斜率分别求得各样品的初始速率,如 $r_{0,1}, r_{0,2}, r_{0,3}, \cdots$,见图 8-2(a)。再将初始速率的对数对初始浓度的对数作图,可得一条直线,见图 8-2(b),则该直线的斜率等于反应级数 n。

当用多个样品进行测定时,为了简化数据处理程序,可采用"加倍法"配制样品。例如,配制样品时使第二个样品的初始浓度恰是第一个样品的两倍,即 $a_2 = 2a_1$。当做出图 8-2(a)之后,若 $r_{0,2} = r_{0,1}$,表明初始浓度对初始速率无影响,则 $n=0$;若 $r_{0,2} = 2r_{0,1}$,则 $n=1$;若 $r_{0,2} = 4r_{0,1}$,则 $n=2, \cdots$。可见,用"加倍法"配制样品会使数据处理过程大为简化。

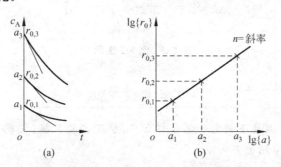

图 8-2 用微分法处理多个样品的实验数据

例 8-2 298K 时测得溶液中某分解反应 2A ⟶ B+C 的如下数据：

t/s	0	12	29	41	58	83
$c_A/(\text{mol}\cdot\text{m}^{-3})$	4	3.2	2.4	2.0	1.6	1.2

试求该反应的级数。

解：由以上数据可以找到 3 个半衰期，即初始浓度为 $4\text{mol}\cdot\text{m}^{-3}$ 时的半衰期为 41s，初始浓度为 $3.2\text{mol}\cdot\text{m}^{-3}$ 时的半衰期为 46s，初始浓度为 $2.4\text{mol}\cdot\text{m}^{-3}$ 时的半衰期为 54s。将数据整理列表如下：

$t_{1/2}/\text{s}$	41	46	54
$a/(\text{mol}\cdot\text{m}^{-3})$	4	3.2	2.4
$\lg(t_{1/2}/\text{s})$	1.61	1.66	1.73
$\lg(a/\text{mol}\cdot\text{m}^{-3})$	0.602	0.505	0.380

据以上数据作出 $\lg\{t_{1/2}\}$-$\lg\{a\}$ 图，得如图 8-3 所示的直线，求得该直线的斜率为 -0.5，即

$$n = 1 - 斜率 = 1 - (-0.5) = 1.5$$

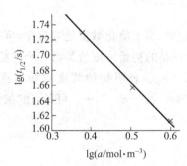

图 8-3 例 8-2 图示

即该反应为 1.5 级反应。

例 8-3 在某温度下测定乙醛分解反应，整理实验数据，发现乙醛的消耗速率与其消耗百分数 y 的关系如下：

$y\times 100$	0	5	10	15	20	25	30
$-\dfrac{\text{d}[\text{CH}_3\text{CHO}]}{\text{d}t}/\text{mol}\cdot\text{m}^{-3}\cdot\text{s}^{-1}$	8.53	7.49	6.74	5.90	5.14	4.69	4.31

试求该反应的级数。

解：设 CH_3CHO 的初始浓度为 a，则任意时刻 t 乙醛的浓度 $[CH_3CHO] = (1-y)a$，若以 r 代表乙醛分解速率，则

$$r = k[CH_3CHO]^n$$

即

$$r = k(1-y)^n a^n$$

两端取对数得

$$\lg\{r\} = n\lg(1-y) + \lg\{ka^n\}$$

可见，$\lg\{r\}$ 对 $\lg(1-y)$ 作图必得直线，且斜率 $= n$。由所给数据算得 $\lg\{r\}$ 和 $\lg(1-y)$ 如下：

$y \times 100$	0	5	10	15	20	25	30
$r/\text{mol} \cdot \text{m}^{-3} \cdot \text{s}^{-1}$	8.53	7.49	6.74	5.90	5.14	4.69	4.31
$\lg(r/\text{mol} \cdot \text{m}^{-3} \cdot \text{s}^{-1})$	0.931	0.875	0.829	0.771	0.711	0.671	0.634
$\lg(1-y)$	0	-0.022	-0.046	-0.071	-0.097	-0.125	-0.155

据以上数据作出 $\lg\{r\}$-$\lg\{1-y\}$ 图，得如图 8-4 所示的直线，求得该直线的斜率约为 1.98，即 $n=2$。因此，乙醛分解反应是二级反应。

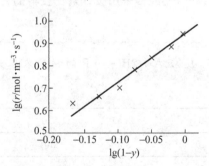

图 8-4 例 8-3 图示

8.4.2 $r = kc_A^\alpha c_B^\beta \cdots$ 型反应级数的测定

这类反应的速率与多个反应物的浓度有关，r 是浓度的多元函数。一般情况下，需要逐个测定分级数 $\alpha, \beta, \cdots$，然后求出总级数 n。对于多元函数，如果几个变量同时变化，情况将是十分复杂的，所以处理这类问题的主要指导思想是，设法在特定条件下将多元函数简化成一元函数，然后照 8.4.1 节所述的方法进行实验测定和处理数据。具体实验方案也有两种，下面以测分级数 α 为例进行讨论。

8.4.2.1 方案 1

配置一个实验样品,反应物 A,B,C,… 的初始浓度分别为 $a,b,c,…$。为了测定对 A 的分级数 α,要使得样品中其他反应物大大过量,即 $b \gg a, c \gg a, …$。这样使得在整个反应过程中 B,C 等其他反应物的浓度近似保持常数,即速率方程 $r = k c_A^\alpha c_B^\beta c_C^\gamma \cdots \approx k' c_A^\alpha$。此式表明,在这种条件下 r 是 c_A 的一元函数,于是可用 8.4.1.1 节所述的方法测定 α。同样,若 $a \gg b$ 且 $c \gg b$,则可测定 β;若 $a \gg c$ 且 $b \gg c$,则可测定 γ。

8.4.2.2 方案 2

配制多个实验样品,它们的区别只是 A 的初始浓度不同,即样品 1 为 a_1, b, c;样品 2 为 a_2, b, c;样品 3 为 a_3, b, c;…。各样品初始速率的差别只是因为 a 不同而引起的,此时初始速率变成 a 的一元函数:$r_0 = k' a^\alpha$,其中 $k' = k b^\beta c^\gamma$。于是,在测定每个样品的 c_A-t 数据之后,由 c_A-t 图求得各样品的初始速率 $r_{0,1}, r_{0,2}, r_{0,3}, …$。然后作直线 $\lg\{r_0\}$-$\lg\{a\}$,该直线的斜率即等于 α。同样,可测定 β 和 γ 等。

对于多元幂函数的速率方程,为了简化成一元函数,制备样品的方法具有多种。除以上介绍的方法以外,还经常采用按计量比投料的方法,此时可通过一次实验确定总级数 n。

例 8-4 在 298K 下,反应 A + 2B ⟶ P 的初始浓度为 $a_1 = b_1/2 = 40 \text{mol} \cdot \text{m}^{-3}$ 时测得如下数据:

t/min	0	2.5	5.0	7.5	10
c_A/(mol·m^{-3})	40	35	30	25	20

另外,当初始浓度为 $a_2 = b_2/200 = 40 \text{mol} \cdot \text{m}^{-3}$ 时,测得 A 每消耗一半所需要的时间是固定的。试求反应对 A 和 B 的级数以及速率系数,并写出反应的速率方程。

解: 当 $a_1 = b_1/2 = 40 \text{mol} \cdot \text{m}^{-3}$ 时,反应的速率方程为

$$-\frac{dc_A}{dt} = k c_A^\alpha c_B^\beta = k c_A^\alpha (2 c_A)^\beta = k 2^\beta \cdot c_A^{\alpha+\beta}$$

由所给数据可知,c_A-t 成直线关系,这是零级反应的特点,所以

$$\alpha + \beta = 0 \tag{1}$$

且该直线的斜率 $= -k 2^\beta$。由所给数据可知,直线斜率为 $-2 \text{mol} \cdot \text{m}^{-3} \cdot \text{min}^{-1}$,即

$$k 2^\beta = 2 \text{mol} \cdot \text{m}^{-3} \cdot \text{min}^{-1} \tag{2}$$

当 $a_2=b_2/200=40\text{mol}\cdot\text{m}^{-3}$ 时,反应的速率方程为

$$-\frac{\mathrm{d}c_A}{\mathrm{d}t}=kc_A^\alpha c_B^\beta\approx kc_A^\alpha(8000)^\beta=k8000^\beta\cdot c_A^\alpha$$

因为此时反应的半衰期等于常数,这是一级反应的特点,所以

$$\alpha=1 \tag{3}$$

将式(3)代入式(1),得

$$\beta=-1$$

将此结果代入式(2)得

$$k=4\text{mol}\cdot\text{m}^{-3}\cdot\text{min}^{-1}$$

因此,该反应的速率方程为

$$-\frac{\mathrm{d}c_A}{\mathrm{d}t}=kc_A c_B^{-1}$$

8.5 温度对反应速率的影响

一般来说,温度对反应速率的影响远大于浓度的影响。如果反应的速率方程可表示为 $r=kc_A^\alpha c_B^\beta\cdots$,温度对反应速率 r 的影响具体表现为对速率系数 k 的影响。大部分反应的 k 随温度的升高而增大。在大量实验基础上,人们得到了许多关于 k-T 关系的经验规则。其中,Van't Hoff 经验规则认为:温度每升高 10K,反应速率增加 2～4 倍。由于此规则过于粗糙,很难用于定量计算。

8.5.1 Arrhenius 经验公式

Arrhenius(阿累尼乌斯)总结了大量的实验结果,于 1889 年提出了如下经验公式:

$$k=A\exp\left(-\frac{E}{RT}\right) \tag{8-25}$$

人们称此式为 Arrhenius 公式。其中 E 称为反应的活化能,单位为 $\text{J}\cdot\text{mol}^{-1}$。$A$ 称为指前因子,与 k 有相同的单位,可以认为 A 是升高温度时 k 的极限值。E 和 A 是由反应本性决定的两个经验常数,称为反应的动力学参数。Arrhenius 公式一方面描述了反应的 k 与温度的关系;另一方面又表示,反应的 k 可以用 E 和 A 来表示。对式(8-25)两端取对数,得

$$\ln\{k\}=-\frac{E}{RT}+\ln\{A\} \tag{8-26}$$

将此式两端对 T 微分得

$$\frac{\mathrm{d}\ln\{k\}}{\mathrm{d}T} = \frac{E}{RT^2} \tag{8-27}$$

以上两式也是 Arrhenius 公式的常用形式,式(8-27)亦称为活化能的定义。式(8-26)表明,若测定不同温度下的速率系数,以 $\ln\{k\}$ 对 $1/T$ 作图得一直线。实验结果证实,对于许多化学反应,在温度变化不很大的范围内都能较好地服从 Arrhenius 公式。

例 8-5 实验测得二级反应 $CH_5I + OH^- \longrightarrow CH_5OH + I^-$ 在 288.3K 时的速率系数为 $5.030 \times 10^{-8} m^3 \cdot mol^{-1} \cdot s^{-1}$。已知反应的活化能为 $88.38 kJ \cdot mol^{-1}$,试求 363.6K 时的速率系数。

解:设 $T_1 = 288.3K$, $k_1 = 5.030 \times 10^{-8} m^3 \cdot mol^{-1} \cdot s^{-1}$, $T_2 = 363.6K$。据 Arrhenius 公式

$$\ln \frac{k_2}{k_1} = \frac{E}{R}\left(\frac{1}{T_1} - \frac{1}{T_2}\right)$$

即

$$\ln \frac{k_2/m^3 \cdot mol^{-1} \cdot s^{-1}}{5.030 \times 10^{-8}} = \frac{88.38 \times 10^3}{8.314}\left(\frac{1}{288.3} - \frac{1}{363.6}\right)$$

解得

$$k_2 = 1.19 \times 10^{-4} m^3 \cdot mol^{-1} \cdot s^{-1}$$

8.5.2 活化能及其对反应速率的影响

由式(8-27)可知,要具体搞清楚温度如何影响一个反应的速率系数,还必须考虑反应的活化能 E。

8.5.2.1 元反应的活化能

元反应是由反应物分子直接碰撞而发生的一次化学行为。实际上只有少数能量较大的分子组(对双分子反应也可称分子对)碰撞后才可能引起化学反应,这种能量较大的分子组叫做活化分子,也称活化态分子。

Tolman(托尔曼)指出,元反应的活化能 E 是指 1mol 活化分子的平均能量比普通分子的平均能量的超出值。因为只有活化分子才有可能变成产物,因此 1mol 普通分子只有获得相当于 E 的能量后方可反应。由此可见,E 相当于处在反应物与产物之间的一个能垒,只有那些能够越过能垒的反应物分子才可能变成产物。

所以可以把 E 视为反应的阻力，E 越大，反应越慢。这与 Arrhenius 公式表达的结果是一致的。

8.5.2.2 微观可逆性原理及其推论

若将力学方程中的时间 t 和速度 v 同时分别用 $-t$ 和 $-v$ 代替，则力学方程不变，这称做力学方程的时间反演对称性。时间反演对称性意味着力学过程可以完全逆转，且在逆过程中系统经历正过程中的所有状态，不过运动方向恰好相反。这就是力学中的微观可逆性原理。

从力学角度看，元反应是反应物分子的一次碰撞行为，因此服从力学定律。将微观可逆性原理应用于元反应，可叙述为：一个元反应的逆反应也必是元反应，而且正、逆反应通过相同的过渡态。这就是化学动力学中微观可逆性原理的表述，其中"过渡态"是指过程中间所经历的所有状态。以此为基础，可以得到以下两个重要推论(证明略)：

(1) 正、逆元反应的速率系数之比 k_1/k_2 与平衡常数 $K^\ominus$ 成正比。且对液相反应比例系数为 $(c^\ominus)^{\Sigma \nu_B}$，对气相反应比例系数为 $(p^\ominus/RT)^{\Sigma \nu_B}$。可分别表示为

对液相反应 $$\frac{k_1}{k_2}=K^\ominus (c^\ominus)^{\Sigma \nu_B} \tag{8-28a}$$

对气相反应 $$\frac{k_1}{k_2}=K^\ominus \left(\frac{p^\ominus}{RT}\right)^{\Sigma \nu_B} \tag{8-28b}$$

(2) 正、逆元反应的活化能之差 E_1-E_2 等于反应热。可具体表示为

对液相反应 $$E_1-E_2=\Delta_r H_m^\ominus \tag{8-29a}$$

对气相反应 $$E_1-E_2=\Delta_r U_m^\ominus \tag{8-29b}$$

严格来说，以上两个推论只有对元反应才是正确的。但人们有时也将它们用于一些复合反应，这就降低了其严格性和准确性。

8.5.2.3 复合反应的活化能

对复合反应，Arrhenius 公式中的活化能是表观活化能。可以证明，它等于机理中各元反应活化能的代数和。所以复合反应的活化能已没有明确的物理意义，它不再是反应物与产物之间的能垒。有少数复合反应的活化能甚至有负值，此时它只表明该反应的速率有负的温度系数(即温度升高，速率下降)，除此之外没有其他意义。

8.5.2.4 活化能对反应速率的影响

在 Arrhenius 公式(8-25)中，由于活化能在指数项上，所以它对 k 具有显著影

响。这种影响包括两个方面：

(1) 活化能越大，速率系数越小。所以人们时常用活化能来粗略表达反应快慢，一般反应的活化能为 $60\sim250\text{kJ}\cdot\text{mol}^{-1}$，若 $E<40\text{kJ}\cdot\text{mol}^{-1}$，则称快速反应。

(2) 活化能的大小是速率系数对温度敏感程度的标志。由式(8-27)可知，E 值越大，$d\ln\{k\}/dT$ 就越大，表明 k 对温度的变化越敏感。

由以上讨论可以看出，对于活化能较高的反应，虽然反应速率较慢，但当温度变化时其速率的变化却更剧烈。如果在反应器中同时存在主反应和副反应，若主反应的活化能大于副反应，则当温度升高时主反应的速率比副反应提高得更多，所以升高反应温度就起到了抑制副反应的作用。

8.5.2.5 活化能的求取

元反应的活化能，可由在反应过程中所断开的化学键的键能进行估算。在这方面，人们得到如下一些近似的经验规则：

(1) 对元反应 $A_2+B_2\longrightarrow 2AB$，设需要断开的化学键 A—A 和 B—B 的键能分别为 ε_{A-A} 和 ε_{B-B}，则 $E=0.3(\varepsilon_{A-A}+\varepsilon_{B-B})$，即活化能等于键能的 30%。

(2) 对于由一个自由基与一个分子反应生成一个新自由基的反应 $A\cdot+BC\longrightarrow AB+C\cdot$，若反应是放热反应，则 $E=0.055\varepsilon_{B-C}$，即活化能等于所断开化学键键能的 5.5%。

(3) 对分子裂解为自由基的反应 $A_2+M\longrightarrow 2A\cdot+M$，则 $E=\varepsilon_{A-A}$，即活化能等于所断开化学键的键能。这是因为此过程单纯断开了化学键 A—A 而无新键生成所致。

(4) 对于自由基化合反应 $2A\cdot+M\longrightarrow A_2+M$，由于自由基十分活泼，在化合时不需要破坏任何化学键，所以 $E=0$。

上述估算方法只是经验性的，而且所得结果也很粗糙。尽管如此，在分析反应速率问题时，估算出的活化能仍然是有启发和帮助的。

对于复合反应，因为不是直接断开反应物中化学键的简单过程，所以不能用上述方法进行估算。但至今人们还无法完全从理论上计算活化能，只能靠实验测定。式(8-26)表明，若测定不同温度下反应的速率系数，以 $\ln\{k\}$ 对 $1/T$ 作图得一直线，则由直线的斜率即可求得反应的活化能。

例 8-6 在对反应 $A\longrightarrow P$ 进行动力学研究时，配制两个完全相同的样品分别在不同温度下进行实验测量。样品 1 在 120℃下进行，测得当反应物消耗 70% 时需要时间 10min；样品 2 在 20℃下进行，测得当反应物消耗 70% 时需要时间 7d。试求该反应的活化能。

解：由 Arrhenius 公式可知，要求 E 需首先求出两个温度下的速率系数比 k_1/k_2，实验中测量了两个温度下的速率，由此出发求出 k_1/k_2。设反应为 n 级，则 $T_1=393\text{K}$ 时

$$-\frac{dc_A}{dt}=k_1 c_A^n$$

即

$$-\int_a^{0.3a}\frac{dc_A}{c_A^n}=\int_0^{t_1}k_1 dt$$

同理，$T_2=293\text{K}$ 时，则

$$-\int_a^{0.3a}\frac{dc_A}{c_A^n}=\int_0^{t_2}k_2 dt$$

由于两温度下的初始浓度相同，且进行程度相同，所以以上两式左端的两个积分值必相等，因此得

$$k_1 t_1 = k_2 t_2$$

或

$$\frac{t_2}{t_1}=\frac{k_1}{k_2} \tag{8-30}$$

此式的意义是：对于同一个样品，反应进行到相同程度所需要的时间与其速率系数成反比。所以

$$\frac{k_1}{k_2}=\frac{24\times 60\times 7}{10}=1008$$

由 Arrhenius 公式

$$\ln\frac{k_1}{k_2}=\frac{E}{R}\left(\frac{1}{T_2}-\frac{1}{T_1}\right)$$

$$\ln 1008=\frac{E/(\text{J}\cdot\text{mol}^{-1})}{8.314}\left(\frac{1}{293}-\frac{1}{393}\right)$$

解得

$$E=66.2\times 10^3\,\text{J}\cdot\text{mol}^{-1}$$

8.6 元反应速率理论

元反应是一步完成的反应，它的初态是彼此远离的反应物分子。当反应物分子相互接近到价电子可能相互作用的距离时，原子便重新排列，结果是反应物

分子转变成产物分子。产物分子彼此远离后即是元反应的末态。元反应速率理论就是描述元反应的上述全过程,并根据反应系统的已知物理和化学性质,定量地计算反应速率(严格说是速率系数),从而对元反应的动力学特征做出理论上的解释和预测。关于元反应的速率理论,本节主要简单介绍碰撞理论和过渡状态理论。

8.6.1 碰撞理论

碰撞理论以气体分子的相互碰撞为基础,所解决的问题是如何计算双分子气相反应的速率系数。

8.6.1.1 碰撞理论要点

碰撞理论主要有以下 3 个要点:

(1) 反应物分子只有碰撞才能发生反应。

(2) 只有激烈碰撞才属于反应碰撞。反应物分子的碰撞可以分为两种情况:①两个分子碰撞后又重新分开,此过程没有断开原来分子中的任何化学键,称为物理碰撞;②碰撞过程中部分化学键断裂,引起了原子的重排,称为反应碰撞。因为这种碰撞对于化学反应是有效的,所以也叫有效碰撞。碰撞理论认为,只有那些非常激烈的碰撞才能够使反应发生。在动力学中,用碰撞分子的相对平动能 E_t 来描述碰撞的激烈程度,它定义为

$$E_t = \frac{1}{2} M^* v_r^2 \tag{8-31}$$

其中,E_t 的单位是 $J \cdot mol^{-1}$;v_r 是两个碰撞分子的相对速度,单位是 $m \cdot s^{-1}$;M^* 是两分子的约化摩尔质量,单位是 $kg \cdot mol^{-1}$。如果用 M_A 和 M_B 分别代表分子 A 和 B 的摩尔质量,则

$$M^* = M_A M_B / (M_A + M_B)$$

因此 M^* 是表征发生碰撞的分子对 AB 的质量大小的物理量。由以上讨论可知,对一个指定的反应,只有 E_t 大于某个值才属于反应碰撞,这个值称反应的临界能,用符号 E_c 表示。显然,E_c 是区分物理碰撞与反应碰撞的分水岭,对于指定的反应,E_c 是一个与温度无关的常数。

(3) 分子是无结构的硬球。这一观点显然不符合实际情况,只是为了使问题简化所做的假设。

8.6.1.2 气体分子的碰撞频率

为了研究 A 和 B 的双分子碰撞,将发生碰撞时两球心之间的距离定义为碰撞

直径,用 d_{AB} 表示,实际上它等于两分子的半径之和,因此 d_{AB} 是表征发生碰撞的分子对 AB 的尺寸大小的物理量。在此基础上,通过适当的理论模型简化,得到计算 AB 双分子碰撞频率 Z_{AB} 的公式如下:

$$Z_{AB} = \overline{N}_A \overline{N}_B d_{AB}^2 \sqrt{\frac{8\pi RT}{M^*}} \qquad (8\text{-}32)$$

其中,Z_{AB} 的单位是 $m^{-3} \cdot s^{-1}$;$\overline{N}_A$ 和 $\overline{N}_B$ 代表两种气体的分子浓度,单位是 m^{-3}。对同一种气体 A 分子间的相互碰撞,AA 双分子碰撞频率 Z_{AA} 则按下式计算:

$$Z_{AA} = 2\overline{N}_A^2 d_A^2 \sqrt{\frac{\pi RT}{M_A}} \qquad (8\text{-}33)$$

其中 $\overline{N}_A$,d_A 和 M_A 分别代表分子 A 的浓度、直径和摩尔质量。由以上两式可以看出,分子间的碰撞频率不仅随气体温度和分子浓度的增大而增大,还与气体分子的大小和质量有关。也就是说,在相同温度和分子浓度条件下,气体种类不同,分子的碰撞频率也不相同。

例 8-7 已知 O_2 分子的有效直径为 3.57×10^{-10} m,试计算 298.15K,101 325Pa 的氧气中分子的碰撞频率。

解: 据理想气体状态方程,得

$$pV = nRT = \frac{N}{L} \cdot kLT = NkT$$

其中 N 代表分子数,L 和 k 分别是 Avogadro 常数和 Boltzmann 常数。于是分子浓度为

$$\overline{N} = \frac{N}{V} = \frac{p}{kT} = \frac{101\,325}{1.3806 \times 10^{-23} \times 298.15} \text{m}^{-3} = 2.461 \times 10^{25} \text{m}^{-3}$$

又知

$$d = 3.57 \times 10^{-10} \text{m}, \quad M = 32.0 \times 10^{-3} \text{kg} \cdot \text{mol}^{-1}$$

据式(8-33),求得碰撞频率为

$$Z_{AA} = 2 \times (2.461 \times 10^{25})^2 \times (3.57 \times 10^{-10})^2 \times \sqrt{\frac{3.14 \times 8.314 \times 298.15}{32.0 \times 10^{-3}}} \text{m}^{-3} \cdot \text{s}^{-1}$$
$$= 7.61 \times 10^{34} \text{m}^{-3} \cdot \text{s}^{-1}$$

由此可见,在常温常压下,在 1m^3 的氧气中,1s 内分子便会发生 7.61×10^{34} 次碰撞。因此,在一般情况下,气体分子的碰撞频率是一个非常大的数字。

8.6.1.3 速率系数的计算

对气相双分子反应 A+B ──→ P,AB 分子的碰撞频率为 Z_{AB},设其中有效碰撞

分数为 q(即反应碰撞数在总碰撞数中所占的比例),则在 1s 内 $1m^3$ 中有 $Z_{AB}q$ 上述单元的反应发生。据反应速率的定义,得

$$r = \frac{Z_{AB}q}{L} \tag{8-34}$$

同理,气相双分子反应 $2A \longrightarrow P$ 的速率为

$$r = \frac{Z_{AA}q}{L} \tag{8-35}$$

由 Maxwell 速度分布定律以及由它所得出的能量分布公式可知,q 值为

$$q = \exp\left(-\frac{E_c}{RT}\right) \tag{8-36}$$

将式(8-32)和式(8-36)代入式(8-34),得 $A+B \longrightarrow P$ 的反应速率为

$$r = \frac{1}{L}\overline{N}_A \overline{N}_B d_{AB}^2 \sqrt{\frac{8\pi RT}{M^*}} \exp\left(-\frac{E_c}{RT}\right)$$

由于 $\overline{N}_A$ 和 $\overline{N}_B$ 分别代表在 $1m^3$ 中 A 和 B 的分子数,所以 $\overline{N}_A = c_A L, \overline{N}_B = c_B L$。于是上式可记作

$$r = L d_{AB}^2 \sqrt{\frac{8\pi RT}{M^*}} \exp\left(-\frac{E_c}{RT}\right) c_A c_B$$

由质量作用定律,该反应的速率为 $r = k c_A c_B$,与上式对比可知

$$k = L d_{AB}^2 \sqrt{\frac{8\pi RT}{M^*}} \exp\left(-\frac{E_c}{RT}\right) \tag{8-37}$$

此式即为碰撞理论计算双分子气相反应 $A+B \longrightarrow P$ 的速率系数的公式。

同理,将式(8-33)和式(8-36)代入式(8-35),整理后得计算双分子气相反应 $2A \longrightarrow P$ 的速率系数公式

$$k = 2L d_A^2 \sqrt{\frac{\pi RT}{M_A}} \exp\left(-\frac{E_c}{RT}\right) \tag{8-38}$$

在应用以上两式时应注意以下 3 个问题:

(1) 公式只适用于双分子气相反应,其中各量均用 SI 单位,k 是化学反应速率系数。

(2) 将式(8-37)或式(8-38)两端取对数后对 T 微分,并与 Arrhenius 公式比较,得

$$E_c = E - \frac{1}{2}RT \tag{8-39}$$

此式提供了求临界能的方法。在温度不太高的情况下,一般反应的 E 比 $\frac{1}{2}RT$ 大

得多,所以通常可以用 E 近似 E_c,即 $E_c \approx E$。但应该指出,在一般情况下,即活化能不很小且温度不很高的情况下,虽然 E_c 与 E 的值近似相等,但它们的意义是不同的:E 是两个平均能量的差值,而 E_c 是反应所需要的最小相对平动能值。

(3) 对一部分反应,碰撞理论计算出的 k 值能与实验结果较好的符合。但对大量反应二者是不符合的,其中除个别反应外,大多数的计算值都比实验值大得多。为此,引入校正因子 P 来修正这种偏差,于是将碰撞理论公式(8-37)和式(8-38)分别改写作

$$k = PLd_{AB}^2 \sqrt{\frac{8\pi RT}{M^*}} \exp\left(-\frac{E_c}{RT}\right)$$

和

$$k = 2PLd_A^2 \sqrt{\frac{\pi RT}{M_A}} \exp\left(-\frac{E_c}{RT}\right)$$

其中 P 的取值范围是 $10^{-9} \sim 1$。P 值小于 1,表明理论计算出的 q 大于实际的有效碰撞分数,说明许多能量高于临界能的碰撞并没有使反应发生。这种情况显然不是由于碰撞能量不够,而很可能是由于分子的碰撞角度不合适而引起的。所以 P 不是一个能量因素,而是与分子构型有关的方位因素,因而 P 被称为方位因子。

碰撞理论有两个问题不能解决:一个是无法从理论自身给出 E_c 值;另一个是无法解释和预测一个反应的 P。这是由于碰撞理论把分子当做无结构的硬球,不考虑分子的内部结构,因而它不可能得出与价电子相互作用有关的反应所需能量的临界值,计算时不得不用 E 值代替 E_c。同理,由于不考虑分子的内部结构,因而不能说明分子碰撞的合适取向,从而无法解决 P 的大小。

8.6.2 过渡状态理论

过渡状态理论也称为绝对速率理论,它是建立在量子力学基础上的元反应速率理论。

8.6.2.1 元反应的势能面和反应坐标

元反应是某些化学键断裂和某些化学键生成的过程,反应过程中原子间相互作用发生变化,从能量角度具体表现为原子间相互作用势能 E_p 的变化。例如一个双原子分子,E_p 是两原子核间距 r 的函数,即 $E_p = f(r)$。根据量子力学的计算结果,将这种函数关系画成曲线,叫做势能曲线,如图 8-5 所示。图中 r_0 为分子的平衡核间距,此时势能最低,表明分子的稳定性最高,即稳定分子处在势能曲线的低谷处。对于元反应,通常涉及两个分子(双分子反应),包含多个原子,此系统的

势能 E_p 取决于所有原子的核间距,即 E_p 是许多不同核间距的多元函数,这种函数关系的图形则是一个多维空间的曲面,称为该元反应的势能面。势能面虽然难于甚至无法画出,但人们认为:①势能面是一个凹凸不平的曲面;②因为反应物和产物的分子都具有一定的相对稳定性,所以它们分别处在势能面上的两个低谷中;③元反应过程,是从反应物低谷到产物低谷,而且是沿着势能面上的最省能途径进行的。这条最省能途径称反应坐标,即元反应是沿反应坐标进行的,如图 8-6 所示。图中的最高点处称为过渡状态,因此反应物必须具有足够的能量才能克服势垒 E_b 变为产物。反应势垒的存在是活化能的实质。

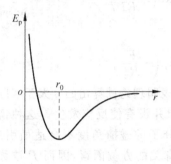

图 8-5 双原子分子的势能曲线

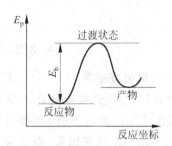

图 8-6 沿反应坐标的势能剖面图

8.6.2.2 过渡状态理论大意

过渡状态理论是以势能面为基础的。它将任意元反应 R⟶P(此处 R 和 P 分别是反应物和产物的代号)记作

$$R \underset{k_2}{\overset{k_1}{\rightleftharpoons}} M^{\neq} \xrightarrow{k_3} P \tag{8-40}$$

$M^{\neq}$ 是过渡状态,把 $M^{\neq}$ 看做一种分子,称活化配合物。据微观可逆性原理,元反应 R⟶P 的逆反应也是元反应,且有相同的过渡状态。过渡状态理论认为

(1) 不论对正反应还是逆反应,$M^{\neq}$ 都是一个"不折回点"。意思是,反应物 R 一旦到达 $M^{\neq}$ 就一定会分解成产物 P;而逆反应中 P 一旦到达 $M^{\neq}$ 就一定会转化成 R。式(8-40)中的 k_2 步即代表逆反应中由 $M^{\neq}$ 转化成 R 的过程,而其中 R $\xrightarrow{k_1}$ $M^{\neq}$ $\xrightarrow{k_3}$ P 代表正反应的全过程,k_1 步称为反应物 R 的活化步骤。

(2) k_3 步是 $M^{\neq}$ 分解成产物的过程,由于 $M^{\neq}$ 的特殊构型,其中待分解的那个化学键只要再振动一次即可断裂,所以 k_3 很大。

(3) k_1 步与 k_2 步可维持平衡。

8.6.2.3 速率系数的计算

根据过渡状态理论的上述基本观点,可以推导出计算元反应速率系数 k 的基本公式如下:

$$k = \frac{k_B T}{h} K^{\neq} (c^{\ominus})^{1-n} \tag{8-41}$$

其中,n 是反应分子数;k_B 和 h 分别是 Boltzmann 常数和 Planck 常数;$c^{\ominus}$ 是标准浓度($c^{\ominus} = 1000\text{mol} \cdot \text{m}^{-3}$);$K^{\neq}$ 代表活化步骤平衡时的相对浓度积,即 $K^{\neq} = \prod_B (c_B^{eq}/c^{\ominus})^{\nu_B}$。

在应用式(8-41)时主要困难是如何求 $K^{\neq}$。因为 $M^{\neq}$ 的浓度难于测定,所以不可用 $K^{\neq} = \prod_B (c_B^{eq}/c^{\ominus})^{\nu_B}$ 进行计算,一般用统计方法和热力学方法,以下只介绍热力学方法。

对任意元反应 R →P,为了求活化步骤 R →$M^{\neq}$ 的 $K^{\neq}$,设 $\Delta^{\neq} G_m$、$\Delta^{\neq} S_m$ 和 $\Delta^{\neq} H_m$ 代表R 和 $M^{\neq}$ 的浓度均为 $1000\text{mol} \cdot \text{m}^{-3}$ 时该步骤的热力学函数变,分别叫做活化 Gibbs 函数、活化熵和活化焓。由热力学知识可以证明

$$\Delta^{\neq} G_m = -RT\ln K^{\neq} = \Delta^{\neq} H_m - T\Delta^{\neq} S_m$$

$$K^{\neq} = \exp\left(-\frac{\Delta^{\neq} G_m}{RT}\right) = \exp\left(\frac{T\Delta^{\neq} S_m - \Delta^{\neq} H_m}{RT}\right)$$

即

$$K^{\neq} = \exp\left(\frac{\Delta^{\neq} S_m}{R}\right) \exp\left(-\frac{\Delta^{\neq} H_m}{RT}\right) \tag{8-42}$$

将此式代入基本公式(8-41),得

$$k = \frac{k_B T}{h} (c^{\ominus})^{1-n} \exp\left(\frac{\Delta^{\neq} S_m}{R}\right) \exp\left(-\frac{\Delta^{\neq} H_m}{RT}\right) \tag{8-43}$$

人们常用式(8-43)直接计算速率系数 k。

应用式(8-43)时,要解决的一个问题是如何求 $\Delta^{\neq} H_m$。由公式(8-41)出发,能够推导出如下结果:

对 n 分子气相反应 $\qquad \Delta^{\neq} H_m = E - nRT \qquad$ (8-44)

对液相反应 $\qquad \Delta^{\neq} H_m = E - RT \qquad$ (8-45)

由此可知,气相反应的 $\Delta^{\neq} H_m$ 比活化能小 nRT,液相反应的 $\Delta^{\neq} H_m$ 比活化能小 RT。由于反应分子数 n 不超过 3,所以任意反应的 $\Delta^{\neq} H_m$ 与 E 的差异不超过 $3RT$。在 E 不很小且 T 不很高的情况下,可近似认为 $\Delta^{\neq} H_m \approx E$,即对通常温度下的一般反应,可用活化能近似代替活化焓。

为了对式(8-43)中的 $\Delta^{\neq} S_m$ 进行理论计算,首先要有真实、准确的势能面,搞清过渡状态的结构,然后用统计力学的方法计算 $\Delta^{\neq} S_m$ 值。由于迄今量子力学还算不出来复杂系统的势能面,所以对大多数反应,这种计算方法还不可行。近些年来新发展的热力学动力学,利用大量官能团的热力学数据,根据推测的过渡状态构型来计算 $\Delta^{\neq} S_m$。

总之,过渡状态理论是以势能面为基础,实际上是以量子力学为基础的理论,对有些简单系统已经获得了成功。但对大多数反应目前还是做不到的,另外,也不能从理论自身解决 $\Delta^{\neq} H_m$ 值,而只能借助 E 来求 $\Delta^{\neq} H_m$。

碰撞理论和过渡状态理论都是关于元反应的速率理论。鉴于多数反应的机理至今还不清楚,所以人们也时常将它们用来处理实际上具有复杂机理的反应。严格说,这种处理是没有意义的。

8.7 反应机理

本节首先介绍几种具有特殊机理的复合反应,在研究它们特点的基础上,讨论如何根据反应机理推导速率方程,然后简单介绍如何推测反应的机理。

复合反应的机理是多种多样的,可能包含许多元反应。研究发现,机理中各元反应之间存在如下 3 种基本组合方式:

(1) 两个反应互为逆反应,这种组合称为对峙反应或可逆反应;

(2) 相同的反应物同时进行多个相互独立的化学反应,这些反应具有不同的产物,这种组合称为平行反应;

(3) 一个反应的产物是另一个反应的反应物,这种组合称为连续反应或连串反应。

以上 3 种组合关系是最基本的,机理中的其他关系一般属于这 3 种组合的组合。因此分别研究上述 3 种组合的特点,对于认识复合反应的机理是必要的。

8.7.1 对峙反应

例如,若以下反应是 1-1 级对峙反应,由纯 A 开始,初始浓度为 a,表示如下

$$A \underset{k_2}{\overset{k_1}{\rightleftharpoons}} B$$

$$t=0 \quad a \quad 0$$
$$t \quad a-x \quad x$$

由于正反应的速率为 $k_1(a-x)$,逆反应的速率为 $k_2 x$,所以净反应速率为

$$\frac{dx}{dt} = k_1(a-x) - k_2 x \tag{8-46}$$

解此微分方程,得

$$\ln \frac{k_1 a}{k_1 a - (k_1 + k_2)x} = (k_1 + k_2)t \qquad (8\text{-}47a)$$

此即该 1-1 级对峙反应速率方程的积分形式,它反映产物浓度 x 与时间 t 的关系。若实验中测定了平衡浓度 x^{eq},则平衡时 $k_1(a-x^{eq})=k_2 x^{eq}$,即 $k_1 a=(k_1+k_2)x^{eq}$,代入式(8-47a),得

$$\ln \frac{x^{eq}}{x^{eq} - x} = (k_1 + k_2)t \qquad (8\text{-}47b)$$

这是 1-1 级对峙反应速率方程的另外一种常用形式。它表明可通过 t-x 实验数据求得 k_1+k_2。

如果正反应比逆反应快得多,即 $k_1 \gg k_2$,则 $k_1+k_2 \approx k_1$,于是式(8-47a)变为

$$\ln \frac{a}{a-x} = k_1 t$$

显然这就是单向一级反应的速率方程(8-8)。此结果表明,如果对峙反应中的两个反应快慢悬殊,应该略去慢反应而直接当做单向反应处理。这是对峙反应的一个重要特点,通常的单向反应实际上就属于这种情况。

对峙反应在实际工作中是经常遇到的一类反应。有时需要按照人为的意志加强反应的一方或抑制另外一方,往往可通过改变反应温度来达到目的。若对峙反应是吸热反应,即 $\Delta H>0$(或 $\Delta U>0$),由 $K^{\ominus}$ 与温度的关系可知

$$\frac{d\ln K^{\ominus}}{dT} = \frac{\Delta_r H_m^{\ominus}}{RT^2} > 0$$

所以升高反应温度,$K^{\ominus}$ 值增大。从式(8-28a)和式(8-28b)可知,对 1-1 级对峙反应,$K^{\ominus}=k_1/k_2$,所以上式为

$$\frac{d\ln(k_1/k_2)}{dT} > 0$$

表明随温度升高 k_1/k_2 值增大,意味着 k_1 比 k_2 增大得更多。所以升温对正反应有利;反之,对放热的对峙反应,升温对逆反应有利。

对于其他类型的对峙反应,也可照上面的方法进行处理,当然它们的速率方程与 1-1 级的不同,但基本规律却是相同的。

8.7.2 平行反应

为了方便,讨论只由两个反应组成的 1-1 级平行反应。例如,如下反应,由初始浓度为 a 的纯 A 开始,记作

$$A \xrightarrow{k_1} B$$
$$ \xrightarrow{k_2} C$$

	A	B	C
$t=0$	a	0	0
t	$a-x-y$	x	y

由此可列出如下 3 个速率方程：

反应 1 的速率
$$\frac{\mathrm{d}x}{\mathrm{d}t}=k_1(a-x-y) \tag{8-48}$$

反应 2 的速率
$$\frac{\mathrm{d}y}{\mathrm{d}t}=k_2(a-x-y) \tag{8-49}$$

A 的净消耗速率
$$-\frac{\mathrm{d}(a-x-y)}{\mathrm{d}t}=(k_1+k_2)(a-x-y) \tag{8-50}$$

其中式(8-50)表明，1-1 级平行反应，对于反应物来说，相当于一个以 (k_1+k_2) 为速率系数的一级反应。其积分形式为

$$\ln\frac{a}{a-x-y}=(k_1+k_2)t$$

这与式(8-8)的形式相同，只是将其中的速率系数换成了 (k_1+k_2)。它表明可通过 t-c_A 实验数据求得 (k_1+k_2)。

若取式(8-48)与式(8-49)之比，即得 $\mathrm{d}x/\mathrm{d}y=k_1/k_2$，解得

$$\frac{x}{y}=\frac{k_1}{k_2} \tag{8-51}$$

此式表明，两产物的浓度比等于速率系数之比，即在反应过程中两产物的浓度比保持不变，这就是平行反应的主要特点。如果想改变平行反应系统中两产物的比例，应设法改变两反应的速率系数比。

8.7.3 连续反应

以 1-1 级连续反应 $A \xrightarrow{k_1} B \xrightarrow{k_2} C$ 为例，B 是中间产物，C 是最终产物，显然整个连续反应的速率只能用 C 的生成速率表示。设反应由纯 A 开始，且初始浓度为 a，则记作

$$A \xrightarrow{k_1} B \xrightarrow{k_2} C$$

	A	B	C
$t=0$	a	0	0
t	x	y	z

显然 x,y,z 3 个浓度中只有两个是独立的，它们满足 $x+y+z=a$。但为了书写方

便,仍将 3 个浓度用 3 个变量表示。对该反应系统,可写出如下 3 个速率方程:

反应 1 消耗 A,其速率为 $\qquad -\dfrac{dx}{dt}=k_1 x \qquad$ (8-52)

反应 2 生成 C,其速率为 $\qquad \dfrac{dz}{dt}=k_2 y \qquad$ (8-53)

B 浓度随时间的变化率为 $\qquad \dfrac{dy}{dt}=k_1 x - k_2 y \qquad$ (8-54)

解式(8-52)得
$$x = a\exp(-k_1 t) \tag{8-55}$$

这是一级反应速率方程的另外一种形式。将它代入式(8-54),解得
$$y = \dfrac{k_1 a}{k_2 - k_1}[\exp(-k_1 t) - \exp(-k_2 t)] \tag{8-56}$$

以上分别求得了 x 和 y,代入 $x+y+z=a$,得
$$z = a\left[1 - \dfrac{k_2}{k_2-k_1}\exp(-k_1 t) + \dfrac{k_1}{k_2-k_1}\exp(-k_2 t)\right] \tag{8-57}$$

此式即为产物 C 的浓度与时间的关系,实际上它就是微分方程(8-53)的解。可以看出,当 $t \to \infty$ 时,$z=a$,表明反应物全部变为产物 C。

由以上结果可以看出,连续反应具有以下两个特点:

(1) 若两个速率系数 k_1 和 k_2 可以比较,即两者不是相差悬殊,画出式(8-55)~式(8-57)的 3 条曲线,如图 8-7 所示。由图可以看出,反应物和产物浓度对时间有单调关系:反应物浓度 x 随时间单调减少,产物浓度 z 随时间单调增加,这是与一般反应相同的正常规律。但中间产物的浓度 y 则表现为先增加后减少,在曲线上出现极大点。即当 k_1 和 k_2 可以比较时,中间产物的浓度在反应过程中存在极大值,这是连续反应的一个重要特征。将式(8-56)求导,并令 $dy/dt=0$,可求得出现极大值的时间为
$$t_{\max} = \dfrac{\ln(k_2/k_1)}{k_2 - k_1} \tag{8-58a}$$

将此式代入式(8-56),便求得浓度极大值为
$$y_{\max} = a\left(\dfrac{k_1}{k_2}\right)^{k_2/(k_2-k_1)} \tag{8-58b}$$

因此,要计算 $t_{\max}$ 和 $y_{\max}$,需要知道 k_1 和 k_2。显然,通过测定反应过程中的 t-x 数据,即可求得 k_1;如果直接拿中间产物做实验,则只有反应 $B \xrightarrow{k_2} C$,测定 t-y 或 t-z 数据均可求得 k_2。上面两式还表

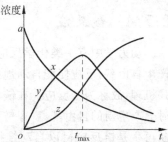

图 8-7 连续反应的浓度-时间图

明,若能够对连续反应的中间产物进行跟踪,测得 t_{max} 和 y_{max},则可由此求得 k_1 和 k_2。

(2) 整个连续反应的速率为

$$r = k_2 y = \frac{ak_1k_2}{k_2 - k_1}[\exp(-k_1t) - \exp(-k_2t)] \tag{8-59}$$

若 $k_1 \gg k_2$,则 $k_2 - k_1 \approx -k_1$,$[\exp(-k_1t) - \exp(-k_2t)] \approx -\exp(-k_2t)$,于是式(8-59)写作

$$r = ak_2\exp(-k_2t) \tag{8-60a}$$

表明整个连续反应的速率只与 k_2 有关。

同理,若 $k_2 \gg k_1$,则

$$r = ak_1\exp(-k_1t) \tag{8-60b}$$

表明整个连续反应的速率只与 k_1 有关。

以上两式表明,若连续反应中的一步比其他步骤慢得多,则整个反应的速率主要由其中最慢的一步所决定。也可以说,整个连续反应的速率由其中最慢的一步所控制。通常把这个最慢的步骤叫做"决速步"或"速控步",意思是它在整个反应速率中起决定性作用。这是不难理解的,因为连续反应的每一步(第一步除外)都以前一步的产物为原料,整个反应就好像一条生产流水线。若其中最慢的一步得不到改善,整个速率是不会明显提高的,反之,若最慢步骤的速率加快,则整个反应随之加快。

对一个具有复杂机理的反应,就机理中的某个局部来看,具体情况可能是多种多样的,但是整体而言却类似于一个连续反应。因此,如果其中一步远慢于其他步骤,"决速步"的概念也是适用的,即在处理整个化学反应时,若抓住了决速步,就抓住了主要矛盾。

以上我们以 1-1 级情况为例,用相同方法分别讨论了对峙反应、平行反应和连续反应这些典型复合反应的特点。所使用的方法具有普遍意义,对于其他非 1-1 级的情况可以同样处理。尽管具体细节可能不同,但基本特点与 1-1 级的相同。

8.7.4 链反应

动力学中有一类化学反应,一旦由外因(例如加热、光照、加入引发剂等)诱发产生自由基,反应便能自动地维持下去直到结束。后来人们发现这类反应具有链式机理,故称为链反应。在链反应中,开始诱发出的自由基,在反应中被消耗的同时会产生新的自由基,就像链条一样,一环后面又产生新的一环。自由基能够不断再生是链反应得以自动维持的根本原因。由于自由基(或自由原子)本身具有未成对电子,所以它是高活性粒子,能引起稳定分子间难以发生的反应。新生成

的自由基在与分子或其他自由基碰撞时极易反应而被消耗,因此自由基一定是短寿命的。

链反应是一类普遍存在的反应,所以研究它具有重要意义。例如,HCl 气相合成反应 $Cl_2 + H_2 \longrightarrow 2HCl$ 就是链反应,其机理如下:

$$\text{I} \qquad Cl_2 \xrightarrow{k_1} 2Cl \cdot$$

$$\text{II} \qquad Cl \cdot + H_2 \xrightarrow{k_2} HCl + H \cdot$$

$$\text{III} \qquad H \cdot + Cl_2 \xrightarrow{k_3} HCl + Cl \cdot$$

$$\vdots$$

$$2Cl \cdot + M \xrightarrow{k_4} Cl_2 + M$$

第 I 步产生自由基 $Cl \cdot$ 后,第 II 步在消耗 $Cl \cdot$ 的同时产生新自由基 $H \cdot$,第 III 步在消耗 $H \cdot$ 的同时产生新自由基 $Cl \cdot$,如此不断地进行下去,不断生成 HCl。

在非链反应中,外因也可能诱发出像自由基这样的中间产物,但一旦将诱发的外因撤除,反应亦将停止,而链反应开始之后,系统中的自由基主要靠反应本身产生。

8.7.4.1 链反应的步骤

任意链反应的机理,具体情况可能是复杂的,但就整个反应过程而言都可分为 3 步:链引发、链传递和链终止。

(1) 链引发

此步是链反应的开始,通过外界作用在系统中产生自由基。HCl 合成反应的第 I 步就是链引发步骤。在此步中需要将反应物分子的化学键断开,因而活化能较大,约等于键能。

(2) 链传递

在链传递的每一步一般总是由一个自由基与一个分子反应。它有两个特点:一是由于高活性的自由基参加反应,反应很容易进行,所以此步的活化能较小,约等于断开键键能的 5.5%,一般不超过 $40 kJ \cdot mol^{-1}$,而两个分子的反应一般为 $100 \sim 400 kJ \cdot mol^{-1}$;二是由一个自由基参加反应,必定会产生一个或多个新的自由基。链传递步骤的这两个特点一方面使得链反应本身能够得以持续发展,另一方面也说明使反应按链式历程进行比按分子反应历程有较大的优势,这也是链反应普遍存在的原因。正因为如此,链式机理的发现,在历史上曾大大促进了动力学的发展。HCl 合成反应机理中的第 II 步和第 III 步就是链传递步骤,一个自由基消失同时产生一个新的自由基。

(3) 链终止

链终止也称为断链,这是自由基销毁的步骤。在 HCl 合成反应的第Ⅳ步中,两个 Cl· 结合成稳定分子,是链终止步骤。虽然系统中还可能有 $2H· \longrightarrow H_2$ 和 $H· + Cl· \longrightarrow HCl$ 的链终止情况,但与实验结果相比较可知,反应Ⅳ是主要的断链方式。由于自由基是高活性粒子,它们的结合不需要破坏任何化学键,所以链终止步骤不需要活化能,即活化能等于零。应该指出,除上面所说的自由基化合的断链方式以外,在低压下还有器壁断链方式

$$Cl· + 器壁 \longrightarrow 断链$$

器壁效应是链反应的一个特点,通过改变反应器形状或内表层涂料等来观察反应速率的变化情况,往往有助于判断反应是否链反应。

8.7.4.2 直链反应和支链反应

根据链传递步骤的不同,可以将链反应分为直链反应和支链反应两类。直链反应在传递时,一个自由基消失的同时产生另一个新自由基,像一根链条一样,一个环节接着一个环节,如图 8-8(a)所示;而支链反应在传递时,一个自由基消失的同时产生两个或更多新自由基,如图 8-8(b)所示。

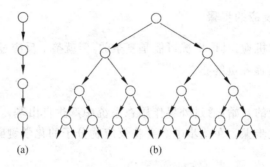

图 8-8 直链反应和支链反应

在链反应中多数属于直链反应,在链传递过程中自由基数目不变,所以直链反应开始后很快达到稳定,此时链引发速率与断链速率相等;支链反应虽然为数较少,但它所代表的是一类特殊反应——爆炸。从动力学角度看,爆炸是速率大得无法控制的化学反应,即 $r \to \infty$ 时表现为爆炸。就引起爆炸的原因分析,可分为两种:一种是放热反应,若导热不良则温度升高,温度升高会使反应速率以指数规律增大,于是以更大的速率生热,如此恶性循环很快使反应速率几乎无止境地增加下去,$r \to \infty$,这种爆炸称为热爆炸。另一种是支链反应,在链传递反应中自由基倍增,称为链支化。若断链速率不够大,则系统中的自由基越来越多,反应速率越来

越快,最终 $r \to \infty$,这种爆炸称为支链爆炸。

8.7.5 根据反应机理推导速率方程

严格讲,一个反应的速率方程是由反应的机理所决定的。因此,如果搞清楚了反应的机理,应该能够由机理推导出速率方程。例如在 8.7.1～8.7.3 节中讨论 3 种典型复合反应时,就是根据各自的机理分别导出了它们的速率方程。它们的共同之处是,机理都不很复杂,所列出的微分方程都能够严格求解。但对于大部分机理比较复杂的反应,机理中会出现许多中间产物,例如 8.7.4 节中所讨论的链反应,要对它们进行动力学处理,就要列出许多个微分方程。从数学上严格求解许多联立的微分方程,从而求出反应过程中出现的各种物质的浓度,是十分困难的,甚至是不可能的。为了解决这个问题,动力学中常采用两种近似方法,分别称为稳态假设和平衡假设。用这两种方法能够以解代数方程代替解微分方程,从而非常方便地求出许多中间产物的浓度的近似值。

8.7.5.1 稳态假设

稳态假设认为:当反应达到稳定之后,高活性中间产物的浓度不随时间而变化。虽然这种观点只是一种近似或假设,但其中也蕴含着一定的道理。这是因为高活性中间产物(例如自由基)都是短寿命的,即生成后能被其后面的反应及时消耗,因而在整个反应过程中其浓度始终很小(例如自由基的浓度一般小得无法定量测定),相对于整个反应的反应物和产物而言,其值微乎其微,所以它随时间的变化就十分微小了。

稳态假设为由复杂机理推导速率方程提供了一种可行的方法,对复合反应的动力学处理具有重要意义。

例 8-8 实验测得气相合成反应 $Cl_2 + H_2 \longrightarrow 2HCl$ 的速率方程为 $r = k[H_2][Cl_2]^{1/2}$。已知该反应的机理如下:

$$Cl_2 \xrightarrow{k_1} 2Cl\cdot \qquad\qquad E_1 = 243 \text{kJ}\cdot\text{mol}^{-1}$$

$$Cl\cdot + H_2 \xrightarrow{k_2} HCl + H\cdot \qquad\qquad E_2 = 25 \text{kJ}\cdot\text{mol}^{-1}$$

$$H\cdot + Cl_2 \xrightarrow{k_3} HCl + Cl\cdot \qquad\qquad E_3 = 12.6 \text{kJ}\cdot\text{mol}^{-1}$$

$$2Cl\cdot + M \xrightarrow{k_4} Cl_2 + M \qquad\qquad E_4 = 0$$

试根据上述机理导出合成反应的速率方程,并求反应的活化能。

解:由机理知,只有第二步反应消耗 H_2,所以可由此步表达 HCl 合成反应的

速率,即

$$-\frac{d[H_2]}{dt} = k_2[Cl\cdot][H_2] \tag{1}$$

由于[Cl·]是难于测定的量,所以应该用反应物(或产物)的浓度取代方程(1)中的[Cl·]。根据稳态假设

$$\frac{d[Cl\cdot]}{dt} = 0, \quad \frac{d[H\cdot]}{dt} = 0$$

即

$$\begin{cases} \dfrac{d[Cl\cdot]}{dt} = 2k_1[Cl_2] - k_2[Cl\cdot][H_2] + k_3[H\cdot][Cl_2] - 2k_4[Cl\cdot]^2 = 0 & (2) \\ \dfrac{d[H\cdot]}{dt} = k_2[Cl\cdot][H_2] - k_3[H\cdot][Cl_2] = 0 & (3) \end{cases}$$

这是一个关于[Cl·]和[H·]的代数方程组,将式(3)代入式(2),解得

$$[Cl\cdot] = \left(\frac{k_1}{k_4}\right)^{1/2}[Cl_2]^{1/2} \tag{4}$$

将此式代入方程(1),即得 HCl 合成反应的速率方程为

$$-\frac{d[H_2]}{dt} = k_2[Cl\cdot][H_2] = k_2\left(\frac{k_1}{k_4}\right)^{1/2}[Cl_2]^{1/2}[H_2] = k[Cl_2]^{1/2}[H_2]$$

这就是根据机理推出的速率方程,与实验结果一致,同时还表明实验测定的表观速率系数 k 与几个元反应的速率系数的关系为

$$k = k_2\left(\frac{k_1}{k_4}\right)^{1/2}$$

由 Arrhenius 公式

$$k = A\exp\left(-\frac{E}{RT}\right), \quad k_1 = A_1\exp\left(-\frac{E_1}{RT}\right)$$

$$k_2 = A_2\exp\left(-\frac{E_2}{RT}\right), \quad k_4 = A_4\exp\left(-\frac{E_4}{RT}\right)$$

将此 4 式代入前面关系式,整理后得

$$A\exp\left(-\frac{E}{RT}\right) = A_2\left(\frac{A_1}{A_4}\right)^{1/2}\exp\left[-\frac{E_2 + \frac{1}{2}(E_1 - E_4)}{RT}\right]$$

所以

$$A = A_2\left(\frac{A_1}{A_4}\right)^{1/2}$$

$$E = E_2 + \frac{1}{2}(E_1 - E_4)$$

$$= \left[25 + \frac{1}{2}\times(243 - 0)\right]kJ\cdot mol^{-1} = 146.5 kJ\cdot mol^{-1}$$

试想在该例中若不用稳态假设,而直接由 $d[Cl\cdot]/dt$ 与 $d[H\cdot]/dt$ 的表达式联立求解$[Cl\cdot]$,那将是十分困难的。

8.7.5.2 平衡假设

平衡假设认为,若一个反应存在"决速步",则决速步之前的对峙步骤保持平衡。这一观点的正确性值得研究。粗想起来,由于决速步很慢,使得其前面的对峙反应有足够的时间达到平衡。但仔细分析,在一个正在进行的化学反应中,不可能存在真正意义上的平衡。严格说,这种平衡只能是近似的,所以称为平衡假设。实际上,平衡假设只能理解为:在处理决速步时,可把其前面的对峙步骤视为平衡,即对于决速步而言,其前面的对峙步骤保持平衡;而对于对峙步骤本身而言却并不平衡。这就是说,平衡假设不仅是一种近似,同时还具有相对性。与稳态假设一样,平衡假设为许多复合反应速率方程的推导提供了方便。例如,实验测得溶液反应

$$A + B + C \xrightarrow{H^+(\text{催化剂})} P + Q$$

的速率方程为 $r = [A][B][H^+]$,即该反应是三级反应,且速率与反应物 C 无关。经研究发现反应的机理如下:

$$\text{I} \quad A + B \underset{k_{-1}}{\overset{k_1}{\rightleftharpoons}} AB \qquad \text{快}$$

$$\text{II} \quad AB + H^+ \xrightarrow{k_2} M + P \qquad \text{慢(决速步)}$$

$$\text{III} \quad M + C \xrightarrow{k_3} H^+ + Q \qquad \text{快}$$

其中 AB 和 M 是高活性中间产物,反应 II 是决速步。

因为只有反应 II 生成产物 P,所以可由该步表达总反应的速率,即

$$\frac{d[P]}{dt} = k_2[AB][H^+] \tag{8-61}$$

为了求出中间产物浓度[AB],应用平衡假设。由平衡假设可知,I 保持平衡

$$k_1[A][B] = k_{-1}[AB]$$

即

$$[AB] = \frac{k_1}{k_{-1}}[A][B]$$

将此结果代入式(8-61),即得反应的速率方程

$$\frac{d[P]}{dt} = \frac{k_1 k_2}{k_{-1}}[A][B][H^+] = k[A][B][H^+]$$

其中 $k = k_1 k_2 / k_{-1}$。此结果与实验事实相符,并表明表观速率系数 k 中不包括 k_3,

这是由于反应Ⅲ在决速步之后,其速率完全由决速步控制,因此决速步之后的步骤对总反应速率不会产生影响。进一步分析可知,速率方程中之所以不包括[C],是由于反应物 C 只出现在不影响反应速率的步骤Ⅲ中。

8.7.5.3 推导速率方程时应注意的问题

以上介绍了推导速率方程的两种近似方法,在实际应用时还有以下 3 个具体问题应该注意。

(1) 对一些反应,例如爆炸反应,其中不存在近似的稳定和平衡,所以对这类反应不可使用稳态假设和平衡假设。

(2) 对存在决速步的反应,若稳态假设和平衡假设都可以使用,一般情况下使用平衡假设会使推导过程简单一些,所以应该优先考虑使用平衡假设。

(3) 一个反应的速率有多种表示形式。原则上讲,用计量方程式中的任一物质的浓度随时间的变化率都可以表示速率,但在由复杂机理推导速率方程时具体选用哪一种物质,却应该具体分析。若物质选择适当,会使推导过程大大简化。一般要综合考虑以下两方面的问题:①决速步,因为决速步是决定总反应速率的关键,所以一般应选择出现在该步骤中的反应物或产物来描述反应速率。②各种反应物和产物在机理中出现的次数,一般应选用出现次数较少的物质描述反应速率,因为这样会使列出的速率方程中项数较少,处理起来会简单一些。

以上所提及的 3 个问题,是顺利推导速率方程的具体措施,第一条必须照办,后两条则属于技巧问题。

8.7.6 反应机理的推测

一个化学反应速率方程的形式如何,从本质上取决于反应机理。从这个角度说,速率方程是微观机理的宏观表现。所以,要从更高层次上了解化学反应的规律,掌握各种化学反应其机理千差万别的内在原因,就必须研究反应机理。如果正确地掌握了一个反应的机理,就会对有效地控制化学反应速率提出指导性意见。

正确推测反应机理,是件难度很大的工作,它与许多新的实验技术以及物质结构的知识密切相关。到目前为止,人们对反应机理的认识还是十分肤浅的,还有待于随着科学技术的发展进一步提高,本书只介绍推测反应机理的一般步骤。一般来说,推测一个反应的机理可分为准备工作和拟定机理两个阶段。

(1) 准备工作

首先查阅资料和文献,了解前人在反应机理方面所做的工作。在此基础上还需要做实验,目的是确定反应的速率方程和活化能。这是最基本的准备工作,即搞清反应的宏观规律。为了给拟定机理提供更详尽的资料,还要有目的、有计划地进行化学分析和仪器分析实验,主要目的是获得一些与反应机理本身有直接关系的信息,一般包括以下几个方面:①通过各种方法,如化学分析、吸收光谱、顺磁、纸上色层、质谱、极谱、电泳等手段,以尽可能多地检测出反应过程中可能出现的中间产物;②利用示踪原子技术判断反应过程中部分化学键的断裂位置;③向反应系统中加入少量 NO 等具有未成对电子的,易于捕获自由基的物质,观察反应速率是否下降,以判断反应是否可能是链反应;④判断反应是否由于光照而引发的,并确定所用光的频率以及这种频率的光能够破坏的是什么化学键。通过以上准备工作,掌握了反应的宏观特征,同时获得了部分微观信息,从而为推测反应机理提供依据。

(2) 拟定反应机理

根据在准备阶段获得的知识,对反应机理提出假定。这种假定必须考虑如下几个因素。①速率因素:按所假定的机理推导出的速率方程必须与实验结果相一致。②能量因素:就元反应而言,活化能可用键能进行估算,如果同一个组分有多个反应的可能,则以活化能最低者发生的几率最大;就总反应而言,按假定机理求出的表观活化能必须与实验活化能相一致。③结构因素:所假定的机理中的所有物质和元反应,都应该与结构化学的规律相符合。所假定的机理必须同时满足上述 3 个因素才有可能是正确的,也就是说,不满足的一定是不正确的。

例如,乙烷裂解反应 $C_2H_6 \longrightarrow C_2H_4 + H_2$ 的机理推测过程如下:

首先,经实验知该反应为一级,即速率方程为

$$\frac{d[H_2]}{dt} = k[C_2H_6]$$

并测定活化能 $E = 292 \text{kJ} \cdot \text{mol}^{-1}$。用质谱法证明反应系统中存在 $CH_3 \cdot$,$C_2H_5 \cdot$ 等中间产物。加入易捕获自由基的 NO 后,反应受到抑制,进一步证明该反应是链反应。在此基础上,经研究假定反应机理为

$$C_2H_6 \xrightarrow{k_1} 2CH_3 \cdot \qquad E_1 = 351.5 \text{kJ} \cdot \text{mol}^{-1}$$

$$CH_3 \cdot + C_2H_6 \xrightarrow{k_2} CH_4 + C_2H_5 \cdot \qquad E_2 = 33.5 \text{kJ} \cdot \text{mol}^{-1}$$

$$C_2H_5 \cdot \xrightarrow{k_3} C_2H_4 + H \cdot \qquad E_3 = 167.4 \text{kJ} \cdot \text{mol}^{-1}$$

$$H \cdot + C_2H_6 \xrightarrow{k_4} H_2 + C_2H_5 \cdot \qquad E_4 = 29.3 \text{kJ} \cdot \text{mol}^{-1}$$

$$H \cdot + C_2H_5 \cdot \xrightarrow{k_5} C_2H_6 \qquad E_5 = 0$$

其中各元反应的活化能是由键能数据算出的。以下检查该机理是否合理,先由机理推导速率方程:

由反应 4 知,乙烷裂解反应的速率可表示为

$$\frac{d[H_2]}{dt} = k_4[H\cdot][C_2H_6] \tag{8-62}$$

根据稳态假设

$$\begin{cases} \dfrac{d[H\cdot]}{dt} = k_3[C_2H_5\cdot] - k_4[H\cdot][C_2H_6] - k_5[H\cdot][C_2H_5\cdot] = 0 \\ \dfrac{d[C_2H_5\cdot]}{dt} = k_2[CH_3\cdot][C_2H_6] - k_3[C_2H_5\cdot] \\ \qquad\qquad + k_4[H\cdot][C_2H_6] - k_5[H\cdot][C_2H_5\cdot] = 0 \\ \dfrac{d[CH_3\cdot]}{dt} = 2k_1[C_2H_6] - k_2[CH_3\cdot][C_2H_6] = 0 \end{cases}$$

解此联立方程组,得

$$[H\cdot] = \left(\frac{k_1 k_3}{k_4 k_5}\right)^{1/2}$$

代入式(8-62),得乙烷裂解反应的速率方程为

$$\frac{d[H_2]}{dt} = \left(\frac{k_1 k_3 k_4}{k_5}\right)^{1/2}[C_2H_6] = k[C_2H_6]$$

由此可见,导出的速率方程与实验测定结果一致,且表观速率系数 k 为

$$k = \left(\frac{k_1 k_3 k_4}{k_5}\right)^{1/2}$$

将 Arrhenius 公式代入,整理后即得

$$E = \frac{1}{2}(E_1 + E_3 + E_4 - E_5)$$

$$= \frac{1}{2}(351.5 + 167.4 + 29.3 - 0)\text{kJ}\cdot\text{mol}^{-1} = 274\text{kJ}\cdot\text{mol}^{-1}$$

这表明,由机理算出的活化能为 $274\text{kJ}\cdot\text{mol}^{-1}$,与实验值 $292\text{kJ}\cdot\text{mol}^{-1}$ 相比,二者很接近。根据以上验证结果,可以认为拟定的上述机理有可能是正确的。

8.8 快速反应研究技术简介

以前各节所介绍的测定速率系数(或级数)的方法只适用于不太快的反应。对于快速反应,若用一般方法测定,会遇到以下两个问题:①快速反应一般在 1s 甚至远远少于 1s 的时间内完成,而反应物的混合时间一般多于 1s,于是无法确定反应的起始时间;②由于反应时间少于混合所需要的时间,即反应物还未混合均匀时反应就已经完成,所以反应过程的 c-t 关系中的浓度 c 是不均匀的,因而 c 的数值没有意义。

由以上分析可知,不能用一般方法研究快速反应。要解决快速反应的测定,一

种方法是设法缩短反应物的混合时间,例如利用射流技术可使混合时间缩短到 1ms,对于一般快速反应这样短的时间基本可以忽略;另一种解决办法是避免混合过程,即实验过程中免去混合操作,实验室里常用的弛豫方法就是一种"回避混合"的方法。以下简单介绍这种方法。

8.8.1 弛豫过程和弛豫方程

从化学平衡角度来说,任何反应都有逆反应,即对峙反应。对峙反应包括正、逆两个方向,但净变化是趋向平衡,在动力学中将这种趋向平衡的过程叫做弛豫过程。从这个意义上讲,一个化学反应过程,实际上就是弛豫过程。例如1-1级对峙反应

$$A \underset{k_2}{\overset{k_1}{\rightleftharpoons}} B$$

据式(8-47b),其速率方程为

$$\ln \frac{x^{eq}}{x^{eq}-x} = (k_1+k_2)t$$

将式中 B 的浓度 x 和 x^{eq} 用 A 的浓度表示,即 $x=a-c_A$, $x^{eq}=a-c_A^{eq}$,则上式为

$$\ln \frac{a-c_A^{eq}}{c_A-c_A^{eq}} = (k_1+k_2)t$$

其中 $a-c_A^{eq}$ 代表反应开始时($t=0$)A 的浓度与平衡浓度的偏差,记作 $\Delta c_{A,0}$,称初始偏差;$c_A-c_A^{eq}$ 代表任意时刻 t 时 A 的浓度与平衡浓度的偏差,记作 Δc_A,称即时偏差。则上式整理后可写作

$$\Delta c_A = \Delta c_{A,0} \exp[-(k_1+k_2)t] \tag{8-63}$$

此式是上述 1-1 级对峙反应在弛豫过程中遵守的方程,称为弛豫方程,k_1+k_2 称为弛豫速率系数。弛豫方程反映在整个反应过程中浓度偏差随时间的变化关系:随反应进行,A 的浓度偏差呈指数衰减,即弛豫方程定量描述反应系统逐渐向平衡趋近的情况。

8.8.2 弛豫技术和弛豫时间

设上述对峙反应是快速反应。为了对它进行测量,先在一定条件下让反应达到平衡,然后设法给此平衡混合物制造一个突扰,例如利用高功率的超短脉冲激光可在 $10^{-12} \sim 10^{-9}$s 的时间内使系统温度突然变化,称温度跳跃。利用其他扰动手段还可使系统产生压力跳跃、浓度跳跃等。由于这些跳跃是在极短的时间内完成的,反应情况还来不及变化,结果使反应偏离了平衡。于是在新的条件下系统中发生弛豫过程,遵循式(8-63)使反应达到新的平衡。由于此过程中系统始终是均一的,所以可以进行 c-t 测量。这种方法避开了反应物的混合,称为弛豫方法或弛豫

技术。

若定义浓度偏差由 $\Delta c_{A,0}$ 衰减到 $\Delta c_{A,0}/e$ 所需要的时间为弛豫时间(其中 e 是自然对数的底),用符号 τ 表示,则 $t=\tau$ 时 $\Delta c_A = \Delta c_{A,0}/e$,代入式(8-63),整理后得

$$\tau = \frac{1}{k_1 + k_2} \tag{8-64}$$

再代入式(8-63),得

$$\Delta c_A = \Delta c_{A,0} \exp\left(-\frac{t}{\tau}\right) \tag{8-65}$$

弛豫时间 τ 的测定方法很多,利用此式就是其中的一种,即只要设法监测 Δc_A 随时间 t 的变化,就可求出 τ,从而由式(8-64)求得 k_1+k_2。再配合 1-1 级反应平衡常数 $K^\ominus = k_1/k_2$ 的测定,就可分别求出 k_1 和 k_2。

式(8-65)对 1-1 级对峙反应是严格正确的。可以证明,对于非 1-1 级对峙反应,当扰动属于微扰时,即扰动产生的最大偏差 $|\Delta c_{A,0}|$ 不超过 A 浓度的 5%,式(8-65)近似成立。因此,在微扰的情况下,式(8-65)具有普遍意义,但对不同类型的反应 τ 的表达式不同,例如对如下 2-2 级对峙反应和 1-2 级对峙反应:

$$A + B \underset{k_2}{\overset{k_1}{\rightleftharpoons}} C + D$$

$$A \underset{k_2}{\overset{k_1}{\rightleftharpoons}} C + D$$

的弛豫时间分别为

$$\tau = \frac{1}{k_1(c_A^{eq} + c_B^{eq}) + k_2(c_C^{eq} + c_D^{eq})} \tag{8-66}$$

和

$$\tau = \frac{1}{k_1 + k_2(c_C^{eq} + c_D^{eq})} \tag{8-67}$$

其中 $c_A^{eq}, c_B^{eq}, c_C^{eq}$ 和 c_D^{eq} 分别为弛豫过程结束时 A,B,C 和 D 的平衡浓度。其他类型的反应可以类推。

8.9 催化剂对反应速率的影响

催化剂是影响化学反应速率的重要因素之一。对具有级数的反应,$r = kc_A^\alpha c_B^\beta \cdots$,催化剂对反应速率 r 的影响,表现为它对速率系数 k 的影响。具统计,80%~90% 的化工生产都与催化剂有关。催化剂不仅能提供更多的产品,而且还能提高生产效率、产品质量和能源利用率,因此催化剂在化工生产中占有十分重要的地位。

8.9.1 催化剂和催化作用

催化剂是指一类加入少量即能够大大改变反应速率的物质,而且当反应结束以后它们的数量和化学性质不发生改变。催化剂能够使反应速率明显变化的这种作用,称为催化作用。若催化剂使反应速率加快,称正催化剂;若使反应速率减慢,则称负催化剂。一般情况下,人们对前者更感兴趣,所以通常所说的催化剂是指正催化剂。有些反应的产物就是该反应的催化剂,称为自催化作用。

根据催化反应系统的不同相态,将催化作用分为均相催化、复相催化和酶催化。在均相催化反应中,催化剂与反应物在同一相中;在复相催化反应中,催化剂与反应物是不同的相,例如气-固催化反应,催化剂为固相,而反应物为气相,反应在相界面上发生;酶催化近些年发展迅速,可以说是介于均相催化和复相催化之间。由于反应发生的部位不同,各种催化反应有不同的特点。

在催化反应发生之后,催化剂的数量和化学性质不发生变化,即催化剂作为一种物质其结构组成及数量没有变化,但并不表明催化剂不参与反应。由化学反应机理来看,如果机理中的任何一步都不包括催化剂的话,则催化剂就不可能对反应产生任何影响,当然也不可能加快反应速率。也就是说,从动力学角度来看,催化剂一定参与了化学反应。反应之后其数量没有增加或减少,只能用"它在反应过程中被重新再生"来解释。因此,在催化反应的机理中,催化剂在其中某一步(也可能多步)参加了反应,而在其后面的某一步(也可能多步)又被重新生成。由此可见,对于同一个宏观反应,催化反应与非催化反应具有不同的机理,因而两者的活化能也不相同。大量研究结果表明,催化剂正是通过参加反应,改变反应机理,降低反应的活化能,从而使反应加速的。设催化反应和非催化反应的活化能分别为 $E_{催}$ 和 $E_{非}$,则 $E_{催} < E_{非}$。虽然各种催化剂的具体催化机理并不相同,但原则上都是通过上述途径来加速化学反应的。当系统中有催化剂存在时,催化与非催化反应必同时存在,严格说,总反应速率等于二者之和。但由于催化反应具有省能的机理,所以从统计观点来看,非催化反应的几率很小,所以反应按催化机理进行。

关于催化反应,还有以下两点应该指出:①上述催化机理只是一般情况,也有少数催化反应是通过增大指前因子来加速反应的;②由于催化剂改变了化学反应的机理,所以催化反应与非催化反应可能有不同形式的速率方程,两者的反应级数可以不同。

8.9.2 催化剂的一般知识

在反应前后,催化剂的数量和化学性质虽然不变,但某些物理性质(例如光泽、颗粒度等)却可能发生变化。例如 $KClO_3$ 分解时所用的块状 MnO_2 催化剂,在反应之后变成了粉状。反应之后催化剂物理性质发生变化,是催化剂参与反应的有力证据。

催化剂不能改变化学反应的方向和限度。也就是说,不能用催化剂解决热力学问题,这包括以下两个方面:①催化剂不能使 $\Delta_r G_m > 0$ 的反应发生。即对于热力学中不可能发生的反应,寻找催化剂是徒劳的。若在热力学上是可能的,表明是由于动力学因素使反应不能发生,此时才可能通过寻找合适的催化剂使反应以可观的速率进行。②催化剂不能改变化学反应的平衡位置,只能缩短达到平衡所需要的时间。即催化剂能明显提高反应速率,却不能改变平衡常数 $K^\ominus$。于是由式(8-28)可知,催化剂对正反应(k_1)和逆反应(k_2)具有相同的催化作用。例如,合成氨反应的催化剂也同样是氨分解反应的催化剂。

催化剂具有特殊的选择性。这种选择性具有两方面的含义:第一,不同的反应需要选择不同的催化剂;第二,同一种催化剂只能对一个或少数几个反应具有催化作用。

8.10 均相催化反应和酶催化反应

8.10.1 均相催化反应

在均相催化反应中,往往把反应物称为底物,用 S 表示。对较简单的均相催化反应 S⟶B,一般可将其机理模式化为:

$$S_{(底物)} + K_{(催化剂)} \underset{k_{-1}}{\overset{k_1}{\rightleftharpoons}} X_{(中间产物)} \overset{k_2}{\longrightarrow} B_{(产物)} + K$$

若均相催化反应发生在气相中,则称气相催化反应,这类反应为数不多。若均相催化反应发生在溶液中,则称液相催化反应,其中以酸碱催化反应和配位催化反应最多。

酸碱催化反应是溶液中最重要和最常见的一种催化反应。其中有的受 H^+ 催化,有的受 OH^- 催化,有的既受 H^+ 催化也受 OH^- 催化。后来,人们定义了广义酸和广义碱,即凡能提供质子 H^+ 的物质(即质子供体)都称为酸;凡能接收质子的物质(质子受体)都称为碱。例如未电离的 HAc 和 NH_4^+ 等都是酸,而 Ac^- 和 NH_3 等都是碱。这样,人们将除了 H^+ 和 OH^- 以外的酸性或碱性物质所催化的反应称为广义酸碱催化反应。不难理解,凡是反应物需要获得质子的反应,都可能被广义酸催化,而且其催化能力与其提供质子的能力成正比;同理,凡是反应物需要失去质子的反应,都可能被广义碱催化,而且其催化能力与其接受质子的能力成正比。

在配位催化反应中,催化剂是以过渡金属的化合物为主体的,或者催化剂本身是配合物,或是在反应历程中催化剂与反应物生成配合物。由于配位催化具有速率高、选择性好的优点,近几十年来有了较大的发展,目前已在聚合、氧化、异构化、羟基化等反应中得到广泛应用。

8.10.2 酶催化反应

酶是一种蛋白质分子,是由氨基酸按一定顺序聚合起来的大分子,有些酶还结合了一些金属,例如固氮酶中含有铁、钼、钒等金属离子。许多生物化学反应都是酶催化反应。由于酶分子的大小为 3~100nm,因此就催化剂的大小而言,酶催化反应处于均相催化与复相催化之间。

酶催化反应具有以下 4 个特点:

(1) 高选择性

就选择性而言,酶超过了任何一种人造催化剂。例如脲酶只能催化尿素转化为氨和二氧化碳的反应,而对其他任何反应均无催化作用。

(2) 高效性

就催化效果而言,酶比一般无机或有机催化剂高得多,有时高出成亿倍,甚至十万亿倍。例如,一个过氧化氢分解酶分子,能在 1s 内分解 10 万个过氧化氢分子。而石油裂解中使用的硅酸铝催化剂,在 773K 时约 4s 内才分解一个烃分子。

(3) 催化条件温和

一般在常温常压下即可。例如,工业合成氨反应必须在高温高压下的特殊设备中进行,且生成氨的效率只有 7%~10%。而在植物茎部的固氮酶能在常温常压下固定空气中的氮,并把它还原成氨。

(4) 催化机理复杂

1 其具体表现为酶催化反应的速率方程复杂,对酸度和离子强度敏感,与温度关系密切等。这就增加了研究酶催化反应的困难。最简单的酶催化机理是由 Michaelis 和 Menton 提出来的,他们将这种催化机理简化成与 8.10.1 节所述的均相催化机理相似的模式。大量的研究结果表明,这种模式过于简化,即使最简单的酶催化反应也比它复杂得多,且在机理中还存在着多种阻化历程。因此,要彻底搞清一个酶催化反应的机理,是一件不容易的工作。

均相催化和酶催化虽然具有高效率、高选择性等优点,但催化剂不易回收和循环利用。由于这个原因,目前均相催化和酶催化还远不如复相催化应用广泛。

8.11 复相催化反应

复相催化在化学工业中所占的地位比均相催化重要得多。最常见的复相催化是催化剂为固体而反应物为气体或液体。特别是气体在固体催化剂上的反应,最重要的化学工业如合成氨、硫酸工业、硝酸工业、原油裂解工业及基本有机合成工业等,几乎都属于这种类型的复相催化。为此,迄今人们对气-固复相催化做了大量的研究工作,得到了相当丰富的实践经验。但由于复相催化系统本身比较复杂,影响因素也比较多,因此至今不仅还未建立一个比较统一的复相催化理论,而且关于如何建立这种理论尚未取得一致意见。本节就气-固复相催化的基本知识予以简单介绍。

8.11.1 催化剂的活性与中毒

关于固体催化剂的选择、制备、表征、使用及再生等,人们已经积累了大量的经验,并对许多金属催化剂、半导体催化剂和绝缘体催化剂的催化原理给予了部分定性的解释。下面就使用固体催化剂时人们所关心的两个问题,即催化剂的活性与中毒,分别予以说明。

8.11.1.1 催化剂的活性

在使用固体催化剂时,人们常用催化活性(简称活性)来表示催化剂的催化能力。但活性的表示方法并不统一,例如在工业上常用单位质量的催化剂在单位时间内所生产出产品的质量来表示。设 a 代表催化剂的活性,m_c 和 m_p 分别代表催化剂和产品的质量,t 代表反应时间,则

$$a = \frac{m_p}{tm_c} \tag{8-68}$$

大量科学研究表明,固体催化剂的催化作用是通过其表面来实现的,而且其表面积对催化过程起决定作用,为了反映这种催化原理,在科研工作中常将活性表示为

$$a = \frac{k}{A} \tag{8-69}$$

其中 k 是催化反应的速率系数,A 是所用催化剂的表面积。

催化剂的活性随使用时间而变化,若把这种变化关系画成曲线,称催化剂的生命曲线,如图 8-9 所示。通常将生命曲线分为 3 个阶段:①成熟期。在开始使用时,活性逐渐增大,经过一段时间后活性达到最大,此时称催化剂达到成熟,这段时

间称为成熟期。②稳定期。待催化剂成熟后,活性先稍有下降,然后保持不变,称稳定期。这段稳定期的长短叫做催化剂寿命。一个催化剂的寿命取决于催化剂本身的性质与使用的条件,有的只有几分钟,而有的可达数年之久。③老化期。当稳定期过后,活性便逐渐下降,这种现象称为催化剂老化。当催化剂开始老化之后,活性即将消失,此时应该进行再生处理,若不能再生则应该弃旧换新。

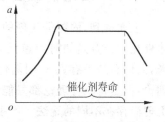

图 8-9　催化剂的生命曲线

影响催化剂活性的因素主要有 3 个:①制备方法。固体催化剂都有巨大的比表面,因此通常呈多孔结构,制备过程的温度等操作条件会直接影响催化剂的活性。②分散程度。通常分散度越大,活性越高。③使用温度。由于温度会影响催化剂的表面结构,所以一般催化剂都有适宜的使用温度范围,温度过高或过低都会使活性降低。

8.11.1.2　催化剂的中毒

有时反应系统中含有少量杂质就能使催化剂的活性严重降低甚至完全丧失,这种少量的杂质称为催化毒物,这种现象称为催化剂中毒。例如合成氨原料中的 O_2,$H_2O(g)$,CO,CO_2,C_2H_2,PH_3,As 和 S 及其化合物等都是催化剂 Fe 的毒物。

中毒现象可分为暂时中毒和永久中毒两类。暂时中毒后,只要不断地用纯净的原料气吹过催化剂表面,即可除去毒物,使催化剂活性重新恢复,例如合成氨中的 O_2,$H_2O(g)$,CO,CO_2 等都属于造成暂时中毒的毒物;永久中毒的催化剂不可用上述方法恢复活性,必须用化学方法才能除去毒物。例如合成氨中的 S 和 PH_3 即属于这种类型。

固体催化剂的催化作用是通过其表面来实现的。实际上催化毒物是一些极易被催化剂表面吸附的物质,一旦表面被毒物占据,催化剂便失去活性。可以推想,暂时中毒属于物理吸附,而永久中毒属于化学吸附,此时由于毒物分子与催化剂表面分子以化学键力相结合,所以吸附强度比物理吸附大得多,这就是永久中毒的催化剂比暂时中毒的催化剂难于恢复活性的原因。

了解催化剂活性和中毒现象之后,就不难理解应如何评价催化剂的优劣。一个优秀的催化剂,当然要具备多方面的条件,但一般来说,除了易于制备、成本低廉以外,主要有 3 个条件:①催化活性高,选择性好;②使用寿命长,容易再生;③有较高的抗中毒能力。

8.11.2 催化剂表面活性中心的概念

上面提到,固体催化剂的催化作用是通过其表面来实现的,但是并没有涉及固体催化剂究竟是如何加速反应的这一根本问题。这是个催化理论问题。几十年来,人们总结了有关气-固催化的丰富感性材料,在此基础上也提出过不少的催化理论,但是每一种理论都只能解释一部分复相催化现象,而且这些理论对复相反应机理尚存在不同的看法。本书不去逐一介绍各种催化理论,主要介绍对复相催化的共同认识,特别是关于表面活性中心的概念。

大量实验事实表明,固体催化剂的活性与其表面性质有关。各种各样的气-固催化反应,其具体情况千差万别,但每一种催化剂都对至少一种反应物具有明显吸附作用,这就是气-固催化的共性。进一步分析便会发现,如果这种吸附属于化学吸附才是更合理的,这是由于在化学吸附中被吸附的反应物分子与催化剂表面发生了类似化学反应的相互作用,即形成了表面化合物,使反应物分子发生了变形,因而使反应物分子的化学活性由于吸附显著的升高,加速了反应的进行。

Taylor(泰勒)于1926年提出,催化剂表面是不均匀的,其中只有一小部分叫做表面活性中心的地方吸附了反应物之后才有催化作用。这一观点被后来的大量实验所证实。吸附热的测定结果表明,在吸附的开始阶段,吸附热很大,随后逐渐减小。这说明催化剂表面的吸附能力是不均匀的,那些优先吸附的地方的化学吸附能力特别强,其他地方化学吸附能力较弱甚至不能进行化学吸附。这些吸附能力特别强的地方,实际上就是Taylor所说的表面活性中心。化学吸附首先在这些活性中心的位置处发生,这些位置一般来说也具有较高的催化活性。催化剂的中毒实验有力地支持了这种论点,因为人们发现只需极少量的催化毒物就能使催化剂的活性大大降低甚至完全丧失。可是如果把这些催化毒物铺在催化剂表面上,只不过覆盖了催化剂表面的一小部分。这就证明并不是整个催化剂表面都有活性,只一小部分表面才有活性,即表面活性中心。催化毒物只要将占催化剂表面一小部分的这些活性中心全部盖住即可使催化剂的活性丧失。

催化剂表面存在活性中心这一概念目前已被人们所公认。至于更深一步的问题,例如活性中心是催化剂表面的什么位置?它的结构如何?活性中心是固定不变的还是可以移动的等,现在还有不同的看法。Taylor在提出表面活性中心概念的同时,曾认为固体的棱上和其他表面上的突出部分是活性中心,原因是这些位置处的价键具有较大的不饱和性。这一观点至今尚未找到足够的实验证据。

8.11.3 气-固复相催化反应的一般步骤

气-固催化反应具体机理可能是复杂的,而且不同反应的机理也不相同,但一般来说,气-固催化反应过程可分作 5 步:

(1) 反应物分子扩散到催化剂表面。
(2) 反应物被催化剂表面吸附。这一步属于化学吸附。
(3) 被吸附分子在催化剂表面上进行反应,称为表面反应。这种表面反应可能发生在被吸附的相邻分子之间,也可能发生在被吸附分子和其他未吸附分子之间。催化剂表面是这一步进行的场所。
(4) 产物分子从催化剂表面脱附。
(5) 产物分子扩散离开催化剂表面。

以上 5 个步骤构成了气-固催化反应的全过程。这 5 步实际上是 5 个阶段,每一步又都有自己的机理。其中(1)和(5)是扩散过程,所以属于物理过程;(2),(3)和(4)3 步都是反应分子在表面上的化学变化,通称为表面化学过程,是复相催化动力学所研究的重点。显然,以上 5 步都影响催化反应的速率。若各步速率差别较大,则最慢的一步就决定了总反应速率。如果扩散过程的速率最慢,称为扩散控制反应,在这种情况下,首先应选择有利于扩散进行的反应条件,以使扩散速率加快。而此时在提高催化剂活性上所作的努力对加快反应速率是无济于事的。如果表面化学过程中的某一步最慢,称为动力学控制反应,则必须通过提高催化剂活性来解决,这也是催化剂研究者最关注的问题。为了对动力学控制反应进行量化研究,首先需要对表面化学过程进行描述。例如,对气-固催化反应

$$A + B \xrightarrow{\text{催化剂 S}} P$$

若只有 A 被催化剂表面吸附,则表面化学过程的反应历程写为

$$A + \overset{..}{S} \xrightarrow{k_1} \overset{A}{\overset{..}{S}} \quad \text{反应物吸附}$$

$$\overset{A}{\overset{..}{S}} + B \xrightarrow{k_2} \overset{P}{\overset{..}{S}} \quad \text{表面反应}$$

$$\overset{P}{\overset{..}{S}} \xrightarrow{k_3} P + \overset{..}{S} \quad \text{产物脱附}$$

其中 $\overset{..}{S}$ 代表表面活性中心,即空白表面;A⋯S 和 P⋯S 为表面化合物,都是中间产物,也可将它们理解为被 A 和 P 覆盖的催化剂表面。

若 A 和 B 均被催化剂表面吸附,则表面化学过程的反应历程写为

$$A+B+\cdots S\cdots S\cdots \xrightarrow{k_1} \overset{A\ \ B}{\cdots S\cdots S\cdots} \qquad 反应物吸附$$

$$\overset{A\ \ B}{\cdots S\cdots S\cdots} \xrightarrow{k_2} \overset{P}{\cdots S\cdots S\cdots} \qquad 表面反应$$

$$\overset{P}{\cdots S\cdots S\cdots} \xrightarrow{k_3} P+\cdots S\cdots S\cdots \qquad 产物脱附$$

8.11.4 催化作用与吸附的关系

由以上气-固催化反应历程可知，催化反应与催化剂表面对反应物的吸附紧密相关。在表面化学过程的3个步骤中，反应物吸附是第一步，所以吸附情况必定对后面步骤产生影响，进而影响整个催化反应。一般来说，吸附本身主要从两个方面影响催化作用。一是吸附速率，吸附速率越高，在单位时间内为表面反应提供的反应物越多，对催化反应有利。反之，对催化反应不利。二是吸附强度，吸附强度过大，则形成的表面化合物稳定性高，从而使表面反应难以进行。若吸附强度过小，则被吸附分子重新脱附回到气相中的几率增加，减小了表面化合物的浓度，从而使表面反应减速。可见，吸附强度过大或过小都对催化反应不利。所以，一个好的催化剂，应该对反应物有较快的吸附速率，同时具有适中的吸附强度。

8.12 溶剂对反应速率的影响

溶液反应的机理一般比气相反应复杂。这是因为在处理气相反应时只需考虑反应物质分子间的相互作用，而溶液反应还必须同时考虑溶剂与反应物分子间的相互作用。这种作用经常会对反应速率产生影响，主要表现为改变速率系数。人们将溶剂对反应速率的这种影响叫做溶剂效应。

研究溶剂效应是溶液反应动力学的重要课题之一。研究溶剂效应一般采用以下两种方法：①对于同一个化学反应，将溶液反应与气相反应进行对比，但是既能在溶液中进行也能在气相中进行的反应为数不多；②将不同溶剂中的同一个化学反应进行对比。上述两种对比方法中，主要比较的参数是速率系数、活化能和指前因子。

根据溶剂在反应系统中发挥的不同作用，可将溶剂效应分为物理效应和化学效应。物理效应包括传能和传质作用、电离作用、介电作用、溶剂化作用。其中前者溶剂对反应物分子无特殊作用，溶剂单纯作为介质，而后三者溶剂与反应物分子有特殊作用。化学效应包括两种情况：一种是溶剂对反应具有催化作用，另一种是溶剂本身就是反应的反应物或产物。在通常情况下,所说的溶剂效应多指物理效应。

8.12.1 溶剂与反应物分子无特殊作用

大量研究结果表明,如果溶剂只起单纯的介质作用,即仅作为媒介传递反应物分子及其能量,则溶剂对反应速率影响很小。例如在 298K 时对 N_2O_5 分解反应

$$N_2O_5 \longrightarrow 2NO_2 + \frac{1}{2}O_2$$

进行了大量的动力学实验测定,结果如表 8-3 所示,其中 $\{A\}$ 表示指前因子 A 的数值。由表可以看出,在大多数溶剂中,N_2O_5 分解反应的速率系数、活化能和指前因子基本与气相中相同,即溶剂不影响反应速率。这个结果对许多既能在气相又能在溶液中进行的反应都是符合的。

表 8-3 298K 时 N_2O_5 分解反应的动力学参数

溶 剂	$k\times 10^5/s^{-1}$	$\lg\{A\}$	$E/(kJ \cdot mol^{-1})$
气相	3.38	13.6	103.3
四氯化碳	4.09	13.8	106.7
氯仿	3.72	13.6	101.3
硝基甲烷	3.13	13.5	102.5
溴	4.27	13.3	100.4

在溶液反应中,通常反应物分子处于溶剂分子的包围之中,即每个反应物分子周围几乎都是溶剂分子。与气体相比,溶液中的分子是高度密集的,而且分子间存在很强的相互作用。平均而言,两个液体分子的间隙要小于分子的碰撞直径。也就是说,一个反应物分子 A 就好像处在一个由溶剂分子围成的"笼子"中,A 分子在热运动时与周围溶剂分子反复碰撞。只有在以下两种情况下 A 才有可能从笼子中"逃出":一是 A 撞击的能量非常大,足以将两个相邻的溶剂分子撞开,而从它们的间隙中挤出;二是在 A 撞击的瞬间,撞击处的两个溶剂分子恰好分开一条通道。计算表明,对于正常溶剂(黏度约为 $10^{-3} kg \cdot m^{-1} \cdot s^{-1}$),A 分子在一个笼子中平均停留的时间可长达 $10^{-10} s$,在这段时间内它与笼子发生了数百次乃至上千次的碰撞。它一旦从一个笼子中逃出,经过扩散运动又掉落入另一个笼子中,又在那里停留同样数量级的时间。在动力学中,将溶液中分子碰撞行为的上述描述称为笼效应,它是溶液反应动力学的基本理论之一。

笼效应理论成功解释了"当溶剂对反应物分子无特殊作用时,溶剂不影响反应速率"的实验结果。例如,设反应 A＋B ⟶ P 既能在气相又能在溶液中进行,且

溶剂仅起介质作用。笼效应表明,在溶液中,虽然每一个 A(或 B)分子与远处的 B(或 A)分子相互碰撞的几率远低于气相中。但当一个 A 分子与一个 B 分子恰好落入同一个笼子时,它们将在这个笼子中发生频繁的反复碰撞多达数百次,使它们发生反应的几率很高,从而使得溶液反应的速率与气相反应相当。

8.12.2 溶剂与反应物分子有特殊作用

溶剂对反应物分子的作用包含丰富的内容,例如溶剂化作用、电离作用等,许多作用的内在原因非常复杂,有的至今还没完全搞清楚。这些特殊的相互作用,对许多溶液反应(特别是有离子参与的反应)的速率产生明显的影响。例如,产生季胺盐的反应

$$(C_2H_5)_3N + C_2H_5I \longrightarrow (C_2H_5)_4NI$$

在几种不同溶剂中进行时的动力学参数如表 8-4 所示。由表可以看出,不同溶剂中的速率系数差别很大,进而可知,速率系数的差别主要是由活化能不同引起的。

表 8-4　373K 时反应 $(C_2H_5)_3N + C_2H_5I \longrightarrow (C_2H_5)_4NI$ 的动力学参数

溶　剂	$k \times 10^5/(dm^3 \cdot mol^{-1} \cdot s^{-1})$	$\lg\{A\}$	$E/(kJ \cdot mol^{-1})$
乙烷	0.5	4.0	66.9
甲苯	25.3	4.0	54.4
苯	39.8	3.3	47.7
硝基苯	138.3	4.9	48.5

有关溶剂效应的大量研究结果表明,溶液反应的速率主要受溶剂极性、溶剂化作用、溶剂介电常数和离子强度等 4 个因素的影响,以下分别予以扼要介绍。

8.12.2.1 溶剂极性的影响

不同物质的极性是不同的。根据"相似相溶"原理,溶剂的极性越大,对强极性的物质越有利。所以,若产物的极性大于反应物,则反应随溶剂极性增大而加快;反之,若反应物的极性大于产物,则反应随溶剂极性增大而变慢。比如在上述合成季胺盐的反应中,由于季胺盐有较强的极性,所以溶剂的极性越大反应越快。

8.12.2.2 溶剂化的影响

溶剂化是溶液中广泛存在的一种溶剂-溶质相互作用,例如水溶液中的离子多为水合离子。溶剂化是自发过程,会使能量降低,所以溶剂化程度越高,溶剂化产物的能量越低。可以想见,若过渡状态的溶剂化程度高于反应物,表明溶剂化以后

过渡状态的能量比反应物降低得更多,结果使反应的活化能降低,反应速率加快;反之,若反应物的溶剂化程度高于过渡状态,则反应的活化能升高,反应速率变慢。总之,溶剂化作用是通过改变反应活化能来影响反应速率的。

8.12.2.3 溶剂介电常数对离子反应的影响

不难理解,由于溶剂的介电作用能明显改变离子间的相互作用,所以必对离子间的反应产生影响。设将 A 和 B 两种离子间的反应写作

$$A^{z_A} + B^{z_B} \longrightarrow P \tag{8-70}$$

其中,P 代表反应的产物,z_A 和 z_B 分别代表离子 A 和 B 的价数,则该反应的速率系数 k 与溶剂介电常数 ε 之间的关系为

$$\ln\frac{k}{k_0} = -\frac{Le^2}{\varepsilon RTa} z_A z_B \tag{8-71}$$

式中,L 和 e 分别为 Avogadro 常数和单位电荷电量;a 为离子的直径;k_0 为参考态(即无限稀释溶液)时反应的速率系数,k_0 是一个只与温度有关的常数。为了更清楚地理解溶剂的介电作用对反应速率的影响,将式(8-71)两端对 ε 微分,得

$$\left(\frac{\partial \ln\{k\}}{\partial \varepsilon}\right)_T = \frac{Le^2}{\varepsilon^2 RTa} z_A z_B \tag{8-72}$$

此式表明,如果 z_A 和 z_B 同号(即两种反应离子同为正离子或者同为负离子),则反应随溶剂介电常数 ε 增大而加快;反之,若 z_A 和 z_B 异号,则反应随溶剂介电常数 ε 增大而变慢。

8.12.2.4 离子强度对离子反应的影响

溶液的离子强度明显影响离子间的相互作用,所以会影响离子间的反应。如果式(8-70)所表示的离子反应是在稀薄溶液中进行的,则该反应的速率系数 k 与离子强度 I 之间的关系为

$$\ln\frac{k}{k_0} = C z_A z_B \sqrt{I} \tag{8-73}$$

其中 k_0,z_A 和 z_B 的物理意义与式(8-71)中相同,C 是只与温度有关的常数。式(8-73)表明,若 z_A 和 z_B 同号,则反应随离子强度增大而加快;反之,若 z_A 和 z_B 异号,反应随离子强度增大而变慢。因为在工业生产和实验室里经常采用加盐的方法来调整溶液的离子强度,从而改变反应速率,此时将上述规律称为盐效应。显然,如果反应物中只要有一种不是离子,则反应速率与离子强度无关。

8.13 光化学反应

自然界一部分化学反应是在光的作用下进行的,例如植物的光合作用等,称为光化学反应。研究光化学反应规律的学科称为光化学,是物理化学的一个重要分支学科。光的照射是光化学反应发生的基本条件,如果撤掉光源,光化学反应将立刻停止。光化学反应有自己特殊的规律,为了便于讨论,将本书其他各章节所讨论的反应称为热化学反应。但是同一个化学反应,有可能既是光化学反应也是热化学反应,例如 HI 分解反应 $2HI \longrightarrow H_2 + I_2$,若在光照条件下进行,是光化学反应;若在加热条件下进行则是热化学反应。但在上述两种情况下,它们的机理不同,所遵循的规律也不同。本节主要介绍光化学反应与热化学反应的区别,有些内容并不属于动力学的范畴。

8.13.1 光化学基本定律

8.13.1.1 光化学第一定律

光化学第一定律也叫做 Grotthus-Draper 定律,它是 19 世纪在实验基础上提出来的,表述为:只有被吸收的光才能引起光化学反应。意思是说,照射反应系统时,其中反射和透射的那部分光对反应来说是无效的,只有被反应物吸收的光才可能引起反应。

8.13.1.2 光化学第二定律

光化学第二定律也称为 Einstein 光化学当量定律,它是 20 世纪初提出来的,实际上是第一定律的继续,表述为:在光化学反应的初级过程中,一个反应物分子吸收一个光子而被活化。它详细描述了光化学反应开始步骤的具体细节,即光化学反应是从反应物吸收光子开始的,而且一个反应物分子只吸收一个光子,结果使反应物分子变成活化分子(电子处在激发态的分子)。通常用 $h\nu$ 代表一个光子,实际上是一个光子的能量(h 是 Planck 常数,ν 是光的振动频率),于是光化学第二定律可以写作

$$A + h\nu \longrightarrow A\cdot$$

其中 A 是反应物分子,A· 是活化分子。与 A 相比,A· 除了具有富能特点以外,还有更强的反应性能。

根据光化学第二定律,要活化 1mol 反应物,需要吸收 1mol 光子。若以 c 代表光速,以 λ 代表光的波长,L 代表 Avogadro 常数,则 1mol 光子的能量为

$$h\nu L = \frac{hcL}{\lambda}$$

$$= \frac{6.626 \times 10^{-34} \times 3 \times 10^8 \times 6.023 \times 10^{23}}{\lambda/\mathrm{m}} \mathrm{J \cdot mol^{-1}} = \frac{0.1196}{\lambda/\mathrm{m}} \mathrm{J \cdot mol^{-1}}$$

通常将 1mol 光子的能量称为 1Einstein，由此可看出，不同波长的光其 Einstein 值不同。

为了度量所吸收的光子对光化学反应所起的作用，引入量子产率的概念，量子产率 ϕ 的定义为

$$\phi = \frac{\text{起反应的反应物分子数}}{\text{吸收的光子数}} \tag{8-74}$$

8.13.1.3 Beer-Lambert 定律

该定律描述溶液中某物质对光的吸收情况，设吸收光的物质在溶液中的浓度为 c，溶液厚度为 l，入射光强度为 I_0，透射光强度为 I，见图 8-10。Beer-Lambert 定律可表示为

$$I = I_0 \exp(-\varepsilon lc) \tag{8-75a}$$

其中，I_0 代表 1s 内入射到 $1\mathrm{m}^3$ 溶液中光子的量，I 的意义可以类推。I_0 和 I 的单位为 $\mathrm{mol \cdot m^{-3} \cdot s^{-1}}$；$\varepsilon$ 称为吸光系数，单位为 $\mathrm{m^2 \cdot mol^{-1}}$，$\varepsilon$ 值与系统的种类、温度和入射光的波长有关。

设溶液所吸收的光为 I_a，即 $I_a = I_0 - I$，则 Beer-Lambert 定律还可以表示成

图 8-10 式(8-75a)中各量的意义

$$I_a = I_0 [1 - \exp(-\varepsilon lc)] \tag{8-75b}$$

由此可以看出，若保持入射光强度及溶液厚度不变，则吸光物质的浓度越大，吸收的光就越多；若保持入射光强度及溶液浓度不变，则液层越厚，吸收的光就越多。

8.13.2 光化学反应的特点

光化学反应是通过从环境吸收光来进行的，从能量角度来说，系统吸收光时从环境中获得了能量。由热力学中关于功的定义，在光的作用下系统与环境之间传递的这部分能量应该叫功，而且是非体积功。因此，光化学反应是在环境做非体积功的条件下进行的过程，这一点决定了光化学反应具有如下特点：

(1) 光化学反应不遵守 Gibss 函数减少原理

由热力学第二定律可知，在等温、等压下发生的过程服从如下关系

$$\Delta G \leqslant -W'$$

其中 < 代表不可逆过程,即实际有可能发生的过程。所以,对实际进行的光化学反应 $0 = \sum_B \nu_B B$,上式为

$$\Delta_r G_m < -W' \tag{8-76}$$

此处 W' 是系统吸收光时从外界获得的非体积功,据本书关于功符号的规定,$W' < 0$,即 $-W' > 0$,所以 $-W'$ 具有正值,于是式(8-76)的意义为:光化学反应的 $\Delta_r G_m$ 小于某个正数。因此光化学反应的 $\Delta_r G_m$ 可能小于零,也可能大于零或等于零。事实已经证明,有些 $\Delta_r G_m > 0$ 的反应,虽然在通常情况下不可能进行,但在有光照的条件下却是可行的。例如植物中的光合作用就是 Gibss 函数增加的反应。

(2) 光化学反应的速率受温度影响较小

由于光化学反应所需的活化能来自于吸收光,而不依赖于分子间的激烈碰撞,所以它的速率受温度的影响不大。由经验规则知,温度每升高 10K,一般热化学反应的速率系数增加 2~4 倍,而光化学反应的速率系数增加不超过 2 倍。所以,Arrhenius 公式不适用于光化学反应。

(3) 光化学反应的动力学性质和平衡性质都与光的波长和强度有关

由于光化学反应的这个特点,通常用于热化学反应的动力学和热力学处理方法,一般不可简单套用在光化学反应上。下面我们分别介绍这方面的问题。

8.13.3 光化学反应的速率方程

光化学反应的速率方程同样靠实验测定。测定结果表明,光化学反应的速率与所吸收光的波长和强度有关。在一次实验中,一般只用具有一定波长的光,此时速率方程中总是含有吸光强度 I_a。这主要是由于初级反应与光有关所致。所以要确定一个光化学反应的机理,其任务之一就是确定初级反应。通常,原子或分子光谱是帮助确定初级反应的有力实验工具。在 8.7.6 节所介绍的推测反应机理的基本方法同样适用于光化学反应。

由光化学反应的机理推导速率方程时,所用的方法与 8.7.5 节所介绍的方法基本相同,所不同的是初级反应的速率只取决于光强度 I_a(当光的波长确定时)且与 I_a 成正比。例如,在 $\lambda = 25.4 \times 10^{-10}$ m 时 HI 的光解反应 $2HI \xrightarrow{h\nu} H_2 + I_2$ 的机理为

$$HI + h\nu \xrightarrow{k_1} H \cdot + I \cdot \tag{1}$$

$$H \cdot + HI \xrightarrow{k_2} H_2 + I \cdot \tag{2}$$

$$2I \cdot \xrightarrow{k_3} I_2 \tag{3}$$

由于初级反应(1)中消耗 HI 的速率为 $k_1 I_a$,其中速率系数 k_1 与光的波长有关;反应(2)中消耗 HI 的速率为 $k_2 [H \cdot][HI]$,所以 HI 的消耗速率为

$$-\frac{d[HI]}{dt} = k_1 I_a + k_2 [H\cdot][HI] \tag{8-77}$$

为了用容易测量的量表示[H·],利用稳态假设:

$$\frac{d[H\cdot]}{dt} = k_1 I_a - k_2 [H\cdot][HI] = 0$$

解得

$$k_2 [H\cdot][HI] = k_1 I_a$$

将此结果代入方程(8-77),得

$$-\frac{d[HI]}{dt} = 2k_1 I_a$$

所以 HI 光解反应 $2HI \xrightarrow{h\nu} H_2 + I_2$ 的速率为

$$-\frac{1}{2}\frac{d[HI]}{dt} = k_1 I_a$$

这表明,此反应的速率只决定于吸光强度,且与其成正比。这与实验结果是一致的。对于其他光化学反应,虽然反应速率与光强度未必是正比关系,速率方程中还可能含有多种物质的浓度,但反应速率与光的波长和强度有关是它们的共同特征。

8.13.4 光化学平衡

在对峙反应中,若反应的一方或双方是光化学反应,则该平衡就称为光化学平衡。在一定条件下反应达光化学平衡①时,系统的组成不再随时间而变化。例如,在苯溶液中存在光化学平衡

$$2C_{14}H_{10} \underset{k_2}{\overset{h\nu, k_1}{\rightleftharpoons}} C_{28}H_{20}$$

其中正反应是光化学反应,速率为 $r_1 = k_1 I_a$;逆反应是热化学反应,速率为 $r_2 = k_2 [C_{28}H_{20}]$。当达平衡时,正、逆反应的速率相等,即

$$k_1 I_a = k_2 [C_{28}H_{20}]^{eq}$$

于是得

$$[C_{28}H_{20}]^{eq} = \frac{k_1}{k_2} I_a \tag{8-78a}$$

其中 $[C_{28}H_{20}]^{eq}$ 是产物的平衡浓度。设反应由纯反应物开始且其初始浓度为 a,则反应物的平衡浓度 $[C_{14}H_{10}]^{eq} = a - 2[C_{28}H_{20}]^{eq}$,即

---

① 其实此时系统所处的状态并非平衡态,而叫做光稳定状态。为了方便本书不再区别它们。

$$[C_{14}H_{10}]^{eq} = a - \frac{2k_1}{k_2}I_a \tag{8-78b}$$

根据平衡常数的物理意义①

$$K^{\ominus} = \frac{[C_{28}H_{20}]^{eq}/c^{\ominus}}{([C_{14}H_{10}]^{eq}/c^{\ominus})^2}$$

将式(8-78a)和式(8-78b)代入,整理后得

$$K^{\ominus} = \frac{k_1 k_2 c^{\ominus} I_a}{(k_2 a - 2k_1 I_a)^2} \tag{8-79}$$

根据以上推导结果,可以得出如下结论:

(1) 式(8-78a)和(8-78b)表明,光化学反应的平衡浓度与光的波长和强度有关。进一步说,光的波长和强度影响平衡组成。若用一定波长的光照射某反应系统,改变光强度会使平衡移动。

(2) 式(8-79)表明,光化学反应的平衡常数与光的波长和强度有关。即使光的波长不变,光强度改变时 $K^{\ominus}$ 也将发生变化。因此,光化学反应的平衡常数不只是温度的函数。

(3) 由于 $\Delta_r G_m^{\ominus}$ 只与温度有关,而 $K^{\ominus}$ 并非只与温度有关,所以对于光化学反应

$$\Delta_r G_m^{\ominus} \neq -RT\ln K^{\ominus} \tag{8-80}$$

(4) 可以验证,在 8.5.2 节中讨论的式(8-28)不适用于光化学反应。即对于光化学反应

$$\frac{k_1}{k_2} \neq K^{\ominus}(c^{\ominus})^{\Sigma\nu_B} \tag{8-81}$$

$$\frac{k_1}{k_2} \neq K^{\ominus}\left(\frac{p^{\ominus}}{RT}\right)^{\Sigma\nu_B} \tag{8-82}$$

由以上讨论可以看出,光化学反应是一类特殊的化学反应,不论在动力学方面还是热力学方面,热化学反应的许多处理方法都不适用于光化学反应。

本章基本学习要求

1. 准确掌握如下基本概念:反应速率、元反应、反应分子数、反应级数、速率系数、活化能、催化剂。

2. 熟记具有简单级数化学反应的动力学特点。掌握讨论反应的动力学特点

---

① 严格说式中的 $K^{\ominus}$ 不是平衡常数,而是光稳定状态时的相对浓度积,本书仍使用了"平衡常数"的名称。

的方法。了解如何由实验数据确定反应级数和速率系数。

3. 掌握温度对反应速率的影响——Arrhenius 公式。
4. 理解活化能及其对反应速率的影响。
5. 理解对峙反应、平行反应和连续反应的特点。
6. 掌握由反应机理推导反应速率方程的一般方法。
7. 了解催化剂和溶剂对反应速率的影响。

参 考 文 献

1. 韩德刚,高盘良. 化学动力学基础. 北京:北京大学出版社,1987
2. 罗渝然,高盘良. 化学动力学进入微观层次. 化学通报,1986,(8):56
3. 罗渝然,高盘良. 关于反应机理. 化学通报,1986,(10):50
4. 高盘良,赵新生. 过渡态实验研究的进展. 大学化学,1993,8(4):1
5. 陶克毅,臧雅如. 求取反应速率的几种数学方法. 化学通报,1985,(5):44
6. Nash John J, Smith Paul E. The "Collisions Cube" Molecular Dynamics Simulator. J Chem Educ,1995,72(9):805

思考题和习题

思考题

1. 根据质量作用定律写出下列元反应的反应速率表示式。在每一个反应中，A 与 B 的消耗速率是否相等？A 的消耗速率与 P 的生成速率是否相等？

(1) $A+B \xrightarrow{k} 2P$；

(2) $2A+B \xrightarrow{k} 2P$。

2. 在一定条件下,某反应无论反应物初始浓度为多少,在相同时间内反应物的消耗百分数为定值,该反应为几级反应？

3. 某气相二级反应的速率系数 k_2 为 $1.0 \text{mol}^{-1} \cdot \text{m}^3 \cdot \text{s}^{-1}$,若用单位 $\text{Pa}^{-1} \cdot \text{s}^{-1}$ 时,k_2 的值为多少？

4. 两个反应的指前因子相同而活化能不同,在指定温度和浓度下,活化能大的反应速率大,还是活化能小的反应速率大？若温度都由 T_1 升高到 T_2,哪个反应速率增大更多？

5. 判断下列说法是否正确：

(1) 元反应的级数与反应分子数相同,元反应的级数都是正整数,具有简单级数的反应都是元反应；

(2) 对于等温等压下 $W'=0$ 的化学反应，$\Delta_r G_m$ 的绝对值越大，反应速率越快；

(3) 选择合适的催化剂，可以加快正反应速率，并使反应的平衡常数增大；

(4) 对某个反应，当改变反应器的材料、形状、大小或添加不同催化剂，而其他条件不变时，反应的级数不会改变。

6. 某反应速率系数 k 与各元反应的速率系数的关系为 $k=k_2(2k_1/k_3)^{1/2}$，则该反应的表观活化能、指前因子与各元反应的活化能、指前因子间有何关系？

7. 溴和丙酮在水溶液中发生如下反应：

$$CH_3COCH_3(aq) + Br_2(aq) \longrightarrow CH_3COCH_2Br(aq) + HBr(aq)$$

实验得出其动力学方程对 Br_2 为零级，所以 Br_2 仅起催化剂的作用。此说法对吗？

8. 有如下平行反应：

$k_1, A_1, E_1; k_2, A_2, E_2$ 分别为两个反应的速率系数、指前因子和实验活化能。已知在某温度下 $k_1<k_2$，且 $A_1<A_2, E_1<E_2$，能否通过改变反应温度使 $k_1>k_2$？若 $A_1>A_2, E_1>E_2$，情况又怎样？

习题

1. 某一级反应，若反应物消耗一半需 20min，那么反应物消耗 25%、75% 各需多少时间？

（答案：8.3min，40min）

2. 593K 时，气相反应 $SO_2Cl_2 \Longrightarrow SO_2 + Cl_2$ 的速率系数 $k=2.0\times10^{-5}\ s^{-1}$，试问在该温度下反应 2h 后，$SO_2Cl_2$ 的分解分数是多少？

（答案：13.4%）

3. 某溶液反应 $A+B\longrightarrow C$，开始时 A 与 B 的物质的量相等，没有 C，1h 后 A 反应掉 75%，试问 2h 后还有多少 A 尚未反应？假设该反应：

(1) 对 A 为 1 级，对 B 为 0 级；

(2) 对 A，B 皆为 1 级；

(3) 对 A，B 皆为 0 级。

（答案：6.25%；14.28%；0）

4. 放射性污水含有 $2Ci\cdot dm^{-3}$ 的 ^{60}Co 和 $2mCi\cdot dm^{-3}$ 的 ^{45}Ca，只有该污水放射性物质总量不超过 $20\mu Ci\cdot dm^{-3}$ 时，才能排放。若 ^{60}Co 的半衰期为 10.7min，^{45}Ca 的半衰期为 152d(天)，求该污水贮藏多少天后方能排出？

（答案：1010d）

5. 如反应物的起始浓度为 a，反应的级数为 n（且 $n \neq 1$），证明其半衰期表示式为（式中 k 为速率系数）：

$$t_{1/2} = \frac{2^{n-1}-1}{a^{n-1}k(n-1)}$$

6. 603K 时，在密闭的容器中盛有 1,3-丁二烯，其二聚反应为 $2C_4H_6(g) \rightarrow C_8H_{12}(g)$，在不同时刻测得容器的压力如下：

t/min	0	3.25	12.18	24.55	42.50	68.05
p/kPa	84.26	82.46	77.89	72.86	67.90	63.28

试用积分法求反应级数和速率系数。

（答案：$2, 8.66 \times 10^{-5} \text{min}^{-1} \cdot \text{kPa}^{-1}$）

7. 气相二级反应 $2A \rightarrow B$，反应开始时容器中没有 B 且压力为 p_0，试推导：
(1) 反应系统的总压 p 与时间的关系式；
(2) 半衰期与初始压力 p_0 的关系。

8. 某一级反应 $R \rightarrow P$ 在 340K 时完成 20% 需时 3.2min，而在 300K 时完成 20% 需时 12.6min，估算反应的活化能。

（答案：$29.06 \text{kJ} \cdot \text{mol}^{-1}$）

9. 在乙醇溶液中进行如下反应：

$$C_2H_5I + OH^- \Longrightarrow C_2H_5OH + I^-$$

测得不同温度下速率系数 k 值如下：

T/K	288.98	305.17	332.90	363.76
$k \times 10^3 / \text{dm}^3 \cdot \text{mol}^{-1} \cdot \text{s}^{-1}$	0.0503	0.368	6.71	119

求该反应的活化能。

（答案：$90.82 \text{kJ} \cdot \text{mol}^{-1}$）

10. 环氧乙烷的热分解是一级反应，在 651K 时，此反应的半衰期为 365min，反应的活化能是 $219.2 \text{kJ} \cdot \text{mol}^{-1}$，试估计环氧乙烷在 723K 时分解 75% 所需的时间。

（答案：12.94min）

11. 石灰法生产氯仿的工业废水常用水解-絮凝-生化法处理。水解反应为

$$CHCl_3 + 4NaOH \Longrightarrow HCOONa + 3NaCl + 2H_2O$$

由如下实验数据，求水解反应的级数和表观活化能。

t/min		0	10	20	30	40	50	60
$c(CHCl_3)$/mg·dm^{-3}	(363K)	95	65	46	33	20	12	9
	(359K)	144	107	81	64	48	34	25

(答案：1,79.3kJ·mol^{-1})

12. 对水中溶解的臭氧分解反应研究表明，该反应对臭氧的分级数为 1，同时还与溶液的 pH 值有关，若速率方程可以表示为

$$r = kc(O_3) = k'c(O_3)a^\alpha$$

其中 a 为 OH$^-$ 的活度，由 283K 时的下列实验数据求 $k'(283K)$ 及 α 值。

pH	5.91	6.98
$k \times 10^3$/s^{-1}	0.42	0.71

(答案：2.2×10^{-2} s^{-1}, 0.21)

13. 已知在一定温度范围内反应 A ⟶ B+C 的速率系数与温度的关系为

$$\lg(k/\text{min}^{-1}) = \frac{-4000}{T/K} + 7.0$$

(1) 求该反应的活化能。

(2) 若需在 30s 时 A 反应掉 50%，问反应温度应控制在多少？

(答案：76.6kJ·mol^{-1}, 583K)

14. 若某反应的速率方程可写为 $r = kc_A^\alpha c_B^\beta c_C^\gamma$,

(1) 由下列实验数据求反应级数和速率系数 k：

序号	r/(10^{-5} mol·dm^{-3}·s^{-1})	c_A/(mol·dm^{-3})	c_B/(mol·dm^{-3})	c_C/(mol·dm^{-3})
1	5.0	0.010	0.005	0.010
2	5.0	0.010	0.005	0.015
3	2.5	0.010	0.010	0.010
4	14.1	0.020	0.005	0.010

(2) 有人推测反应的机理为

$$A \underset{k_{-1}}{\overset{k_1}{\rightleftharpoons}} 2Y \quad \text{(快速平衡)}$$

$$A + Y \underset{k_{-2}}{\overset{k_2}{\rightleftharpoons}} B + Z \quad \text{(快速平衡)}$$

$$Z \overset{k_3}{\longrightarrow} P \quad \text{(慢)}$$

Y，Z 为不稳定中间物，试由该机理推导反应的速率方程。该机理有可能是该反应

的机理吗？简述理由。

(答案：$1.5, -1, 0, 2.5 \times 10^{-4} (mol \cdot dm^{-3})^{0.5} \cdot s^{-1}$)

15. 已知等容气相反应：

$$A(g) \underset{k_2}{\overset{k_1}{\rightleftharpoons}} B(g) + C(g)$$

在 298K 时，$k_1 = 0.21 s^{-1}$，$k_2 = 5 \times 10^{-9} Pa^{-1} \cdot s^{-1}$。当温度升至 310K 时，$k_1$ 和 k_2 的值均增加 1 倍，试求：

(1) 298K 时标准平衡常数 $K^{\ominus}$；

(2) 正、逆反应的实验活化能；

(3) 298K 时反应的 $\Delta_r H_m^{\ominus}$；

(4) 在 298K 时，反应自压力为 $p^{\ominus}$ 的纯 A 开始，当容器压力升高至 $1.5 p^{\ominus}$ 时所需要的时间。

(答案：414.5；$44.36 kJ \cdot mol^{-1}$，$46.89 kJ \cdot mol^{-1}$；0；$3.3s$)

16. 某对峙溶液反应：

$$A \underset{k_{-1}}{\overset{k_1}{\rightleftharpoons}} B$$

在指定温度下，$k_1 = 0.006 min^{-1}$，$k_{-1} = 0.002 min^{-1}$，如果起初反应系统中仅有纯 A，试问

(1) 达到 A 和 B 浓度相等时需多少时间？

(2) 100min 时，A 与 B 的浓度比为多少？

(答案：137min，1.42)

17. 用碘作催化剂，氯苯与氯在 CS_2 溶液中有如下平行反应：

$$C_6H_5Cl + Cl_2 \begin{array}{c} \overset{k_1}{\longrightarrow} HCl + 邻\text{-}C_6H_4Cl_2 \\ \overset{k_2}{\longrightarrow} HCl + 对\text{-}C_6H_4Cl_2 \end{array}$$

当温度和碘的浓度都一定时，C_6H_5Cl 及 Cl_2 在 CS_2 溶液中的起始浓度均为 $0.5 mol \cdot dm^{-3}$，30min 后有 15% 的 C_6H_5Cl 转变为邻-$C_6H_4Cl_2$，25% 的 C_6H_5Cl 转变为对-$C_6H_4Cl_2$，试计算 k_1 和 k_2。

(答案：1.67×10^{-2}；$2.78 \times 10^{-2} mol^{-1} \cdot dm^3 \cdot min^{-1}$)

18. 乙醛的离解反应 $CH_3CHO \longrightarrow CH_4 + CO$ 的机理如下：

$$CH_3CHO \overset{k_1}{\longrightarrow} CH_3 \cdot + CHO$$

$$CH_3 \cdot + CH_3CHO \overset{k_2}{\longrightarrow} CH_4 + CH_3CO \cdot$$

$$CH_3CO \cdot \overset{k_3}{\longrightarrow} CH_3 \cdot + CO$$

$$2CH_3 \cdot \xrightarrow{k_4} C_2H_6$$

用稳态处理法导出反应的速率方程：

$$\frac{d[CH_4]}{dt} = k_2 \left(\frac{k_1}{2k_4}\right)^{1/2} [CH_3CHO]^{3/2}$$

19. 光气的热分解反应为 $COCl_2 = CO + Cl_2$，该反应分如下3步完成：

$$Cl_2 \underset{k_{-1}}{\overset{k_1}{\rightleftharpoons}} 2Cl \qquad (1)$$

$$Cl + COCl_2 \xrightarrow{k_2} CO + Cl_3 \qquad (2)$$

$$Cl_3 \underset{k_{-3}}{\overset{k_3}{\rightleftharpoons}} Cl_2 + Cl \qquad (3)$$

其中反应(2)为决速步，(1)和(3)是快速对峙反应，试证明反应的速率方程为

$$\frac{d[CO]}{dt} = k_2 \left(\frac{k_1}{k_{-1}}\right)^{1/2} [COCl_2][Cl_2]^{\frac{1}{2}}$$

20. 乙烷裂解反应由以下步骤构成：

$$C_2H_6 \xrightarrow{k_1} 2CH_3 \cdot \qquad\qquad E_1 = 351.5 \text{kJ} \cdot \text{mol}^{-1}$$

$$CH_3 \cdot + C_2H_6 \xrightarrow{k_2} CH_4 + C_2H_5 \cdot \qquad E_2 = 33.5 \text{kJ} \cdot \text{mol}^{-1}$$

$$C_2H_5 \cdot \xrightarrow{k_3} C_2H_4 + H \cdot \qquad\qquad E_3 = 167.4 \text{kJ} \cdot \text{mol}^{-1}$$

$$H \cdot + C_2H_6 \xrightarrow{k_4} H_2 + C_2H_5 \cdot \qquad E_4 = 309.6 \text{kJ} \cdot \text{mol}^{-1}$$

$$H \cdot + C_2H_5 \cdot \xrightarrow{k_5} C_2H_6 \qquad\qquad E_5 = 0$$

(1) 导出 $-\dfrac{d[C_2H_6]}{dt} = \left(\dfrac{k_1 k_3 k_4}{k_5}\right)^{1/2} [C_2H_6]$；

(2) 试求乙烷裂解反应的活化能 E。

(答案：$414.25 \text{kJ} \cdot \text{mol}^{-1}$)

21. 下述几个反应，若增加溶液的离子强度，是否会影响反应的速率系数（如果会影响，指出 k 是增大、减小或不变）？

(1) $NH_4^+ + CNO^- \longrightarrow CO(NH_2)_2$；

(2) 酯的皂化作用；

(3) $S_2O_8^{2-} + I^- \longrightarrow$ 生成物。

22. 用波长为 3.13×10^{-7} m 的单色光照射气态丙酮，发生以下分解反应：

$$(CH_3)_2CO + h\nu \longrightarrow C_2H_6 + CO$$

若反应池的容量为 $5.9 \times 10^{-5} \text{m}^3$，丙酮吸收入射光的 91.5%。在反应过程中，得到下列数据：反应温度为 840.2K，照射时间 7h，起始压力为 102.165kPa，终了压

力为 104.418kPa，入射光能量为 $48.1×10^{-4}$ J·s^{-1}，计算此反应的量子产率。

(答案：6.56%)

23. C_2H_2(g)的热分解反应是二级反应，其活化能为 190.4kJ·mol^{-1}，分子直径为 $5×10^{-10}$ m。试计算：

(1) 800K，101 325Pa 时，在单位时间(s)单位体积(dm^3)内起作用的分子数；

(2) 该反应的 k(单位用 m^3·mol^{-1}·s^{-1})。

(答案：$4.6×10^{19}$ dm^{-3}·s^{-1}；$1.6×10^{-4}$ m^3·mol^{-1}·s^{-1})

24. 实验测得 N_2O_5 分解反应在不同温度时的速率系数如下：

$t/℃$	25	35	45	55	65
$k×10^5/s^{-1}$	1.72	6.65	24.95	75.0	240

试计算：

(1) 公式 $k=A\exp\left(-\dfrac{E}{RT}\right)$ 中的 A 和 E 的值；

(2) 在 50℃ 时的 $\Delta^{\neq}S_m$，$\Delta^{\neq}H_m$ 和 $\Delta^{\neq}G_m$。

(答案：$1.95×10^{13}$ s^{-1}，103kJ·mol^{-1}；3.0J·K^{-1}·mol^{-1}，101kJ·mol^{-1}，100kJ·mol^{-1})

25. 丁二烯的气相二聚反应的活化能为 100.249kJ·mol^{-1}，其速率系数与温度的关系为

$$k/(\text{m}^3·\text{mol}^{-1}·\text{s}^{-1}) = 9.2×10^3 \exp\left(-\dfrac{100\,249\text{J}·\text{mol}^{-1}}{RT}\right)$$

(1) 已知 $\Delta^{\neq}S_m=-60.79$ J·K^{-1}·mol^{-1}，用过渡状态理论计算 600K 时反应的指前因子，并与实验值进行比较；

(2) 假定碰撞直径 $d=5×10^{-10}$ m，用碰撞理论计算 600K 时的指前因子。

(答案：$6.16×10^7$ m^3·mol^{-1}·s^{-1}，$1.69×10^7$ m^3·mol^{-1}·s^{-1})

附 录

附录 1　书中部分物理量、聚集状态、单位的名称和符号

1. 物理常数

Avogadro 常数	$L = 6.023 \times 10^{23}\,\mathrm{mol}^{-1}$
光速	$c = 2.997\,925 \times 10^{8}\,\mathrm{m \cdot s^{-1}}$
单位电荷	$e = 1.602\,19 \times 10^{-19}\,\mathrm{C}$
Faraday 常数	$F = 96\,484.6\,\mathrm{C \cdot mol^{-1}}$
Planck 常数	$h = 6.6262 \times 10^{-34}\,\mathrm{J \cdot s}$
Boltzmann 常数	$k = 1.3806 \times 10^{-23}\,\mathrm{J \cdot K^{-1}}$
摩尔气体常数	$R = 8.314\,\mathrm{J \cdot mol^{-1} \cdot K^{-1}}$

2. 聚集状态

状态名称	符号	状态名称	符号
气体	g	无限稀薄溶液	∞（上标）
液体	l	固溶体	α, β, γ, ⋯
固体	s	纯态	*（上标）
溶液	sln	标准状态	⊖（上标）
水溶液	aq		

3. 物理量和分子参数

量的名称	符号	单位
Helmholtz 函数	A	J
相对原子质量（原子量）	A_r	1
表面积	A	m^2
比表面	A_m	$\mathrm{m^2 \cdot kg^{-1}}$
指前因子	A	与速率系数单位相同

续表

量的名称	符号	单位
电解质的活度	a	1
离子平均活度	$a_{\pm}$	1
物质 B 的活度	a_B	1
物质 B 的质量摩尔浓度	b_B	$mol \cdot kg^{-1}$
吸附系数	b	Pa^{-1}
离子平均浓度	$b_{\pm}$	$mol \cdot kg^{-1}$
独立组分数	C	1
等压热容	C_p	$J \cdot K^{-1}$
等容热容	C_V	$J \cdot K^{-1}$
物质 B 的物质的量浓度	c_B	$mol \cdot m^{-3}$
临界胶束浓度	CMC	$mol \cdot m^{-3}$
扩散系数	D	$m^2 \cdot s^{-1}$
分子 A(B) 的有效直径	$d_A(d_B)$	m
分子 A 和 B 的碰撞直径	d_{AB}	m
电池电动势	E	V
活化能	E	$J \cdot mol^{-1}$
电场强度	E	$V \cdot m^{-1}$
液接电势	E_l	V
膜电势	E_m	V
临界能	E_c	$J \cdot mol^{-1}$
分子间力	f	N
气体逸度	f	Pa
Gibbs 函数	G	J
电导	G	S
简并度	g	1
焓	H	J
Planck 常数	h	$J \cdot s$
分子的转动惯量	I	$kg \cdot m^2$
电流强度	I	A
离子强度	I	$mol \cdot kg^{-1}$
光强度	$I(I_a)$	$mol \cdot m^{-3} \cdot s^{-1}$
化学反应的活度积	J	1
转动量子数	j	1
电流密度	j	$A \cdot m^2$
标准平衡常数	$K^{\ominus}$	1
沸点升高常数	K_b	$K \cdot kg \cdot mol^{-1}$

续表

量的名称	符号	单位
冰点降低常数	K_f	$K \cdot kg \cdot mol^{-1}$
活化平衡常数	$K^{\neq}$	1
Boltzmann 常数	k	$J \cdot K^{-1}$
速率系(常)数	k	随反应级数而变
Henry 常数	k	Pa
Avogadro 常数	L	mol^{-1}
长度	l	m
摩尔质量	M	$kg \cdot mol^{-1}$
相对分子质量(分子量)	M_r	1
约化摩尔质量	M^*	$kg \cdot mol^{-1}$
粒子质量	m	kg
粒子数	N	1
物质的量	n	mol
反应级数	n	1
光的折射率	n	1
平动量子数	n	1
相数	P	1
压力	p	Pa
气体 B 的分压	p_B	Pa
热量	Q	J
分子配分函数	q	1
摩尔气体常数	R	$J \cdot K^{-1} \cdot mol^{-1}$
电阻	R	Ω
反应速率	r	$mol \cdot m^{-3} \cdot s^{-1}$
颗粒半径	r	m
熵	S	$J \cdot K^{-1}$
热力学温度	T	K
时间	t	s
摄氏温度	t	℃
离子 B 的迁移数	t_B	1
内能	U	J
电压	U	V
离子 B 的电迁移率	u_B	$m^2 \cdot s^{-1} \cdot V^{-1}$
体积	V	m^3
速度	v	$m \cdot s^{-1}$
振动量子数	v	1

续表

量的名称	符号	单位
功	W	J
物质 B 的质量分数	w_B	1
物质 B 的物质的量分数	$x_B(y_B)$	1
压缩因子	Z	1
电池反应的电荷数	z	1
离子 B 的价数	z_B	1
膨胀系数	α	K^{-1}
离解度	α	1
反应的分级数	$\alpha,\beta,\gamma,\cdots$	1
活度(逸度)系数	γ	1
表面张力	γ	$N \cdot m^{-1}$
密度	ρ	$kg \cdot m^{-3}$
电阻率	ρ	$\Omega \cdot m$
压缩系数	κ	Pa^{-1}
电导率	κ	$S \cdot m^{-1}$
物质 B 的化学势	μ_B	$J \cdot mol^{-1}$
渗透压	Π	Pa
物质 B 的化学计量数	ν_B	1
化学反应进度	ξ	mol
接触角	θ	度或弧度
表面覆盖度	θ	1
超电势	η	V
黏度	η	$Pa \cdot s$
电解质的摩尔电导率	Λ_m	$S \cdot m^2 \cdot mol^{-1}$
离子的摩尔电导率	λ	$S \cdot m^2 \cdot mol^{-1}$
光的波长	λ	m
介电常数	ε	1
电极电势	φ	V
量子产率	ϕ	1
溶液的表面吸附量	Γ	$mol \cdot m^{-2}$
表面吸附量(气-固吸附)	Γ	$mol \cdot kg^{-1}$(或 $m^3 \cdot kg^{-1}$)
电动电位	ζ	V
弛豫时间	τ	s

4. 化学反应及其他过程

名称	符号	单位
热	Q	J
等压热	Q_p	J
等容热	Q_V	J
功(体积功)	W	J
非体积功	W'	J
化学反应的摩尔内能变	$\Delta_r U_m$	$J \cdot mol^{-1}$
化学反应的摩尔焓变	$\Delta_r H_m$	$J \cdot mol^{-1}$
化学反应的摩尔熵变	$\Delta_r S_m$	$J \cdot K^{-1} \cdot mol^{-1}$
化学反应的摩尔 Gibbs 函数变	$\Delta_r G_m$	$J \cdot mol^{-1}$
标准生成焓	$\Delta_f H_m^\ominus$	$J \cdot mol^{-1}$
标准燃烧焓	$\Delta_c H_m^\ominus$	$J \cdot mol^{-1}$
标准生成 Gibbs 函数	$\Delta_f G_m^\ominus$	$J \cdot mol^{-1}$
混合内能变	$\Delta_{mix} U$	J
混合热(焓)	$\Delta_{mix} H$	J
混合熵	$\Delta_{mix} S$	$J \cdot K^{-1}$
混合 Gibbs 函数	$\Delta_{mix} G$	J
溶解热(焓)	$\Delta_{sol} H$	J
稀释热(焓)	$\Delta_{dil} H$	J
摩尔汽化热(焓)	$\Delta_l^g H_m$ (或 $\Delta_{vap} H_m$)	$J \cdot mol^{-1}$
摩尔升华热(焓)	$\Delta_s^g H_m$	$J \cdot mol^{-1}$
摩尔熔化热(焓)	$\Delta_s^l H_m$ (或 $\Delta_{fus} H_m$)	$J \cdot mol^{-1}$
摩尔超额焓	H_m^E	$J \cdot mol^{-1}$
摩尔超额熵	S_m^E	$J \cdot K^{-1} \cdot mol^{-1}$
摩尔超额 Gibbs 函数	G_m^E	$J \cdot mol^{-1}$
摩尔超额体积	V_m^E	$m^3 \cdot mol^{-1}$
活化焓	$\Delta^{\neq} H_m$	$J \cdot mol^{-1}$
活化熵	$\Delta^{\neq} S_m$	$J \cdot K^{-1} \cdot mol^{-1}$
活化 Gibbs 函数	$\Delta^{\neq} G_m$	$J \cdot mol^{-1}$

5. 量的单位符号

量的名称	单位名称	单位符号
长度	米	m
质量	千克	kg
	克	g
	吨	t
时间	秒	s
	分	min
	[小]时	h
	天	d
	年	a
电流	安[培]	A
热力学温度	开[尔文]	K
物质的量	摩[尔]	mol
力	牛[顿]	N
压力	帕[斯卡]	Pa
能量、功、热	焦[耳]	J
功率	瓦	W
电量	库[仑]	C
电位、电压、电动势	伏	V
电阻	欧[姆]	Ω
电导	西[门子]	S
摄氏温度	摄氏度	℃

6. 单位词头符号

所表示的因数	词头名称	词头符号
10^6	兆	M
10^3	千	k
10^{-1}	分	d
10^{-2}	厘	c
10^{-3}	毫	m
10^{-6}	微	μ
10^{-9}	纳	n

附录2 元素的相对原子质量表

相对原子质量标准 $A_r(^{12}C)=12$

元素符号	元素名称	相对原子质量	元素符号	元素名称	相对原子质量
Ac	锕	227.0278	Ga	镓	69.72
Ag	银	107.868	Gd	钆	157.25*
Al	铝	26.98154	Ge	锗	72.59*
Am	镅	(243)	H	氢	1.0079
Ar	氩	39.948*	He	氦	4.00260
As	砷	74.9216	Hf	铪	178.49*
At	砹	(210)	Hg	汞	200.59*
Au	金	196.9665	Ho	钬	164.9304
B	硼	10.81	I	碘	126.9045
Ba	钡	137.33	In	铟	114.82
Be	铍	9.01218	Ir	铱	192.22*
Bi	铋	208.9804	K	钾	39.0983*
Bk	锫	(247)	Kr	氪	83.80
Br	溴	79.904	La	镧	137.9055*
C	碳	12.011	Li	锂	6.941*
Ca	钙	40.08	Lr	铹	(260)
Cd	镉	112.41	Lu	镥	174.967*
Ce	铈	140.12	Md	钔	(258)
Ci	锎	(251)	Mg	镁	24.305
Cl	氯	35.453	Mn	锰	54.9380
Cm	锔	(247)	Mo	钼	95.94
Co	钴	58.9333	N	氮	14.0067
Cr	铬	51.996	Na	钠	22.98977
Cs	铯	132.9054	Nb	铌	92.9604
Cu	铜	63.546*	Nd	钕	144.24*
Dy	镝	162.50*	Ne	氖	20.149*
Er	铒	167.26*	Ni	镍	58.70
Es	锿	(254)	No	锘	(259)
Eu	铕	151.96	Np	镎	237.0482
F	氟	18.998403	O	氧	159994*
Fe	铁	55.847*	Os	锇	190.2
Fm	镄	(257)	P	磷	30.97376
Fr	钫	(223)	Pa	镤	231.0359

续表

元素符号	元素名称	相对原子质量	元素符号	元素名称	相对原子质量
Pb	铅	207.2	Sn	锡	118.69*
Pd	钯	106.4	Sr	锶	87.62
Pm	钷	(145)	Ta	钽	180.9479*
Po	钋	(209)	Tb	铽	158.9294
Pr	镨	140.9077	Tc	锝	(97)
Pt	铂	195.09*	Te	碲	127.60*
Pu	钚	(244)	Th	钍	232.0381
Ra	镭	226.0254	Ti	钛	47.90*
Rb	铷	85.4678*	Tl	铊	204.37*
Re	铼	186.207	Tm	铥	168.9342
Rh	铑	102.9055	U	铀	238.029
Rn	氡	(222)	V	钒	50.9415
Ru	钌	101.07*	W	钨	183.85*
S	硫	32.06	Xe	氙	131.30
Sb	锑	121.75*	Y	钇	88.9059
Sc	钪	44.9559	Yb	镱	173.04*
Se	硒	78.96*	Zn	锌	65.38
Si	硅	28.0855*	Zr	锆	91.22
Sm	钐	150.4			

各元素的相对原子质量数值的最后一位数字准确至±1,带星号(*)的准确至±3。括弧中的数值是放射性元素已知半衰期最长的同位素的原子质量数。

附录3 298.15K 时某些物质的 $\Delta_f H_m^\ominus$,$\Delta_f G_m^\ominus$,$S_m^\ominus$ 和 $C_{p,m}$

物 质	$\Delta_f H_m^\ominus$ / (kJ·mol^{-1})	$\Delta_f G_m^\ominus$ / (kJ·mol^{-1})	$S_m^\ominus$ / (J·mol^{-1}·K^{-1})	$C_{p,m}$ / (J·mol^{-1}·K^{-1})
Ag(s)	0	0	42.55	25.35
AgCl(s)	−127.07	−109.80	96.2	50.79
AgBr(s)	−99.50	−95.94	107.1	52.38
AgI(s)	−62.38	−66.32	114.2	54.43
AgNO$_3$(s)	−123.14	−32.17	140.9	93.05
AgCO$_3$(s)	−506.14	−437.14	167.4	112.13
Ag$_2$O(s)	−31.0	−11.2	121	65.86
Al(s)	0	0	28.3	24.4
Al$_2$O$_3$(α,刚玉)	−1676	−1582	50.92	79.04

物 质	$\Delta_f H_m^\ominus$ / (kJ·mol^{-1})	$\Delta_f G_m^\ominus$ / (kJ·mol^{-1})	$S_m^\ominus$ / (J·mol^{-1}·K^{-1})	$C_{p,m}$ / (J·mol^{-1}·K^{-1})
Br$_2$(l)	0	0	152.23	75.689
Br$_2$(g)	30.91	3.14	245.35	36.0
HBr(g)	−36.4	−53.43	198.59	29.14
Ca(s)	0	0	41.6	26.4
CaCO$_3$(s)	−1206.8	−1128.8	92.9	81.88
CaO(s)	−635.09	−604.2	40	42.80
Ca(OH)$_2$(s)	−986.59	−896.76	76.1	84.52
C(石墨)	0	0	5.740	8.527
C(金刚石)	1.897	2.900	2.38	6.1158
CO(g)	−110.52	−137.15	197.56	29.12
CO$_2$(g)	−393.51	−394.36	213.6	37.1
Cl$_2$(g)	0	0	222.96	33.91
Cl(g)	121.67	105.70	165.09	21.84
HCl(g)	−92.307	−95.299	186.80	29.1
Cu(s)	0	0	33.15	24.43
CuO(s)	−157	−130	42.63	42.30
Cu$_2$O(s)	−169	−146	93.14	63.64
HF(g)	−271	−273	173.67	29.13
Fe(s,α)	0	0	27.3	25.1
FeCl$_2$(s)	−341.8	−302.3	117.9	76.65
FeCl$_3$(s)	−399.5	−334.1	142	96.65
FeO(s)	−272	−244.3	53.97	48.12
Fe$_2$O$_3$(s)	−824.2	−742.2	87.40	103.8
Fe$_3$O$_4$(s)	−1118	−1015	146	143.4
FeSO$_4$(s)	−928.4	−820.9	108	100.6
H$_2$(g)	0	0	130.57	28.82
H(g)	217.97	203.26	114.60	20.786
H$_2$O(l)	−285.83	−237.18	69.91	75.291
H$_2$O(g)	−241.82	−228.59	188.72	33.58
H$_2$O$_2$(l)	−187.61	−118.11	102.26	82.30
H$_2$O$_2$(g)	−136.11	−105.48	232.88	43.14
Hg$_2$Cl$_2$(s)	−264.93	−210.66	195.81	101.67
HgCl$_2$(s)	−223.4	−176.6	144.3	73.81
HgO(s)	−90.71	−58.53	71.96	45.73
Hg$_2$SO$_4$(s)	−742.0	−623.9	200.7	132.00
I$_2$(s)	0	0	116.14	54.438

续表

物 质	$\Delta_f H_m^\ominus$ / (kJ·mol^{-1})	$\Delta_f G_m^\ominus$ / (kJ·mol^{-1})	$S_m^\ominus$ / (J·mol^{-1}·K^{-1})	$C_{p,m}$ / (J·mol^{-1}·K^{-1})
I$_2$(g)	62.438	19.36	260.6	36.9
I(g)	106.84	70.283	180.68	20.79
HI(g)	26.5	1.7	206.48	29.16
KCl(s)	−435.89	−408.32	82.68	51.51
KI(s)	−327.65	−322.29	104.35	55.06
KBr(s)	−392.17	−379.20	96.4	53.64
KNO$_3$(s)	−492.71	−393.13	132.93	96.27
K$_2$SO$_4$(s)	−1433.7	−1316.4	175.7	130.1
Mg(s)	0	0	32.5	23.89
MgCl$_2$(s)	−641.83	−592.3	89.5	71.30
MgO(s)	−601.83	−569.57	27	37.40
Mg(OH)$_2$(s)	−924.66	−833.75	63.14	77.03
MnO(s)	−384.93	−362.8	59.7	44.10
MnO$_2$(s)	−520.91	−466.1	53.1	54.02
Na(s)	0	0	51.0	28.41
Na$_2$CO$_3$(s)	−1131	−1048	136	110.50
NaHCO$_3$(s)	−947.7	−851.9	102	87.51
NaCl(s)	−411.0	−384.0	72.38	49.71
NaNO$_3$(s)	−466.68	−365.9	116	93.05
Na$_2$O(s)	−416	−377	72.8	
NaOH(s)	−426.73	−379.1	64.18	50.45
Na$_2$SO$_4$(s)	−1384.5	−1266.8	149.5	30.50
N$_2$(g)	0	0	191.5	29.12
NH$_3$(g)	−46.11	−16.5	192.3	35.1
NO(g)	90.25	86.57	210.65	29.84
NO$_2$(g)	33.2	51.30	240.0	37.2
HNO$_3$(g)	−135.1	−74.77	266.3	53.35
HNO$_3$(l)	−173.2	−79.91	155.6	
NH$_4$Cl(s)	−315.39	−203.89	94.6	84.10
(NH$_4$)$_2$SO$_4$(s)	−1195.8	−900.35	220.9	187.6
NH$_4$HCO$_3$(s)	−849.4	−666.1	121	29.35
O$_2$(g)	0	0	205.03	21.91
O(g)	249.17	231.75	160.95	39.2
O$_3$(g)	143	163	238.8	23.84
P(α,白磷)	0	0	41.1	
P(红磷)	−18	−12	22.8	21.2

续表

物 质	$\Delta_f H_m^\ominus$ / (kJ·mol^{-1})	$\Delta_f G_m^\ominus$ / (kJ·mol^{-1})	$S_m^\ominus$ / (J·mol^{-1}·K^{-1})	$C_{p,m}$ / (J·mol^{-1}·K^{-1})
PCl$_3$(g)	−287	−268	311.7	71.84
PCl$_5$(g)	−375	−305	364.5	112.8
H$_3$PO$_4$(s)	−1279	−1119	110.5	106.1
PbO(s)	−219.2	−180.3	67.8	
PbSO$_4$(s)	−918.4	−811.24	147.3	104.2
S(正交)	0	0	31.8	22.6
S(g)	278.81	238.28	167.71	23.67
H$_2$S(g)	−20.6	−33.6	205.7	34.2
SO$_2$(g)	−296.83	−300.19	248.1	39.9
SO$_3$(g)	−395.7	−371.1	256.6	50.67
H$_2$SO$_4$(l)	−813.989	−690.101	156.90	138.9
Si(s)	0	0	18.8	20.0
SiO$_2$(石英)	−910.94	−856.67	41.84	44.43
SiO$_2$(s,无定形)	−903.49	−850.73	46.9	44.4
Zn(s)	0	0	41.6	25.4
ZnCO$_3$(s)	−394.4	−731.57	82.4	79.71
ZnCl$_2$(s)	−415.1	−369.43	111.5	71.34
ZnO(s)	−348.3	−318.3	43.64	40.3
CH$_4$(g)甲烷	−74.81	−50.75	187.9	35.31
C$_2$H$_6$(g)乙烷	−84.68	−32.9	229.5	52.63
C$_3$H$_8$(g)丙烷	−103.8	−23.5	269.9	73.51
C$_4$H$_{10}$(g)正丁烷	−124.7	−15.7	310.0	98.78
C$_2$H$_4$(g)乙烯	52.26	68.12	219.5	43.56
C$_3$H$_6$(g)丙烯	20.4	62.72	266.9	63.89
C$_2$H$_2$(g)乙炔	226.7	209.2	200.8	43.93
C$_3$H$_6$(g)环丙烷	53.3	104.4	237.4	55.94
C$_6$H$_6$(l)苯	48.66	123.0	173.3	135.1
C$_6$H$_6$(g)苯	82.93	129.7	269.2	81.76
C$_6$H$_5$CH$_3$(l)甲苯	12	114.27	219.2	156.1
C$_6$H$_5$CH$_3$(g)甲苯	50.00	122.3	319.7	103.8
CH$_3$OH(l)甲醇	238.7	−166.4	127	81.6
CH$_3$OH(g)甲醇	−203.7	−162.0	239.7	43.89
C$_2$H$_5$OH(l)乙醇	−277.7	−174.9	161	111.5
C$_2$H$_5$OH(g)乙醇	−235.1	−168.6	282.6	65.44
C$_3$H$_7$OH(l)丙醇	−304.6	170.7	192.9	
C$_2$H$_6$O(g)甲醚	−184.1	−112.7	266.2	65.81

续表

物 质	$\Delta_f H_m^{\ominus}/$ (kJ·mol^{-1})	$\Delta_f G_m^{\ominus}/$ (kJ·mol^{-1})	$S_m^{\ominus}/$ (J·mol^{-1}·K^{-1})	$C_{p,m}/$ (J·mol^{-1}·K^{-1})
$C_4H_{10}O(l)$ 乙醚	−279.5	−122.9	253.1	168.2
HCHO(g) 甲醛	−117	−113	218.7	35.4
$CH_3CHO(l)$ 乙醛	−192.3	−128.2	160	
$(CH_3)_2CO(l)$ 丙酮	−248.2	−155.7	200.4	124.73
HCOOH(l) 甲酸	−424.72	−361.4	129.0	99.04
$CH_3COOH(l)$ 乙酸	−484.5	−390	160	124
$CH_3COOH(g)$ 乙酸	−432.2	−374	282	66.5

附录4 某些气体的摩尔等压热容与温度的关系

$$C_{p,m}/(J·K^{-1}·mol^{-1}) = a + bT/K + cT^2/K^2 + dT^3/K^3$$

物质	a	$b \times 10^3$	$c \times 10^6$	$d \times 10^9$	温度范围 T/K
H_2	26.88	4.347	−0.3265		273~3800
F_2	24.433	29.701	−23.759	6.6559	273~1500
Cl_2	31.696	10.144	−4.038		300~1500
Br_2	35.241	4.075	−1.487		300~1500
O_2	28.17	6.297	−0.7494		273~3800
N_2	27.32	6.226	−0.9502		273~3800
HCl	28.17	1.810	1.547		300~1500
H_2O	29.16	14.49	−2.022		273~3800
H_2S	26.71	23.87	−5.063		298~1500
NH_3	27.550	25.627	9.9006	−6.6865	273~1500
SO_2	25.76	57.91	−38.09	8.606	273~1800
CO	26.537	7.6831	−1.172		300~1500
CO_2	26.75	42.258	−14.25		300~1500
CS_2	30.92	62.30	−45.86	11.55	273~1800
CCl_4	38.86	213.3	−239.7	94.43	273~1100
CH_4	14.15	75.496	−17.99		298~1500
C_2H_6	9.401	159.83	−46.229		298~1500
C_2H_2	30.67	52.810	−16.27		298~1500
C_6H_6	−1.71	324.77	−110.58		298~1500
$C_6H_5CH_3$	2.41	391.17	−130.65		298~1500
CH_3OH	18.40	101.56	−28.68		273~1500
C_2H_5OH	29.25	166.28	−48.898		298~1500

附录5 298.15K 时某些有机物的燃烧焓

物 质	$\Delta_c H_m^{\ominus}/(kJ \cdot mol^{-1})$	物 质	$\Delta_c H_m^{\ominus}/(kJ \cdot mol^{-1})$
$CH_4(g)$ 甲烷	-890.31	$C_2H_6(g)$ 乙烷	-1559.8
$C_3H_8(g)$ 丙烷	-2219.9	$C_2H_4(g)$ 乙烯	-1411.0
$C_3H_6(g)$ 丙烯	-2058.5	$C_2H_2(g)$ 乙炔	-1299.6
$C_6H_6(l)$ 苯	-3267.5	$C_6H_5CH_3(l)$ 甲苯	-3909.9
$C_{10}H_8(s)$ 萘	-5153.9	$CH_3OH(l)$ 甲醇	-726.51
$C_2H_5OH(l)$ 乙醇	-1366.8	$HCHO(g)$ 甲醛	-570.78
$(C_2H_5)_2O(l)$ 乙醚	-2751.1	$(CH_3)_2CO(l)$ 丙酮	-1790.4
$HCOOH(l)$ 甲酸	-254.6	$CH_3COOH(l)$ 乙酸	-874.54
$C_6H_5COOH(s)$ 苯甲酸	-3226.0	$CCl_4(l)$ 四氯化碳	-156.0
$CS_2(l)$ 二硫化碳	-1075.3	$C_{10}H_{16}O(s)$ 樟脑	-5903.6
$C_6H_5NH_2(l)$ 苯胺	-3397	$(NH_2)_2CO$ 尿素	-631.66

燃烧产物：C 生成 $CO_2(g)$；H 生成 $H_2O(l)$；S 生成 $SO_2(g)$；N 生成 $N_2(g)$；Cl 生成 $HCl(g)$。

附录6 298.15K 时水溶液中某些物质的标准热力学数据

有效浓度为 $c=1mol \cdot dm^{-3}$ 时，指定为单位活度，且将
$H^+(aq)$ 的 $\Delta_f H_m^{\ominus}, \Delta_f G_m^{\ominus}, S_m^{\ominus}$ 指定为零

物 质	$\Delta_f H_m^{\ominus}/$ (kJ·mol^{-1})	$\Delta_f G_m^{\ominus}/$ (kJ·mol^{-1})	$S_m^{\ominus}/$ (J·mol^{-1}·K^{-1})
H^+(aq)	0.0	0.0	0.0
OH^-(aq)	-229.95	-10.54	-157.27
Na^+(aq)	-239.66	60.2	-261.88
K^+(aq)	-251.21	102.5	-282.25
Ca^{2+}(aq)	-542.96	-55.2	-553.04
CO_3^{2-}(aq)	-676.26	-53.1	-528.10
NH_3(aq)	-80.83	110.0	-26.61
HNO_3(aq)	-206.56	146.4	-110.58
NO_3^-(aq)	-206.56	146.4	-110.58
H_2SO_4(aq)	-907.51	17.1	-741.99
SO_4^{2-}(aq)	-907.51	17.1	-741.99
Cl^-(aq)	-167.44	55.2	131.17

续表

物 质	$\Delta_f H_m^\ominus /$ (kJ·mol^{-1})	$\Delta_f G_m^\ominus /$ (kJ·mol^{-1})	$S_m^\ominus /$ (J·mol^{-1}·K^{-1})
Br$^-$ (aq)	−120.92	80.71	−102.8
I$^-$ (aq)	−55.94	109.36	−51.67
Cu^{2+} (aq)	64.39	−98.7	64.98
Zn^{2+} (aq)	−152.42	−106.48	−147.19
Ag$^+$ (aq)	105.90	73.93	77.11

附录7 298.15K 时某些电极的标准电极电势

电极	电极反应	$\varphi^\ominus$/V
Na$^+$∣Na(s)	Na$^+$ + e$^-$ ⇌ Na	−2.714
Mg^{2+}∣Mg	Mg^{2+} + 2e$^-$ ⇌ Mg	−2.37
OH$^-$∣Zn(OH)$_2$∣Zn	Zn(OH)$_2$ + 2e$^-$ ⇌ Zn + 2OH$^-$	−1.245
SO$_4^{2-}$, SO$_3^{2-}$, OH$^-$∣Pt	SO$_4^{2-}$ + H$_2$O + 2e$^-$ ⇌ SO$_3^{2-}$ + 2OH$^-$	−0.93
OH$^-$∣H$_2$∣Pt	2H$_2$O + 2e$^-$ ⇌ H$_2$ + 2OH$^-$	−0.8277
Zn^{2+}∣Zn	Zn^{2+} + 2e$^-$ ⇌ Zn	−0.763
OH$^-$∣Ni(OH)$_2$∣Ni	Ni(OH)$_2$ + 2e$^-$ ⇌ Ni + 2OH$^-$	−0.72
Fe^{2+}∣Fe	Fe^{2+} + 2e$^-$ ⇌ Fe	−0.440
Cd^{2+}∣Cd	Cd^{2+} + 2e$^-$ ⇌ Cd	−0.403
I$^-$∣PbI$_2$∣Pb	PbI$_2$ + 2e$^-$ ⇌ Pb + 2I$^-$	−0.365
OH$^-$∣Cu$_2$O∣Cu	Cu$_2$O + H$_2$O + 2e$^-$ ⇌ 2Cu + 2OH$^-$	−0.358
SO$_4^{2-}$∣PbSO$_4$∣Pb	PbSO$_4$ + 2e$^-$ ⇌ Pb + SO$_4^{2-}$	−0.356
Cl$^-$∣PbCl$_2$∣Pb	PbCl$_2$ + 2e$^-$ ⇌ Pb + 2Cl$^-$	−0.268
H$^+$, SO$_4^{2-}$, S$_2$O$_6^{2-}$∣Pt	2SO$_4^{2-}$ + 4H$^+$ + 2e$^-$ ⇌ S$_2$O$_6^{2-}$ + 2H$_2$O	−0.22
I$^-$∣AgI∣Ag	AgI + e$^-$ ⇌ Ag + I$^-$	−0.151
Sn^{2+}∣Sn	Sn^{2+} + 2e$^-$ ⇌ Sn	−0.136
Pb^{2+}∣Pb	Pb^{2+} + 2e$^-$ ⇌ Pb	−0.126
H$^+$∣H$_2$∣Pt	2H$^+$ + 2e$^-$ ⇌ H$_2$	0.000
OH$^-$∣HgO∣Hg	HgO + H$_2$O + 2e$^-$ ⇌ Hg + 2OH$^-$	0.0984
OH$^-$∣Hg$_2$O∣Hg	Hg$_2$O + H$_2$O + 2e$^-$ ⇌ 2Hg + 2OH$^-$	0.123
Sn^{4+}, Sn^{2+}∣Pt	Sn^{4+} + 2e$^-$ ⇌ Sn^{2+}	0.15
Cu^{2+}, Cu$^+$∣Pt	Cu^{2+} + e$^-$ ⇌ Cu$^+$	0.153
Cl$^-$∣AgCl∣Ag	AgCl + e$^-$ ⇌ Ag + Cl$^-$	0.222
Cl$^-$∣HgCl$_2$∣Hg	HgCl$_2$ + 2e$^-$ ⇌ Hg + 2Cl$^-$	0.268

续表

电 极	电极反应	$\varphi^\ominus/\text{V}$
$Cu^{2+}\mid Cu$	$Cu^{2+}+2e^-=\!=\!=Cu$	0.337
$OH^-\mid Ag_2O\mid Ag$	$Ag_2O+H_2O+2e^-=\!=\!=2Ag+2OH^-$	0.344
$Pt\mid O_2\mid OH^-$	$O_2+2H_2O+4e^-=\!=\!=4OH^-$	0.401
$OH^-\mid NiO_2\mid Ni(OH)_2$	$NiO_2+2H_2O+2e^-=\!=\!=Ni(OH)_2+2OH^-$	0.49
$Cu^+\mid Cu$	$Cu^++e^-=\!=\!=Cu$	0.521
$I_2(s)\mid I^-$	$I_2+2e^-=\!=\!=2I^-$	0.536
$Fe^{3+},Fe^{2+}\mid Pt$	$Fe^{3+}+e^-=\!=\!=Fe^{2+}$	0.771
$Hg_2^{2+}\mid Hg$	$Hg_2^{2+}+2e^-=\!=\!=2Hg$	0.789
$Ag^+\mid Ag$	$Ag^++e^-=\!=\!=Ag$	0.799
$Hg^{2+},Hg_2^{2+}\mid Pt$	$2Hg^{2+}+2e^-=\!=\!=Hg_2^{2+}$	0.920
$Pt\mid Br_2(l)\mid Br^-$	$Br_2+2e^-=\!=\!=2Br^-$	1.065
$Pt\mid O_2\mid H^+$	$O_2+4H^++4e^-=\!=\!=2H_2O$	1.229
$Cr_2O_7^{2-},H^+,Cr^{3+}\mid Pt$	$Cr_2O_7^{2-}+14H^++6e^-=\!=\!=2Cr^{3+}+7H_2O$	1.33
$Pt\mid Cl_2\mid Cl^-$	$Cl_2+2e^-=\!=\!=2Cl^-$	1.360
$S_2O_8^{2-},SO_4^{2-}\mid Pt$	$S_2O_8^{2-}+2e^-=\!=\!=2SO_4^{2-}$	2.01